高等学校"十一五"规划教材

环境材料概论

冯 奇 马 放 冯玉杰 等编

化学工业出版社

·北 京·

内容简介

环境材料是未来新材料的一个重要方面已毋庸置疑，更是人类保护生存环境、实现材料工业可持续发展的有效途径。开发既有良好的使用性能，又具有较高的资源利用率，且对生态环境无副作用的新材料及其制品将是现实的一种迫切需要。

本书共分11章，主要介绍了材料产业与生态环境的关系、材料科学的基本知识、材料的环境协调性评价、材料的生态设计与理论、材料的环境友好加工及制备、环境治理功能材料与技术等，另外，还介绍了环境生物材料、金属类环境材料、无机非金属类环境材料、高分子环境材料以及复合材料的生态环境化的研究现状和发展趋势。

本书可作为环境、材料、生态及相关专业的大学生和研究生的教材或教学参考书，也可以作为建筑、化工、化学、生物、机械、汽车、土木和水利等专业工程技术人员的培训、自学教材或参考书；还可供相关专业科研、工程技术人员参考阅读。

图书在版编目（CIP）数据

环境材料概论/冯奇，马放，冯玉杰等编．—北京：化学工业出版社，2007.7（2023.1重印）
高等学校“十一五”规划教材
ISBN 978-7-122-00626-4

Ⅰ．环… Ⅱ．①冯…②马…③冯… Ⅲ．环境科学：材料科学-高等学校-教材 Ⅳ．TB39

中国版本图书馆CIP数据核字（2007）第084805号

责任编辑：满悦芝　　文字编辑：荣世芳
责任校对：顾淑云　　装帧设计：尹琳琳

出版发行：化学工业出版社（北京市东城区青年湖南街13号　邮政编码100011）
印　　装：北京捷迅佳彩印刷有限公司
787mm×1092mm　1/16　印张14¾　字数363千字　2023年1月北京第1版第9次印刷

购书咨询：010-64518888　　售后服务：010-64518899
网　　址：http://www.cip.com.cn
凡购买本书，如有缺损质量问题，本社销售中心负责调换。

定　　价：38.00元　

前　言

人类经济和社会的发展常常以扩大开发自然资源和无偿利用环境作为发展模式，这一方面创造了空前巨大的物质财富和前所未有的社会文明，另一方面也造成了全球性自然环境的破坏。资源与能源是制造材料和推动材料发展的两大支柱。同时，材料的生产和使用过程也会带来众多的环境问题。因而，传统材料的生态化和开发新型生态材料以缓解日益恶化的环境问题，即材料与环境如何协调发展的问题日益受到人们的重视，出现了“环境材料（eco-material)”的概念和环境材料学这一新兴的交叉学科，要求材料在满足使用性能要求的同时具有良好的全寿命过程的环境协调性，赋予材料及材料产业以环境协调功能。环境材料是未来新材料的重要方面之一。开发既有良好的使用性能，又具有较高的资源利用率，且对生态环境无副作用的新材料及其制品是未来的迫切需要。环境材料学的研究将促进环境材料的进一步发展，能够更有效地利用有限的资源和能源，尽可能地减少环境负荷，实现材料产业和人类社会的可持续发展。

本书从材料和环境的关系着手，介绍了材料在国民经济发展中的作用，材料对资源、能源的消耗和对环境的影响，阐述了材料的环境协调化和再生循环的意义。本书尤其倡导环境材料意识，倡导人们在充分考虑环境问题的基础上，从追求物质丰富、生活舒适逐步过渡到与环境的协调共存，能够用环境材料的视角观察、思考问题，使全民参与到保护环境的行动中，这将有利于保护环境，促进人类社会的可持续发展。如果本书在这方面有所作用，这将是作者十分欣慰的事情。

本书还介绍了虽然环境材料在加工、制造、使用和再生过程中，具有最低环境负荷、最大使用功能的特点而日益成为当今人类所需的材料，但是目前尚需进一步建立和完善环境材料的基础理论、评价体系，进一步加强材料的长寿命设计和材料的再生循环利用，以提高资源利用效率；指出环境材料技术能够有效地利用有限的资源和能源，尽可能地减少环境负荷，是实现材料产业和人类社会可持续发展的理论和技术基础；并阐明在生态环境材料未来的研究开发中，应当注意的几方面问题。

本书的目的还在于系统全面地介绍各类环境材料，如环境生物材料、金属类环境材料、无机非金属类环境材料、高分子环境材料以及复合材料的生态环境化等，使读者较系统地了解材料在开发、应用、制备、加工、再生等过程中对环境造成了哪些影响，达到自觉地研究开发环境材料和积极主动地使用环境材料，从而保护环境的目的。某些环境材料其环境功能的体现离不开技术与工程的支持，需要一定的技术作为基础，所以，本书的一些章节结合该种材料的特点，介绍了一些与材料相关的技术与工程特点。

本书可作为环境、材料、生态及相关专业的大学生和研究生的教材或教学参考书，也可以作为建筑、化工、化学、生物、机械、汽车、土木和水利等专业工程技术人员的培训、自学教材或参考书，还可供相关专业科研、工程技术人员参考阅读。

本书在撰写过程中，得到了城市水质保障与资源可持续利用国家重点实验室和黑龙江环境生物技术重点实验室的大力支持，对此深表谢意。全书共分 11 章，第 1 章由马放和冯奇编写，第 3 章由冯玉杰和孙清芳编写，第 4 章由冯奇和姚杰编写，第 5 章由冯玉杰和武晓威编写，第 6 章由冯玉杰和王健、刘延坤编写，第 7 章由马放、邱珊和王晨编写，第 8 章由冯奇和沃原编写，第 10 章由冯奇和杨基先编写，第 2 章、第 9 章和第 11 章由冯奇编写，书中部分图表由邱珊、沃原、寇相全、李昕、于明瑞绘制，全书由马放和冯奇统稿。

环境材料是 20 世纪 90 年代新兴的一门学科，尚没有建立健全的体系，所以部分内容仍不成熟，目前处于探索阶段，再加上作者学识有限，不妥之处，欢迎广大读者批评指正。

作 者

2007 年 6 月

目　录

第1章　绪　　论

材料作为社会经济发展的物质基础和先导，对推动人类文明的进程起着极其重要的作用。同时，材料与环境之间相互作用，材料的性能在很大程度上取决于环境的影响，在材料的生产过程和使用过程中对环境又会造成难以弥补的损害。因而，环境材料学的研究和环境材料的开发，对环境保护和社会的可持续发展具有举足轻重的作用。本章主要包括环境材料和环境材料学的概念、内容、研究现状及发展趋势，环境材料的研究背景，材料与环境之间的相互作用关系等相关知识。

1.1　环境材料的涵义

1.1.1　环境材料的提出

伴随新世纪的到来，人类既希望获得大量高性能或高功能的各种材料，又迫切要求有一个良好的生存环境，以提高人类的生存质量，并促进社会的可持续发展。但是，材料的大规模生产意味着在一定程度上损害生态环境，因而，现实要求人类必须从环境保护的角度出发，重新评价过去开发材料、使用材料和研究材料的活动。人们开始更新发展思路，探索和开发既具有良好使用性能或功能，又对资源和能源消耗较低，并且与环境相协调的材料及其制品。因而，材料与环境如何协调发展的问题日益受到人们的重视，便出现了“环境材料（ecomaterial）”的概念和环境材料学这一新的交叉学科，它要求材料在满足使用性能要求的同时，还具有良好的全寿命过程的环境协调性，即赋予材料及材料产业以环境协调功能。

环境材料的概念是在1990年10月的一次关于服务于人类生活、行为的材料与环境关系的讨论会上，由日本材料科学家和工程师——东京大学以山本良一教授为首的研究小组最先提出，环境材料的概念及其英文名称 ecomaterial，是由 environmental conscious material 或 ecological material 缩写而成，按英文含义可理解为环境意识材料或生态材料。他认为环境材料是对环境友好的材料，它不给环境带来太多的负面作用，并认为21世纪的材料应具有综合性能，即人类活动领域的可扩展性（expandability of human's frontier）、环境调和性（coexistability with ecoshere）、舒适性（optimizability for amenities）。其可扩展性延伸到宏观的宇宙、深海、微观的纳米空间、超洁净空间等。同时，美国和欧洲学者也提出绿色材料（green materials）、生态友好材料（eco-friendly materials），生态工艺、生态产品、生态标记（ecoprocessing、ecoproducts、ecomark），有益于健康环境材料和工艺（environmentally benign materials and processes）等概念。近年来“eco-friendly”已成为既简洁明了、符合西方人表达习惯、令人感觉亲切，又体现当今社会重视生态、重视环保的流行用语；ecomaterial 一词的出现，也展示出材料领域适应社会可持续发展的时代潮流，为世界所接受，目前已在世界范围内得到普及。

1.1.2 环境材料的涵义

有关环境材料的范围和定义，国际上目前还没有形成统一的说法。最初一些专家认为环境材料是指那些具有先进的使用性能，其材料和技术本身具有较好的环境协调性，同时具备为人们乐于接受的舒适性的一类具有系统功能的新材料。经过一段时间的发展，一些学者认为，环境材料实质上是赋予传统结构材料、功能材料以特别优异的环境协调性，或者指那些直接具有净化和修复环境等功能的材料，即环境材料是具有系统功能的一大类新型材料的总称。还有一些专家认为，环境材料是指同时具有优良的使用性能和最佳环境协调性的一大类材料。但是，许多科学工作者都认为这些定义尚不够完整。1998年，在北京召开的中国生态环境材料研究战略研究会上，专家们建议将环境材料、环境友好型材料、环境兼容性材料等统一称为“生态环境材料”，并给出基本定义：生态环境材料是指同时具有满意的使用性能和优良的环境协调性，或者能够改善环境的材料。所谓“环境协调性”是指资源和能源消耗少、环境污染小和循环再利用率高。部分专家认为，这个定义仍然有待于进一步发展和完善。

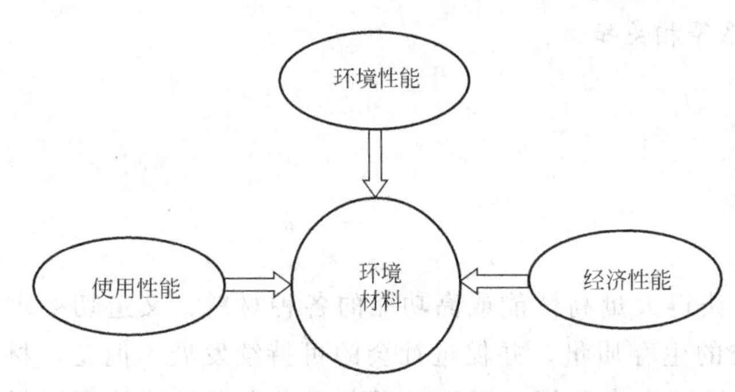

图 1.1 环境材料的基本性能示意图

如图 1.1 所示，材料只有赋予其环境性能、使用性能和经济性能，才可以称之为环境材料，即环境材料是指那些具有满意的使用性能和可接受的经济性能，并在其制备、使用及废弃过程中对资源和能源消耗最少、对环境影响最小且再生利用率最高的一类材料。

1993年以来，每两年举行一次的生态环境材料国际会议（The International Conferences on Ecomaterial）已经召开过数次，按照有关的研究报道和生态环境材料的要求，环境材料应具有如下特征：节约能源，节约资源，可重复利用，可循环再生，结构可靠性，化学稳定性，生物安全性，有毒、有害材料的替代，舒适性，清洁、治理环境功能。环境材料的合成与加工工艺（也称作绿色工艺），应具有如下特征：节约能源、节约资源、降低污染、净化环境。

1.2 环境材料的研究背景

1.2.1 材料的地位

材料作为社会经济发展的物质基础和先导，对推动人类文明的进程起着极其重要的作用。支撑人类生存大厦的主要有材料科学技术、生物科学技术、能源科学技术、信息科学技术等，这些技术支持着上到航天技术、下到海洋技术等诸多技术，而这些技术无一不是以材料为物质基础的，因此可以说，材料是人类物质文明的基础和支柱。

材料既是一个独立的领域，又与几乎所有其他新兴产业相关。从世界发展史看，重大的技术革新往往起始于材料的革新。没有先进的材料，就没有先进的科学技术和现代化的工业。例如，20 世纪 50 年代出现的镍基高温合金，将材料使用温度由原来的 700℃提高到 900℃，从而导致了超声速飞机的问世；高温陶瓷的发明促进了表面温度高达 1000℃的航天飞机的发展。反过来，近代新技术的发展，如原子能、计算机、集成电路、航天工业等又促进了新材料的研制。

材料的概念最早出现在石器时代，那时以天然的石、木、皮的材料做器件，后来陆续出现了陶器，随着冶炼技术的发展，人们又进入了铜器时代，当进入铁器时代时，对技术的要求更高，因为氧与铁的结合比氧与铜的结合强得多，还原铁更为困难。到了近代，相继出现了半导体材料、能源材料、高分子材料、精陶瓷材料、塑料、生物材料、复合材料以及纳米材料等。目前已涌现出各种各样的高新材料，如新型轻质、高比强、高比模结构材料，超高温和低温材料，先进复合材料，以及各种具有特异功能的材料。

自 1992 年联合国环境与发展大会发表《21 世纪议程》以来，世界各国都将实现可持续发展作为发展战略，并且付诸于科技发展中。材料是资源的重要组成部分，如果得不到合理开发和利用，会直接导致资源短缺和环境恶化，因而材料与可持续发展的问题已经引起世界各国学术界的高度重视。现在，在材料发展和新材料的开发中，人们应越来越重视材料的生产和使用对环境造成的影响，努力开发环境友好材料，提高全社会资源和环境效率，实现循环经济。我国在“十一五”期间将围绕信息、生物、航空航天、重大装备、新能源等产业发展的需求，重点发展特种功能材料、高性能结构材料、纳米材料、复合材料、环保节能材料等产业群，建立和完善新材料创新体系。

因此，社会的发展与进步，都与材料的发展密不可分。可以这样讲，人类的文明进程在某种程度上是由材料所决定的。从社会历史发展的角度看，材料是社会文明进步的标志。

1.2.2 环境对材料的作用

材料的性能在很大程度上决定于环境的影响，环境包括“社会环境”和“自然环境”。其中人所组成的社会因素的总体称为社会环境。自然因素的总体称为自然环境，目前认为是以大气、水、土壤、地形、地质、矿产等一次要素为基础，以植物、动物、微生物等作为二次要素的系统的总体。

社会环境是推动材料科学发展的动力，正确的材料生产、加工和使用，体现了人们的认识过程。由表 1.1 可见我国社会认识材料判据的演变过程。以钢为例，1958 年“大跃进”时，只要求钢的产量翻一番，只有数量要求，并无质量及其他要求，结果把不是钢的东西也当作钢。这个教训使我们认识到材料必须要有一个“质量”或“性能”的判据。十一届三中全会以后，人们发现仅这一个判据不够，还要考虑“效益”即“经济”判据。1996 年我国宣布实施“可持续发展”战略后，在社会上，才广泛地认识到“资源、能源、环境保护”第三个战略性判据。

表 1.1　我国社会认识材料判据的演变

时　间	判据数	判　　据	时　间	判据数	判　　据
20 世纪 50 年代	0	只考虑数量	1978 年后	2	性能、经济
20 世纪 60 年代	1	性能	1996 年后	3	性能、经济、资源、能源、环保

自然环境是材料生产的基础，而以落后的技术、大量消耗资源和污染环境为前提的材料生产和加工，最终必然会导致资源的枯竭，使材料的生产难以持续发展。

自然生态资源包括可再生资源、不可再生资源和可循环再生资源。材料与自然生态资源的关系如图1.2所示。其中，不可再生资源，如煤、石油、天然气、金属矿石、稀有元素等，它们不是取之不尽、用之不竭的，现在正面临着前所未有的危机。因此，发展循环经济，促进资源的循环再生利用，无论对企业还是于国于民，都大有好处。可以将废物转化为商品产生经济效益；减少环境污染，节约成本；提高资源效率，降低能源消耗。“能源发展‘十一五’规划”提出，到2010年，中国一次能源消费总量控制目标为27亿吨标准煤左右，年均增长4%。根据这一规划，到2010年，中国煤炭、石油、天然气、核电、水电、其他可再生能源分别占一次能源消费总量的66.1%、20.5%、5.3%、0.9%、6.8%和0.4%。与2005年比，煤炭、石油比重有所下降，天然气、核电、水电和其他可再生能源比重略升。

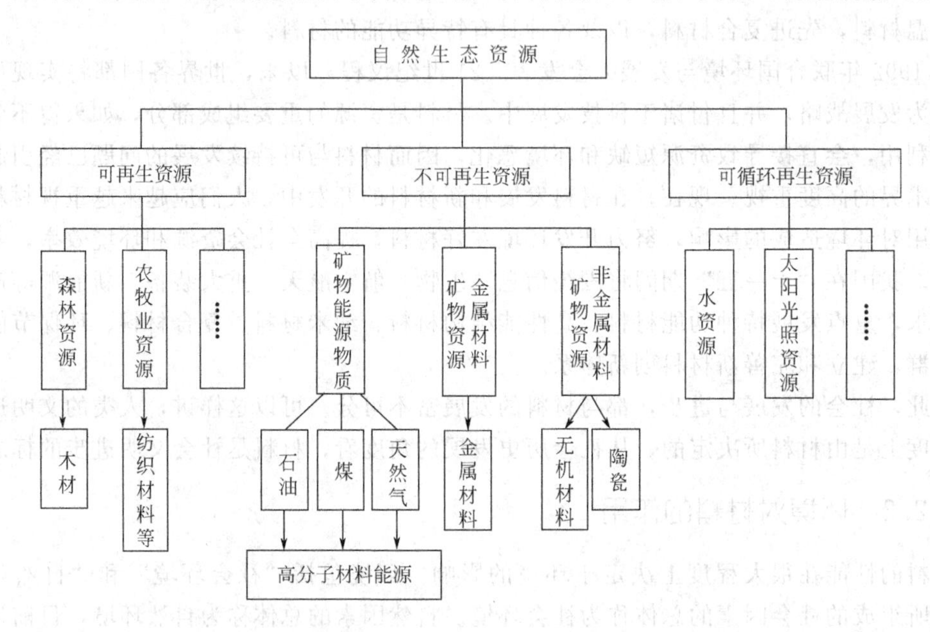

图1.2 自然生态资源与材料的关系

1.2.3 材料对环境的影响

1.2.3.1 当代环境问题

环境问题是指全球环境或区域环境中出现的不利于人类生存和发展的各种现象。从广义上理解，环境问题就是由自然力或者人力引起生态平衡破坏，最后直接或间接影响人类的生存和发展的一切客观存在的问题。而狭义上理解的环境问题只是由于人类的生产和生活活动，使自然生态系统失去平衡，反过来影响人类生存和发展的一切问题。

环境问题在人类诞生的同时就产生了，它贯穿于人类发展的整个阶段。不过在不同历史阶段，由于生产方式和生产力水平的差异，环境问题的类型、影响范围和程度也不尽一致。依据环境问题产生的先后和轻重程度，环境问题的发生与发展可大致分为三个阶段：自人类出现直至工业革命为止，是早期环境问题阶段；从工业革命到1984年发现南极臭氧空洞为止，是近代环境问题阶段；从1984年英国科学家发现、1985年美国科学家证实南极上空出现的“臭氧洞”开始，引起第二次世界环境问题高潮至今，为当代环境问题阶段。

第一类环境问题：又称原生环境问题，是指由于自然界本身的变化所造成的环境破坏。

主要指火山爆发、地震、洪涝、干旱、滑坡、风暴、海啸等自然灾害，因环境中元素自然分布不均引起的地方病，以及自然界中放射物质引起的放射病等。至今，人们对于这类环境问题的抵御能力还很弱。对这类环境问题，人类可以采取措施减少它的消极影响和破坏力，但却难以阻止它。

第二类环境问题：又称次生环境问题，是指由于人类的生产和生活活动引起生态破坏和环境污染，反过来又危及人类自身的生存和发展的现象。

第三类环境问题：是指社会环境本身存在的问题，主要是人口发展、城市化及经济发展带来的社会结构和社会生活问题。如人口无计划地增长带来住房、交通拥挤、燃料和物质供应不足、战乱等问题等。这类环境问题既属于工程技术领域，又属于社会科学领域。

目前，人们所说的环境问题一般是指次生环境问题。次生环境问题即人为因素造成的环境污染和自然资源与生态环境的破坏。环境污染是指人类活动的副产品和废物进入物理环境后，对生态系统产生的一系列扰乱和侵害，特别是当由此引起的环境质量的恶化反过来又影响人类自己的生活质量时。环境污染不仅包括物质造成的直接污染，如工业“三废”和生活“三废”，也包括由物质的物理性质和运动性质引起的污染，如热污染、噪声污染、电磁污染和放射性污染。由环境污染还会衍生出许多环境效应，例如二氧化硫造成的大气污染，除了使大气环境质量下降，还会造成酸雨。生态破坏是指人类活动直接作用于自然生态系统，造成生态系统的生产能力显著减少和结构显著改变，从而引起的环境问题，如过度放牧引起草原退化，滥采滥捕使珍稀物种灭绝和生态系统生产力下降，植被破坏引起水土流失等。

目前人类面临的十大环境问题有：大气污染，水体污染，森林滥伐和植被减少、土壤侵蚀，荒漠化和沙漠的扩展，垃圾泛滥，生物灭绝加剧，粮食、能源和其他资源短缺，酸雨污染，地球增温，臭氧层破坏。

随着人类物质文明和社会文明的飞速发展，环境问题也随之发生了相应的变化。21 世纪的环境问题逐渐呈现以下新的特点。

（1）环境问题全球化　人类长期以来不加限制地向环境排放污染物，致使环境质量发生全球性恶化，对资源掠夺式的利用导致一系列的全世界范围的灾难。环境问题已从点源性、局部性发展成全球性问题。如一些国际河流的上游国家造成的污染可能危及下游国家；一些国家大气污染造成的酸雨可能降在邻国甚至飘洋过海殃及彼岸国家（如美国的降在加拿大、西欧的降在北欧）；臭氧层被破坏使皮肤癌患者增多、农作物大幅度减产；全球气候变暖，雨量增多，加速极地冰川的融化、海平面上升等。环境问题的全球化，决定了环境问题的解决需要全球协调一致的行动。

（2）环境问题政治化　当代的环境问题已不再是单纯的技术性问题，往往具有重要的政治影响。世界各国经常就环境义务的承担、污染转嫁等问题展开政治斗争，一场发展中国家反对发达国家污染侵略的“南北对话”正在进行。发展中国家的环境学者认为：自然环境资源属于各国国家主权不可分割的一部分，世界现存的污染由发达国家一手造成，应由这些国家承担治理责任，发展中国家不应牺牲自己的资源和利益来治理环境。而发达国家的环境学者则提出：人类只有一个地球，依靠一国的国内法律制度将无济于有效保护环境，应建立由少数发达国家组建的国际环境局负责地球环境保护和自然资源管理。1992 年 6 月，联合国在巴西里约热内卢召开的“环境与发展大会”通过《21 世纪议程》，把实现“可持续发展”作为人类共同追求的美好目标。

（3）环境问题综合化　工业革命以前，生态环境问题主要是农业垦殖造成的森林退化、土地盐碱化、草原退化等原生型环境问题；工业革命后，人类依靠科学技术极大地推动了生产力的发展。同时出现了大气污染、水污染、垃圾污染等次生性环境问题，随着人类社会的发展，原有的环境问题尚未彻底解决而新的环境问题又在不断产生且日趋严重（如地球变暖、臭氧层破坏、酸雨、危险废物转移等）。这样就形成人类社会出现以来各种环境问题的累加，使当代环境问题综合化。

环境问题所体现的新特点、新趋势应当引起人们的重视，进行深入的研究和探讨，以便把握其发展的动态，从而预测其发展趋势，正确地指导社会实践，避免环境问题的进一步恶化。

1.2.3.2 材料对资源、能源的消耗和对环境的污染

材料产业支撑着人类社会的发展，为人类带来了便利和好处，但在材料的生产、处理、循环、消耗、使用、回收和废弃的过程中也带来了沉重的环境负担，需要消耗大量的资源和能源，同时排放的大量废气、废水和废渣也会造成环境污染与生态破坏，威胁人类的生存和健康。如图 1.3 所示，每生产 1t 钢材需要多种原材料和消耗大量能源，同时产出大量副产品和环境污染物。

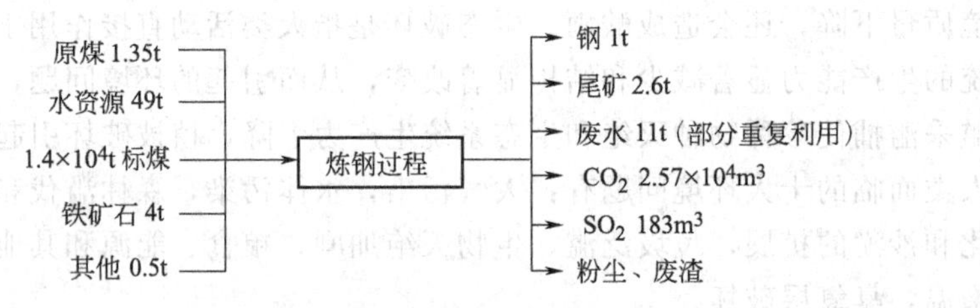

图 1.3　冶炼 1t 钢材的输入和输出参数

在材料的生产和使用过程中，资源消耗一般可分为直接消耗和间接消耗两类。直接消耗是指将材料用于材料的生产和使用。间接消耗是指在材料的运输、储藏、包装、管理、流通、人工、环境迁移等环节造成的资源消耗。如材料的运输需要运输工具；储藏需要占地、建造仓库；产品包装以及流通等所需的其他各种辅助设施等。

我国是一个材料生产和消耗大国，由于资金、技术、管理等原因造成资源的不合理开发和利用，使资源、能源、环保等结构性矛盾更加突出，每单位 GDP 的资源和能源消耗是发达国家的 10 倍左右，资源利用过于低下，现在矿产资源储量保障程度低，资源短缺问题越来越突出。

据《中国矿业报》报道，至 2005 年，已开发利用的铜矿资源占全国总探明资源储量的 67.1%；铅占全国总探明储量的 68.2%；锌占全国总探明储量的 71.5%；铝资源数量不多，且质量不好；镍、钼、锡、锑等资源由于过度开采，长时间找矿勘查没有大的突破，后备资源十分有限。同时，我国不少有色金属矿山关闭加快，开采品位下降。全国县级以上国有金属矿山总共 900 余座，有 2/3 进入开采中晚期。在 9 大有色金属资源基地中，接近枯竭的矿山占 56%，有保障的仅占 19.5%。据发改委提供的情况显示，目前中国石油、天然气人均资源量仅为世界平均水平的 7.7% 和 7.1%。随着国民经济的平稳较快发展，城乡居民消费结构升级，能源消费将继续保持增长趋势，资源约束矛盾更加突出。目前，中国石油对外依存度已超过 40%。

材料的加工和生产过程消耗资源和能源，因而排放大量的废气、废水和固体废物，如表

1.2 所示。材料工业产生的大量的废物，如果得不到合理的处理和排放，势必造成大气污染、水体污染、噪声污染、土壤污染以及占用大量土地。由表 1.2 中数据可知，我国从 1994～2000 年，以当年工业废物排放总量为基础，材料工业排放的废水量降低 5%，然而废气和固体废物排放量分别增加 2%。

表 1.2　1994 年和 2000 年我国主要原材料工业环境废物排放统计

类　别	工业废水/万吨		工业废气/亿立方米(标准)		固体废物产生量/万吨	
	1994 年	2000 年	1994 年	2000 年	1994 年	2000 年
采矿、加工	140448	127952	3287	3541	26377	39203
化学纤维工业	52040	53134	2219	2750	256	329
橡胶制品业	15389	8124	567	476	102	77
塑料制品业	6659	2994	205	193	38	27
非金属矿物制造业	61010	42422	14067	27336	1078	1504
水泥制造业	27045	24115	10186	22850	285	815
黑色金属冶炼	304645	220528	15141	21343	10812	12072
有色金属冶炼	50742	32871	4524	8533	2124	2949
金属制品业	9795	11817	305	425	69	69
合计	667773	523957	50501	87447	41141	57045
占工业排放总量比率	31.0%	25.73%	44.5%	46.76%	66.7%	68.9%

在材料使用过程中，也会对环境造成难以弥补的损害。典型的如人类在使用冷冻剂、消毒剂和灭火剂等化学制品时，向大气排放出大量的氟氯烃气体和哈龙（包括 5 种氟氯烃类物质和 3 种卤代烃物质），致使臭氧变成氧，从而使其丧失吸收紫外线的能力；农业上无控制地使用化肥而产生的大量氧化物，各种燃料燃烧产生的大量氧化物，也是破坏臭氧层的物质；氮氧化物等气体也可以充当破坏臭氧层的催化剂。

如今的信息时代，还存在一个令人担忧的问题——电子类功能材料的问题。电子信息产品的大量使用，对电子信息材料的需求飞速增长，更新换代急速加快，废弃量剧增，电磁污染日趋严重，各种“无形杀手”随着高速发展的电子信息步入了人们的日常生活环境当中。电子材料中，无论是无机类的电子陶瓷、电子玻璃、金属材料，还是有机或复合的电子材料，含有的铅、磷、氟、砷、镉、钴、钍等数量巨大，大多是经过高温熔融、烧结进入材料中，极难分离，回收再利用异常困难，而且大多集中在城市周围，废弃后造成极大的环境隐患。“电子垃圾”中多达 700 多种有害物质，其回收和循环利用问题已经引起各国的关注。

另外，方便人们生活的塑料包装引起的“白色污染”也成为一个悬而未决的难题；由于混凝土再生利用率的低下造成大量堆积在城市周围，占地、无法消纳并污染土壤和地下水等，在材料使用过程中产生的类似的环境污染问题已成为世界性难题。

1.2.3.3　材料对人体的影响

化学工业的迅速发展，为人类提供了许多用途广泛的化工制品，但是化工产品的制造和使用过程也对人体产生危害。调查发现，合成聚氯乙烯塑料的单体氯乙烯能诱发人体血管疾病；合成橡胶的添加剂如 1-萘胺，有致膀胱癌的作用；某些化妆品中含有的二乙醇亚硝胺，是一种致肝癌的物质；不少日用化学品的使用也可导致皮肤或黏膜接触性的病变；常用的亚硝酸盐防腐剂虽然能够抑制一些腐败细菌的生长，但是亚硝酸盐能和环境中的二级胺和三级胺作用生成亚硝胺化合物，这是一类较强的致癌物；用于涂料、黏结剂、干洗剂、印刷用稀料、有机合成等的有机溶剂，易于挥发，显示出对人体的毒害作用，常表现为急性中毒、全身麻醉、刺激黏膜、溶蚀皮肤等。

除此之外，室内污染物对人体健康的影响颇为严重、复杂。居室常见的有害物质多达数千种，其中室内建筑、装饰装修材料散发的有害物中危害较大的有甲醛、氨、苯系物、氡及总挥发性有机物等，可以造成人体的嗅觉刺激、致病、致畸、慢性中毒等。

1.2.4 环境材料与环境保护

环境保护是指运用现代环境科学理论和方法、技术，采取行政的、法律的、经济的、科学技术的等多方面措施，合理开发利用自然资源，防止和治理环境污染和破坏，综合整治环境，保护人体健康，促进社会经济与环境协调持续发展。环境保护工作包括两方面内容：一是合理开发利用自然资源，防止环境污染和破坏；二是对已经产生的环境污染与破坏，进行综合治理或恢复工作。环境保护是现代生活中人类面临的最大问题，是具有长期性的问题，因为环境的好坏直接影响当代和子孙后代的健康，制约经济发展和人民物质文化生活的提高。

我国“六五”期间，环保投资大约为 150 亿元，占国民生产总值的 0.5%；在“七五”期间为 550 亿元；“八五”期间为 800 多亿元，占国民生产总值的 0.73%；“九五”期间环保投资总额达到 3460 亿元；“十五”期间全国环境保护投资共需 7000 亿元，约占同期国民生产总值的 1.3%。而在发达国家，远在 1979 年，法国的环保费用就占国民生产总值的 1.1%，日本占 1.3%，德国和美国占 1.8%。从经济的启动期和环境污染后的治理期来算，我们与发达国家的差距足有 20 多年。

发达国家的环保产业起于 20 世纪 70 年代，由于环境状况的恶化、人们环境意识的提高以及政府对环境管制的严格化，环保产业获得了高速的发展。经过数十年的努力，环境状况明显改善，环保产业进入技术成熟期，成为国民经济的支柱产业之一。而在我国，20 世纪 80 年代以前的环保产业基本处于没有市场引导，也无政策扶持的“自为”阶段，这期间主要以“三废”治理为重点；“环保产业”最早于 1988 年由国务委员宋健首次提出，我国于 1990 年发布了《关于积极发展环境保护产业的若干规定》，为我国环保产业的发展奠定了政策基础；1992 年召开的全国第一次环保产业会议，明确了我国环保产业发展的指导思想与基本方向，促进了我国环保产业的发展；在 2006 年第六次全国环境保护大会上，温家宝总理指出了“十一五”时期环境保护的主要目标：到 2010 年，在保持国民经济平稳较快增长的同时，使重点地区和城市的环境质量得到改善，生态环境恶化趋势基本遏制，单位国民生产总值能源消耗比“十五”期末降低 20%左右；主要污染物排放总量减少 10%；森林覆盖率由 18.2%提高到 20%。

目前，材料、能源、生物工程等方面的新技术正源源不断地被引进环保产业，加快了我国环保产业发展的速度。其中，材料素有产业的“粮食”之称，众所周知，材料的制造和使用是人类社会发展的基石，处于优先发展的地位，是人们日常生产、生活不可缺少的重要物质基础。作为生态环境材料，对保护环境、减少污染、增进人民健康、提高生活质量方面有着重要意义，对新技术产业的形成与发展、对国民经济的可持续发展起着举足轻重的作用，也是解决新世纪环境问题和促进环境保护的关键所在。

因而，环境材料的研究引起了各国政府的普遍重视，各个国家的高科技发展计划中，环境材料都是一个重要的主题。其中，环境材料的研究包括生态建材、固沙植被材料、生物医药材料、环境协调性工艺等。开发环境相容性的新材料及其制品，并对现有材料进行环境协调性改进，是环境材料研究的主要内容。

综上所述，只有将环境材料的研究深入到工业的各个领域，才能有效利用资源和能源，减少环境负荷，才能实现材料产业可持续发展和促进环境保护。

1.3 环境材料学的研究内容与任务

1.3.1 环境材料学的定义

从目前的研究和发展来看，仅有环境材料的概念是不够的。1994 年，重庆大学在研究和开发环境材料的基础上，提出了环境材料学的概念。环境材料学的核心思想是在材料的四大要素（即成分、结构、工艺和性能）的基础上，加上材料的环境指标或环境负荷，强调了材料的环境协调性。环境材料学的目的是明确的，其发展将促进环境材料的进一步发展。

1.3.2 环境材料学的研究内容和研究方法

有关环境材料学的研究内容，国外学者认为主要包括材料的环境负担性评价技术及环境性能数据库、资源保护及再循环利用技术、与生态系统协调的材料与加工技术等。就我国目前状况来看，环境材料学的主要研究内容和方法如下。

(1) 材料的经济、技术、生态环境协调研究　材料工业的可持续发展要求三者达到综合平衡，经济效益和市场需求是发展的动力和目标，技术进步是解决改善材料对生态环境影响的有效途径和方法，生态环境是对所达到目标的一种约束。

(2) 材料的生命周期评价　能否将环境保护意识真正成功地引入材料科学与工程中，其关键在于环境负荷的具体化、指标化、定量化，进而评价环境材料及材料在其寿命全程中的环境问题。生命周期评价 LCA (life cycle assessment) 就是基于材料在寿命全程中的各阶段的环境污染指标、能耗和资源消耗而进行分类统计和分析的一种方法，此方法也被称为从摇篮到坟墓的评价方法。目前，生命周期评价方法是评价材料的环境问题的一种主要方法。德国、日本、美国已采用 LCA 方法研究了包装材料、建筑材料和其他材料。

(3) 材料的生态设计　生态设计的宗旨是把生态环境意识贯穿或渗透于产品和生产工艺的设计之中。生态设计有着丰富的内涵和外延，对现代材料工业生产制造过程有着普遍适用的意义。材料在设计阶段对其整个生命周期进行综合考虑，即减少原料使用量，尽可能使用可再生原料和再生原料，生产和使用过程能耗低，使用后易于回收、再利用，使用安全、寿命长。

(4) 材料的清洁生产技术　又称为零排放与零废弃加工技术 (zero emission and zero waste processing)，基本出发点是通过对材料制备加工过程的综合分析，采取有效技术，从技术及经济成本的可行性两方面考虑，尽可能减少乃至最终避免在材料制备加工中废物和污染物向生态环境中的排放，实现材料制备加工技术洁净化。清洁生产既是一种概念，也是一种工业生产组织和管理的思路。研究、开发清洁生产工艺和技术，实行清洁生产管理方式，大力推行清洁产品，已成为世界各国工业界、环保界、经济界、科学界的共识和关注的热点。

（5）材料流和能流循环再生及相关技术　由于资源和环境容量的有限性，未来的材料应当是可循环再生的。

（6）传统材料的环境友好加工及制备技术　传统材料在现代国民经济中占有重要地位，处于大量生产、大量消费和大量废弃中。若实现其最优生产、最优消费和最少废弃，必然需要建立 4 项技术：最大限度地减少资源和能源投入量的技术、能够长期使用的产品的制造技术、材料循环利用技术和尽可能减少破坏环境的物质排出量的技术。

（7）新型生态环境材料及相关技术　主要包括：环境修复和净化材料；根据环境和使用条件变化，自我调整、自行恢复和修复、延长寿命的智能材料；超导材料；纳米技术和材料；仿生材料及无纸办公、无线微波输电、微型化技术等。

1.3.3　环境材料学的任务

环境材料学是一门正在逐步形成的新兴学科，其重要特征在于从环境保护的角度重新考虑和评价过去的材料科学与工程学，并指导新材料的研究和开发及传统材料的改造和相关加工制备技术的发展。

这门新兴学科是研究材料的生产与开发、使用与废弃同环境之间的协调性的科学，其任务应当是研究材料系统对生态环境的影响，研究材料与环境之间的协调关系，其目的是寻找在加工、制造、使用和再生过程中具有最低环境负担的材料，并通过调控物质和能量交换过程，改善环境，促进材料工业的可持续发展，最终促进人类与环境之间的协调发展。

1.4　环境材料学的发展概况

围绕生态环境材料这一主题，国际与国内开展了广泛的研究。日本和欧洲的一些国家相继成立了相关的研究学会，多次召开国际性的研讨会，探讨材料与地球资源、环境问题等的关系，推动生态环境材料的研究和开发工作。其中，已定期召开的学术会议有：自 1993 年开始，每两年一次的生态环境材料国际会议；自 1994 年开始，每两年一次的生态平衡国际会议；自 1999 年开始，两年一次的全国环境催化与环境材料学术会议等。近年来，国内外生态环境材料的研究主要集中在环境材料的基础理论研究和应用研究两方面。

环境材料的基础理论研究的内容集中在评价材料的开发、应用、再生过程与生态环境间相互作用和相互制约的关系，目的是使材料（周期）与环境相互协调与适应。LCA 方法是进行环境材料理论研究的有效工具，其最初的应用是 1969 年美国可口可乐公司对不同饮料容器的资源消耗和环境释放所做的特征分析。作为一种产品环境特征分析和决策支持工具，LCA 方法在技术上已经日趋成熟，并得到较广泛的应用且开始在清洁生产审计、产品生态设计、废物管理、生态工业等方面发挥应有的作用。

目前，LCA 研究的热点集中在应用 LCA 对典型材料产业和产品进行材料生命周期评价（material LCA，MLCA）和环境影响评价（environmental impact assessment，EIA），同时根据 LCA 应用过程中存在的问题，不断完善和补充 LCA 的理论体系和进行评估案例的数据库的建设，以此降低数据收集的难度并提高数据的可比性。近年来，LCA 的评价应用案例集中在与人们生活密切相关的家居建材以及全新的纳米材料和器件等方面，旨在揭示人类对材料的需求活动引起的生态环境变化以及生态环境变化对人类生存所需材料的质量和数量的影响规律。

根据环境材料的性质和应用领域的不同，可以把环境材料的应用性研究分为三大类。

① 环保功能材料。其设计意图就是为解决日益严峻的环境问题，包括大气、水以及固体废物处理材料等。

② 减少材料的环境负荷。这类材料具有较高的资源利用效率以及对生态环境的负荷较小的特点，如各种天然材料、清洁能源、绿色建材以及绿色包装材料等，同时采用新工艺以降低加工和使用过程中的环境负荷。

③ 材料的再生和循环利用。这是降低材料的环境负荷同时提高资源利用效率的重要手段，其重点是研究各种先进的再生、再循环利用工艺及系统。

综上所述，环境材料技术能够有效利用有限的资源和能源，尽可能地减少环境负荷，是实现材料产业和人类社会的可持续发展的理论和技术基础。环境材料是未来新材料的一个重要方面已毋庸置疑。开发既有良好的使用性能，又具有较高的资源利用率，且对生态环境无副作用的新材料及其制品将是现实的一种迫切需要。作为跨学科的环境材料，将集可持续发展、资源的有效利用、清洁生产等前沿科学和技术于一体，为促进能源、信息、生物、建筑、环保等行业发展提供必要的物质基础。生态环境材料在未来的研究开发中，应当注重如下三个方面。

① 环境材料基础理论研究需要进一步关注 LCA 的数学物理方法、材料的环境负荷的表征及其量化指标、环境改善评价等诸多基础性研究工作。

② 在评价实践上，要根据 ISO14000 标准中第五部分关于 LCA 的讨论，开展环境协调性评估的示范性研究，选择具有代表性的材料，从生产、制备工艺（包括原材料的采集、提取，材料的制备，制品的生产、运输）进行资料收集、分析、跟踪，获取材料性能、工艺网络、材料流、能源消耗以及废物的种类、数量和去向等基本数据，并且研究其环境负荷的表征及评价方法，指出各工艺和使用环节对环境的影响和人类活动造成的废物，以及再生的资源核算体系。

③ 在应用研究上，需要注意环境材料的研究发展与产业化已经不能再基于单一学科，而是需要学科交叉和综合，即新兴环境材料及其产业的不断涌现是利用现代科技、多学科交叉和综合的成果。高性能化、多功能化、复合化和智能化是环境材料追求的发展趋势，低成本化则是环境材料进入实用化和产业化的必由之路。

小结与展望

材料的生产和使用过程会带来众多的环境问题，因而材料的生态化和开发新型生态材料以缓解日益恶化的环境问题是我们面临的重要任务。环境材料即在满足使用性能要求的同时赋予环境协调功能的材料。环境材料学的研究将促进环境材料的进一步发展，能够更有效地利用有限的资源和能源，尽可能地减少环境负荷，实现材料产业和人类社会的可持续发展。环境材料是未来新材料的重要方面之一。开发既有良好的使用性能，又具有较高的资源利用率，且对生态环境无副作用的新材料及其制品是人类的迫切需要。

思 考 题

1. 简述材料在社会经济发展中的地位及其重要作用。
2. 论述材料与环境的辩证关系，并阐述如何实现材料与环境的协调发展。
3. 阐述环境材料学的研究意义和对未来材料产业发展的重要作用。

参 考 文 献

1 山本良一编著. 环境材料. 王天民译. 北京：化学工业出版社，1997

2 左铁镛，聂祚仁. 环境材料基础. 北京：科学出版社，2003

3 翁端. 环境材料学. 北京：清华大学出版社，2001

4 刘江龙. 环境材料导论. 北京：冶金工业出版社，1999

5 孙胜龙. 环境材料. 北京：化学工业出版社，2002

6 山本良一著. 战略环境经营生态设计. 王天民等译. 北京：化学工业出版社，2003

7 洪紫萍，王贵公. 生态材料导论. 北京：化学工业出版社，2001

8 马翼. 人类生存环境蓝皮书. 北京：蓝天出版社，1999

9 陈英旭. 环境学. 北京：中国环境科学出版社，2001

10 冯奇. 材料，环境与社会的可持续发展. 2005 中国可持续发展论坛. 中国可持续发展研究会 2005 年学术年会议论文集. 上海，2005：135～140

11 NIE Zuoren，ZUO Tieyong. Ecomaterials research and development activities in China [J]. Current Opinion in Solid State and Materials Science，2003，(7)：217～223

12 SINGH M. Ecomaterials. Current Opinion in Solid State and Materials Science，2003，(7)：207

13 萧纪美. 环境与材料. 材料科学与工程，1997，15 (2)：1～9

14 陈庆斌. 材料与环境协调发展的哲学思考. 引进与咨询，2005，(12)：9～10

15 石磊，翁端. 国内外环境材料最新研究进展. 世界科技研究与发展，2004，(6)：47～55

16 曹建军，刘永娟，郭广礼. 煤矸石的综合利用现状. 环境污染治理技术与设备，2004，5 (1)：19～22

17 梁爱琴，匡少平，丁华. 煤矸石的综合利用探讨. 中国资源综合利用，2004，(2)：11～14

第2章　材料科学基本知识

环境材料亦属于材料学范畴，具备一定组成和配比、成型加工性、形状保持性、经济性以及回收再生性等材料必备的特点。在学习环境材料具体知识之前，有必要了解和掌握有关材料的一些基本知识。材料科学知识结构纷繁复杂，本章只介绍其中最为基本的内容，主要包括材料的分类和组成、材料的结构、材料的性能、材料制备基础等材料科学相关基础知识。

材料是人类用于制造物品、器件、构件、机器或其他产品的物质。材料是物质，但不是所有物质都可以称为材料，如燃料和化学原料、工业化学品、食物和药物，一般都不算是材料。但是这个定义并不那么严格，如炸药、固体火箭推进剂，一般称为“含能材料”，因为它属于火炮或火箭的组成部分。可以用多种不同的表述方式来定义材料。譬如，材料是用来制造器件的物质，材料是经过工业加工的采掘工业、农业的劳动对象等。但不论怎样讲，所谓材料必须具备如下几个要点。

(1) 一定的组成和配比　制品的使用性能主要取决于组成的化学物质（主要成分）及各成分（主要成分与次要成分）之间的配比，其中制品的力学性能、热性能、电性能、耐腐蚀性能、耐候性能等为主要成分所支配，而次要成分则用来改善其加工性能、使用性能或赋予某种特殊性能。次要成分包括熔制合成时和加工时用的助剂。

(2) 成型加工性　制品所具有的特定的形状和结构特征，是通过材料在一定温度和一定压力下成型加工获得的。成型加工过程会影响材料的混合程度、颗粒大小和分布、结晶能力、结晶形态、结晶的性能和取向程度等，从而影响制品的最终性能。所以，通过成型加工可以赋予制品一定的形状，也可以赋予制品所需的性能。成型加工包括熔融状态下的一次加工和冷却后车、钳、铣、刨、削等二次加工。通常一次加工称为成型，二次加工称为加工。不具备成型加工性，就不能成为有用的材料。

(3) 形状保持性　任何制品都是以一定的形状出现，并在该形状下使用。因此，应有在使用条件下，保持既定形状并可供实际使用的能力。

(4) 经济性　由材料制得的制品应质优价廉，富有竞争能力，必须在经济上乐于被人们接受。

(5) 回收和再生性　这是如前一章所述的符合社会可持续发展需求所必备的条件。作为绿色产品，其原料生产过程、材料制造过程、施工过程、使用过程和废弃物的处理过程5个环节，都应对维护健康、保护环境负责。尽管要完全满足5个环节的绿色生产在客观上很难实现，但随着资源的枯竭、环境的破坏，对于材料和制品的回收并再利用是必须的。对于严重污染环境、不能回收再生的制品，就应该停止生产。

所以，材料可以这样来表述：材料是由一种化学物质为主要成分并添加一定的助剂作为次要成分所组成的，可以在一定温度和压力下使之熔融，并在模具中塑制成一定形状（在某些特定场合，也包括通过溶液、乳液、溶胶-凝胶等形成的成型），冷却后在室温下能保持既定形状，并可在一定条件下使用的制品，其生产过程必须实现最高的生产率、最低的原材料成本和能耗、最少地产生废物和环境污染物，并且其废弃物可以回收和再利用。

2.1 材料的分类和组成

2.1.1 材料的分类

材料除了具有重要性和普遍性以外，还具有多样性，因而其分类方法并无统一标准。通常，根据材料的物理和化学属性分为金属材料、无机非金属材料、有机高分子材料和不同类型材料所组成的复合材料，每一类又可分为若干大类，如图 2.1 所示。也可以按材料的用途分为电子材料、信息材料、航空航天材料、核材料、建筑材料、能源材料、生物材料、包装材料、电工电器材料、机械材料、农用材料、日用品和办公用品材料等。还有将材料分为结构材料和功能材料、传统材料和新型材料等的多种分类方法。其中，结构材料是以力学性能为基础制造受力构件所用的材料，当然，结构材料对物理或化学性能也有一定要

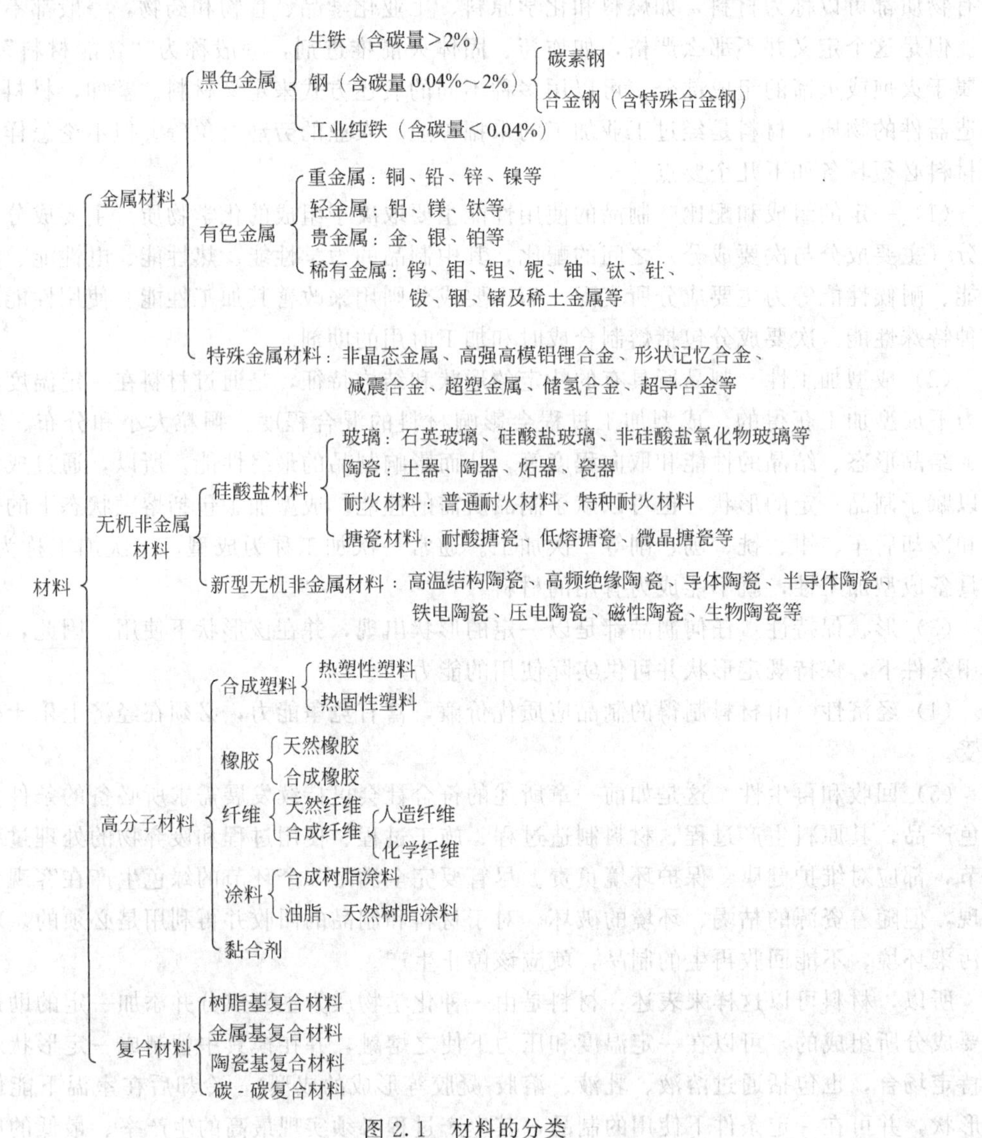

图 2.1 材料的分类

求，如光泽度、热导率、抗辐照、抗腐蚀、抗氧化等；功能材料则主要是利用物质的独特物理、化学性质或生物功能等形成的一类材料。一种材料往往既是结构材料又是功能材料，如铁、铜、铝等。传统材料（traditional material）是指那些已经成熟且在工业中批量生产并大量应用的材料，如钢铁、水泥、塑料等，这类材料由于量大、产值高、涉及面广泛，又是很多支柱产业的基础，所以又称其为基础材料；而新型材料（又称先进材料，advanced material）是指那些正在发展，且具有优异性能和应用前景的一类材料。其实，新型材料与传统材料之间并无严格区别，二者具有相互依存、相互促进、相互转化、相互替代的关系。传统材料通过采用新技术，提高技术含量和性能，大幅度增加附加值而成为新型材料；新材料在经过长期生产与应用之后就成为传统材料。传统材料是发展新材料和高技术的基础，而新型材料又往往能够推动传统材料的进一步发展。

2.1.2 材料的要素

材料科学与工程研究材料的组成、结构、生产过程、材料性能与使用效能以及它们之间的关系。因而，把组成与结构（composition-structure）、合成制备（synthesis-processing）、性质（properties）、使用效能（performance）称为材料科学与工程的四个基本要素（basic elements）。把四个要素连接在一起，便形成一个四面体（tetrahedron），如图 2.2(a) 所示。考虑四个要素中的组成/结构并非同义词，即相同成分或组成通过不同的合成或加工方法，可以得到不同结构，从而材料的性质或使用效能也不相同。因此，有人提出了五个基本要素的六面体（hexahedron）模型，如图 2.2(b) 所示，即成分（composition）、合成/加工（synthesis/processing）、结构（structure）、性质（properties）、使用效能（performance）。

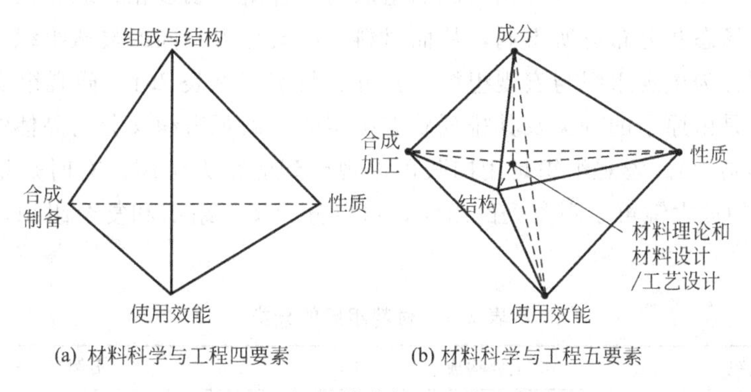

(a) 材料科学与工程四要素　　(b) 材料科学与工程五要素

图 2.2　材料科学与工程的要素图

材料科学与工程五要素的特点主要有两个。一是性质与使用效能有一个特殊的关系，材料的使用效能便是材料性质在使用条件下的表现。环境对材料性能的影响很大，如受力状态、气氛、介质与温度等。有些材料在一般环境下的性能很好，而在腐蚀介质下性能却下降显著；有的材料在光滑样品时表现很好，而在有缺口的情况下性能大为下降，特别有些高强度材料表现尤为突出，但凡有一个划痕，就会造成灾害性破坏。因此，环境因素的引入对工程材料来说十分重要。二是材料理论和材料设计或工艺设计有了一个适当的位置，即处于六面体的中心。因为这五个要素中的每一个要素，或几个相关要素都有其理论，根据理论建立模型（modeling），通过模型可以进行材料设计或工艺设计，以达到提高性能及使用效能、节约资源、减少污染或降低成本的最佳状态。应该说明，目前国际流行的仍然是四要素模型，五要素模型在国际上也有人引用。

2.1.3 材料的组成

材料通常都是由原子或分子结合而成。也可以说是由各种物质组成，而物质是由一种或一种以上元素组成的。组成材料的主要元素有铁（Fe）、硅（Si）、钙（Ca）、铝（Al）、碳（C）、氧（O）、氮（N）、氢（H）等地球上广泛存在的元素。按照原子或分子的结合与结构分布状态的不同，材料的组成可分为固溶体、聚集体和复合体三大类。

2.1.3.1 材料组元的结合形式

（1）组元、相和组织　组成材料最基本、独立的物质称为材料的组元（或组分）。组元可以是纯元素，也可以是稳定的化合物。金属材料的组元多为纯元素（如普通碳素钢的组元是 Fe 与 C），而陶瓷材料的组元多为化合物（如 Y_2O_3-ZrO_2 陶瓷的组元是 Y_2O_3 和 ZrO_2）。

材料中具有同一化学成分并且结构相同的均匀部分叫做相。相与相之间有明显的界面，可以用机械的方法把它们分离开。在界面上，从宏观的角度来看，性质的改变是突变的。若材料是由成分、结构均相同的同种晶粒构成的，尽管各晶粒之间有界面隔开，但它们仍属于同一种相。若材料是由成分、结构都不相同的几种晶粒构成的，则它们属于几种不同的相。一个相必须在物理性质和化学性质上是完全均匀的，但不一定只含有一种物质。例如，纯金属是单相材料，钢在室温下由铁素体（含碳的 α-Fe）和渗碳体（化合物，分子式为 Fe_3C）组成，普通陶瓷由晶相与玻璃相组成。

材料内部的微观形貌称为材料的组织。组织是与相有密切联系的概念。只含一种相的组织为单一组织或单相组织，由多种相构成的组织为复合组织或多相组织。在不同条件下，各相的晶粒大小、形态及分布有所不同，从而材料内部会呈现不同的显微组织。

材料的组织分为微观组织与宏观组织，其分类与实例见表 2.1。微观组织也叫做微细组织、显微组织，是由原子的种类及其排列状态决定的。微观组织又分为晶体结构和非晶态结构（也称无定形结构）。宏观组织是用肉眼可以观察到的粗大组织，有时是指用放大倍数为 20～100 倍以下的放大镜可以观察到的组织，可以分为单一组织和复合组织，这些组织又可以进一步细分。

表 2.1　材料组织的分类

<table>
<tr><th colspan="4">结构、组织</th><th>主要构成</th><th>实例</th></tr>
<tr><td rowspan="2">微观组织（结构）</td><td colspan="2">晶体结构</td><td>聚集组织</td><td>金属、无机物、有机物</td><td>金属、陶瓷、微晶玻璃、结晶高分子等</td></tr>
<tr><td colspan="2">非晶态结构</td><td>聚集组织</td><td>无机物、有机物</td><td>玻璃、玻璃态塑料、橡胶等</td></tr>
<tr><td rowspan="6">宏观组织（结构）</td><td colspan="2" rowspan="2">单一组织</td><td>致密组织</td><td>金属、无机物、有机物</td><td>型钢、棒钢、钢板、石材、塑料板、塑料棒等</td></tr>
<tr><td>纤维（细丝组织）</td><td>金属、无机物、有机物（链状高分子）</td><td>金属纤维、玻璃纤维、石棉纤维，羊毛、棉花、丝绢、尼龙、维纶等单纤维</td></tr>
<tr><td rowspan="4">复合组织</td><td rowspan="3">聚集组织</td><td>纤维聚集组织</td><td>无机纤维、有机纤维的聚集体（＋空气）</td><td>毛毡、垫料、织布等</td></tr>
<tr><td>多孔组织</td><td>（无机物/有机物）＋空气</td><td>泡沫混凝土、加气混凝土、泡沫塑料、木材等</td></tr>
<tr><td>复合聚集组织</td><td>无机物、有机物复合聚集体</td><td>灰砂浆、混凝土、纤维增强混凝土、木纤维水泥板、石棉水泥板、玻璃钢、涂料、金属陶瓷等</td></tr>
<tr><td colspan="2">叠合组织</td><td>两种以上材料的叠合</td><td>胶合板、石膏板、蜂窝板等</td></tr>
</table>

组织是材料性能的决定性因素，相同条件下，材料的性能随其组织的不同而变化。例如，通过控制和改变钢的组织，可以使其硬度很低或很高；胶合板是由单片板用黏合剂黏合成的，使纤维方向互相垂直相交，以改善木材各向异性的缺点；泡沫塑料是在组织内引入气孔以减轻其质量、增大其弯曲性能同时降低导热系数；钢筋混凝土和增强塑料分别以钢筋和纤维作为增强材料，以获得单一材料所不具备的优良性质。

（2）固溶体　两种以上的原子或分子溶合在一起时的状态统称为溶体。溶体一般是原子或分子的均匀混合物，不是化合物。液态溶体称为溶液。固态溶体，即溶质组元的晶格中所形成的单相固体，也称为固溶体。固溶体结构保持溶剂组元的晶格类型。例如，C 溶入 α-Fe 中，形成 α-Fe 基的固溶体，该固溶体的晶格与 α-Fe 相同，仍为体心立方结构。

按照溶质原子在溶剂晶格中的位置不同，固溶体可分为两种。

① 置换型固溶体（或称取代型固溶体）。溶剂 A 晶格中的原子被溶质 B 的原子取代所形成的固溶体。为此，原子 B 的大小要同原子 A 的大小大致相同。

② 填隙型固溶体（也称间隙型固溶体）。在溶剂 A 的晶格间隙内有溶质 B 的原子填入（或溶入）形成的固溶体。为此，填入的 B 原子必须是充分小的，如碳和氮等是典型的溶质原子。碳和氮与铁形成的填隙固溶体是钢中重要的合金相。对一种晶体，可以同时存在这两种形式的固溶体，如普碳钢中，Mn 原子在 α-Fe 中是取代固溶，而 C 原子则是填隙固溶。

和纯金属相比，合金固溶体的物理、化学性能均发生了不同程度的变化。首先，一个重要的现象是溶质原子的溶入，使固溶体的强度和硬度升高，称为固溶强化；其次，不少固溶元素可以明显地改变基体的物理和化学性能，如 Si 溶入 α-Fe 中可以提高磁导率、增大比电阻，故含 2%～4% Si 的硅钢片是一种应用广泛的软磁材料。一般对于一些要求高磁导率、高塑性和高抗蚀性的合金，其金相组织多数由一种固溶体组成。而要求强韧兼备的结构材料则往往采用以固溶体为基、细小质点为第二相呈弥散分布的材料。

（3）聚集体　一般金属材料或无机非金属材料等不论是由“单一的元素构成的”、“固溶体构成的”、“两种以上不同元素的结晶相构成的”亦或是“结晶相与玻璃相的共存状态”，都是由无数的原子或晶粒聚集而成的固体，对处于这类状态的材料称之为聚集体。其中，有的是晶粒间呈连续变化并牢固地结合在一起（如金属或固溶体等），有的是晶粒间的结合较微弱（如铸铁、花岗岩等）。后者受外力作用时，在晶粒的界面会发生破坏。

石棉和云母之类是分别具有链状和层状结构的晶体，因纤维的层与层之间的结合力较弱，可以将其分散成细纤维和薄片。具有链状结构的高分子材料，通过链的卷入、某些交联作用以及部分析晶等过程可使键能有一定程度的增加。

纯金属一般可把它看成是微细晶体的聚集体；而合金则可看作是母相金属原子的晶体与加入的合金晶体等聚合而成的聚集体。晶粒间的结合力要比晶粒内部的结合力小。

（4）复合体（复合材料）　复合体，即指由两种或两种以上的不同材料通过一定的方式复合而构成的新型材料，各相之间存在着明显的界面。复合材料中各相不但保持各自的固有特性而且可最大限度发挥各种材料相的特性，并赋予单一材料所不具备的优良特殊性能。

复合材料的结构通常是一个相为连续相，称为基体材料；而另一个相是不连续的，以独立的形态分布在整个连续相中，也称为分散相。与连续相相比，这种分散相的性能优越，会使材料的性能显著增强，故常称为增强材料。材料增强的种类有颗粒增强、晶须和纤维增强、层板复合等。如先进复合材料是以碳纤维、芳纶、陶瓷纤维、晶须等高性能增强材料与耐高温树脂、金属、陶瓷和碳（石墨）等构成的复合材料，用于各种高技术领域中用量少而性能要求高的场合。目前，复合材料已日益成为材料大家族中发展最为迅猛、应用更为广泛的后起之秀。

较大的骨料用结合材料而结合的称为复合组合体，如混凝土是砂子、碎石和水泥浆结合而成的，纤维板是将植物纤维用树脂结合制成的。

一般将成型好的材料按一定方向叠合成层状胶合一起做成的材料叫做叠层材料。胶合板是将纤维方向相互垂直叠合在一起，蜂窝结构材料是用蜂窝状的物质作为夹心材料、用强度大的平板作表面材料而制成的轻质、抗弯刚性大的材料。

2.1.3.2 材料的化学组成

（1）金属材料的化学组成 金属材料包括纯金属和以金属为基础构成的合金。金属材料的特点是具有其他材料无法取代的强度、塑性、韧性、导热性、导电性以及良好的可加工性等。为获得需要的性能，须控制材料的成分与组织。

① 单质金属。金属是指元素周期表中的金属元素，存在于自然界的94种元素中，有72种是金属元素。一般是从含金属元素的天然矿物中冶炼出来，然后再用电冶、电解等方法提纯得到含杂质很少的纯金属。工业上习惯分为黑色金属和有色金属两大类。铁、铬、锰三种金属属于黑色金属，其余的所有金属都属于有色金属。有色金属又分为重金属、轻金属、贵金属和稀有金属四类。

② 金属合金。所谓金属合金是指由两种或两种以上的金属元素或金属元素与非金属元素构成的具有金属性质的物质。如黄铜是铜和锌的合金，硬铝是铝、铜、镁等组成的合金。为了形成合金所加入的元素称为合金元素。由两种元素构成的叫做二元合金，由三种元素构成的叫做三元合金。表2.2列出了主要金属合金的化学组成，它们一般都是多晶体。合金有时可以形成固溶体、共熔体、金属间化合物以及它们的聚集体。非晶态合金具有许多优异性能，如强韧性、抗侵蚀性、高磁导率等。

表2.2 主要金属合金的化学组成

种类	母相金属	材料名称(加入的主要元素/%)
钢	Fe	结构钢(C0.1～0.6)；高速钢(W13～20，Cr3～6，C0.6～0.7)；高强钢(C<0.2，Mn<1.25，S<0.05)
铝合金	Al	Al-Cu合金(Cu4～8)；Al-Si合金(Si4.5～13)；硬铝(Cu4，Mn0.5，Mg0.5，Si0.3)；超硬铝：Al-Zn-Mg-Cu系合金
铜合金	Cu	黄铜[顿巴黄铜(Zn8～20)，7-3黄铜(Zn25～35)，6-4黄铜(Zn35～45)，黄铜(Zn45～55)]；白铜(Ni25)；青铜(Sn4～12，Zn+Pb0～10)
不锈钢、耐腐蚀性钢	Fe	不锈钢[铬系(Cr≥12)，铬镍系(Cr17～19，Ni8～16，Mo<2.0，Cu<2.0)，18-8不锈钢(Cr18，Ni8)]；耐腐蚀钢(Cr<12，C<3.0)
耐热钢	Fe	Fe-Cr系合金(Cr4～10)；Fe-Cr-Ni系合金(Cr18～20，Ni8～70，Mn0.5～2，S0.5～3，C<0.2)
低熔点合金		铅-锡合金(Sn39～40)；黄铜焊料(Zn40)；银-铜-磷合金(Sn60～70，Pb40～30)
钛合金	Ti	高强度β钛合金(Ti-8Mo-8V-2Fe-3Al)；高塑性钛合金(Ti-6Al-4V)
非晶态合金		Fe78Si10B2；Bd40Ni40P20；Fe80P13C7；Ti50Be40Zr10

（2）无机非金属材料的化学组成 无机非金属材料包括陶瓷、瓷器、耐火材料、黏土制品、搪瓷、玻璃和水泥等材料。陶瓷是无机非金属材料的主体，现在不少西方国家，陶瓷实

际上已是各种无机非金属材料的通称，同金属材料和高分子材料一起成为现代工程材料的三大支柱。

从化学角度来看，无机非金属材料都是由金属元素和非金属元素的化合物配合料经一定工艺过程制得的。如金属和非金属元素的氧化物（SiO_2、Al_2O_3、TiO_2、Fe_2O_3、CaO、MgO、K_2O、Na_2O、PbO 等）、氢氧化物［$Ca(OH)_2$、$Mg(OH)_2$、$Al(OH)_3$、NaOH、KOH 等］、碳化物（SiC、B_4C、TiC 等）、氮化物（Si_3N_4、BN、AlN 等）等以不同的方式组合而成的。化学组分几乎涉及元素周期表上所有元素，原料处理和制备工艺的日新月异，使新产品层出不穷。表 2.3 列出了一些具有代表性的无机非金属材料的组成及用途。

表 2.3　无机非金属材料的组成及用途

种类	材料组成	用途
绝缘材料	Al_2O_3, MgO, AlN, MgO·Al_2O_3·SiO_2 玻璃	集成电路基片，封装陶瓷，高频绝缘瓷
介电材料	TiO_2, $La_2Ti_2O_7$, $Ba_2Ti_9O_{20}$	陶瓷电容器，微波陶瓷
铁电材料	$BaTiO_3$, $SrTiO_3$	陶瓷电容器
压电材料	$(PbBa)NaNb_5O_{15}$, $PbTiO_3$·$PbZrO_3$, $PbTiO_3$	超声换能器，滤波器，压电点火，谐振器
半导体陶瓷	$LaCrO_3$, ZrO_2·Y_2O_3, SiC	湿度传感器，温度补偿器等
	PTC(Ba·Sr·Pb)TiO_3	湿度补偿器和自控加热元件
	CTR(V_2O_5)	热传感元件，防火灾传感器等
	ZnO 压敏电极	避雷器，浪涌电流吸收器，噪声消除
	SiC 发热体	电炉，小型电热器等
	离子导体 Al_2O_3, ZrO_2, AgI·AgO·MoO 玻璃	钠硫电池固体电解质，氧传感器陶瓷
铁氧体	$CoFe_2O_4$, BaO·Fe_2O_3, Ni·Zn, Mn·Zn, CuZn·Mg, Li, Mn, Ni, MgZn 与铁离子形成的尖晶石型铁氧体	铁氧体磁石，记录磁头，计算机芯片，电波吸收体
透光材料	Na_2O·CaO·SiO_2 玻璃	窗玻璃
	Na_2O·Al_2O_3·B_2O_3·SiO_2 玻璃	透紫外光元件
	透明 MgO, As·Ge·Te 玻璃	透红外光元件
	SiO_2, ZrF_4·BaF_2·LaF_3 玻璃纤维	光学纤维
	K_2O·BaO·Sb_2O_3·SiO_2·Nd_2O_3 玻璃，透明 BeO, Y_2O_3	激光元件
	透明 PLZT(Pb·La·Zr·Ti·O)	光存储元件，视频显示，光开关等
	CdO·B_2O_3·SiO_2 玻璃	光致色器
湿敏陶瓷	$MgCr_2O_4$·TiO_2, TiO_2·V_2O_3, ZnO·Cr_2O_3, Fe_2O_3, $NiFe_2O_4$	工业湿度检测，烹饪控制元件等
气敏陶瓷	SnO_2, Fe_2O_3, ZrO_2, TiO_2, CoO·MgO, ZnO, WO_3 等	汽车传感器，气体泄漏报警，气体探测
载体	2MgO·2Al_2O_3·5SiO_2, SiO_2·Al_2O_3, Al_2O_3, Na_2O·B_2O_3·SiO_2 多孔玻璃	汽车尾气催化载体，化学工业用催化载体，酵素固定载体，水处理等
生物材料	Al_2O_3, $Ca_3(PO_4)_2$, $Ca_{10}(PO_4)_6(OH)_2$·Na_2·CaO·P_2O_5·SiO_2 系玻璃	人造牙齿，人造骨，人造关节
结构材料	Al_2O_3, MgO, ZrO_2, SiC, TiC, WC, AlN, Si_3N_4, BN, TiN, TiB_2, $MoSi_2$, C, Y·Al·Si·O·N 玻璃	耐高温结构材料，研磨材料，切削材料，超硬材料，飞机、火箭零件，网球拍，钓鱼竿等
搪瓷、釉料	Na_2O·CaO·Al_2O_3·BAO_3·SiO_2·MO_x（MO_x 为过渡金属氧化物）	陶瓷、金属等装饰、保护用涂层
硅酸盐水泥	CaO·Al_2O_3·Fe_2O_3·SiO_2	建筑用

(3) 高分子材料的化学组成　有机化合物简单地称为碳氢化合物，是以碳元素（C）为主，大多数是和氢元素（H）、氧元素（O）中的任一种或两种以上结合而成的。此外，也有和氮（N）、硫（S）、磷（P）、氯（Cl）、氟（F）、硅（Si）等结合构成。尽管构成有机化合物的成分元素种类为数不多，但由它们组合起来可以形成组成、结构不同的数量极为庞大的各种化合物，而且数量与日俱增。

高分子材料是以高分子化合物（亦称高聚物、树脂）为主要组分的材料。所谓高分子化合物主要是指相对分子质量特别大的有机化合物。与低分子化合物相比较，高分子化合物最突出的特点是相对分子质量非常高，通常是在 10^4 以上，且相对分子质量事实上是一个平均值，存在相对分子质量的分布；低分子化合物的相对分子质量一般小于 500，且相对分子质量是均一的。高分子化合物的另一个特点是其主链中不含离子键和金属键。

高分子材料根据其不同的来源，可分为天然高分子材料（如木材、皮革、天然纤维、天然橡胶等）与合成高分子材料（如各种塑料、合成橡胶、合成纤维等）。合成高分子化合物是由一种或几种简单的低分子化合物聚合而成，如由氯乙烯聚合得到聚氯乙烯，其化学反应式可写成 $nCH_2=CHCl \rightarrow [CH_2-CHCl]_n$。从中可以看出，聚氯乙烯是由许多氯乙烯小分子打开双键连接而成的由相同结构单元多次重复组成的大分子链。这种可以聚合成高分子化合物的低分子化合物称为单体。组成高分子化合物的相同结构单元称为重复单元，每个重复单元又称作大分子链的一个链节，一个高分子化合物中重复单元的数目 n 叫做链节数，在大多数场合下链节数可称为聚合度，记为 DP。例如聚氯乙烯的单体是氯乙烯，链节是 $-CH_2-CHCl-$，聚合度为 300～2500，相对分子质量为 2 万～16 万。

采用加热、光照等给予能量，在引发剂的存在下，通过聚合反应，可以将低分子的单体结合到一起形成高分子化合物。按应用功能分类，高分子材料可分为通用高分子材料（如塑料、合成纤维和合成橡胶）、特殊高分子材料（如耐热、高强度的聚碳酸酯、聚砜等）、功能高分子材料（指具有光、电、磁等物理功能的高分子材料）、仿生高分子材料（如高分子引发剂、模拟酶等）。常见的高分子化合物列于表 2.4。

表 2.4　常见的高分子化合物

高分子化合物	重复单元	缩写符号
聚乙烯	$-CH_2-CH_2-$	PE
聚丙烯	$-CH_2-CH(CH_3)-$	PP
聚苯乙烯	$-CH_2-CH(C_6H_5)-$	PS
聚氯乙烯	$-CH_2-CH(Cl)-$	PVC
聚氟乙烯	$-CH_2-CH(F)-$	PVF
聚四氯乙烯	$-CF_2-CF_2-$	PTFE
聚丙烯酸	$-CH_2-CH(COOH)-$	PAA

续表

高分子化合物	重复单元	缩写符号
聚丙烯酸甲酯	$-CH_2-CH(COOCH_3)-$	PMA
聚甲基丙烯酸甲酯（有机玻璃）	$-CH_2-C(CH_3)(COOCH_3)-$	PMMA
聚丙烯腈	$-CH_2-CH(CN)-$	PAN
聚乙酸乙烯酯	$-CH_2-CH(OCOCH_3)-$	PVAc
聚乙烯醇	$-CH_2-CH(OH)-$	PVA
聚 1-丁烯	$-CH_2-CH(CH_2CH_3)-$	PB
聚异戊二烯	$-CH_2-C(CH_3)=CH-CH_2-$	PIP
聚氯丁二烯	$-CH_2-C(Cl)=CH-CH_2-$	PCB
聚甲醛	$-O-CH_2-$	POM
聚环氧乙烷	$-OCH_2-CH_2-$	PEOX
聚对苯二甲酸乙二醇酯	$-O-CH_2CH_2O-CO-C_6H_4-CO-$	PET
环氧树脂	$-O-C_6H_4-C(CH_3)_2-C_6H_4-O-CH_2CH(OH)CH_2-$	EPE
聚碳酸酯	$-O-C_6H_4-C(CH_3)_2-C_6H_4-O-C(=O)-$	PC
聚砜	$-O-C_6H_4-C(CH_3)_2-C_6H_4-O-C_6H_4-S(=O)_2-C_6H_4-$	PSU
聚酰胺 66（尼龙 66）	$-NH(CH_2)_6NH-CO(CH_2)_4CO-$	PA-66
聚氨酯	$-OR'OC(=O)NHRNHC(=O)-$	PU
顺式聚丁二烯橡胶	$-CH_2-CH=CH-CH_2-$	BR

2.2 材料的结构

材料科学的重要研究领域是结构、成分与性能的关系。以往在应用领域，特别是在工业生产中，人们总是不太注意材料结构，而将重点放在了解材料成分对性能的影响上。通过不断地实践，人们已经认识到，即使是同一种材料，当它的结构存在差异时，性质可以有明显的差别，这就是所谓材料的结构敏感性。

材料的结构（structure)，是指材料的组成单元（原子或分子）之间相互吸引和排斥作用达到平衡时的空间排布。它包括形貌、化学成分、相组成、晶体结构和缺陷等内涵。从尺度上看，可以有宏观的（macroscopic)、微观的（microscopic）和介观的（mesoscopic）（广义上讲是指结构尺度处于宏观与微观的中间尺度，在 nm～μm 范围，也称显微或亚微观）三个基本层次研究材料结构特征与物性的关系。而材料的物性和这三个层次上的结构特征都有关联。

宏观组织结构是用肉眼或放大镜能观察到的晶粒、相的集合状态。显微组织结构是借助光学显微镜、电子显微镜可观察到的晶粒、相的集合状态或材料内部的结构，其尺寸约为 10^{-7}～10^{-4}m。比显微组织结构更细的一层结构即微观结构包括原子及分子的结构以及原子和分子的排列结构，又分为晶体结构和非晶态结构（也称无定形结构)。因为一般分子的尺寸很小，故把分子结构排列为微观结构。但对高分子化合物，大分子本身的尺寸可达到亚微观的范围。

2.2.1 晶体

晶体是由于原子间相互作用导致的固体的热力学平衡状态，其特征在于其中的原子的排列呈现三维周期结构。在材料中，金属与陶瓷通常是晶态，即使是高分子材料或生物材料也有相应的晶相。因而，了解和掌握晶体结构基本概念十分重要。

2.2.1.1 晶体的概念

人们对晶体的认识开始于认识自然界中的晶体。最初人们认为，凡是具有规则几何外形的天然矿物均是晶体，当然这个定义不够严谨。影响晶体外形的主要因素有两个：晶体的内部结构和晶体生长的物理化学条件。将一块外形不规则的晶体放在生长液中，在适宜的自由生长条件下，它能最终形成具有规则几何外形的晶体。晶体的这种性质是受其内部结构规律所支配的，即晶体规则的几何外形是晶体内部结构规律的外在反映。但是对于许多晶体来说，通常很难实现上述适宜的自由生长条件，因此晶体的实际外形，尤其是金属晶体外形往往是千变万化的。

一个单晶体的规则几何外形一定是一个凸多面体，因而其比表面积比较小。多面体的面往往是晶体面指数较低的面，即密度较高的晶面。由于表面能的原因，密度较低的晶面则不容易作为表面出现。另一方面，密度最高的晶向往往生长速度最快，所以针状或棒状晶体外形最长的方向往往就是这些晶向。晶体可以有单形和聚形两种理想外形。单形是由形状、大小、面指数相同的晶面构成的晶体外形，如正方体（氯化钠)、正八面体（明矾）等，如图 2.3(a)、图 2.3(b) 所示。晶体共有 47 种单形。聚形是由两种或两种以上的晶面构成的晶体外形，如方柱多面体（水合硫酸镁)，如图 2.3(c) 所示。

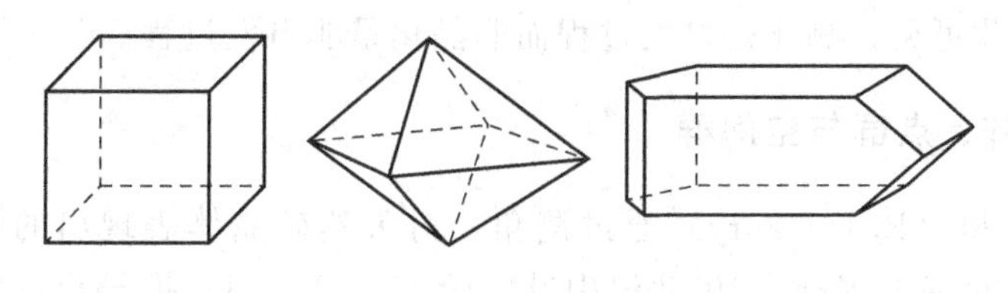

(a) 氯化钠晶体　(b) 明矾晶体　(c) 水合硫酸镁晶体

图 2.3　晶体的外形

晶体 X 射线的结果表明，晶体是结构单元（原子、离子、分子等）具有三维长程有序排列的一切固体物质。晶体与非晶体之间的主要差别在于它们是否有三维长程点阵结构。晶体的各种性质（如物理性质、化学性质、几何形态等）都与其内部点阵结构紧密相联。

2.2.1.2　晶体的基本特征

(1) 晶体的不完整性　在实际晶体中总是或多或少地存在着不同类型的结构缺陷，因此就形成了长程有序中的无序成分。当然长程有序还是晶体的基本特征，因此可以说晶体结构单元的长程有序排列中包含着结构缺陷，从而会使晶体在某些动态行为上明显地偏离理想晶体。

(2) 晶体存在的普遍性　晶体是由其结构基元在三维空间内按长程有序排列而成的固体物质，因此按这个概念来鉴别物质时可以发现，地球上大部分固体物质都属于晶体。不仅在地球上到处都是有机或无机晶体，而且在其他天体上不断地进行着晶体形成和破坏的演变过程，因此在整个宇宙中广泛地存在着晶体物质，如飞落到地球上的陨石基本上也是由晶体组成的。晶体不仅统治着无生命世界的物质，而且也存在于有生命的物质中。如在无数生物的物质中，蛋白质占有显著的地位。蛋白质是形成动物组织的主要物质。早在 20 世纪 60 年代，我国的科学工作者就首次成功地采用人工方法培养出世界上第一块纯净的蛋白质晶体，并测定了它的晶体结构，使得晶体结构的测定工作和生物的活动过程在微观尺度上联系起来。

(3) 晶体的基本共性　晶体中原子的周期性排列促成晶体具有一些共同的性质，如均匀性，即晶体不同部位的宏观性质相同（平移特性）；各向异性，即在晶体的不同方向上具有不同的物理性质（旋转特性）；自限性，即晶体具有自发地形成规则的几何外形的特性；对称性，即晶体在某几个特定方向上所表现出的物理化学性质完全相同等性质。同时晶体还具有固定的熔点。

(4) 晶体的转化　晶体与非晶体在一定的条件下互相转化，即固体物质的结构特征发生质的变化。如玻璃调整其内部结构可使其基元的排列方式向晶体转化，称为退玻璃化或晶化；晶体内部结构基元的周期性排列遭到破坏，也可以向非晶质转化，称为玻璃化或非晶化；含有放射性元素的矿物晶体，由于受到放射性蜕变时所产生的 α 射线的作用，晶体结构遭到破坏，而转化为非晶质矿物；激冷也可造成金属固体的非晶状态。

(5) 晶体的稳定性　当晶体内部的结构基元为长程有序的排列且处于平衡位置时，其内能为最小。例如将许多乒乓球随便放满一个足够大的方盒子，若将这些乒乓球重新整齐地紧密排放在方盒子里，则会发现同样数量的乒乓球已不足以填满方盒子，即乒乓球的总位能降低了。因此，对于同一物质的不同凝聚态来说，晶态是最稳定的。晶体玻璃化作用的发生，必然与能量的输入或物质成分的变化相关联；而晶化过程却完全可以自发产生，从而转向更加稳定的晶态。由此可见，晶化是自发过程而非晶化是非自发过程。

2.2.1.3 点阵、点群与空间群

18世纪末，哈里（R. J. Haury）通过测角，对天然矿晶体表现出的对称性进行总结，建立了几何晶体学的基本规律。19世纪中叶，哈塞（Hassel）推导出32种点群，布喇菲（A. Bravais）推导出14种点阵。19世纪末，费多罗夫（Fedorov）与熊夫利（Schoenflies）分别独立地推导出230种空间群，从而全面奠定了晶体微观对称的基础。

（1）点阵　在空间中由点排列成的无限阵列，其中每一点与其他所有这种点有完全相同的环境，这种阵列称为点阵。所有晶体都具有平移不变性，或称平移对称性，借助点的平移可产生这种点阵。晶体被定义为原子的三维长程有序排列，即周期排列。所谓周期就是平移对称。平移对称性可理解为点平移后其环境不变。从晶体的平移对称特性出发，则所有晶体可能具有14种不同的点阵，或称为14种以法国晶体学家布喇菲命名的布喇菲点阵。

（2）点群　在晶体中，由于对称性的存在，可以通过一些操作，使晶体的这一部分与另一部分联系起来。如果在进行操作之后，晶体在形式和取向上与原来毫无差别，我们称此动作为对称操作或对称动作。在结晶学中，把在三维空间点阵中对称动作（旋转轴、镜面、对称中心等）及其组合所形成的集合称点群。因为在进行这些对称动作时，各个对称元素都要通过一个共同点，即有一个点在操作过程中固定不动，所以这些动作的集合称点群。在晶体中还必须满足周期性的要求，所以晶体中的对称性只有32个点群。根据对称动作的特征，人们将晶体分为三斜、单斜、正交、三方、四方、六方、立方7个晶系。对于7个晶系和14种布喇菲格子，它们所属的点群有两种表示方法，一种称国际符号，另一种是熊夫利符号，这些符号经常在讨论材料结构的论文中出现。

在熊夫利符号中，C、D、O、T字母是名词：cyclic 循环（旋转）、dihedral 二面的、octahe 八面体和 tetrahedral 四面体的首字母；Cn 表示旋转轴 C 为 n 次对称轴，Dn 表示有二次对称轴与 n 次旋转轴正交。角标 v 表示含有 n 次对称轴（vertically），角标 h 表示垂直于对称轴具有镜像对称元素，d 表示对称轴的对角面（diagonal）上具有镜像元素，角标 i 表示存在有对称中心（inversion）。

（3）空间群　晶体结构特征只用点群还不能够完整地描述，由于它具有周期性，尚需将平移对称包括在内。当点群与平移对称动作（螺旋，滑移反映）加在一起时，在进行操作过程中，晶体中的所有点都要移动，故称空间群。32种点群与对应平移对称元素结合，最大可得230种对称元素的集合，即230种空间群。所以晶体结构的全部微观对称性均可由空间群给出，任何晶体的结构都属于230种空间群。

2.2.1.4 晶体的物理性质及其对称性

（1）晶体对称性的分布　无机材料的化学式比较简单，所以很少有大晶胞。许多有机晶体的晶胞的体积相当大，约为 $10nm^3$，而蛋白质的分子晶胞比此要大10～100倍。Tipula 红色病毒具有面心立方结构，轴长为358nm，单胞体积近 $460\times10^5 nm^3$。大多数无机晶胞的体积在 $(10\sim1000)\times10^5 nm^3$ 范围，其中金属的晶胞最小；多型化合物的最大，如碳化硅多型体和六方铁氧体的晶轴可达150nm。化学式简单的材料比化学式复杂的材料对称性高。2/3的无机材料，其对称性高于斜方晶系，而有机材料只有1/3。大约80%的无机材料与60%的有机材料的结构是中心对称的，这与材料中原子相互作用力的向心性有关。离子键是球对

称的，其强度取决于原子间距离，与角度无关。共价键是有方向性的，而有机固体很多是由碳键、碳氢键等具有共价键性质的键所组成，所以无心晶体的百分率在有机晶体中要高一些。表 2.5 是根据 CrystalData（No. 1）所列出的 5572 种无机化合物和 3217 种有机化合物及 224 种蛋白质统计的结果。

由表 2.5 可见，实际上三斜（斜方）晶体较少，单斜和正交晶体在有机材料和蛋白质中比例较多，约占整体统计数字的一半；对称性高的四方、六方和立方晶体主要存在于无机材料之中。这可能是因为无机材料分子小，高度对称排列时在自由能上比较有利。

表 2.5　结晶材料在 7 个晶系中的分布百分比　　　单位：%

晶　系	无　机	有　机	蛋白质	合计(约)
三斜	2	6	2	4
单斜	14	49	35	27
正交	18	30	43	23
三方	12	4	6	9
四方	14	6	6	11
六方	11	2	2	7
立方	30	4	5	20

（2）物理性能的对称性　在测定材料的物理对称性效应时，有四种对称需要考虑：①材料的对称性；②外力（广义力，包括电、磁、力、热、光等）的对称性；③所发生的变化及位移（广义坐标）的对称性；④联系位移与外力的物理性能的对称性。

在一般情况下，空间是均匀而且是各向异性的。从某种角度来说，气体、液体的对称性是非常高的，它们对任意的平移和旋转具有不变性。从原子排布和物理性能上看，非晶体、玻璃和液体具有球对称性，表示方法为$\frac{\infty}{m}m$（m 表示镜面，∞表示无限次旋转轴）。

陶瓷、金属、矿石以及其他杂乱取向的多晶固体，也具有物理性质的球对称性，$\frac{\infty}{m}m$。从一棵大树上锯下来的矩形木块具有正交对称性，因为纵向、切向和径向的性能是互不相同的。因此，木质与正交晶体一样，具有 9 个独立的弹性常数。用定向排列的微晶组成的扁平的或纤维状材料，发现具有柱状对称性。

在材料学中，重要的物理作用有机械应力、电场、磁场和温度等，它们都有某种对称性。如拉伸应力具有圆柱对称性（$\frac{\infty}{m}m$）；切向应力具有正交对称性（mmm）。它们都是中心对称的，这是因为为了防止材料发生平移或转动，作用力必须是中心对称的。电场可以表示为带有极性对称性∞m 的矢量。运动的电荷产生了磁场，因此电流回路可以用来表示对称性。磁场具有轴圆柱对称性，点群$\frac{\infty}{m}m$。温度是具有球对称$\frac{\infty}{m}m$ 的标量。

晶体的宏观对称性是以构成晶体的粒子排列的微观对称性为基础的（晶格和对称的晶胞或元胞），它只对于一组离散的平移矢量具有不变性，平称矢量的最短距离即为晶格常数，这称为破缺的平移对称性。所以晶体的对称性是不完全的，称为破缺对称性（broken symmetry），这个概念是朗道在研究相变时首次提出的。

（3）结构对称与物理性能的关系　晶体的物理性质与其对称性的关系非常密切。以光学性质为例，根据对入射光的折射性质，可将晶体分为五组。第一组为立方晶体，对光的折射是各向同性的；第二组为单轴晶体，包括有三方、四方和六方晶体，对光的折射是各向异性的；第三组为正交晶体；第四组为单斜晶体；第五组为三斜晶体。后面三组晶体的对称性依次减少，对光的折射也是各向异性的，而且是双轴晶体。由此可见，在考察晶体的物理性质时，弄清它的对称性很重要。

诺埃曼（Neumann）法则常用作讨论晶体性质时的依据，即晶体的任一物理性质所拥有的对称要素，必须包括晶体所属点群的对称要素。这意味着，晶体的物理性质所拥有的对称性，至少等于晶体点群的对称性，实际上可能比点群对称要素高。如果把晶体置于一固定的坐标中，沿着不同方向测量晶体的某一物理性质，当沿着某一对称操作联系在一起的所有方向上测得的晶体性质全部相同时，我们就说晶体的物理性质具有与该对称操作相对应的对称素。晶体某一物理性质的对称性便是这些对称素的总和。

如上所述，立方晶体的光学性质是各向异性的，显然各向同性呈现的对称性除包括了立方晶体的所有立方点阵所具有的对称素外，还包含立方晶体所不具备的对称性，如无限旋转轴等。诺埃曼法则说的是晶体的性质至少要包含晶体点群的对称性，实际上晶体性质所呈现的对称性，常常高于晶体结构所包括的对称性。

诺埃曼法则指出，晶体物理性质至少拥有晶体点群的对称性，其含义为：当作用物理量保持不变，而对晶体按所属点群的对称要素进行对称操作时，感应的物理量应该重现原来的数值和方向；或者当晶体保持不变，而将作用物理量和感应物理量同时按晶体点群的对称操作要素进行对称操作时，联系这两个物理量的系数张量保持不变。前者是对晶体进行操作，后者是对物理量进行对称操作，这两者的效果应该是一样的。

根据诺埃曼法则，通过晶体结构中的对称素进行坐标变换、对称操作，能得出晶体性质张量中那些组元为非零的独立分量，使得描述其性质的独立张量组元数目大为减少。因此诺埃曼原理是用来研究晶体宏观物理性能的基本出发点。

2.2.1.5 原子堆积与晶体中的缺陷

(1) 原子堆积　在用点群或空间群研究晶体结构时，将原子（分子）作为一个几何点来处理。实际上原子或分子都是有一定大小的，它们在组成晶体时，由键力吸引使它们靠近，但泡利原理又阻止它们无限靠近。实际的晶体可以看作是一些一定尺寸（原子半径或离子半径）的硬球的堆积，尺寸大的原子或离子尽量靠近。为了使自由能最小，它们作最紧密堆积（面心密堆积 ccp，或六角密堆积 hcp）。在形成密堆积时，还有四面体空位（空隙）和八面体空位（空隙），一些小尺寸的原子或离子就进入这些空位中。

金属结构大部分就是由等原子半径的金属元素的面心密堆积或六角密堆积而成。许多化合物中通常由离子半径大的离子作密堆积，离子半径小的占据其中的空位，如 NaCl 中，Cl 离子形成面心密堆积（ccp），Na 占据八面体空隙。在许多金属氧化物中，大都是氧离子作密堆积，金属根据它们的离子半径大小占据四面体空隙或八面体空隙。

(2) 理想晶体与实际晶体　内部原子完全规则的晶体称为理想晶体。根据自由能最小的原则

$$F=U-TS \tag{2.1}$$

只要温度不是 0K，晶体中总应有缺陷，即晶体中这么多原子（$10^{29}\,m^3$）不可能都在严格的格点位置，而是或多或少地出现一些缺陷，这样就会有相当数量的熵，从而使自由能可

以达到最小。

自然界中的单晶体大都是边长为100nm左右的完整晶块镶嵌而成。通过人工控制，目前可以获得直径为0.127～0.203m的几十千克的硅单晶，其完整程度远远超过自然界中的单晶，但仍有缺陷存在。

(3) 晶体中的缺陷　晶体缺陷是指实际晶体与理想的点阵结构发生偏离的区域。由于点阵结构具有周期性和对称性，所以凡使晶体中周期性势场发生畸变的因素称为缺陷。使晶体中电子周期性势场发生了畸变的称电缺陷；使原子排列发生周期性畸变的称几何缺陷。传导电子、空穴、极化子、陷阱等为电缺陷；杂质、空位、位错等为几何缺陷；几何缺陷又称原子缺陷。实际上原子缺陷与电子缺陷有一定的联系，特别在离子晶体等极性晶体中，正离子空位带负电，不同价的杂质（点缺陷）也带电。下面主要讨论原子缺陷。

根据原子缺陷的几何形状不同，可将其分为以下四类。

① 点缺陷。点缺陷又称零缺陷，主要有填隙原子、空位、杂质和空位对等。

② 线缺陷。线缺陷为一维缺陷。棱位错和螺位错是两类最基本的线缺陷，由它们组合可以构成混合位错和不全位错等线缺陷。人类对位错的认识是迂回曲折的，早在20世纪20年代中期，人们发现金属的强度比理论值小几个数量级，金属范性形变处存在晶面间的滑移，这意味着金属中有某种线性缺陷。1934年G.I.泰勒已提出位错的概念，但无法证实。1949年F.C.夫兰克指出螺位错会加速晶体生长的理论，并有照片，但仍有人反对。直至1956年P.B.赫希等在透射电镜下观察到位错及其运动存在，并拍摄成电影，位错的概念才得到认可。

金属单晶中的位错密度为$10^6 cm/cm^3$，经加工或严重形变的金属，位错密度可高达$10^{12} cm/cm^3$，良好的硅单晶中位错密度可以接近为零。

③ 面缺陷。面缺陷有层错、双晶面、小角度晶界和大角度晶界以及相界等。

④ 体缺陷。体缺陷主要是指在主晶相中的一些粒状、片状偏析物或沉淀物。如含镍的钢（Fe-36Ni-3Ta2.5Nb-1Mo-0.3V-0.01B），将其进行750℃4h保温处理（老化）后进行淬火，可得大量γ晶粒，其尺寸为10nm左右，ZrO_2立方晶相中经常会偏析出ZrO_2单斜相。一般来说偏析物经常出现在晶界处。

2.2.2 非晶体、准晶与液晶

2.2.2.1 非晶体

非晶质状态是物质结构的一种状态，也称为非晶态、无定型态或玻璃态。非晶态的固体物质的结构基元仅具有短程有序的排列，即一个结构基元在较小的范围内与其近邻的几个结构基元间保持着有序的排列，而没有长程有序的排列。这些固体物质被称为非晶体。

非晶体或玻璃态的物质有一些共同的性质。它们没有固定的熔点，通常会在一定的温度范围内从液态经过熔融状态到固态发生一个连续变化的过程。这个温度范围被称为转变区。各向同性也是非晶体或玻璃态的物质共有的特性，这种各向同性反映在光学、力学、电学及热学等许多方面。另外，非晶体或玻璃态的物质没有规则稳定的几何外形，并且没有内在的晶界或相界。

通常的晶体物质从液态冷却至熔点后会释放出全部的结晶潜热而转变成晶态固体物质。如果液态物质在凝固过程中具备如下条件则有可能转变成非晶态。凝固时相变位垒很高，相变潜热不能及时得到释放；液体接近凝固温度时黏度很大，原子不容易交换位置；结晶核的形核功很大，熔体中没有促进结晶的非自发核心（杂质）；原子的配位数较小。由此可见，非晶态的物质不处于稳定状态，具有较高的内能。从结构化学的角度看，离子键、金属键及共价键的物质均不容易生成非晶态。只有物质原子的结合键的性质处于小配位数的离子-共价键或金属-共价键之间的过渡状态时才容易生成非晶态或玻璃态。

常见的非晶体有玻璃、石蜡、沥青等。常见的玻璃物质由硅酸盐、硼酸盐、磷酸盐等盐类组成，也可以由纯氧化物、氟化物等组成。在高分子材料中也有非晶体或玻璃态的物质。非晶体的黏度特性、表面特性、光学特性、电学特性、磁学特性等种种优良的性能可以被人们在许多特定的场合加以利用，新型玻璃材料在光通信、光学仪器、激光设备、微电子工业、功能建筑材料、化工结构材料和生物医学等方面得到了越来越广泛的开发与应用。

在晶体与非晶体之间划分出绝对严格的界限有时是困难的。晶体通常具有的缺陷使其长程有序受到一定程度的破坏，另外，超细晶材料的长程有序范围也会受到局限，因此有时很难在长程有序与短程有序之间划分一个明确的界限。

2.2.2.2　准晶

晶体只有 1 次、2 次、3 次、4 次和 6 次旋转对称性，不可能存在 5 次或其他的旋转对称性，否则将破坏晶体的长程有序结构。在一个平面上，可以用正方形或六边形铺满平面而不留空隙，但是用正五边形来铺的话则不行，如图 2.4 所示。同样，在三维空间，用正四面体、正方体或八面体都可以填满空间而不留空隙。

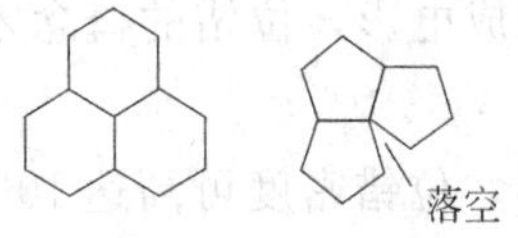

(a) 正六边形 (b) 正五边形

图 2.4　正多边形平面铺砌

但是，1984 年 D. Shechtman 等在急冷处理的 Al-Mn 合金中发现了五次对称非寻常衍射花样，证实存在具有五次对称轴的物体，并在当时引起了轰动。随后人们在 Al-Fe、Al-Ni、Al-Fe-Cu、Al-Co-Cu、Al-Mn-Si、Al-Li-Cu-Zr、Cr-Ni-Si、V-Ni-Si 合金以及不锈钢中也先后观察到了 5 次、8 次、10 次、12 次等非寻常衍射花样。后来人们将具有 5 次或其他旋转对称性的、类似晶体的物质称为准晶（quasi crystal，QC），即准周期性晶体。到目前为止，人们已经观察到了 50 余种准晶结构。

准晶通常有如下特征：①有相应的非寻常衍射花样，这是发现准晶的依据。②无长程平移对称性，不符合晶体概念所定义的对称性要求，没有单一的晶体单胞。③目前只在合金系统中发现，且多数为合金的非平衡状态。④硬度高、耐腐蚀，可应用于工程材料。

2.2.2.3　液晶

根据晶体的概念可以将物质划分为晶体与非晶体，但实际上晶体与非晶体的划分有时并不十分容易。某些有机物质其原子或分子具有一维或二维长程有序排列，因而它既不完全符合晶体的概念又不是非晶体。举例来说，液晶是介于固态与液态之间的各向异性的液体，是一种具有特定分子结构的有机化合物凝聚体。通常固态有机晶体被加热后变成各向同性的透明液体，但某些固体有机化合物加热至 T_1 温度后变成黏稠状而稍微有些混浊的各向异性液体，称为液态晶体或液晶；若再加热至 T_2 温度则变成各向同性的透明液体。

液晶物质的分子基本是细长的，现记载的液晶物质已有三千种以上。最早发现的液晶是胆甾醇苯甲酸酯 $C_{27}H_{45}OCOC_6H_5$，其 T_1 温度是 146℃，T_2 温度是 178.5℃。液晶的物理性质及化学性质可利用，如用液晶作液晶显示器，具有电力消耗低、显示鲜明、分辨率高、可靠性高、品质优良、成本低、电光响应快（0.1s）和热稳定性等优点，因而得以广泛应用。

2.2.3 材料的表面与界面

2.2.3.1 表面的定义

相与相的交界面（interface boundary），通常将气相与固相的交界面称为表面（surface），都是固相的交界区为界面，同相晶粒之间为晶界，异相晶粒之间为相界。

从晶体几何学或热力学上来看，表面是个几何面，所以没有厚度。吉布斯（Gibbs）首先从热力学的角度引进了表面的概念，并且进行了理论上的分析。从原子排列或电子运动的角度来看，表面不可能是个几何面，而应该是有一定厚度的过渡区。这个过渡区的厚度同所研究的内容有关。

一般说来，表面一词，在不同场合有不同的意义。

（1）理想表面　理想表面（ideal surface），是人们最早理解的表面处原子的排列。想象有一块无限大的晶体，从中间剖开，一分为二，这样就生成了表面。具体来讲，理想表面认为表面区原子的排列与体内完全一样，如图 2.5(a) 所示。然而，这种理想表面实际上在自然界中并不存在。

（2）实际表面　在自然界中存在的表面称实际表面（real surface），实际表面的状态和性质与加工方式、周围环境等有密切的关系。通常按照其清洁程度分为未清洁过的表面、清洁表面和真空清洁表面三种类型。

未清洁过的表面（uncleaned surface）是一些没有经过特别清洗的表面，比较脏，上面有相当数量的吸附物。清洁表面（cleaned surface）是经过一番清洁处理以后的表面。实际上即使是清洗得很“干净”，仍不会很彻底，例如，表面还可能存在氧化层和各种吸附层。表面经过彻底的清洗、烘干后，在一定的真空度下，经离子轰击除去表面的吸附层，并经退火处理后，保存在高真空或超高真空下的表面，称真空清洁表面（vacuum cleaned surface）。一般认为这种表面是非常清洁的，实际上，其清洁程度与具体的清洁工艺和真空度有直接关系，例如，在 10^{-9}～10^{-10} Torr（1Torr＝133.322Pa）超高真空下，清洁表面仍会吸附一薄层外来原子。

2.2.3.2 清洁表面的原子排布

由于在清洁表面的上方没有原子，表面原子会受到下层原子的“拉力”，如果表面原子没有足够的附加能量，将被“拉”到下层去，这部分附加能量称为表面能，也称表面张力。假如表面的原子仍与体内原子一样排列，就必须具有很大的表面能；为了减少表面能，使系统处于稳定状态，表面区原子的排列，应该进行某种程度的调整。表面区原子排列的调整方式主要有以下两种。

（1）表面原子自身的调整

① 弛豫。弛豫（relaxation）是指表面区晶格结构保持不变，只是晶格常数有一个变化量 $\Delta\alpha$，$\Delta\alpha$ 可大于零（晶格常数增加）也可小于零。清洁表面（以下简称表面）上的原子会发生表面法线方向的弛豫，表面原子的弛豫可以是向外膨胀或向内收缩。研究表明，Ni

(111) 表面层约有等于或少于 2%的收缩，Al (111) 表面可能有反常的约 2%的扩张。Al、Ni、Cu 和 Au 等 (111) 的表面基本没有表面法向弛豫，它的排列和清洁的理想表面状况大体一样，表面 (111) 面间距与晶内的面间距相差不超过晶内面间距的 2.5%～5%。

② 重构。重构 (reconstruction) 时，表面区原子的晶格常数与结构都可能有所变化。为了使表面能尽可能小，重构时表面区原子的排列方式与体内仍有一定联系。如，晶格结构保持不变，晶胞有变化。在很多情况下，常常是晶格常数变大，或者原子排列偏转某一角度。例如，硅的一种清洁表面 Si (111) 2×1，表示衬底单晶 (111) 表面的原子也作 (111) 的排列方式，晶格常数在一个方向上与衬底一样，另一个方向则是衬底晶格常数的两倍。此外，还有 Si (111) 7×7 [重构晶胞比 (111) 面上原子排列的晶胞大 7 倍] 等重构。重构与表面原子键的重新组合（如退杂化等）和吸附原子有关。

弛豫、重构都是属于表面区原子自身调整，其排列如图 2.5(b)、图 2.5(c) 所示。

(2) 物理因素　吸附和分凝是材料表面的重要物理现象。表面吸附是指固（或液）相和气相的两相系统中，分子或原子从气相到固（或液）相/气相界面上的堆积；表面分凝是指固（或液）相中溶质从凝聚相到固（或液）相/气相界面上的堆积。组成晶体时，原子间通过各种键力的相互作用来保持平衡，显然表面区原子的键力没有达到平衡（不饱和），所以处于高能状态。若能通过吸附一些外来原子或分子（如 H_2、O_2、H_2O 等），使其化学键得到饱和，将有效地减小表面能，如图 2.5(d) 所示。吸附和分凝使表面和交界面的组分和结构发生变化，这些变化会引起材料实际表面的一系列物理、化学及力学性能发生变化。

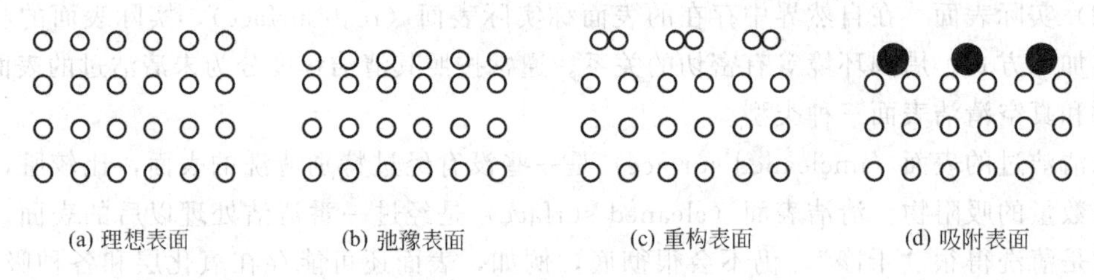

图 2.5　表面示意图

2.2.3.3　实际表面

实际表面是指材料经过一般的加工（切割、研磨、抛光、清洗）后，保持在常温、常压下的表面，或者在低真空或高温之下的表面。涉及的材料有单晶、多晶、纳米材料和非晶，有时还包括粉体等的表面。

① 表面粗糙度。表面的不平整程度（如最高点与最低点间的距离，起伏的波形）大于 10mm 时，为形状误差；在 1～10mm 时为波纹度；小于 1mm 时则称表面粗糙度 (surface roughness)。在微电子技术中，为保证器件和集成电路的性能与成品率，单晶硅片经切磨、抛光后，对粗糙度有严格的要求。对于薄膜、陶瓷材料和多孔材料，除表面不平整外，还存在气孔、裂缝以及内表面等，此时的表面粗糙程度是用粗糙系数 R 来度量的。R 的定义为

$$R=\frac{A_r}{A_g} \tag{2.2}$$

其中，A_g 为几何表面面积，A_r 为包括内表面等在内的实际表面积。

② 晶粒尺寸的变化。在切磨、抛光等机械加工中，会产生大量的热能，通常这些热量的分布是不均匀的，往往能使表面区局部熔化，然后迅速冷却再结晶。这样，会带来表面层

约 1μm 范围内晶粒尺寸的不均匀性，特别是在距表面 0.3μm 范围内更为明显。

由粉体压制、烧结的材料，由于在表面区的受压情况、固相反应进行的程度等都会与体内不同，所以表面区晶粒的尺寸与体内有较大的差别。从产品性能的一致性和生产中的可重复性等要求来说，总是希望表面与体内的差别要尽可能小，所以需要在粉料粒径和粒径分布、造粒、成型、烧结等材料参数和工序操作上，进行仔细研究和严格控制。

③ 表面成分的偏析和耗尽。由于吸附以及不同相的化学势不同等因素，造成表面区的主成分、杂质浓度与体内可能有明显的差别。表面原子的能量只有比体内高时，才能够停留在表面，否则它就被"拉"到下面去。为此，表面有附加的表面能。由于杂质的原子尺寸、电负性与固有材料（母相）不同，如果它们停留在表面能使表面能降低，就形成偏析（segregation）；反之则形成耗尽（depletion）。所以往往会发生这样的情况，由于表面的偏析效应，材料中成分的实际体浓度与配方中的存在偏差。

根据自由能最小的原则得出偏析公式，即梅克林（D. McAllen）公式：

$$\frac{c}{1-c}=c_0\exp\left(\frac{-\Delta G}{kT}\right) \tag{2.3}$$

若 $\Delta G<0$，溶质进入表面后使吉布斯自由能下降，故 $c>c_0$，形成偏析；若 $\Delta G>0$，即溶质进入表面后使吉布斯自由能上升，故 $c<c_0$，形成耗尽。

2.2.3.4 表面改性

表面改性（surface modification）又称表面优化，是借助离子束、激光、等离子体等新技术手段，改变材料表面及近表面区的组分、结构与性质，从而使传统材料具有更好的功能。

材料表面改性技术很多，发展亦非常迅速，大致可分为以下几类：离子注入和离子束沉积；物理气相沉积；化学气相沉积；等离子体化学气相沉积；激光表面改性。其中，物理气相沉积与化学气相沉积是传统的而且应用较为广泛的表面改性方法；其他三种是现代先进的而且应用较少的改性方法，成本较高，大多在实验室研究阶段。

2.2.3.5 材料的界面

相与相的交界面称为界面（boundary of interface）。对于单相体固态凝聚体来说，若是多晶结构，晶粒与晶粒之间的交界区称为晶粒间界（grain boundary，GB），也有资料上称晶界或粒界。若凝聚体是多相系统，各相间的界面称相界（phase boundary，PB）。有规则而可控的交界面（实际上它们应为相界），则称分界面（interface，又译为界面或内界面）。界面现象在复合材料、超晶格材料、薄膜材料、涂覆材料中比较普遍，对这些材料的性能起着非常大的影响作用，如复合材料中的界面层（相）对发挥材料的功能（力、电、光、热、声、磁等）起着传递、阻挡、吸收、散射和诱导作用，从而导致复合材料中各组分之间呈现协同作用。

2.3 材料的性能

材料的性能是一种参量，用于表征材料在给定外界条件下的行为，它是材料微观结构特征的宏观反映。由于组成和制备工艺上的差异，各类材料在性能上存在很大的差异。

2.3.1 力学性能

材料在使用过程中，或多或少要经受力的作用。在选择材料和应用材料时，要使材料的性能与部件所需的工作条件相匹配。材料的力学性能是指材料受外力作用时的变形行为及其抵抗破坏的能力。力学性能又称机械性能，通常包括强度、塑性、硬度、弹性与刚性、韧性、疲劳等。

2.3.1.1 强度

强度是指材料在载荷作用下抵抗明显的塑性变形或破坏的最大能力。通常材料中缺陷越少、分子间键合强度越大，材料的强度越高。按照作用力方式不同，材料的力学强度可分为拉伸强度（即抗张强度或抗拉强度）、压缩强度、弯曲强度、冲击强度、疲劳强度等。

拉伸强度是将试件在拉力机上施以表面拉伸负荷，使其破坏时的载荷。拉伸强度越大，说明材料越不易断裂，表 2.6 为一些材料的拉伸强度值。弯曲强度也叫抗弯强度，是指采用简支梁法将试样放在两支点上，对两支点间的试样施加集中载荷，使试样变形直至破裂时的载荷。弯曲强度是对材料韧性、脆性的度量。压缩强度也叫抗压强度，是指在试样上施加压缩载荷至破裂（对脆性材料）或产生屈服现象（对非脆性材料）时，原单位横截面积上所能承受的载荷，试样通常为圆柱体或正方体。冲击强度是材料在高速冲击状态下发生断裂时单位面积上所需的能量。

表 2.6　一些材料的拉伸强度值　　单位：MPa

金属材料		陶瓷材料		高分子材料	
Al	689	长石	45	聚乙烯	22～39
Cu	1480	$MgSiO_3$	68	聚苯乙烯	35～63
Be	552	Al_2O_3	270	聚甲基丙烯酸甲酯	49～77
Mo	2070	SiC	350	尼龙 6	74～78
Fe	3450	金刚石	500	聚酰亚胺	94

2.3.1.2 塑性、弹性与刚性

塑性是指材料在载荷作用下，应力超过屈服点后能产生显著的残余变形而不断裂的性质。屈服强度指材料在外力作用下发生塑性变形的最小应力。材料拉伸时延伸率越大，代表材料的塑性越好。表 2.6 可见，金属材料的塑性最好，陶瓷材料较差。

材料在载荷作用下产生变形，当载荷去除后能够恢复原状的能力称为弹性；而刚度则指材料在载荷作用下抵抗弹性变形的能力。反映材料刚度的指标是弹性模量（E）。E 的大小表征物体变形的难易程度，常用材料的弹性模量值见表 2.7。

表 2.7　几种常用材料的硬度和弹性模量

材料	弹性模量 E /MPa	维氏硬度 H_v /(kgf/mm^2)	材料	弹性模量 E /MPa	维氏硬度 H_v /(kgf/mm^2)
橡胶	6.9	很低	钢	207000	300～800
塑料	1380	17	氧化铝	400000	1500
镁合金	41300	30～40	碳化钛	390000	3000
铝合金	72300	170	金刚石	1210000	6000～10000

注：$1kgf/mm^2=9.8N$。

2.3.1.3 硬度

材料能抵抗其他较硬物体压入表面的能力称为硬度。常用的硬度试验方法有布氏、维氏和洛氏试验。进行布氏硬度试验时，将直径为10mm的坚硬钢球压入材料的表面，测出表面上留下的压痕直径以计算硬度；洛氏硬度试验中测软材料的硬度时采用小直径钢球，测较硬材料时可使用金刚石锥体；维氏试验用于测量微观硬度，采用不同载荷的金刚锥进行压痕，表2.7列出了几种常用材料的维氏硬度。

2.3.1.4 断裂与韧性

材料的力学断裂是由于原子间或分子间的键断开而引起的，按照断裂时应变的大小分为脆性断裂和韧性断裂。前者是指材料未断裂之前无塑性变形发生，或发生很小塑性变形就导致破坏的现象。岩石、混凝土、玻璃、铸铁等在本质上都具有这种性质，故称这些材料为脆性材料。韧性断裂是指在断裂前产生较大塑性变形的断裂，如软钢及其他软质金属、橡胶、塑料等均呈现韧性断裂。

韧性与脆性是两个意义上完全相反的概念。材料的韧性高，意味着脆性低；反之亦然。度量韧性的指标有两类，即冲击韧性和断裂韧性。冲击韧性是用材料受冲击而断裂的过程所吸收的冲击功大小来表征材料的韧性，该指标通常用于评价韧性较高的高分子材料。断裂韧性是衡量韧性较常用的指标，它表示材料阻抗断裂的能力。断裂力学认为材料中存在着由各种缺陷构成的微裂纹，在外力作用下，由于微裂纹的扩展而导致材料的断裂。大量实验数据得出断裂应力 σ_f 与裂纹尺寸 C 之间存在如下关系：

$$K_I = A\sigma_f \sqrt{C} \tag{2.4}$$

式中，K_I 为应力强度因子；A 是材料几何形状参数，由力学分析计算或实验求出。通常材料的韧性用材料裂纹尖端应力强度因子的临界值 K_{IC} 来表征，K_{IC} 与微裂纹形状、尺寸及应力大小有关。由式（2.4）可知，应力增加，裂纹扩大，K_I 值随之增加，但不能无限制地增大，当达到极限值 K_{IC} 时，即使不加外力，裂纹也会自行扩展而造成断裂。

2.3.1.5 疲劳特性与耐磨性

材料在受到拉伸、压缩、弯曲、扭曲或这些外力的组合反复作用时，应力的振幅超过某一限度即会导致材料的断裂，这一限度称为疲劳极限。疲劳寿命指在某一特定应力下，材料发生疲劳断裂前的循环数，它反映材料抵抗产生裂纹的能力。疲劳现象主要出现在具有较高塑性的材料中，例如金属材料的失效形式之一为疲劳。疲劳断裂往往没有任何先兆而突然断裂，因此造成的后果往往是灾难性的。故在设计振动零件时，首先应考虑疲劳特性。

材料对磨损的抵抗能力称为材料的耐磨性，采用磨损量表示。在一定条件下，磨损量越小，耐磨性越高。一般用在一定条件下试样表面的磨损厚度或体积（或质量）的减少来表示磨损量的大小。磨损包括氧化磨损、咬合磨损、热磨损、磨粒磨损、表面疲劳磨损等。一般降低材料的磨擦系数、提高材料的硬度均有助于增加材料的耐磨性。

2.3.2 热学性能

材料的热容、热膨胀、热传导、热辐射、热电势等都属于热学性能。当材料的组织结构发生变化时常伴随一定的热效应。固体加热时有3个重要的热效应，即吸热、传热、膨胀。

2.3.2.1 热膨胀

物体的热胀冷缩是一种普遍现象，而膨胀系数就是表示物体这一特性的一个参数。通常，膨胀系数指的是温度变化 1K 时材料单位长度的变化量，也称为线膨胀系数（K^{-1}），当采用单位体积变化量时为体膨胀系数。表达式分别为：

$$\alpha_l=\left(\frac{1}{l}\right)\left(\frac{dl}{dT}\right)_p$$

$$\alpha_V=\left(\frac{1}{V}\right)\left(\frac{dV}{dT}\right)_p \tag{2.5}$$

式中，下标 p 表示恒压条件；V 和 l 分别为材料的体积和线尺寸。

从原子尺度看，热膨胀与原子（分子或链段）振动有关。因此，组成固体的那些原子（分子或链段）相互之间的化学键合作用和物理键合作用对热膨胀有重要作用。结合能越大，则原子从其平均位置发生位移以后的位能（或复位的吸引力、排斥力）增加越急剧，相应地，膨胀系数越小。

热膨胀在实际应用中相当重要，例如作为尺寸稳定零件的微波设备谐振腔、精密计时器、精密天平、标准尺和宇宙航行雷达天线等材料，都要求在气温变动范围内具有很低的热膨胀系数；而用于制造热敏元件的双金属却要求具有尽可能高的热膨胀系数。

2.3.2.2 热传导

对在某一温度下处于热振动状态的近地点，由外部再加上能量更大的热振动时，会依次引起邻接近地点的热振动状态升高，如此热振动状态高的波峰向低温方向移动，将最初引入的大的热振动以近地点为媒介不断传下去，这种现象便是热传导，即由于材料相邻部分间的温差而发生的能量迁移。热传导的机制主要可分为三种，即由自由电子的传导（金属）、晶格振动的传导（具有离子键或共价键的晶体）和分子或链段的传导（高分子材料）。代表材料导热能力的常数，称为热导率或导热系数，其单位为 W/(m·K)，即单位时间内在 1K 温差的 $1m^3$ 或 $1cm^3$ 正方体的一个面向其所对的另一个面流过的热量。表 2.8 列出了一些材料在常温下的热导率。显然，与非金属材料相比，金属为热的良导体，而气体则是热的绝缘体。

表 2.8 不同材料的热导率 λ（25℃）　　单位：cal/(cm·s·K)

分类	材料名称	热导率 λ	分类	材料名称	热导率 λ
陶瓷材料	金刚石	约 4.76	金属材料	铜	0.927
	BeO	0.595		银	0.986
	Al_2O_3	0.095		铝	0.488
	MgO	0.143		钢	0.11
	TiC	0.036～0.048	高分子材料	尼龙	0.0006
	玻璃	0.002		聚乙烯	0.00081
	石棉	0.0002		聚苯乙烯	0.002
	混凝土	0.002	其他物质	空气	0.000057
	耐火材料	约 0.0006		氢气	0.00033

注：1cal/(cm·s·K)=4.2×10^2 W/(m·K)。

2.3.3 电学性能

2.3.3.1 导电性能

材料导电性的量度为电阻率 ρ 或电导率 σ。电阻率的倒数即为电导率。电阻率的大小直接取决于单体体积中的载流子数目、每个载流子的电荷量和每个载流子的迁移率。产生电流的载流子有四种类型：电子、空穴、正离子、负离子。

根据电阻率的大小，可将材料分成超导体、导体、半导体和绝缘体四类。超导体的 ρ 在一定温度下接近于零；导体的 ρ 为 $10^{-8} \sim 10^{-5}\Omega \cdot m$；半导体的 ρ 为 $10^{-5} \sim 10^{7}\Omega \cdot m$；绝缘体的 ρ 为 $10^{7} \sim 10^{20}\Omega \cdot m$。一般金属材料是导体，部分陶瓷材料和少数高分子材料是半导体，普通陶瓷材料与大部分高分子材料是绝缘体。但是，一些陶瓷还具有超导性，超导性是指当温度一旦低于超导体材料的某一特征温度（临界温度）T_c 时，其电阻率就跃变为零。

2.3.3.2 介电性能、铁电性能和压电性能

(1) 介电性能　电子材料除有导体、半导体、绝缘体外，介电材料也是十分重要的一族。如电容器就是重要的介电材料。材料的介电性能主要包括介电常数、介质损耗、介电强度等。介电材料的价带和导带之间存在大的能隙，所以它们具有高的电阻率。产生介电作用的原因是电荷的偏移，或称为极化。介电材料中最重要的是离子极化，即在电场作用下离子偏移它的平衡位置。有极化离子存在时，电子层也会相对于核的位置发生偏移而形成电子极化。

(2) 铁电性能　研究介电常数大的物质，如 $BaTiO_3$ 时发现，当电场增加时，极化程度开始时按比例增大，接着突然升高，在电场强度很大时增加又减慢而趋于极限值。除去电场后剩余部分极化状态，必须加上相反的电场才能完全消除极化状态，也就是出现滞后现象，与铁磁体类似，因而称这种现象为铁电性。此种效应首先是在酒石酸钾钠上发现的。这种保持极化的能力可使铁电材料保存信息，因而成为可供计算机线路使用的材料。

(3) 压电性能　某些晶体结构受外界应力作用而变形时，好像电场施加在铁电体上一样，有偶极矩形成，在相应晶体表面产生与应力成比例的极化电荷，它像电容器一样，可用电位计在相反表面上测出电压；如果施加相反应力，则改变电位符号。这些材料还有相反的效应，若将它放在电场中，则晶体将产生与电场强度成比例的应变（弹性变形）。这种使机械能和电能相互转换的现象称压电效应。由于形变而产生的电效应，称为正压电效应；对材料施加一电压而产生形变时，称为逆压电效应。

2.3.4 光性能

当光波投射到物体上时，有一部分在它的表面上被反射，其余部分经折射进入该物体中，其中一部分被吸收变为热能，剩下的部分透过。光波在物体中的传输速度 v 与在真空中的速度 v_0 的比值即为物体的折射率 $n(n=v_0/v)$。光学透明材料的反射率 R 可表达为：$R=[(n-1)/(n+1)]^2$。由于外加电场、磁场、应力的作用，而使折射率变化的现象，称为电光效应、磁光效应和光弹性。

金属具有不透明性和高反射率，当光线射进金属表面不深即被完全吸收，只有非常薄的金属膜才显得有些透明。金属的强反射是由吸收和再反射综合造成的。

大多数非晶态高分子化合物，当其不含杂质、疵痕时，都是清澈透明的。最典型的是聚甲基丙烯酸甲酯（有机玻璃），它接近于完全透明。聚苯乙烯、聚碳酸酯、聚氯乙烯、纤维素酯、聚乙烯醇缩丁醛等的透光率都在90%上下。若结晶高分子化合物的晶体尺寸小于可见光的波长，则该晶体不会对通过的光产生干涉作用，因而也是透明的。属此类的有微晶尼龙、拉伸的聚乙烯、聚对苯二甲酸乙二醇薄膜等。但当晶体尺寸大于可见光波长时，则由于产生光散射而使其变得不透明并呈乳白色，如尼龙。

无机非金属材料是透明的还是不透明的，取决于能带结构。若能隙足够宽，以致可见光不足以引起电子激发，就会呈现透明。大多数玻璃的透光性是非常好的。虽然大部分陶瓷材料在可见光波段呈不透明，但烧结中通过加入少量添加剂抑制晶粒的生长，也可以制得透明的陶瓷材料。

2.3.5 磁性能

物质在磁场的作用下都会表现出一定的磁性。有些物质使原磁场增加，有些使磁场减弱。按照物质对磁场的影响，可将其分为三类：①抗磁性物质，使磁场减弱；②顺磁性物质，使磁场略有增加；③铁磁性及亚铁磁性物质，使磁场强烈增加。磁介质的磁化性能常采用物理量磁导率与磁化率来表征。

若将无磁力线泄漏的线圈放入真空中测出磁场 H_0，另在此线圈中插入磁介质测出其磁场 H，由此可求得完全由磁介质产生的磁场为 $H_m=H-H_0$，H_m 也称为磁化强度。则磁化率 $x_m=H_m/H_0$；磁导率 $\mu_m=1+x_m$。设真空中的磁导率为 $\mu_0(4\pi\times10^{-7})$ 时，磁通量密度 $B(Wb/m^2)$ 应为：$B=\mu_0(H_0+H_m)$。

抗磁性是某些材料放入磁场内，沿磁场的相反方向被微弱磁化，当撤去外磁场时，磁化呈可逆消失的现象。此类物质的磁导率略小于1。抗磁质有NaCl、Cu、Bi、MgO、金刚石及绝大多数高分子材料等，它们的典型 x_m 为小于 10^{-5} 数量级。顺磁性材料放入磁场内沿磁场方向被微弱磁化，而当撤去磁场时，磁化又能可逆地消失。这是因为由于热运动电子的自旋取向强烈混乱，自旋处于非自发的排列状态。顺磁质不能为磁铁所吸引。顺磁质有Al、Pt、La、MnAl、$FeCl_3$ 等。它们的 x_m 约为 $10^{-6}\sim10^{2}$ 这一范围。铁磁材料是磁导率非常大、能沿磁场方向被强烈磁化的一种材料。因为铁磁质放入到磁场时，磁矩平行于磁场方向排列，形成了自发磁化。它们的 x_m 约为 $10^{-1}\sim10^{5}$ 这一范围。

铁磁质按材料的磁学性质又分为硬铁磁质和软铁磁质。硬铁磁质一旦被磁化后磁力线难于消失，可用作为永磁铁，有Fe-W、Fe-Co-W系磁铁、Fe-Ni-Al合金、Fe-Co-Ni合金等许多种。能沿磁场方向被强烈磁化，但磁场撤去后磁性立即消失的物质称为软铁磁质，常用作暂时磁铁，属于这类的有Fe、Fe-Al、Fe-Si-Al、Fe-Ni系的合金，通常加工成薄板以绝缘体相隔叠合起来用于制造变压器、电动机等的线圈磁芯材料。高分子材料中铁磁性高分子化合物有二炔烃类衍生物的聚合物，如聚1，4-双（2，2，6，6-四甲基-4-羟基-1-氧自由基哌啶）丁二炔（简称BIPO）等，热解聚丙烯腈、2，3，6，7，10，11-六甲氧基均三联苯（HMT）等也有较高的磁性。

2.4 材料制备基础

2.4.1 材料的合成与加工

传统材料需要不断改进生产工艺和流程以提高产品质量、提高劳动生产率以降低成本，新材料的发展则与合成、加工技术进步的关系更为密切。20 世纪以来的现代科技史说明了材料合成与加工的重要性。如果没有半导体材料的发现和大规模集成电路工艺的发展，就不可能有今天的计算机技术；如果没有精密锻造、定向凝固与单晶技术、粉末冶金、弥散强化等工艺的发展，就没有高强度、高温、轻质的结构材料，就不可能有今天这样发达的航空航天科技。另一方面，材料合成与加工中没有解决的问题也会影响新技术的使用。例如太阳能的利用就因为光电转换材料的合成与加工没有取得突破而停滞不前。由此可见，新材料的使用与社会文明的进步密切相关。而新材料的出现、发展和使用又是和材料合成与加工技术的进步密不可分的。每当出现一种新工艺或新技术，材料的发展就可能出现一次飞越。

研究某一特定材料也必须对这一材料的合成与加工有所了解。例如材料的很多物理和化学行为取决于材料中的缺陷，而缺陷的类型和密度又取决于制备以及后续的加工（如热处理等）过程。这样，即使是化学成分完全相同的样品也会因为合成与加工的途径不同而呈现迥然不同的性质。合成与加工的涵义有很大不同。材料的合成是指通过一定的途径，从气态、液态或固态的各种不同原材料中得到化学性质不同于原材料的新材料。而材料的加工则是指通过一定的工艺手段使新材料在物理性质方面处于和原材料不同的状态（化学上完全相同），比如从块体材料中获得薄膜材料，从非晶材料中得到晶态材料等。下面将分别介绍由液相、气相和固相原料制备（或称合成与加工）固相材料的主要方法。

2.4.2 基于液相-固相转变的材料制备

基于液相-固相转变的材料制备一般分为两类：一类是从熔体出发，通过降温固化得到固相材料，如果条件适合并且降温速率足够慢可以得到单晶体，如果采用快冷技术可以制备非晶（玻璃态）材料；另一类则从溶液出发，在溶液中合成新材料或有溶液参与合成新材料，再经固化得到固相材料。

2.4.2.1 从熔体制备

单晶材料的制备必须排除对材料性能有害的杂质原子和晶体缺陷。低杂质含量、结晶完美的单晶材料多由熔体生长得到。熔体生长中应用广泛的方法是直拉法（Czochralski 法）和坩埚下降法。

直拉法的特点是所生长的晶体的质量高，速度快，半导体电子工业所需的无位错 Si 单晶就是采用这种方法制备的。图 2.6 是直拉法生长的示意图。熔体置于坩埚中，一块小单晶，称为仔晶，与拉杆相连，并被置于熔体的液面处。加热器使单晶炉内的温场保证坩埚以及熔体的温度保持在材料的熔点以上，仔晶的温度在熔点以下，而液体和仔晶的固液界面处的温度恰好是材料的熔点。随着拉杆的缓缓拉伸（典型速率约为每分钟几毫米），熔体不断在固液界面处结晶，并保持了仔晶的结晶取向。为保持熔体的均匀和固液界面处温度的稳定，仔晶和坩埚通常沿相反的方向旋转（转速约为每分钟数十转）。

坩埚下降法又称定向凝固法，也是一种应用广泛的晶体生长技术。其基本原理是使装有熔体的坩埚缓慢通过具有一定温度梯度的温场，如图 2.7 所示。此时整个物料都处于熔融状态，当坩埚下降通过熔点时，熔体结晶，随着坩埚的移动，固液界面不断沿着坩埚平移，直至熔体全部结晶。

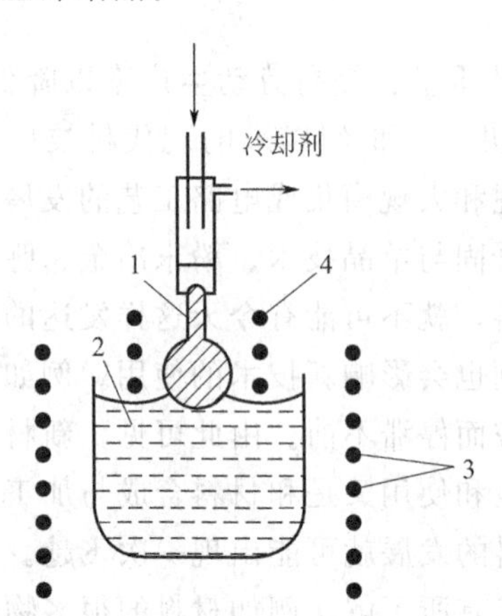

图 2.6　直拉法单晶生长示意图

1—仔晶；2—熔体；
3、4—加热器

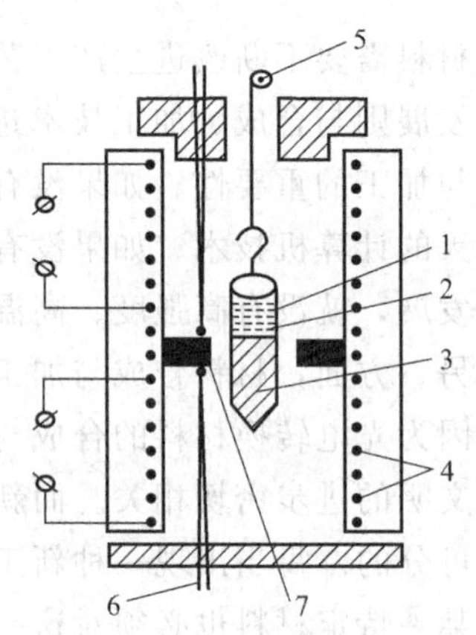

图 2.7　坩埚下降法生长装置

1—容器；2—熔体；3—晶体；4—加热器；
5—下降装置；6—热电偶；7—热屏

选择合适的衬底，可以从熔体中得到单晶薄膜，这种技术称为液相外延（LPE），如图 2.8 所示。料舟中装有待沉积的熔体，移动料舟经过单晶衬底时，缓慢冷却在衬底表面成核，外延生长为单晶薄膜。在料舟中装入不同成分的熔体，可以外延不同成分的单晶薄膜。这种方法的工艺简单，能够制备高纯度、结晶优良的外延层，但不适合生长较薄的外延层。

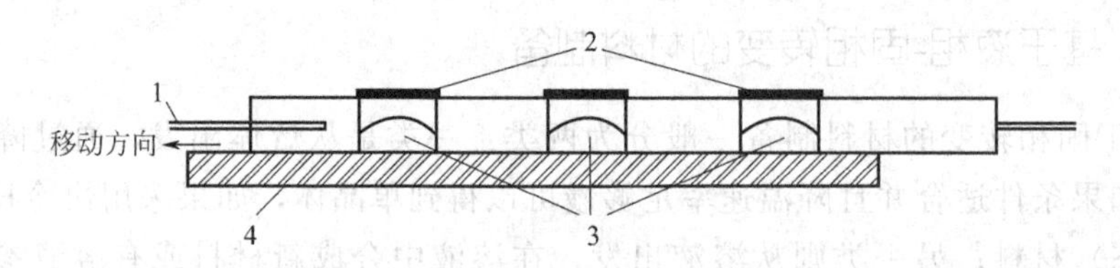

图 2.8　液相外延生长技术示意图

1—热电偶；2—石墨料舟；3—不同组分的熔体；4—衬底

高温熔体处于无序的状态，使熔体缓慢降温到熔点，开始成核、晶核生长，结晶为有序的晶体结构，结晶速率达到极大值。进一步降低温度，因为熔体中原子热运动的减弱，成核率和生长速率都降低，结晶速率也因此而下降。如果能使熔体急速地降温，以致生长甚至成核都来不及进行就降温到足够低的温度，这样就可以把熔体中的无序结构“冻结”而保留下来，得到结构无序的固体材料，即非晶，或称玻璃态材料。主要的急冷技术有雾化法、急冷液态溅射、表面熔化和自淬火法。

2.4.2.2　溶液法制备

溶液法可用来生长单晶材料，也可用于制备粉末、薄膜和纤维等材料。溶液是均匀、单相的，从溶液中制备晶体材料，原子无需长程扩散，因而溶液法比固相转变反应所需的温度低得多。

溶液生长得到的单晶光学均匀性较好，但生长速率较低。其基本原理是使晶体原料作为溶质，溶于合适的溶剂中，采用一定的方法使溶液过饱和，从而结晶。通过放置仔晶，可以对晶体的取向进行控制。溶液生长单晶的关键是消除溶液中的微晶，并精确控制温度。

2.4.2.3 溶胶-凝胶法

溶胶-凝胶法制备的材料化学纯度高，均匀性好，此法易于控制化学剂量比，适合制备多组分材料，现已用于制备玻璃、涂料、纤维和薄膜等多种类型的材料。

溶胶是指有胶体颗粒分散悬浮的液体，而凝胶是指内部呈网络结构，网络间隙中含有液体的固体。按原料的不同，溶胶-凝胶法分为胶体工艺和聚合工艺两种。胶体工艺的前体是金属盐，利用盐溶液的水解，通过适当的化学反应形成胶体沉淀，利用胶溶作用使沉淀转化为溶胶。控制温度、pH 值可以控制胶粒的大小。通过使溶胶中的电解质脱水或改变溶胶浓度，溶胶凝结转变成三维网络状凝胶。聚合工艺的前体是金属醇盐，将醇盐溶解在有机溶剂中，引入适量的水，使醇盐水解，通过脱水、脱醇反应缩聚合，形成三维网络。反应方程式如下：

$$M(OR)_n + xH_2O \longrightarrow (RO)_{n-x}M(OH)_x + xROH \quad \text{（水解反应）}$$

$$—M—OH + HO—M \longrightarrow M—O—M— + H_2O \quad \text{（脱水缩聚反应）}$$

$$—M—OH + RO—M \longrightarrow M—O—M— + ROH \quad \text{（脱醇缩聚反应）}$$

其中，M 代表金属离子，R 代表烷烃基。聚合工艺中，水解和缩聚同时发生，凝胶很快出现。

凝胶的性质和温度、溶剂、pH 值以及水/醇的比例有关。凝胶经过干燥、煅烧就得到微粉。干燥的方法一般有喷雾干燥、液体干燥、冷冻干燥等。煅烧除去微粉中残留的有机成分和羟基等杂质，是合成氧化物微粉所必需的。溶胶-凝胶中的各组分达到分子级的均匀分布，因而这种方法制备的微粉化学组分均匀。控制凝胶反应的速率，可以得到纳米尺度的微粒，并且尺寸均匀、分散性好。

2.4.3 基于固相-固相转变的材料制备

基于固相-固相转变的材料制备方法依赖于原料中原子或离子的长程扩散，所以需要在高温下才能进行，反应速度很慢。尽管如此，它仍是制备固体材料，尤其是多晶粉末和陶瓷的主要手段之一。

2.4.3.1 固相反应法制备粉末

固相反应的原料和产物都是固体，原料以几微米或更粗的颗粒状态相互接触、混合，固相反应分为产物成核和生长两部分。通常，产物和原料的结构有很大不同，成核是困难的。因为在成核的过程中，原料的晶格结构和原子排列必须作出很大的调整，甚至重新排列。显然，这种调整和重排要消耗很多能量，因而只能在高温下发生。如果产物和某一原料在原子排列和键长两方面都很接近，只需进行不大的结构调整就可以使产物成核，成核就比较容易发生。

在固相反应中，控制反应速度的不仅是化学反应本身，反应体系中物质和能量的转变速率也将影响反应速率。因为成核总是在表面发生，而相同质量的固体表面积随颗粒尺寸的减小迅速增加。因此，为了加快反应速度，需使粉粒尽量细化，或适当加压，以增加反应物接触的表面积。

2.4.3.2 陶瓷成型和烧结

所谓成型，是将多晶粉末原料制成所需形状的工艺过程，大体上可分为可塑法、注浆法和压制法。可塑法是在原料中加入一定的水和塑化剂，使之成为具有良好塑性的料团，通过手工或机械成型。注浆法是把原料配制成浆料，注入模具中成型。压制法是在粉料中加入一定的黏合剂，在模具中使粉料单面或双面受压成型，这是陶瓷成型中最常用的方法。成型后的陶瓷坯体是固相微粒堆积的集合。微粒之间有许多孔隙，因而强度、密度较低，必须经过高温烧结才能成为致密的陶瓷。

坯体内一般包含百分之几十的气体（约35%～60%），而微粒之间只有点接触。在烧结温度下，以总表面能的减少为驱动力，物质通过各种传质途径向微粒接触的颈部填充，使颈部逐渐扩大，微粒的接触面积增大；微粒的中心相互靠近，聚集；同时细小晶粒之间形成晶界，晶界也不断扩大。坯体中原来连通的孔隙不断缩小，微粒间的气孔逐渐被分割孤立，最后大部分甚至全部气孔被排出，使坯体致密化。烧结的中后期，细小的晶粒要逐渐长大，这种晶粒长大的驱动力是使表面积和表面能降低。因此晶粒长大不是小晶粒的相互黏结，而是晶界移动、大晶粒吞并小晶粒的结果。烧结就是通过加热，使粉末微粒之间产生黏结，经过物质迁移使粉末产生强度并导致致密化和再结晶的过程。

常见的烧结方法有热压或热等静压法、液相烧结法、反应烧结法等。

2.4.4 基于气相-固相转变的材料制备

许多薄膜材料的制备方法涉及气相到固相的转变。气相中各组分能够充分地均匀混合，制备的材料组分均匀，易于掺杂，制备温度低，适合大尺寸薄膜的制备，并且能够在形状不规则的衬底上生长薄膜。基于气相-固相转变的薄膜制备方法分为物理气相沉积和化学气相沉积两大类。

2.4.4.1 真空蒸发镀膜

基于气相-固相转变的制备方法中最直接的例子是真空蒸发镀膜技术。这种方法比较简单，但是在适当的条件下，可以提供非常纯净的而且在一定程度是既定结构的薄膜。图2.9是真空蒸发镀膜装置的示意图。在抽真空的（$<10^{-4}$Pa）反应室下部有一个由电阻加热的料舟。料舟常用高熔点金属如Mo、Ta等制成，原料置于料舟之中。衬底置于反应室上部，正对料舟。蒸发镀膜包括以下几个阶段，加热使原料蒸发或升华，把被沉积的材料转变为气态，气相原子或分子穿过真空空间，到达衬底表面，在衬底表面上原子或分子重新排列或它们之间的键合发生变化，凝结成膜。如果衬底是“冷”的，衬底表面俘获的气相原子或分子没有足够的能量在衬底上移动形成有序结构，很有可能形成非晶薄膜。升高衬底温度，可以促进薄膜的结晶。

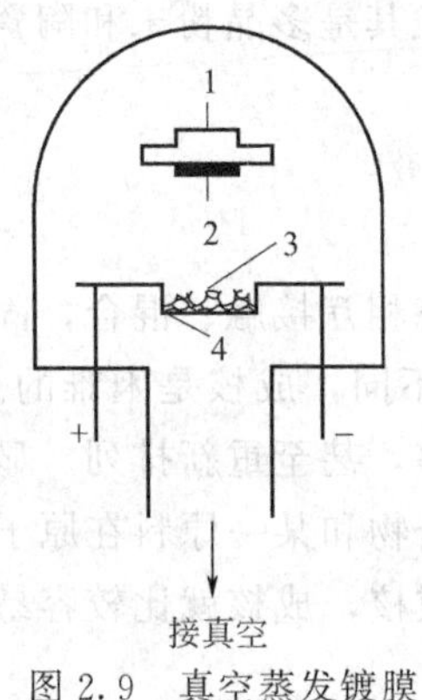

图2.9 真空蒸发镀膜装置示意图

1—衬底加热器；2—衬底；3—原料；4—料舟

2.4.4.2 化学气相沉积

化学气相沉积（CVD）也是一种重要的薄膜制备方法。它提供了一种在相对低的温度下，在较广的范围内准确控制薄膜的化学成分和结构的方法。本质上CVD是一种材料的合成过程，气相原子或分子被运输到衬底表面附近，在衬底表面发生化学反应，生成与原料化学成分截然不同的薄膜。半导体CVD工艺使用的前驱体一开始为卤化物或氢化物，为了制备化合物半导体薄膜，发展了利用金属有机化合物作为气相源的金属有机化合物气相沉积（MOCVD）技术。

在化学气相沉积工艺中，激活化学反应的方法很多，常用的除了加热方法外，还有等离子体激活。引入射频功率源使反应前驱体裂解，产生等离子体，进而发生化学反应的CVD工艺称为等离子体增强化学气相沉积（PECVD）。其主要优点是降低衬底温度。

小结与展望

材料科学与工程研究材料的组成、结构、生产过程、材料性能与使用效能以及它们之间的关系，这些内容组成了材料的基本要素。在环境功能被引入材料科学后，众多的材料将被赋予环境协调性。为实现材料的环境协调功能，材料的理论设计或工艺设计势必要处于各要素的中心位置，它的出发点之一是材料的环境功能。所以，对于具有环境协调功能的材料，其材料要素则不仅仅局限于五个，应为六个或者更多。因此，环境材料学的研究或者说环境意识与材料科学相结合将进一步发展和完善材料科学的知识。

思 考 题

1. 对于环境材料来讲，其分类、要素和组成是什么？

2. 自然界中存在众多的晶体和非晶体材料，结合晶体与非晶体的基本特征，请举例说明自然界中的晶体材料和非晶体材料以及判断是与否的依据。

3. 在环境科学中的哪些方面用到了材料科学中的“表面与界面”知识，试举例说明。

4. 阐述在环境工程中涉及材料性能之处，举例说明。

5. 环境材料的发展与其合成、加工技术的关系十分密切，试阐述当今较先进的材料合成与加工技术。

6. 在材料的合成与加工技术工艺过程中，如何赋予其环境协调功能？

参 考 文 献

1 李言荣，恽正中．材料物理学概论．北京：清华大学出版社，2001

2 余永宁，毛卫民．材料的结构．北京：冶金工业出版社，2001

3 王从曾，刘会亭．材料性能学．北京：北京工业大学出版社，2001

4 冯端，师昌绪，刘治国．材料科学导论——融贯的论述．北京：化学工业出版社，2002

5 周达飞．材料概论．北京：化学工业出版社，2001

6 Donald R Askeland，Pradeep P Phulé. Essentials of Materials Seience and Engineering. 北京：清华大学出版社，2005

7 胡赓祥，蔡珣．材料科学基础．上海：上海交通大学出版社，2000

8 吴月华，杨杰．材料的结构与性能．安徽：中国科学技术大学出版社，2001

第3章 材料的环境协调性评价

材料的生产过程是一个消耗大量资源、能源，产生大量环境污染的过程，研究如何减少与材料相关的环境污染是一个十分重要的课题。将来的环境材料能否深入人心，能否将环境意识真正地引入材料科学与工程，其关键在于环境负荷的具体化、指标化、定量化；这就涉及材料的环境协调性评价。本章内容主要包括LCA方法的起源与进展研究，材料的环境协调性评价方法，材料的环境协调性评价的过程。

3.1 LCA方法的起源与进展研究

目前公认的环境负荷评估方法是生命周期评价（life cycle assessment，LCA），材料的环境协调性评价是将LCA的基本概念、原则和方法应用到材料的环境负荷评价中，与材料或产品的设计相结合。

目前生命周期评价是一种用于评价产品或与服务相关的环境因素及其整个生命周期环境影响的工具。它以LCA的定义出发，阐述LCA的技术框架及主要内容，进而提出将生命周期评价作为环境管理的有力工具，从而促进整个社会系统的可持续发展。

3.1.1 LCA的起源与发展

生命周期评价概念于20世纪60年代末至70年代初最早在美国出现。其开始的标志是1969年美国中西部研究所对可口可乐公司的饮料包装瓶进行的评价研究，该研究从原材料采掘到废物最终处置，进行了全过程的跟踪与定量研究，揭开了生命周期评价的序幕。当时把这一分析方法称为资源与环境状况分析（resource and environmental property analysis，REPA）。从1970年至1974年，整个REPA研究的焦点是包装品废物问题。生命周期评价方法作为扩展和强化环境管理评价产品性能、开发绿色产品的有效工具，得到了学术界、企业界和政府的一致认同，其应用领域也从饮料容器、食品包装盒、毛巾、洗涤剂等包装材料和日用品扩展到电冰箱、洗衣机等家用电器以及建材、铝材、塑料等原材料。

20世纪70年代中期受能源危机的影响，REPA有关能源分析的工作备受关注。人们开始认识到化石燃料消耗接近殆尽，需要进行有效的资源保护；同时认识到能源生产也是污染物的主要排放源。因此70年代中期REPA注重研究的是能源问题，采用的方法更多为能源分析法。

1975～1988年间，公众的注意力和政府环境行为大部分还围绕着有害固废和其他有毒有害物质的管理，对REPA兴趣不高，只有一些私人企业和贸易团体认识到REPA的价值，因此这一阶段REPA研究大部分还局限于私人企业，很少有公共领域范围内的REPA研究，相对第一阶段来说，相应的案例研究较少。不过有关REPA的方法论研究仍在缓慢进行，欧洲和美国一些研究和咨询机构依据REPA思想，相应发展了一系列有关废物管理的方法论，深入研究了污染物排放、资源消耗等的潜在影响，推动LCA向前发展。

从20世纪80年代末开始，随着区域性和全球性环境问题日益严重以及全球环境意识的提高，特别是“垃圾船”事件的出现，使人们再次关注REPA。在分析通过固体废物的综合利用、原材料替代及产品回用等途径来减少废物处置量的工作中，REPA被看作是一种有效的研究方法。于是REPA的概念随之被公众和私人组织重新关注，大量的REPA研究又重新开始。

1990年，首届社会环境毒理和化学（SETAC）会议在美国的佛蒙特州召开。与会者就LCA的概念和理论框架取得了广泛的一致认可，并最终确定使用LCA这个术语，从而统一了国际上的LCA研究。作为一个毒理学组织，SETAC将重点放到了工业系统的空气和水体排放上，而不是以往占支配地位的能量和材料流，主要的作用就是介绍生命周期评估的概念。

在这之后一系列的LCA研讨会中，SETAC讨论了LCA的理论框架和具体内容，并在1993年8月发布了第一个LCA的指导性文件《LCA指南：操作规则》。这个文件给出了LCA方法的定义和理论框架以及具体的实施细则和建议，描述了LCA的应用前景，并总结了当时LCA的研究状况。

同时，国际标准化组织（ISO）在1992年成立了环境战略顾问组SAGE，专门研究制定一种环境管理标准的可能性。1993年6月ISO成立了“环境管理”技术委员会TC207，正式开展环境管理方面的国际标准化工作。其指定的国际标准称为《环境管理系列国际标准》，即ISO 14000系列标准。

ISO对LCA方法的标准化有利于LCA方法的统一和实施，促进了LCA的进一步发展。并且，由于ISO的国际影响以及LCA方法在ISO 14000系列标准中所占的重要地位，经过标准化的LCA方法必将成为最重要的评价产品环境表现的方法。此外，欧洲一些国家还制定了一些促进LCA的政策和法规，如“生态标志计划”、“生态管理与审计法规”、“包装及包装废物管理准则”等。于是，在这一阶段出现了大量的LCA案例，例如日本已完成数十种产品的LCA的研究，丹麦用了3年时间对10种产品类型进行了LCA的研究。

3.1.2 LCA的定义

以前LCA是life cycle analysis的缩写，但因为assessment带有更多的定量的含义，所以在SETAC、美国环境保护署和ISO使用的术语中，LCA代表的是life cycle assessment。欧洲和日本则经常用“Ecobalance”代替LCA，表达完全相同的意思。

LCA的中文名称为“环境协调性评价”，有的根据英文字面意思称为“生命周期评价”或“寿命周期评价”。由于LCA方法本身的复杂性和历史承袭的原因以及实施LCA的目的不尽相同，对LCA的概念和方法历来有着不同的理解；甚至在SETAC和ISO的文件中，LCA的定义也在不断地修改和变化。目前随着研究的深入发展，特别是ISO进行的标准化工作，LCA方法已经逐步明确并且定型。

1993年，在SETAC对LCA的定义中，LCA被描述成这样一种评价方法：①通过确定和量化与评估对象相关的能源、物质消耗、废物排放，评估其造成的环境负担；②评价这些能源、物质消耗和废物排放所造成的环境影响；③辨别和评估改善环境（表现）的机会。

LCA的评估对象可以是一个产品、处理过程或活动，并且范围覆盖了评估对象的整个寿命周期，包括原材料的提取与加工、制造、运输和分发、使用、再使用、维持、循环回收直到最终的废弃。

LCA 定义的英文原文如下：

Life Cycle Assessment is a process to evaluate the environmental burdens associated with a product, process, or activity by identifying and quantifying energy and materials used and wastes released to the environment; to assess the impact of those energy and material uses and releases to the environment; and to identify and evaluate opportunities to affect environmental improvements. The assessment includes the entire life cycle of the product, process, or activity, encompassing extracting and processing raw materials; manufacturing; transportation and distribution; use, re-use, maintenance, recycling, and final disposal.

1997 年，在 ISO 制订的 LCA 标准（ISO14040）中也给出了 LCA 一些相关概念的定义：LCA 是对产品系统在整个寿命周期中的（能量和物质的）输入输出和潜在的环境影响的汇编和评价。这里的产品系统是指具有特定功能的、与物质和能量相关的操作过程单元的集合。在 LCA 标准中，"产品"既可以指（一般制造业的）产品系统，也可以指（服务业提供的）服务系统；寿命周期是指产品系统中连续的和相互联系的阶段，它从原材料的获得或者自然资源的产生一直到最终产品的废弃为止。

这些定义的英文原文如下。

Life Cycle Assessment: Compilation and evaluation of the inputs, outputs and the potential environmental impacts of a product system throughout its life cycle. Product System: Collection of materially and energetically connected unit-processes which performs one or more defined functions (NOTE: In this International Standard, the term "product" used alone not only includes product systems but can also include service systems). Life Cycle: Consecutive and inter-linked stages of a product system, from raw material acquisition or generation of natural resources to the final disposal.

3.1.3 LCA 在国外的研究进展

自 1990 年，环境毒理与化学学会（SETAC）正式提出 LCA 术语以来，LCA 的研究取得了巨大的进展。其研究范围不断扩大：从传统的包装材料、容器等产品领域转向各种金属、高分子、无机非金属和生物材料，包括各类结构和功能材料。国际标准化组织在 1993 年成立了专门的"环境管理"技术委员会 TC207，制定了"环境系列国际标准"，即 ISO 14000 系列标准，其中 SC5 分委员会专门负责 LCA 标准的制订。

日本于 1995 年成立了 LCA 协会，旨在建立适合日本国情的材料环境协调性评价方法、LCA 数据库和实用的网络系统，指导和推进全日本材料及其制品产业的环境协调化发展。在德国，利用物质流分析的方法研究了某些地区以及典型材料和产品如铝、建材、包装材料等的物质流动和由此产生的环境负荷，用于指导工业经济材料及产品生产的环境协调发展。同时斯图加特大学在材料的物质流分析和 LCA 研究方面，也取得了很大进展。

以下是有关国际机构对 LCA 的研究。

（1）国际环境毒理学与化学学会（SETAC） SETAC 是 LCA 研究领域中最活跃，在技术上居主导地位的国际学术组织。1990 年以来，它一直致力于开发和传播 LCA 方法学，并积极参与 ISO/T C207/SC5 的活动。SETAC 的主要活动通过其 LCA 咨询小组和环境教育基金会，由其欧洲和北美的工作小组完成，并刊登在 1991 年开始出版的《SETAC 生命周期评价简讯》上。欧洲 SETAC 包括 6 个工作小组，分别负责数据可得性和数据质量、LCA

和决策、LCA和建筑行业、生命周期管理、LCA和工作环境、LCA和情景开发、生命周期影响评价方面的工作。北美SETAC包括生命周期影响评价、速成型LCA等工作小组。

（2）国际标准化组织（ISO） 1993年6月，ISO成立了负责环境管理的技术委员会TC207，其中分委员SC5专门负责制订生命周期评价标准。1997年8月，ISO发布了第一个生命周期评价国际标准ISO 14040《生命周期评价 原则与框架》。此后两年内，相继发布了该系列的其他几项标准和技术报告，包括ISO 14041《生命周期评价 目的与范围的确定，生命周期清单分析》、ISO 14042《生命周期评价 生命周期影响评价》、ISO 14043《生命周期评价 生命周期解释》、ISO/TR 14047《生命周期评价 ISO 14042应用示例》和ISO/TR 14049《生命周期评价 ISO 14041应用示例》；2001年又发布ISO 14048《生命周期评价 生命周期评价数据文件格式》。

（3）美国环保局（EPA） 对于LCA，美国可以说是最早的倡导者和实践者，在推动LCA方法学研究和应用方面，EPA始终发挥着积极的作用，在LCA方法学的传播及其影响力方面可与SETAC齐名。EPA出版了LCA方法学指南，例如《产品生命周期评价：清单指南和原则》和《生命周期影响评价：概念框架、主要问题和现有方法总结》等。此外，EPA还十分重视LCA的应用，包括政府政策制定、产品生命周期设计、城市废物管理等，并发起了多项研究和示范计划。近十年来，EPA出版了一系列产品生命周期设计指南，包括《生命周期设计指导手册：环境需求和产品系统》以及一些行业的生命周期设计指南。

（4）联合国环境规划署（UNEP） 联合国技术、产业和经济处（UNEP TIE）致力于帮助国家政府、产业界和地方当局制定和实施清洁生产、高效利用自然资源和减少环境风险的政策、策略和行为准则。

（5）欧洲生命周期评价开发促进会（SPOLD） 于1992年成立的SPOLD是一个工业协会，致力于为企业提供一种可持续发展的政策管理工具。近年来，SPOLD将工作重点转入维护和开发SPOLD格式，供清单分析和SPOLD数据网络使用。

（6）LCANET LCANET，全称为“欧洲策略型LCA研究网络”，是根据欧盟环境和气候计划建立的。其任务是描述最新的LCA方法学，作为欧盟环境和气候计划研究的输入。LCANET的目标是：向欧洲的大学、研究机构、企业、非政府组织和欧盟提供LCA信息交流和LCA研究与开发场所；识别和描述最新的LCA方法学和应用，通过广泛交流，提出LCA的研究需求和研究议题；起草策略型LCA研究计划。

关于LCA所召开的重要国际会议见表3.1。

表3.1 有关生命周期评价的重要国际会议

会议地点	召开时间	组织者	主要议题
Washington D.C.,USA	1990年5月	WWF	生命周期评价一般概念
Vermont,USA	1990年8月	SETAC	生命周期评价一般概念
Leuven,Belgium	1990年9月	Procter&Grmble	生命周期评价一般概念
Leiden,Netherlands	1991年12月	SETAC	方法论背景
Sandestin,USA	1992年2月	SETAC	生命周期影响评价
Washington D.C.,USA	1992年3月	SETAC	生命周期影响评价
Potsdam,Germany	1992年6月	SETAC	生命周期影响评价
Wintergreen,USA	1992年10月	SETAC	清查分析的数据质量
Lyngby,Denmark	1993年1月	TUD	毒性评价

续表

会议地点	召开时间	组 织 者	主 要 议 题
Sesimbra, Portugal	1993 年 4 月	SETAC	生命周期评价指南
Amsterdam, Netherland	1993 年 6 月	UNEP	生命周期评价应用
Brussels, Belgium	1994 年 4 月	SETAC	案例研究
Leiden, Netherlands	1994 年 2 月	SETAC	清查分析中的分配原则
Brussels, Belgium	1994 年 4 月	SETAC	生命周期影响评价
Zurich, Switzerland	1994 年 6 月	SETAC	生命周期影响评价
Copenhagen, Denmark	1994 年 10 月	Nordic Council of ministers	生命周期评价纲要
Brussels, Belgium	1994 年 12 月	SETAC	案例研究
Florida, USA	1995 年 2 月	SETAC	系统分类与排序
Hankoo, Norway	1995 年 3 月	WBCSD, NEP-project	生命周期改善评价，生命周期评价工具的应用
Copenhagen, Denmark	1995 年 6 月	SETAC	生命周期影响评价，有毒排放物，生态标志
Stockhol, Sweden	1995 年 9 月	IVL	生命周期评价中的废水处理系统
Brussels, Belgium	1995 年 12 月	SETAC	案例研究
Milano, Italy	1996 年 5 月	SETAC	生命周期评价的理论与应用
Brussels, Belgium	1997 年 12 月	SETAC	生命周期评价案例

注：资料来自《生命周期评价的回顾与展望》，环境科学进展，Vol. 6，No. 2，Apr. 1998。

同时，国外研究人员在 LCA 方法论方面也开展了大量的研究，包括编目分析研究、分配方法研究、环境影响分类研究、环境因子的确定和物流分析等。LCA 数据的选择方法和质量直接关系到评价结果的准确性，Mathijs 等比较了运用 LCA 和 SFA 方法中的物流平衡问题，建立了物流和经济影响模型。

3.1.4 LCA 在国内的研究进展

作为 ISO 14000 系列标准工作的一部分，1998 年我国开始全面引进 ISO 14040 系列标准，将其等同转化为国家标准，相应国家标准代号为 GB/T 24040 系列。目前我国已经完成了 ISO 14040、ISO14041，ISO 14042 和 ISO 14043 的等同转化工作。

同时，国家自然科学基金项目也资助了一些生命周期项目的研究：包括“我国企业环境行为生命周期管理对策研究”、“城镇生活垃圾生命周期分析及过程管理对策研究”（1998～2000），“考虑环境因素的产品生命周期的评价”（1999～2001），“保护区生态旅游生命周期与承载力的关系及风险评价”（2000～2002）等。

另外，在清洁生产审核、环境标志、绿色包装、绿色制造和城市交通方式的选择等方面，也相应开展了生命周期评价思想或方法的研究。

（1）环境标志　1998 年，我国转化并发布了 ISO 14020《环境管理、环境标志和声明通用原则》，为我国的环境标志计划与国际接轨创造了条件。目前，结合我国的实际国情，在某些产品的“环境标志产品技术要求”中，规定了对原材料、包装及产品本身回收利用的条款。

（2）绿色包装　利用 LCA 方法，有关机构分析和比较了纸质快餐具和塑料快餐具的环境污染总体情况，得出前者的污染明显低于后者的结论。同时还有研究者对包装用纸和塑料等包装材料问题，针对生命周期中对环境影响比较大的原料开采、生产和处置这三个阶段进行了生命周期分析，得出结论：虽然在包装废物的处置过程中，纸制品比塑料制品对环境更友好，但其生产过程存在着污水排放等严重的环境问题，而塑料制品又以它的加工成本低、耐用性和多样性，使得它具有其他材料制品不可替代的地位，在短时间内实现“以纸代塑”或采用其他材料是不现实的。两种包装材料侧重于不同的环境问题，主要任务将是研究开发减少各过程环境影响的技术与对策。

（3）绿色制造　近年来，我国在绿色制造方面进行了大量研究，并获得国家自然科学基金和国家863/CIMS主题的项目资助。国家863/CIMS主题还在中国现代集成制造系统网络（CIMS Net）开辟了绿色制造专题，对国内外绿色制造研究情况进行了综合介绍。国内不少高校和研究院所对绿色制造的理论体系、专题技术等都进行了大量的研究。

（4）清洁生产审核　石晓枫给出了利用生命周期思路进行某焦化厂清洁生产审核的示例。该焦化厂设计年产量为45万吨冶金焦，采用TJL950型机焦炉，并配有煤气净化、氨分解等生产装置。利用LCA法对其原料采集、生产过程、废物处理（置）全过程进行分析评价。所考虑的环境影响包括大气、废水、固体废物，同时考虑了产品回收率和废水利用率等指标。

（5）其他　一些研究者对LCA用于城市交通方式的选择、城市生活垃圾生命周期管理、建设项目环境影响评价的工程分析等的可能性进行了探讨。

此外，国内很多学者还做了大量基础工作。刘江龙等提出了金属的环境影响因子的概念，用加权平均值综合考虑了金属资源的丰度、能耗、污染物排放量和对生物体危害作用等因素。陆钟武等分析了钢铁生产过程的物流对能耗的影响。苏向东等提出了综合比例系数的定量评价方法，根据金属元素的环境特征、实际提取冶金过程和生物效应等因素，确立了纯金属的环境负荷定量计算原则，建立了有色金属材料的环境负荷定量评价模型。Canter K G和王寿兵等研究了资源耗竭潜力，在综合考虑资源的消耗速度、储量的特定基础上，提出了一种计算资源耗竭潜力和当量系数的方法。

在LCA的运用方面研究人员做了大量的实践工作。863计划支持的“材料的环境协调性评价研究”对我国的钢铁、水泥、铝、工程塑料、建筑涂料、陶瓷等七类有代表性的材料进行了评价研究，取得了以上材料的基础环境数据并开发了数据库管理和评价软件。寇昕莉、郝维昌、李贵奇等研究了聚乙烯ABS树脂、金属铝和钢铁材料的环境负荷。刘江龙等评价了金属材料表面强化过程不同工艺的环境影响。Robert U研究小组和徐金城等研究了有色金属铜和镍及相关材料的环境负荷。特别是徐金城运用LCA方法成功地指导环境协调性设计，利用二次资源，开发出了耐磨球墨铸铁材料，对于材料的开发和设计具有重要的指导意义。

3.2　材料的环境协调性评价方法

在环境材料研究中什么样的材料才称得上是环境材料，这涉及如何评价材料的环境协调性，即环境表现或环境性能，并由此产生了材料的环境协调性评价研究。目前通常采用LCA的基本概念、原则和方法对材料或产品全寿命周期进行评估。首先，需要了解进行LCA采用的环境指标。

3.2.1　常见的环境指标及其表达方法

3.2.1.1　能源评价法

即在各种材料的生产过程中，用所耗能源的多少来衡量材料对环境的影响。例如生产1

吨重的钢、铝、水泥材料时，分别需要消耗掉31.8百万焦耳、36.7百万焦耳、142.4百万焦耳的能量，可见生产水泥要比生产钢、铝时对环境影响要大。能源评价法只采用一项指标综合表达对环境的复杂影响，忽略了进行全面环境影响评价中的多种因素，因此这种方法基本被淘汰。

3.2.1.2 环境影响因子评价法（Environment Affect Factor，EAF）

将在生产某种产品时对环境影响的各种因素给以综合考虑，是对能源评价法的一个补充与修正。环境影响因子（EAF）可用下式表示，括号中各种因素都将对环境影响因子产生不同作用。

EAF=F(资源，能源，污染物，生物影响，区域作用……)

3.2.1.3 环境负荷单位法（Environmental Load Unit，ELU）

指每生产一个单位的产品时（如1kg），其EAF值的大小。表3.2是一些材料环境负荷单位的比较，可见生产某些贵金属，其环境负荷单位特别大。环境负荷单位是一种无量纲单位，因为没有完全统一的标准，在实际中如何换算某种材料的环境负荷单位，如何与其他材料的环境影响进行比较目前还有困难，这个问题待进一步深入研究。

表3.2 一些材料的环境负荷单位比较

材　料	ELU/kg	材　料	ELU/kg
铁	0.38	锡	4200
锰	21.0	钴	12300
铬	22.1	铂	42000000
钒	42	铑	42000000
铅	363	石油	0.163
镍	700	煤	0.1
钼	4200		

3.2.1.4 生态指数（Environmental Impact，EI）

即在某一过程中或生产某种产品时，根据其污染物产生的量和其他环境作用的大小，综合计算出该产品或过程的生态指数，判断其对环境影响程度。

3.2.1.5 环境商值（EQ）

综合考虑废物的排放量和其在环境中的毒性行为，以此评价各种生产对环境的影响。EQ值越大，废物对环境污染越严重。

$$EQ = EQ$$

式中，E表示每生产1kg期望产品时产生的废物量，E=废物量/产品质量；Q表示废物对环境的毒性。

3.2.1.6 生态指示法（Eco-indicator，ECOI）

主要考虑两大部分：第一，考虑材料在生产过程中对环境的影响，包括资源消耗、能源消耗、排放的污染物（如废水、废气、废渣等）以及由污染物所引发的一系列环境效应，如温室效应、区域毒性水平甚至噪声等因素；第二，考虑材料在使用过程中的性能，如材料的强度、韧性、电导率、电极电位、热膨胀性等力学、物理和化学性能。由此可知，材料的使用性能好，对环境是有利的。其表达式为：

ECOI＝生产某产品时对环境的影响量/该产品使用性能的综合量。

3.2.1.7 生命周期评价法（Life Cycle Assessment，LCA）

目前生命周期评价是国际上普遍认同的方法，它是一种用于评价与产品或服务相关的环境因素及其整个生命周期环境影响的工具。以 LCA 的定义出发，阐述 LCA 的技术框架及主要内容，进而提出将生命周期评价作为环境管理的有力工具，从而促进整个社会系统的可持续发展。

3.2.2 环境材料与材料生命周期评价

材料的生产和使用是维持社会发展的基础之一，可以说现代人类社会是建立在大量生产和大量消耗材料的基础之上的。与此同时，材料的生产过程也是一个消耗大量资源、能源，产生大量环境污染的过程，所以，研究如何减少与材料相关的环境污染是一个十分重要的课题。环境材料的概念正是基于这样的原因而由日本东京大学的山本良一教授等提出的。

与环境材料联系最为紧密的即是材料的生命周期评价，即将 LCA 的基本概念、原则和方法应用到对材料寿命周期的评估中去。材料的环境协调性评估通常称为 MLCA（Materials LCA），而一般产品的生命周期评价称为 PLCA（Products LCA）。MLCA 概念提出以后迅速得到了国际材料科学界的认同，研究范围也不断扩大，从传统的包装材料、容器等产品领域转向各种金属、高分子、无机非金属和生物材料，从传统上侧重于结构材料的评价转向对功能材料的研究。

3.2.3 材料的环境协调性评价的特点

在很多 LCA 的研究中，若单从评估的对象来看，有时难以区分材料和产品之间的区别。从材料生产者的角度看，生产出来的材料就是产品。例如钢铁厂生产的钢材是一种典型的材料，但对钢铁厂而言是一种产品。另一方面，一些由单一材料构成的产品也与材料本身没有明显差别。例如在研究塑料制品的环境表现时，也几乎就是在研究这种塑料材料的环境表现。

但这并不意味着 MLCA 等同于 PLCA。首先，从研究的范围来看，MLCA 侧重于产品寿命周期中与材料相关过程的研究，包括从自然资源中制备材料和材料加工成型过程，以及产品废弃后特定材料的处理过程，它们与产品的制造、分发、使用和废弃过程共同构成产品的整个寿命周期。其次，从研究的目的来看，通过 MLCA 的研究希望能够改进材料的设计，这个过程通常比通过 PLCA 的研究改进产品设计要复杂得多。因为在产品设计中主要的改进方向是在满足性能要求的前提下，尽可能减少材料的使用（相应地也就能减少成本和环境负担），这个准则相对而言是比较具体和明确的。

可以看到 MLCA 研究主要包括以下四个方面的特点。

① 性能要求：要明确作为研究目标的材料所要求的特性及其允许的范围，还要明确为了达到上述性能指标，对加工、表面处理等技术操作的要求，以及使用状况对使用寿命的

影响。

② 技术系统：建立与材料对应的技术系统，包括材料的制备、加工成型和再生处理技术，以及相应的副产品和排放物等基本情况。

③ 材料流向：着眼于分析资源的使用和流向，特别是微量添加元素的使用，因为这些元素很难再被循环使用。

④ 统计分析：对技术流程中各阶段的能源和资源的消耗，废物的产生和去向进行分析和跟踪。

为了建立包含上述四个要素的材料生命周期评价体系，需要建立相应的资料库，并研究相关的方法论，引入相应的指标体系。其中资料库大致可以分为有关材料性能的材料特性资料库和有关材料环境表现的资料库两大类。环境表现资料库应包含相关材料的资源储量、探测采掘、制造技术、循环利用、废弃排放等资料，并用计算机数据库的形式保存起来，便于数据的查询和获取。

3.3 材料的环境协调性评价过程

作为一项用于评价材料的环境因素和潜在影响的技术，LCA由四个相互联系的要素组成，见图3.1。

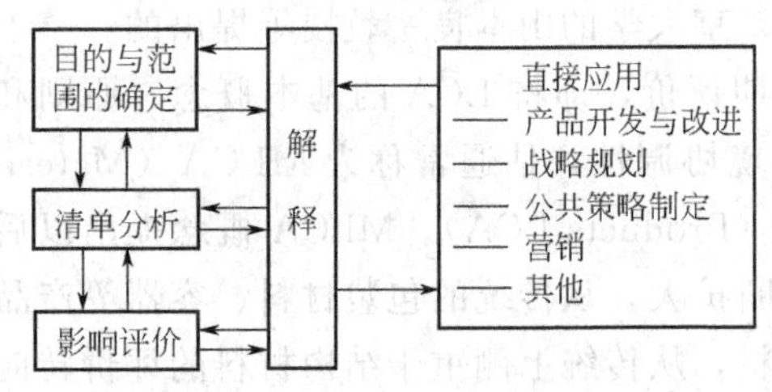

图3.1 生命周期评价框架

3.3.1 确定目标范围

在开始进行LCA评估之前，必须明确其评价目标和评价的范围（goal and scope definition），以此界定该过程、产品或事件对环境影响的大小，这是其后的评估过程所依赖的出发点和立足点。

LCA的评价范围一般包括：产品系统功能的定义；产品系统功能单元的定义；产品系统的定义；产品系统边界的定义；系统输入输出的分配方法；采用的环境影响评估方法及其相应的解释方法；数据要求；评估中使用的假设；评估中存在的局限性；原始数据的数据质量要求；采用的审核方法；评估报告的类型与格式。范围定义一定要保证足够的评价广度和深度，以符合对评价目标的定义。评价过程中，范围的定义是一个反复的过程，必要时可以进行修改。

功能单元是评价环境影响大小的度量单位，由于关系到环境影响的具体数值，一般情况下功能单元应该是可数的。例如，在计算一个火电厂因发电而产生的二氧化碳排放量时，需要事先明确这种排放量是针对多少发电量而有的。

系统边界确定了哪些过程应该被包括到LCA评价范围中。系统边界不仅取决于LCA实施的评价目标，还受到所使用的假设、数据来源、评价成本等因素的影响和限制。

数据是指在LCA评价过程中用到的所有定性和定量的数值或信息，这些数据可能来自测量到的环境数据，也可以是中间的处理结果，是LCA评价结果可靠性的保障。数据要求包括说明数据的来源、精度、完整性、代表性和不确定性等因素，以及数据在时间上、地域上和适用技术方面的有效性等。

为保证LCA评价方法符合国际标准，评价结果客观和可靠，在LCA评价过程结束后可以邀请第三方对结果进行审核。审核方式将决定是否进行审核，以及由谁和如何进行审核。尽管审核并非 LCA 评价的组成部分之一，但在对多个对象进行比较研究并将结果公之于众时，为谨慎起见应该进行审核。

3.3.2 清查分析

清查分析是一种定性描述系统内外物质流和能量流的方法。通过对产品生命周期每一过程负荷的种类和大小进行登记列表，从而对产品或服务的整个周期系统内资源、能源的投入和废物的排放进行定量分析（图 3.2）。可以清楚地确定系统内外的输入和输出关系。

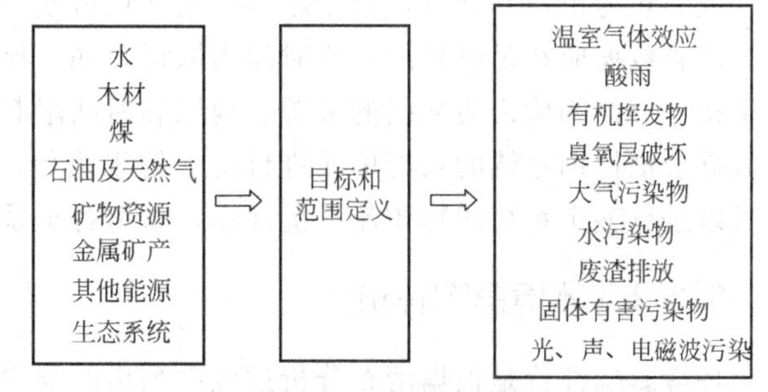

图 3.2 LCA 清查分析示意图

其主要程序包括：数据收集准备，数据收集，确认数据的有效性，连接系统边界，分配流入和排出量，提出它的限制条件。清查分析是 LCA 中得到较为完善发展的一部分，其后的环境影响评价过程就是建立在清查分析的数据基础上的。另外，LCA 用户也可以直接从清查分析中得到评价结论，并做出解释。

在过去的三十多年中，所有与 LCA 相关的研究都致力于对产品寿命周期中的能量、物质消耗和废物排放进行量化。所以，清查分析是 LCA4 个组成部分中研究较为成熟、应用较多的一部分。实际上，20 世纪 80 年代末和 90 年代初，在研究者们加入了其他 3 个部分并与清查分析组合在一起之后，才产生了 LCA 方法。

在清查分析中通常包含以下几个过程或步骤。

① 系统和系统边界定义　系统是指为实现特定功能而执行的、与物质和能量相关的操作过程的集合，这是 LCA 的评价对象。一个系统通过其系统边界与外部环境分隔开，系统的所有输入都来自于外部环境，系统所有的输出都输出到外部环境。清查分析正是对所有穿过系统边界的物质、能量流进行量化的过程。

系统的定义包括对其功能、输入源、内部过程等方面的描述，以及地域和时间尺度上的考虑。这些因素都会影响到评价的结果，尤其在对多个产品或服务系统进行对比评价时，定义的各个系统应该具有可比性。

② 系统内部流程　为了更清晰地显示系统内部联系，以及寻找环境改善的时机和途径，通常需要将产品系统分解为一系列相互关联的过程或子系统，分解的程度取决于前面的目标和范围定义以及数据的可获得性。系统内部的这些过程从“上游”过程中输入，并向“下游”过程产生输出。

在绝大多数的产品系统中都要涉及能源和运输，所以能源生产和不同运输方式的环境编目数据是一种基础数据，一次收集和分析之后会多次被用到。与此类似，一种材料也会在多种产品中被用到，所以对常用材料的基础评价也是非常重要并需要首先解决的问题。

③ 清查数据的收集与处理　当得出系统的内部流程图时，即开始数据的收集工作。清查数据包括流入每个过程的物质和能量及从这个过程流出的排放到空气、水体和土壤中的物质。清查数据的来源应该尽可能从实际生产过程中获得，也可以通过工程计算、对类似系统的估计、公共或商业的数据库得到相关信息。

在清查分析中还应注意以下两类问题的处理方式。

① 分配问题。当从产品系统中得到多个产品时，或者一个回收过程中同时处理来自多个系统的废物时，便产生了输入输出数据在多个产品或多个系统之间如何分配的问题。虽然对此没有统一的分配原则，但可以从系统中的物理、化学过程出发，依据质量或热力学标准以及经济方面的因素考虑。

② 能源问题。在能源数据中要考虑能源的类型、转化效率、能源生产中的清查数据及能源的消耗量。需分别列出不同类型的化石能源和电能，能源的消耗量应以相应的热值（如焦耳或兆焦为单位）计算，对于燃料的消耗也可使用质量和体积计算。

清查数据应在足够长的一段时间内取得，如一年中的统计平均值，以便消除非典型行为的干扰。应该明确说明数据的来源、地域和时间限制，以及对数据的平均或加权处理。所有的数据应该根据系统的功能单元进行统一的规范化，使其具有叠加性。得到所有的数据后，就可以进行整个系统的物质流平衡计算，求解各子系统的贡献。

3.3.3 环境影响评价

环境影响评价是根据清查分析过程中列出的要素对环境影响进行定性和定量分析，其目的是为了更好地理解清查分析数据与环境的相关性，评价各种环境损害造成的总的环境影响的严重程度。即采用定量调查所得的环境负荷数据定量分析对人体健康、生态环境、自然环境的影响及其相互关系，并根据这种分析结果再借助于其他评价方法对环境进行综合的评价。

环境影响评价包括以下几个步骤，见图 3.3。

(1) 分类　分类是将清查条目与环境损害种类相联系并分组排列的过程，它是一个定性的、基于自然科学知识的过程。在 LCA 中将环境损害分为 3 类，即资源消耗、人体健康和生态环境影响。然后，又细分为许多具体的环境损害种类，如全球变暖、酸雨、臭氧层减少、沙漠化、富营养化等。一种清查条目可能与一种或多种具体的环境损害有关。

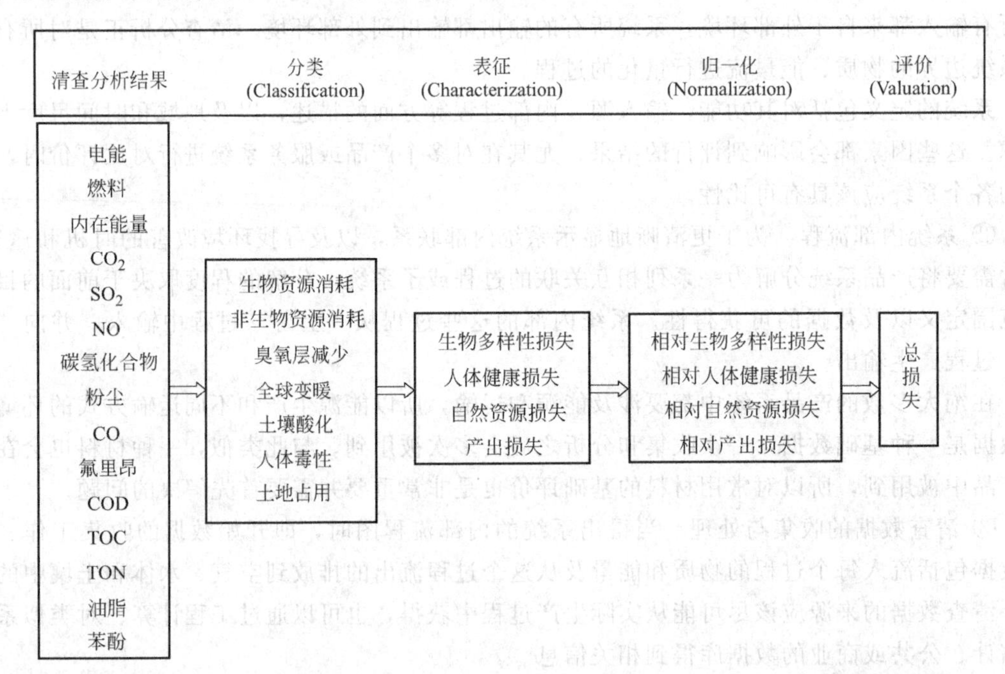

图 3.3　环境影响评价示意图

(2) 表征　不同清查种类造成同一种环境损害的程度不同，例如二氧化硫和氧化氮都可能引起酸雨，但同样的量引起的酸雨浓度并不相同。此过程就是运用环境知识对所列要素进行定性和定量分析，这是一个定量的、基本上基于自然科学的过程。

通常在表征中都采用了计算“当量”的方法，用来比较和量化这种程度上的差别。将当量值与实际编目数据的量相乘，可以比较相关清查条目对环境影响的严重程度。常用的几种表征指标见表 3.3。

表 3.3　常用表征指标

环境损害类型	指标名称	参照物	环境损害类型	指标名称	参照物
温室效应	GWP 100	CO_2	酸雨	AP	SO_2
臭氧层减少	ODP	CFC11	富营养化	NA	P

(3) 归一化　由于环境影响因素有许多种，除了资源消耗、能源消耗、废气、废水、废渣外，还有温室气体效应、酸雨、有机挥发物、区域毒性、噪声、电磁波污染、光污染等，每一种影响因素的计量单位都不相同。为识别出系统各环节中的重大环境因素，实现量化，通常对清查分析和表征结果数据采用加权或分组的方法进行处理，以简化评价过程，使评价结果一目了然。这个量化的处理在 LCA 应用中被称为归一化处理。该方法主要是将环境因素简化，用单因子表示最后的评价结果。

(4) 评价　环境影响的类型主要分成四大类：直接对生物、人类有害和有毒性；对生活环境的破坏；可再生资源循环体系的破坏；不可再生资源的大量消耗。这个过程主要是比较和量化不同种类的环境损害，对识别出的环境因素进行分析和判断，并给出最后的定量结果。环境评价是一个典型的数学物理过程，经常要用到各种数学物理模型和方法。不同的方法往往带有个人和社会的主观因素和价值判断，容易使得评价结果引起争议。因此，在环境评价过程中，一般要清楚、详细地给出所采用的数学物理方法、假设条件和价值判断依据等。

3.3.4　评价结果解释

结果解释是 LCA 最后的一个阶段，是将清查分析和影响评价的结果组合在一起，使清查分析结果与确定的目标和范围相一致，以便做出结论和建议。结论和建议将提供给 LCA 研究委托方作为给出决定和采取行动的依据。LCA 完成后，应撰写和提交 LCA 研究报告，还应组织评审，评审由独立于 LCA 研究的专家承担，评审主要包括以下一些要点：①LCA 研究采用的方法是否符合 ISO 14040 标准；②LCA 研究采用的方法在科学和技术上是否合理；③所采用的数据就研究目标来说是否适宜和合理；④结果讨论是否反映了原定的限制范围和研究目标；⑤研究报告是否明晰和前后一致。

小结与展望

经过 20 年的发展，LCA 方法作为一种有效的环境管理工具，已广泛地应用于生产、生活、社会、经济等各个领域和活动中，评价这些活动对环境造成的影响，寻求改善环境的途径，在设计过程中为减小环境污染提供最佳判断。为了更可靠地实现材料的环境协调性评价过程，应当建立四个要素的材料生命周期评价体系，研究相关的方法论、引入相应的指标体系并建立相应的资料库，例如包含相关材料的资源储量、探测采掘、制造技术、循环利用、废弃排放等资料，用计算机数据库的形式保存起来，宜于今后数据的查询和获取。

思 考 题

1. 生命周期评价（LCA）过程是目前开发一种新材料或新产品必不可少的一个环节，其重要意义在于什么？举例阐明。

2. 试述材料的环境协调性评价的过程。

参 考 文 献

1 Wang Cong，Zuo Tieyong，etal. Research and development of ecomaterials in China. Ecomaterials Forum. Proceeding of The Fourth International Conference on Ecomaterials. Gifu：Ecomaterials Forum，1999. 453～456

2 ISO 14000，Environmental management-Life cycle assessment-Goal and scope definition inventory analysis

3 MATHIJSB，BOUMANM，HEIJUNGSR，etal. Material flows and economic models：an analytical comparison of SFA，LCA and partial equilibrium models. Ecological Economics，2000（32）：195～216

4 孙启宏，王金南．可持续消费．贵阳：贵州科技出版社，2001．144～149

5 刘飞等．绿色制造的研究现状与发展趋势．中国机械工程，2000，11（1～2）

6 石晓枫．生命周期评价在企业清洁生产中的应用．环境导报，1999（5）

7 徐成等．城市生活垃圾生命周期管理．城市环境与城市生态，1998，11（3）

8 项平，薛军等．生期评价在工程分析中的运用．环境导报，1999（5）

9 陆钟武，蔡九菊．钢铁生产流程的物流对能耗的影响．金属学报，2000，36（4）：370～378

10 CANTER K G，KENNEDY D J，MONTGOMERY D C，etal. Screening stochastic life cycle assessment inventory models. Int J LCA，2002，7（1）：18～26

11 王寿兵，王如松，吴千红．生命周期评价中资源的耗竭潜力及当量系数的一种算法．复旦学报（自然科学版），2001，40（5）：553～557

12 刘江龙，丁培道，钱小蓉．金属材料的环境影响因子及其评价．环境科学进展，1996，4（6）：45～50

13 苏向东，王天民，何力等．有色金属材料的环境负荷定量评价模型．环境科学学报，2002，22（1）：98～102

14 AYRESRU，AYRESLW，RADEI. The life cycle of copper，its Co-products and by-products. Ming，Minerals and Sustainable Development，2002（24）：12210

15 XUJC，JIANGJL，CHENH，etal. LCA study or metallic nickel produced by pyrometallurgy processes. C-MRS. China-Japan symposium on ecomaterials，recycling-oriented industry and environmental management. Beijing：Rare metal materials and engineering，2004. 75～78

16 XUJC，JIANGJL，DENGXY. The life cycle assessment of metallic copper. C-MRS. China-Japan symposium on ecomaterials，recycling-oriented industry and environmental management. Beijing：Rare metal materials and engineering，2004. 55～58

17 寇昕莉．高分子材料的环境负荷评价．兰州大学学报，1999

18 郝维昌．金属材料的环境负荷评价及其 LCA 数据库的开发．兰州大学学报，2000

19 李贵奇，聂祚仁，周和敏等．钢铁生产的环境协调性评价．中南工业大学学报，2002，33（2）：145～147

20 刘江龙，丁培道，张静．金属材料表面强化过程对环境影响的定量评价．中国表面工程，2000（1）：11～14

21 XU J C. Ecodesign for wear resistant ductile iron with medium manganese content. Materials & Design，2003，（24）：63～68

22 肖骁．锌材料冶炼过程生命周期评价及软件系统研究．长沙：中南大学出版社，2003

23 杨建新，王如松．生命周期评价的回顾与展望．环境科学进展，1998，6（2）

第4章 材料的生态设计与理论

为避免地球所面临的危机，很多国家都需要向非物质经济或者服务型经济转变。如何推进企业绿色化、产业绿色化，进而国家绿色化？这就需要生态设计，通过环境技术革新使产品的环境效率或者资源效率得到显著提高，也就是通过环境协调性设计和生产来实现。本章围绕生态设计与理论展开，内容包括生态设计的基本原理和概念、材料流理论和生产的资源效率、生态设计的基本原则、生态设计的方法及其发展的阶段模型等。

面对资源、能源的加速消耗和生态环境的持续破坏，在新世纪人类的生存和发展遭到前所未有的严重威胁和挑战，迫使人们进行反思，调整高消耗、高污染的粗放型发展模式，代之以人与自然和谐的可持续发展模式。围绕着提高工业活动中资源能源的利用效率、降低生产和制造过程对环境的负担，欧美各国和日本等发达国家从理论和实践上进行了积极的尝试。

1999年，中国的GDP已达到1952年的118倍，中国经济已经居世界第七位，而且正在以更高的速度增长。但是，若一味地追求物质文明，那么物质文明与地球承载极限相冲突的日子可能会比专家预言的2020年还要更早。为了避免地球所面临的危机，无论是发达国家还是发展中国家，都必须向非物质经济（或者服务型经济）转变。如何推进企业绿色化、产业绿色化，进而国家绿色化？社会应实施强化有关法制、实施财政税制的生态改革、采购行为的绿色化等措施，并对那些竭尽全力实行环境技术革新与环境效率经营者给予全面的支持。通过环境技术革新使产品的环境效率（或者资源效率）得到显著提高，这就是生态设计(ecodesign)，也就是环境协调性设计和生产。

4.1 生态设计

4.1.1 可持续发展原理

自1992年的里约热内卢地球最高级会议以后，关于如何减轻地球环境负荷的问题便成为人类的一个极具挑战性的课题。里约高级会议虽已过去十几年，但人们仍生活在更加危险以致不能持续发展的世界中：人口继续增加、资源进一步消耗和废弃、贫困人口进一步增加，而生物种类、森林面积、可利用的新鲜的水资源、可耕地等却进一步减少，同温层中的臭氧层也还在继续减少。

据统计，在1990～1995年的50年间，全世界主要金属总共生产了40亿吨，而在1980～1990年的仅仅10年间，就生产了58亿吨之多。大量金属用于制造汽车和家用电器等，但许多稀有金属没有再生就被废弃了。例如，日本每年报废汽车500万辆，其中80%（质量分数）的金属得到回收利用，但大部分是铁，其余均当作废物被处理掉；1997年报废的彩色电视机达650万台。据推测，被埋掉的汽车和家用电器的废物中所含的铜就达18万t/a。设计师在生产、消费、广告、都市规划、住宅设计等方面都起着重要作用，同时他们也要对现在的环境问题承担责任。因为，一种产品的再生利用特性，在其设计阶段就已经被确定了。一般而言，由于设计上的问题，高性能材料如金属、半导体、陶瓷、塑料及复合材料都难以再利用，这与工程师和技术人员长期以来缺乏环境意识有关。矿产资源可分为“乐观的”和“悲观的”两大类，后者中的高质量铜矿几乎要被开采殆尽，因此现在只好去开采低品位的铜矿。属悲观性矿物资源的铜、锌、铅、金、汞、锡及银等四十多种金属，如果再不循环再生利用，就会有枯竭的危险。据推测，这些资源可开采量的50%～70%都已经被采掘掉了。

因此，必须进行矿物资源的再生利用。然而，再生利用需要大量的能源，能源的消耗必然产生 CO_2、NO_x、SO_x 等。例如，再生 1t 钢铁需要 1t 煤炭，同时要排出 62kg CO_2。现在世界上使用的钢铁有 130 亿吨，若要全部进行一次循环再生是不现实的，因此追求使用寿命长的产品是十分必要的。其次，全球平均气温在迅速上升，许多计算机模拟的预测结果表明，如果 CO_2 排放浓度增加一倍，那么平均气温将升高 1.5～4.5℃。20 世纪最异常的是气候，如干旱、洪水、风暴几乎都发生在 20 世纪 90 年代。1998 年，世界各地多次遭受了强烈的暴风雨、洪水及干旱的袭击，这就意味着人类正在急速步入全球温室化的过程中。更令人触目惊心的是，南极许多巨大的冰山正在从冰盖中分离出来，尼泊尔的冰河正在逐渐溶化并形成了许多新的湖泊……。这就是世界上主要自然资源变化的总趋势，照此下去，我们怎么能善待地球上将要 2 倍于现在人口的子孙后代而不危及他们的生存呢？

威胁现代人类生存的环境问题主要源于物质的繁荣和有毒化学物质，此外，发达国家的过度消费和倾销以及发展中国家由于技术落后导致的资源效率低下和不可持续性利用是当今世界环境问题的根源。根据资源需求量推算，美国和日本每人每年使用的自然资源分别是 85t 和 45t。可以采用所谓生态足迹的面积为单位对各国生态环境的恶化情况进行统计。结果表明，全人类已把大自然恩赐的 1/3 以上的资源都用掉了。所有的自然环境介质，如空气、海洋、湖泊、地下水及土壤都有容纳污染物的限度，人类排放到大气中的 CO_2 可能已经超过了它的容纳限度。在日常生活中，人们忽视了自己是生活在有限的地球环境之中。几十年来，人们的着眼点一直放在污染物或特定的废物排放到某种环境介质中时，是否会影响人类健康和安全的问题上。人类要认识到污染治理的传统措施并不能解决污染扩散的深层次问题。许多污染物虽然只有微量，却具有很大的毒性，有些物质的毒性可能会延续很长时间，并积蓄于有机化合物或食物链中。过去处理污染的技术主要是采用通常称为末端控制的办法，重点是进行污染物的回收和处理。随着人们地球环境意识的提高，现在产业防止公害策略的重点已由末端治理或控制转向污染源头的控制。

现在，人们的消费和生产方式恰恰是破坏自然环境的原因，也将会使人类的繁衍变得更加困难。为了使地球能够养育越来越多的人类，人类必须学会在有限的环境内生存。很多人由于对维持生命体系的生态系统一无所知，依然像往常那样“我行我素”。值得强调的是，不能等到一切都成定局时再考虑生态环境问题，如果不采取行动，后果也许不堪设想。

为实现可持续发展，人们应该了解目前的生态环境状况与未来的目标究竟有多大的差距，必须开发哪些相关的技术等。因此，需要明确可持续生产、消费的方向、措施及动力。根据“自然步骤（Natural Step）”组织所列举的具有指导性的系统条件，可持续发展的社会环境有以下 4 条法则：① 不能在生态圈内继续增加从地下开采出的物质量；② 不能在生态圈内继续增加人类社会生产的物质量；③ 不能继续破坏能够维持自然循环和多样性的物质基础；④ 必须有效合理地利用资源，一定要控制在满足人类基本需求的限度以内。

以可持续发展为宗旨的“世界经济学家会议”取得了如下共识，即：要努力做到既要降低或缩小商品和服务在整个寿命周期中的环境负荷和资源集约度（至少逐渐达到地球的环境容量水平），又要提供满足人们需求并能提高生活质量的具有价格竞争力的商品和服务。在同时满足上述两项要求的前提下实现提高环境效率的目标是完全可行的。提高环境效率的策略有以下 3 条：① 防止污染，尽可能减少废物，洁净生产，洁净技术；② 生态设计；③ 再利用与循环再生（闭式循环再生）。也有研究者认为生态设计应包括①和③的概念。

如果不能评价对环境的影响，就无法管理环境。所以生命周期评价方法（LCA）、生物物理学评价方法及综合绿色-GDP 等生态检测方法就显得越来越重要。LCA 是生态设计、环境标识和环境性能评价等的基础，是进行可持续生产和消费所必需的不可替代的手段。今后 LCA 进一步研讨的基本课题应为：如何既能最大限度地追求科学的真实，又能在维持成本和生产能力的同时使用户能够非常简捷地应用该方法进行评价。这两者之间的平衡是一个需要继续深入研讨的重要问题。

20 世纪 70 年代，一些从事工艺技术的有识之士就提出生态设计的概念，当时称作“为环境而设计”或“环保设计”，其目的就是在传统的经济活动中保持生态平衡。对材料工业而言，生态平衡不仅要求在材料生产和使用中尽量减少有害气体、液体、固体的生产和排放，而且要求尽量提高材料的再生循环利用，将有害物质转化为有用材料。

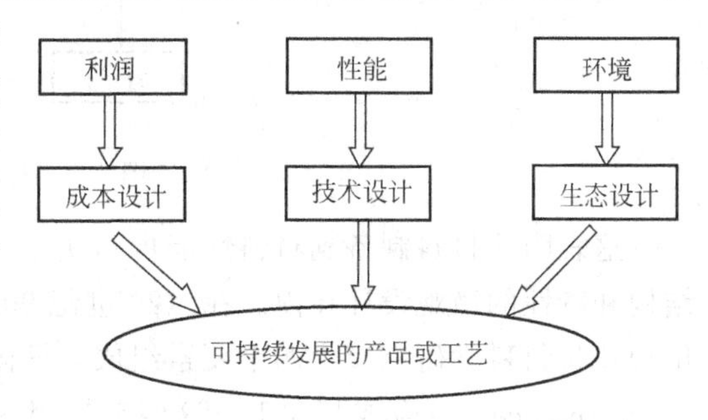

图 4.1　现代设计内容及目标示意图

在工业过程中，传统的设计主要考虑产品的使用性能和成本。进入 20 世纪 80 年代后，全球范围内的环保概念使得设计师开始考虑设计的第三个要素，即产品或工艺的环境性能。把保持生物圈的生态平衡纳入设计的范畴，把可持续发展作为设计的终极目标，这种设计的概念如图 4.1 所示。这样，通过技术设计、成本设计和生态设计，把性能、利润和环境等目标融为一体，实现经济活动的可持续发展，最终实现人类社会的可持续发展。

4.1.2　材料设计

材料设计（materials design），是指通过理论与计算预报新材料的组分、结构与性能，或者说，通过理论设计来“定做”具有特定性能的新材料。从广义来说，材料设计可按研究对象的空间尺度不同而划分为三个层次：微观设计层次，空间尺度在约 1nm 量级，是原子、电子层次的设计；连续模型层次，典型尺度在约 1μm 量级，这时材料被看成连续介质，不考虑其中单个原子、分子的行为；工程设计层次，尺度对应于宏观材料，涉及大块的加工和使用性能的设计研究。这三个层次的研究对象、方法和任务是不同的。本书主要介绍宏观材料的工程设计，介绍材料实现其生态环境化的途径。

1985 年日本三岛良绩在《新材料开发与材料设计学》一书中为材料设计的工作范围提出了一个轮廓，如图 4.2 所示。

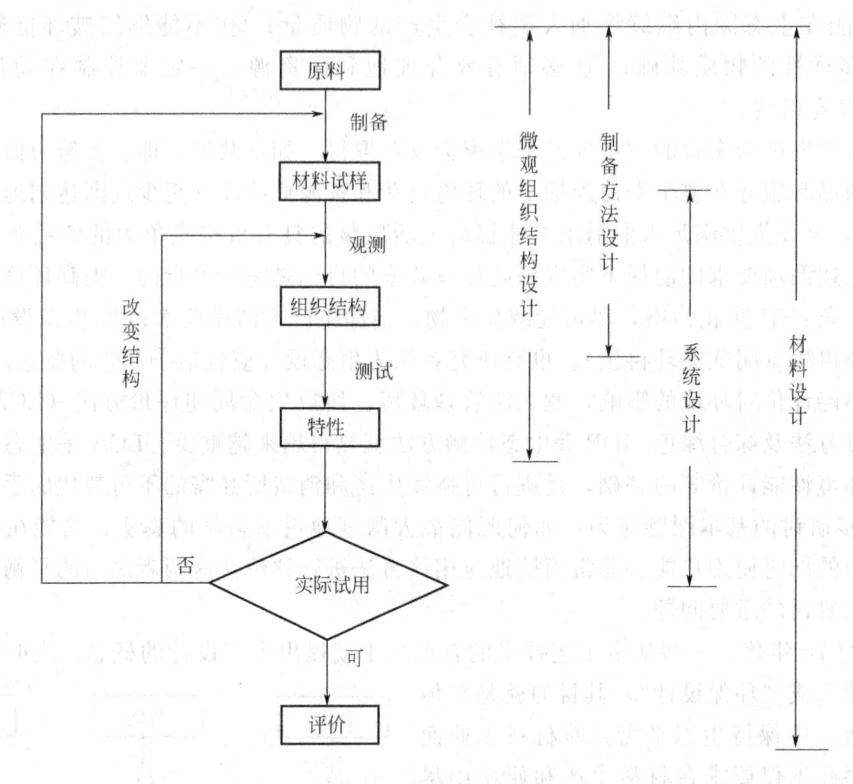

图 4.2　材料设计的范围

这表明从材料制备到材料性能再到使用，都属于材料设计的工作范围，其中包括组成、结构和特性的微观设计在内。在《20 世纪 90 年代的材料科学与工程》报告中，美国学者提出现代材料科学研究应由四个要素组成，即固有性质（properties）、结构与组分、使用性能（performance）及合成与加工，这四者是相互联系的整体，报告认为材料设计在这四个要素中都起着重要作用。这里把 properties 与 performance 分开，前者指材料的固有性质，后者则同材料应用相联系，包括寿命、速度、能量效率、安全、价格等，它们是 performance 的因素。

4.1.3　生态设计

最初公布的生态设计（Eco-Design，ED）是在 1999 年 2 月召开的世界上生态设计方面第一次大规模的国际会议（即生态设计国际会议）上通过的。出席会议的美国 IBM 环境友好产品的董事 D. Bendy 演讲时说“IBM 充分认识到了环境友好和生态设计的产品在不远的将来要控制市场占有率的趋势，因此将全力以赴地推进生态设计。”毋庸置疑，我们也相信，对于目前资源能源的贫乏而言，生态设计是制造业持续发展的关键，对降低在资源方面的依赖性和安全保障是极为重要的。

生态设计涉及面很广，所有的东西都应该成为生态设计的对象。生态设计与绿色化含义相同。产业的绿色化、经济的绿色化、立法的绿色化、行政的绿色化、财政的绿色化、税制的绿色化等，有各种各样的绿色化，这些都是生态设计。

生态设计这一概念是由荷兰公共机关和 UNEP（联合国环境计划署）最先提出的。生态设计是荷兰经常使用的术语，类似的术语有环境设计（Design for Environment，DFE）、生命周期设计（Life Cycle Design，LCD）等。无论是生态设计，还是 DFE、LCD，其含义是基本相同的。另外，在建筑行业有 Ecological Design 即生态设计的称谓，在日本社团法人建筑协会则又称之为生命周期工程（Life Cycle Engineering，LCE），都是指进行建筑物的生态设计，都可以通称为生态设计。此外还有绿色设计（Green Design，GD）和以保护生态环境为中心的侧重于产品循环回收的可再循环设计（Design for Recycle-ability，DFR）、便于回收重新使用的易拆卸设计（Design for Disassembly，DFD）、材料选择设计（Design for Material Selection，DFMS）等。以上称谓均是指在材料和产品的设计中将保护生态、人类健康和安全的意识有机地融入其中的设计方法。

生态设计这一概念产生之前，一般被表述为环境保护、环境修复、环境净化等。这正是清洁生产之意，它属于末端处理，指尽可能不排放废物，与废物最少量化、减少废物、防止废物是同义语。然而，现在不仅仅是这种在末端的污染物处理、再利用和防止污染的看法了。其技术的目标和对象扩大了，即从原料的开采一直到生产、使用、再生循环利用、最终处理的整个生命周期，以实现环境效率的最大化为目标。因此，我们认为将现在和未来的环境理论和技术统一起来的概念——生态设计这一术语是最合适的。

目前，生态设计已经成为预防生态环境受到危害的重要手段，是最高级的清洁生产措施和可持续发展的最佳途径。生态设计的关键在于，如何把环境意识贯穿或渗透于产品和生产工艺的设计之中。设计师必须考虑到产品在其生命周期中的全部环境属性，而这种考虑或许是决定产品成败的关键。

人们已经把 DFE 作为一种方法用于某些系统的设计，这种实际设计中的环境原则，尚在进一步研讨之中。生态设计的目的，不仅是为了防止废弃或排放，减少产品生命周期中给环境带来的负荷，也包括为了实现非物质化和提高资源效率而以优质服务减少产品消耗以及延长产品或零部件的使用寿命等。生态设计是要明显地减少材料制造前的隐性材料物质流和能源流，即在材料循环的前端减少，而不仅仅是促进生产造成废物的循环，而且并非所有物质都可以循环，例如，煤和石油只可燃烧一次。在大部分工业化国家，矿物燃料及其隐性原料占材料总使用量的 26%～46%。

生态设计的基本思想是将粗放型生产、消费系统变成集约型生产、消费系统，设计时于产品的孕育阶段就开始自觉地运用生态学原理，使产品生产过程进行合理的物质转换和能量流动，使产品生命周期的每个环节结合成有机的整体。生态设计的原则和方法不但适用于新材料和新产品的开发，也适用于传统材料和传统产品的改进设计。

生态设计的驱动力是社会经济体制的重构或新的社会经济制度的建立，如施行循环再生法、生态税制改革即实行资源消费税、扩大生产者责任及实行排污市场管理等；其次，基于市场机制的环境标识所导致的绿色采购、基于环境报告书的绿色金融如绿色公债（或绿色储蓄）等，都会有助于推动产业向可持续发展的生产方向迈进。为了推进生态设计→可持续性消费→可持续性生产，需要所有切身利益者组成新的联盟和增强合作精神，或者说在可持续发展社会必须实现全社会的公正和两性的均衡。

一些国家成立了绿色采购网，该采购网的基本思想是，一旦消费者开始使用环境协调性产品或生态环境材料，那么通过市场的作用，就可以也理应使产业界的技术开发方向朝生态设计方向转变。实际上，只有当市场转向环境协调性产品和生态环境材料时，生态设计才能获得利润。因此，绿色采购对产业界是十分必要的。目前，该采购网的成员涵盖了制造业和服务部门的 1400 多家大企业、300 多个地方政府以及 250 多个非政府组织，故该网络对绿色市场的发展将产生相当大的影响。

4.1.4 产品和材料的生态设计

4.1.4.1 产品的生态设计

生态设计以一切东西为对象，就产品开发而言，是指在评价其整个生命周期中给环境造成影响的基础上，提高产品性能的设计和生产。目前，为扩大市场竞争力，发达国家竭力推行生态设计，并已经应用到众多的材料和产品的设计中，据专家估计，在未来的10年内，生态设计方法将推广到所有新产品设计和传统产品的重新设计。可以预言，未来数年内若不实行生态设计和清洁生产，产品进入市场的资格将被取消，尤其是国际市场。

产品的生态设计着重考虑生态材料选择、产品的可拆卸及回收。在产品的生态设计中，企业作为设计、生产的现场，目前面临着哪些问题呢？首先，要列举的是从生产到再生利用的各个阶段所排放出的CO_2问题。1997年在日本京都召开的“防止地球温室效应”会议上达成的国际条约中，要求将包括CO_2在内的温室气体比1990年减少6%。因此，企业必须为减少CO_2的排放量而努力。其次，是国内外的再生利用法和节省能源法的强化。再次，导入环境污染物质排放、转移登记制度（FRTR），当FRTR生效时，企业在生产阶段排放了多少有害物质，必须向环境部门上报，正确把握对环境的污染并进行净化成为企业应尽的义务。

生态设计的技术革新包括以下阶段：首先，通过改善产品制造工艺过程等，至少可使环境效率因子达到2（Factor 2，即2倍）；其次，通过产品优化设计或重新设计提高环境效率，并使因子达到5（Factor 5）；然后，为了使环境效率达到10以至20（Factor 10～20），则需要使产品功能乃至社会体制更为革新的措施。也有人提出与生态设计类似的四段模式，即从修理、精炼、重新设计到再思考等。作为评估可持续发展的水准，要使环境效率提高到Factor 20，就必须减少95%的环境影响。为实现这个目标，要求产业界做出巨大的贡献，因为消费者所需求的并非是产品本身，而是这些产品所提供的结果（即服务）。例如，如果音乐能通过网站下载而直接提供给听众，那么就可以减少像CD之类的记录装置在制造和流通过程中所造成的环境负荷；再比如，有关楼房能源的管理方面，要以最低成本计划签订合同，据此所提供的保证将是“舒适的能源服务”。

目前，世界的环境状况迫切要求将资源消耗量至少减半，但同时人们又要求生活福利成倍改善。这样一来，首先要将资源效率提高4倍（Factor 4）或更高，才能够缩小环境义务与环境现实之间的差距。现在已有许多生态设计的产品，如复印机、洗衣机、清洁能源汽车、生物降解塑料等，在不远的将来我们一定会使这些产品的环境协调性得到进一步改善。

以INAX公司为例，该公司制造的具有代表性的环境协调性产品有“土质陶瓷（Soil Ceramics）”的墙壁内装饰和地板砖，该产品不是利用土烧结制成的，而是用水热处理法固化制成的，摸起来的手感像土一样柔软又具有与砖瓦同等水平的强度，但烧制的能耗不到水泥的1/2，陶瓷的1/5，既有很好的节能效果，又使CO_2的排放量大大减少，其排放量不足水泥的1/4，陶瓷的1/2，既减轻了生产过程中的环境负荷，也可以将产品再作为原料进行循环利用。此外，还有利用焚烧的下水道污泥制成的外装饰瓷砖、利用陶瓷废物制成的地板砖等。

再以家电生产厂家为例，索尼将环境友好型商品称为“Greenplus 商品”，录像机、立体声、手摇收音机、太阳能遥控器、便携式摄像机、声频盒式录音机等商品都是节能、省资源、可再生循环的，从而减少了对环境的影响和物质消耗量。再如，松下电器产业在环境友好型产品上贴了“特征商标”。这个商标中明示出考虑环境问题方面的质量和性能，想方设法让人们了解该商品在哪些方面改善了环境。

4.1.4.2 材料的生态设计

材料的生态设计着重考虑原材料选择，制造过程省资源、省能源和无污染，废弃后可循环再生。生态设计应使传统材料设计思想有所转变，图 4.3 为传统材料到生态材料设计思想的转换。传统设计是依据技术、经济性能、市场需求和相应的设计规范，着重追求生产效率、保证质量、自动化等以制造为中心的设计思想，将使用安全、环境影响和废弃后的回收留给用户和社会；而生态设计的基本思想是材料和产品的整个生命周期对生态环境的副作用，被控制在最小范围之内或最终消除，要求材料减少对生态环境的影响，同时做到材料设计和结构设计相融合，将局部的设计方法统一为有机整体，达到最优化。

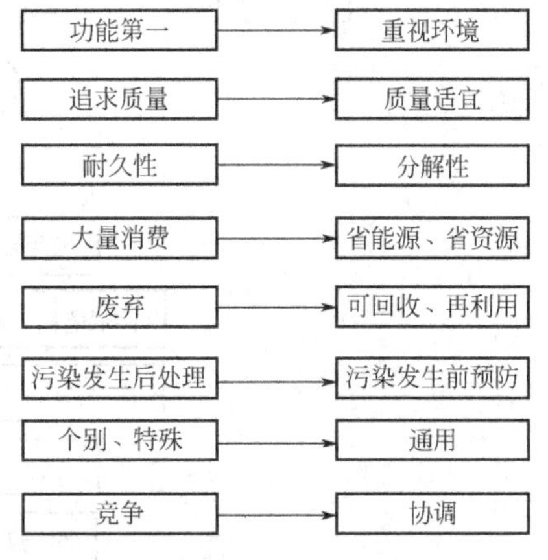

图 4.3 传统材料到生态材料设计思想的转换

材料的生态设计包括制造环境负载低的设计、材料可循环再生设计等。以应用分类的材料设计（例如包装材料、建筑材料、汽车材料、家电材料等）与产品生态设计遵循的原则和设计方法是相同的；而以化学成分分类的材料（例如金属、陶瓷、高分子材料等）的生态适应性与材料的成分、结构和性能存在密切关系，但长期以来还是停留在定性认识的水平，这是因为在材料的研制方面存在下列问题：

① 长期以来在研制材料时，人们一直着重于追求材料的性能、功能、特性及其社会价值或用途。常以有限的天然资源转换成人工材料，且其生命周期行为使环境日益恶化，社会和材料产业都难以持续发展。

② 研制新材料的方法仍然是以传统的“炒菜法”（trial and error method）为主，即通过变换多种配方和工艺，获取无数个样品，分析其成分和结构、检测其性能等，如此反复实验，消耗大量的精力、耗费大量资财。

自 20 世纪 80 年代以来，随着材料生命周期评估的出现和发展，人们了解到改变材料的组成、结构及加工方法可以达到改善环境负载的目的，并逐步建立和完善材料生态设计数据库；随着计算机信息处理技术的发展，尤其是人工智能、模式识别、计算机模拟等技术的发展，使材料设计的理论和大批实验资料沟通起来，为新材料设计提供了行之有效的技术和方法。因此，未来的材料设计将逐步实现：资源和能源的合理利用→材料组成→制备工艺→使用性能→生态平衡（材料的环保和循环再生）的优化设计，将按指定的生态调和性、物化性能和功能性设计新材料，并选取最佳的制备和加工方法。

生态环境材料的性能指标中除传统的力学、物理、化学性能之外又增加了环境协调性和舒适性。生态环境材料用于制造产品时，必须在用 LCA 对产品生命周期全程的环境负荷进行评价的基础上，选用环境负荷最小的设计与工艺，这一点很重要，如图 4.4 所示。

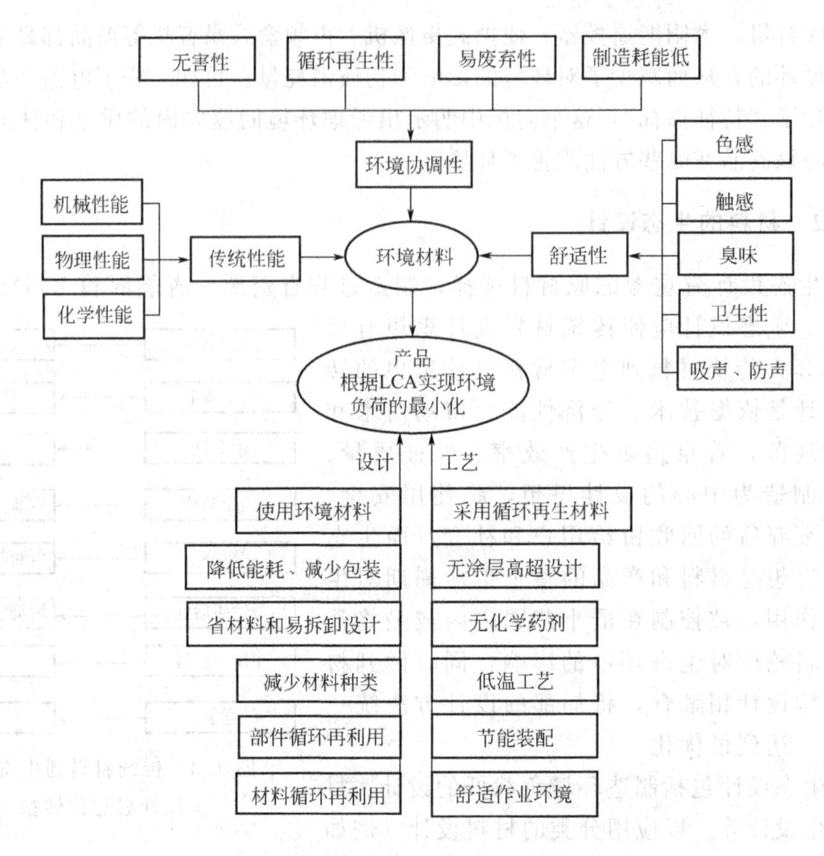

图 4.4 环境材料在产品中的应用

生态环境材料包括两大类，一类是材料本身直接起到改善环境的作用，另一类是能够降低产品在生命周期全程的环境影响从而使其性能得到提高，如表 4.1 所示。生态环境材料的开发大致有七类：循环再生型、统一规格（通用）型、净化环境和防止污染型、自然分解型、替代材料及不使用有害成分型、使用天然原材料型、利用清洁能源型，如表 4.2 所示。

表 4.1 生态环境材料分类

当前直接对应型	净化功能型	汽车等的排气	三元催化剂，与催化剂有关的材料
		CO_2 的消除与回收	CO_2 分离膜，CO_2 分离材料
		分解 CO_2	半导体催化剂，金属催化剂
		分解氟里昂	固体催化剂
	对应-转换型	光降解性	环境协调性塑料
		生物降解性	玉米淀粉塑料
		水解性	黏土-纤维复合多孔体
		替代石棉	不锈钢纤维
		代替 Ni-Cd	Ni-H 电池
中期战略型	节能消耗型（passive）	低能耗	光电功能材料
		防止能量逸散	选择性透光材料
		热电转换	热电元件

续表

<table>
<tr><td rowspan="8">中期战略型</td><td rowspan="5">能量转换型
(active)</td><td rowspan="3">清洁能源型</td><td>光能→电能</td><td>太阳能电池</td></tr>
<tr><td>热能→机械能</td><td>形状记忆合金</td></tr>
<tr><td>热能→电能</td><td>热电元件</td></tr>
<tr><td rowspan="2">追求高效率型</td><td>燃料→电能</td><td>高温透明材料</td></tr>
<tr><td>化学能→电能</td><td>燃料电池</td></tr>
<tr><td rowspan="3">输能储能型
(effective)</td><td colspan="2">储氢</td><td>储氢合金</td></tr>
<tr><td colspan="2">蓄热</td><td>蓄热材料</td></tr>
<tr><td colspan="2">能量输送</td><td>超导材料</td></tr>
<tr><td>长远展望型</td><td colspan="4">生态环境材料化</td></tr>
</table>

表 4.2 生态环境材料的开发分类

类型	示例
循环再生利用型(再利用、再生利用)	塑料保险杠、废塑料制的人造大理石及玩具,再生纸制作的信封、卫生纸、包装纸等
统一规格(通用)型	可回收利用的统一规格的酒瓶、通用塑料等
净化环境防止污染型	高吸油性树脂、分离超细纤维的技术、废油固化剂等
自然分解型	用树叶和土制作的高尔夫球座、海水可溶的钓鱼线、生物降解性胶卷等
替代材料及不使用有害成分型	Mn 电池、Ni-H 电池、碱性电池、无铅代铅材料等
使用天然原材料型	人工种植的木材、用天然物质制造的洗涤剂等
利用清洁能源型	氢气汽车、电动汽车、利用太阳能的洗浴系统等

4.2 材料流理论和材料生产的资源效率

4.2.1 材料流理论

材料的生产往往要消耗大量的资源，而且当生产效率一定时，除有效产品外，大量的废物被排放到环境中去，造成环境污染。因此，就材料的生产和使用而言，资源消耗是源头，环境污染是末尾，也就是说，材料的生产和使用与资源和环境有着密不可分的关系。

从资源和环境角度分析，典型的材料流过程如图 4.5 所示。从材料的采矿开始，包括生产加工、储运、销售、使用直至废弃，每一个环节都向环境排放出大量的废物。以钢铁材料为例，经过采选、储运、炼铁等步骤，最后平均 8t 矿石可炼成 1t 钢，再经过轧制、车、钳、铣、刨等加工过程，最后得到约 700kg 的金属制品。这些金属制品按质量计算，能被有效使用的不到 500kg。即使这些被有效使用的金属制品也有一定的服役寿命，最后都被排放至环境中，由环境来承担吸收、消纳和分解的任务。

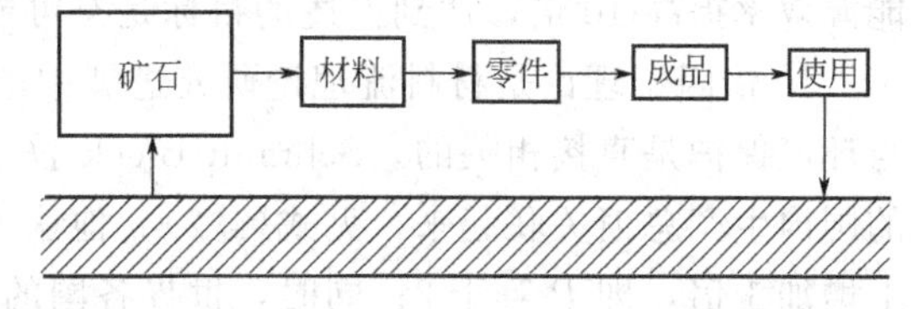

图 4.5 典型的材料流循环过程示意图

材料流（materials flow）又称物质流（mass flow），也称材料链（substance chain）。材料流理论是指用数学物理方法对在工业生产过程中按照一定的生产工艺所投入的原材料的流动方向和数量的一种定量分析的理论。材料流理论是一种方法学，其理论基础就是物质不灭定律，主要用于研究、评价工业生产过程中所投入的原材料的资源效率，找出提高资源效率的途径，因此，材料流理论是研究资源效率的一种有效工具。下面介绍几种国际上流行的材料流分析方法和材料流理论，简述材料流理论的产生、应用及发展趋势。

4.2.1.1 4倍因子理论

4倍因子理论（Factor 4）是德国 WUPPERTAL 气候、能源和环境研究所所长 von Weizsaecker 教授于20世纪90年代初首先提出来的。

按1995年的数据，占全世界总人口20%的富人，每年消耗全世界82.7%的能源和资源；而80%的其他各阶层人士，每年消耗的能源和资源仅占世界总消耗量的17.3%。为了既保持已有的高质量的生活，又努力消除贫富之间的差异，von Weizsaecker 教授根据计算得出，若能通过采取技术措施，将现有的资源和能源效率提高4倍，才有可能达到上述的目标。这就是4倍因子理论。

经过努力和发展，von Weizsaecker 教授将4倍因子理论科学化。1995年，该理论有了明确的科学含义，其意思是指在经济活动和生产过程中，通过采取各种技术措施，将能源消耗、资源消耗降低一半，同时将生产效率提高一倍，如式(4.1) 所示：

$$R=\frac{P}{I}=\frac{2}{0.5}=4 \tag{4.1}$$

式中，R 表示资源效率；P 表示产品产出量；I 表示原材料、能源投入量。

4倍因子理论的提出，得到了世界上许多政治家、经济学家、社会学家、生态学家以及许多其他学者的赞同。4倍因子理论，对有效利用资源、改善生态环境、实现社会和经济的可持续发展具有战略性的意义。

在4倍因子理论的基础上，一些学者陆续提出了10倍因子理论等各种有关提高资源效率、减少物质消耗的理论。

4.2.1.2 10倍因子理论

10倍因子理论（Factor 10）是由前德国 WUPPERTAL 气候、能源和环境研究所副所长 Schmidt-Bleek 教授于1994年率先提出的。10倍因子理论的核心思想是：必须继续减小全球的材料流量，逐步缩小国与国之间的贫富差距，且可以让子孙后代能够在这个星球上继续生存。Schmidt-Bleek 教授认为，通过采取技术措施，在20～30年内若能将现有的资源和能源效率提高10倍，达到上述的目标是有可能的。

10倍因子理论是材料流理论研究进展中的一个创新。在某种意义上，10倍因子的概念与环境保护是直接相关的。Schmidt-Bleek 教授用一个方程式将环境影响、人口和一个国家的国内生产总值关联起来，见式(4.2)。他认为，到2050年，地球上的人口将在现有的基础上增加1倍，即 P 等于2；同时，世界各国的国内生产总值影响值届时将增长3～6倍，取平均值为5；2乘以5等于10，由此，对环境的影响将增加10倍。为了保持现有的生态环境水平，我们必须通过提高资源效率来平衡和补偿对环境的破坏。

$$I=P\times \mathrm{GDP}=2\times 5=10 \tag{4.2}$$

式中，I 表示环境影响；P 表示人口影响值；GDP 表示国内生产总值影响值。

在提出10倍因子理论的同时，Schmidt-Bleek 教授还提出了 MIPS（materials input per service）的概念，即单位服务的材料消耗，为材料流理论提出了一个具体的评价指标。

自 MIPS 概念提出以来，联合国环境发展委员会、欧共体组织、美国、德国、日本等发达国家和组织每年投入巨资开展材料流理论研究，以提高资源效率，减少污染物排放量。许多国家已要求对所有工业过程都应进行材料流分析，进一步控制环境污染，例如，对二氧化碳排放引起的全球温室效应问题进行材料流分析。

4.2.1.3 极值理论

在提高资源效率与环境保护的关系方面，极值理论指出：对一定的原材料投入，有效产品的产出率越高，废物产生量就越小。从环境保护的角度看，就是要求最大的产出率和最小的废物排放率。可用式(4.3) 表示：

$$I=(P_1+P_2+\cdots)+(W_1+W_2+\cdots)=\sum P+\sum W \tag{4.3}$$

式中，I 表示物质总投入量；P_1，P_2 表示有用产品产出量；W_1，W_2 表示废物产出量。若定义

$$R=P/I \tag{4.4}$$

与

$$O=W/I \tag{4.5}$$

式中，R 表示资源效率，即有用产品产出量除以物质总投入量；O 表示废物产出率，即废物产出量除以物质总投入量。

在式(4.4) 和式(4.5) 中，求$\partial P/\partial I$ 极大值，即 $R_{max}=(\partial P/\partial I)_{max}$，则可获得最大资源效率。同时，求$\partial W/\partial I$ 极小值，即 $O_{min}=(\partial W/\partial I)_{min}$，则可获得最小废物产出率。显然，在追求资源效率的过程中，材料流理论提供了定量分析的工具，可以说，材料流理论分析是生态环境材料研究的一个有效工具。

通过材料流分析，了解物质和能源的走向，对最初和最终的物质总量进行极值分析，可使该经济活动的资源效率、环境污染状况一目了然。因此，极值理论将资源和环境之间的关系进一步简单化、定量化。

4.2.2 材料生产的资源效率

广义上讲，资源效率是指在某一生产过程中所产出的有用产品占所投入原料总量的百分比。在材料的生态设计中，资源效率是必须考虑的一个方面。分析材料的资源效率，最有效的工具就是材料流分析方法。通过跟踪生产过程中的材料流向，可计算整个系统以及每个子系统的资源效率。

环境污染，在很大程度上是由于在工业生产过程中所投入的原材料没有变成有效产品，而作为副产物排放到环境中，形成环境过量承载的一种现象。显然，材料生产过程的资源效率越低，最终造成的环境污染越严重。表 4.3 表明生产 1t 纯金属材料所消耗的资源及资源效率。表中主料指生产该材料的主要原料，如铁矿石等，辅料包括各种添加剂以及该材料生产过程中所需的能源、运输和其他装备等消耗。由表可见，铁的资源效率最高，但仅有4.24%，即将近 25t 原料只生产 1t 铁，剩下的 24t 废物都排放入环境，造成严重的环境负担。

表 4.3 生产 1t 纯金属材料所消耗的资源及资源效率

材　料	Fe	Mn	Al	Cr	Zn	Cu	Ti	Ni
主料/t	2.0	4.0	2.5	2.5	40	200	66.7	100.0
辅料/t	21.6	25.7	31.3	77.3	123.6	10.7	785.7	614.5
资源效率/%	4.24	3.37	2.96	1.25	0.61	0.47	0.18	0.14

与国外相比，我国材料产业的资源效率目前为止还较低，表4.4是我国某些原材料生产的资源消耗与国际平均水平的比较数据。显然，大多数材料的资源效率水平与国际水平相比还有待提高。原材料的资源效率低下，是造成我国环境污染严重的主要原因之一。

表4.4 我国材料生产的资源消耗与国际水平比较

材料	能源	钢铁	木材	水泥	橡胶	塑料	化纤	铜	铝	铅	锌
国际水平	1	1	1	1	1	1	1	1	1	1	1
中国水平	7.0	3.6	5.0	12.0	6.0	1.5	9.0	3.7	2.4	2.7	2.2

我国的经济规模已居世界前列，发展的速度令人瞩目，对资源的需求已达到前所未有的程度。一方面，某些资源短缺已对经济发展造成了一定的约束；另一方面，现有资源的利用率不高，资源浪费严重。矿产资源的开发总回收率只有30％～50％，比发达国家平均低20％左右。每万元国民收入的能耗为20.5t标准煤，是发达国家的10倍。“高投入、低效率、高污染”的问题，在我国资源的某些开发和利用过程中依然存在。

4.2.3 资源的综合利用

通过上面对资源的分析可知，要提高资源效率，减少环境污染，一方面通过技术革新，改造旧的生产工艺，提高生产效率，减少废物排放；另一方面可以通过保护有限的资源，加强资源综合利用，特别是废物的回收利用，变废物为资源，使有限的资源得到充分利用，同时也可减轻材料生产过程中的环境负担。

关于资源的有效利用，从技术方面来考虑，主要包括以下几个方面。首先，是节约自然资源，提高单位资源利用的效率。其次，是发展替代资源，包括生产中的替代和消费中的替代。科学技术的发展，使人类在采用替代资源的同时，能保证产品的用途和质量等不受影响。最后，是延长产品的生命周期，使用寿命的延长，意味着同种产品的原材料消耗降低，产生的废物减少。

4.2.3.1 一次资源的综合利用

将某一生产过程中排出的废物直接作为下一生产过程的原料而加以利用称为一次资源的综合利用。从材料与环境的角度看，我国目前的一次资源综合利用主要集中在3个方面，即矿业废物、冶金废物和化工废物的综合利用。

由于我国几种主要原材料包括钢铁、水泥、玻璃等产量都居世界第一，故矿业废物在我国属于量大类多的固体废物，每年排放的矿业废物达350亿吨之多。因此，抓好我国的矿业废物综合利用，对减缓环境污染，提高资源效率有重要作用。表4.5是我国矿业废物综合利用的典型示例。相对来说，矿物废物的利用在我国还远远不够，利用效率较低，利用面也开发得不够广。

表4.5 矿业废物综合利用的典型示例

废 物	用途	废 物	用途
Fe、Cu、Pb、Ni、Zn等尾矿	砖瓦原料	镁质泥灰岩、白云岩、石英岩、砂岩等废石	矿物棉
Cu、Mo、Co、Mn等尾矿	微量元素肥料	辉绿岩、玄武岩、花岗岩等尾矿	铸石
石灰岩、大理岩、板岩、凝灰岩等尾矿	水泥原料、混合材料	煤矸石	砖、水泥、筑路材料
石英砂、长石、白云岩、石灰岩等尾矿	玻璃、陶瓷、耐火材料		

同矿物废物的综合利用相类似，冶金废物的综合利用在我国也还有充分的开发余地。例如，冶金行业的水资源回收率相对于国际水平比较低。根据1996年的数据，国外每生产1t钢，平均消耗水为4.74t，国内平均消耗水约29.8t。国外炼钢用水循环利用率在75%以上，国内仅为25%左右。在我国，冶金行业的热资源利用是资源综合利用的一个重要方向，平均约2/3的热资源可以由余热提供。我国的钢产量世界第一，关于钢渣的综合利用意义很大。现已有用钢渣生产水泥、建筑瓷砖，以及掺入肥料或用作筑路材料等。另外，在炼铁过程中排放的含铁废泥，铁含量可达30%～80%，将其重新冶炼，是铁资源综合利用的一个重要措施。

化工废物的综合利用，目前主要集中在回收、重复利用化工原料；将三废加工转化为其他工业原料；化工过程中的可燃尾气回收及提高冷却水循环利用率，减少废水排放等方面。

随着科学技术的发展，关于废物的综合利用已越来越普遍，技术加工水平越来越高，不但提高了资源的利用效率，也减小了环境的负担性。

4.2.3.2 二次资源的综合利用

二次资源综合利用是目前全世界环境材料研究的一个热点。所谓二次资源综合利用是指将某种废物经过加工处理使其重新变为资源的过程，也称为废弃资源的再生利用。通过二次资源的综合利用，使物质的生产真正实现生产、消费、废物排放、加工处理再回到生产的完全循环过程。

与一次资源综合利用不同的是，二次资源利用是将已排放进入环境成为污染物的物质进行加工、处理，使之再次成为原料，其意义、技术、成本等与一次资源综合利用有本质的区别。所以，在实施二次资源综合利用时，需对处理技术、经济性、环境影响、资源本身、能源消耗等进行综合考虑。

从技术上分，二次资源综合利用可分为物理法、化学法、生物法等。

物理法包括收集、运输、分选、破碎、精制等技术过程。在处理过程中不改变物质的性能，保持废物收集时的原形，或改变原形但不改变物质的物理性质。前者如回收空罐、空瓶、家用电器中有用零件，通常采用分选、清洗并对回收的废物料进行简易修补或净化操作后再利用；后者如回收金属、玻璃、纸张、塑料等，多采用破碎、风力、浮选、溶解、分选等技术处理，它们可作为再生资源实现简单再循环。物理法处理成本较低，但所用物料再循环利用时性能下降，品质变差，如废塑料简单再生而成的制品质量不如全新制品。

化学法是改变废物性质的一种回收利用方法。化学法主要有热分解、燃烧发电等处理过程。如利用废旧塑料生产汽油及垃圾发电等。

生物法主要是利用发酵过程对废物进行生物处理后再进行再生利用。国际零排放组织目前主要通过生物处理技术对生活废物进行处理，培植食用菌和蘑菇，每年创造可观的经济效益。

另外，我国人口数量庞大，有关废纸回收利用的效益不可忽视。目前我国废纸的回收率还不到30%，全国废纸年流失量超过600万吨。同时，我国每年还要花巨额外汇进口大量废纸。而利用废纸意义重大，每回收1t废纸，可生产800kg好纸，少砍30年树龄的树20棵，少排放有机废水1.5t。

除了资源回收利用外，某些含碳固体废物还可进行能源回收利用。如表4.6所示，一些高分子废物燃烧时，发热量达33～42MJ/kg，甚至比煤高。据估算，燃烧12万吨的废塑料所获得的能源相当于240万吨木材或10万吨煤油的发热量。而且，在燃烧过程中产生的硫只有煤的1/20、重油的1/40，灰分也较少。

表 4.6 各种含碳废物燃烧时产生的热量对比

名　　称	发热量/(MJ/kg)	名　　称	发热量/(MJ/kg)	名　　称	发热量/(MJ/kg)
城市垃圾	3.78～8.4	煤	21～29.4	聚丙烯	44.13
纸类	15.96	石油	44.1	聚苯乙烯	40.34
木材	18.9	高密度聚乙烯	46.79	丙烯腈-丁二烯-苯乙烯三元共聚物	35.38
木炭	12.6～16.8	低密度聚乙烯	46.02	聚酰胺	30.96

4.3 材料生态设计的基本原则和战略

材料的技术设计主要考虑材料的使用和服务性能，依据其不同的加工过程和专利技术进行工艺设计。材料产品不同，其技术设计也千差万别。而成本设计只需遵循经济学原理，追求利润的最大化，但前提是该产品的性能要有竞争力。考虑资源和环境因素的材料的生态设计主要遵循在材料制造和使用过程中，如何追求资源和能源消耗最小化、各种污染物排放最小化以及废物再生循环利用率最大化等原则。

4.3.1 生态设计的基本原则

对于材料设计，主要包括以下三个要素，即成本（cost，C），包括原料成本、制造成本、运输成本、循环再生成本、处理成本等生命周期全程的费用；环境影响（impact，I），包括地球温室效应、臭氧层破坏、资源枯竭、耗能、毒性、酸雨、土地使用量等给地球造成的影响；性能（performance，P），包括安全性、是否方便实用、是否符合审美观、施工难易程度、寿命等产品性能，如图 4.6 所示。也就是说，产品价值、经济价值和环境价值的总和即为生态设计的综合价值指标。

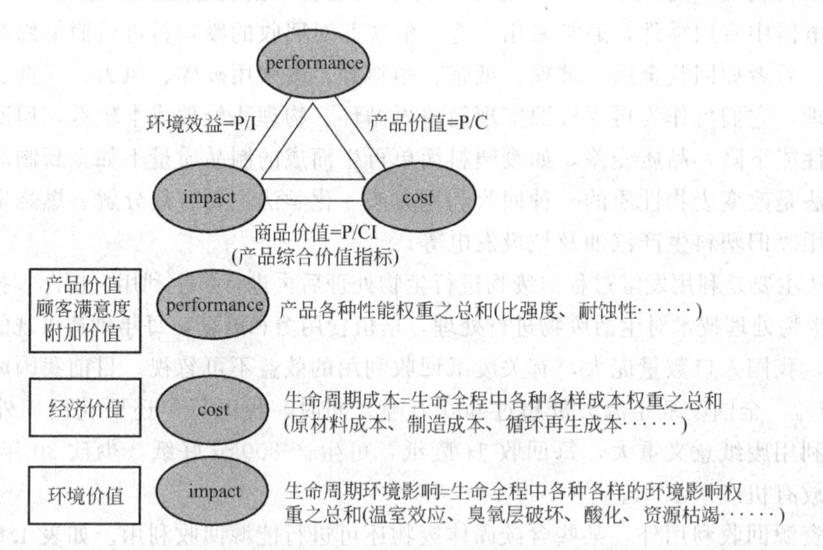

图 4.6 生态设计的三要素和产品综合价值指标

例如，这里所说的性能是要对产品各种各样的性能分别取权重再累加起来，即性能可定义为产品性能权重之总和。同样，成本要计算生命周期中各种各样的成本权重之总和，环境影响要计算生命周期中各种各样的环境影响权重之总和。

由上述关系可知，生态设计产品的综合价值指标可用 P/IC 表示。因此，设法使 P 趋于最大、I 与 C 趋于最小就可以实现生态设计。这种情况下，成本是一个必须慎重考虑的问题。成本由市场需求与供给间的关系决定。这里的成本中并不包括对环境破坏的修复成本，即存在市场的外部性问题，也就是说，环境成本并未被全面地包含在市场成本里边。

那么，排除成本因素 C，用 P/I 来衡量一下产品的综合价值指标。P/I 即性能与环境影响之比，相当于社会财富和福利（welfare）与自然资源（natural resource）的消耗之比，所以可以称之为环境效率。反之，排除环境影响 I 只考虑 P/C，即追求产品的性能好、成本低，这样则是基于传统经济价值的方法。我们必须摆脱传统的经济价值观，要设法使 P/IC 趋于最大，这是生态设计的基础。

生态设计必须遵循的基本原则如下。

① 使用资源丰富的材料，同时有效地利用可再生资源。

② 认识到存在并隐含于资源中的物质流的问题，设法使用物质集约度（material intensity，MI）更低的物品。

③ 选择材料环境影响值（ecoindicator）更低的物品，环境影响值是表示综合环境影响的指标，一般而言再生材料的环境影响值要比新鲜材料的小。

④ 产品再利用与将构成产品的材料循环再生后再制成产品这两种情况下所造成的环境影响，总体而言是前者小于后者。

⑤ 要求产品具有长寿命，因为循环再生既消耗能源又要排放出造成环境负荷的物质，这也是生态学的观点所要求的。

⑥ 对于在使用状态下环境负荷大的产品要力求采取彻底减轻环境负荷的措施。

⑦ 尽可能不使用有毒物质或者采取替代措施，在不得已而使用的情况下要做到完全循环再生。尚不清楚的人工化学物质，在科学上查清解除疑团之前不使用，即贯彻预防为主的原则。

4.3.2 生态设计的战略

生态设计是为了提高环境效率，即为了提高性能 P 与环境影响 I 之比（P/I）而进行的设计。显然，可以通过减小环境影响和提高利用效率（utility）两种途径来实现。

首先，是如何减小对环境造成的影响的问题。如前所述，必须使用环境影响小的材料，同时要设法降低物质集约度，采用环境效率高的生产技术和物流系统也是必要的，减少使用时的环境影响，并将使用后的循环再生率和再利用率最大化，最终还必须减少对人类健康和环境的潜在危害。

其次，是如何提高利用效率的问题。需要采用结实耐用（长寿命）且易于修理的设计；既要做到功能可以扩展，又要求易于再利用；设计时密切结合人们的心理需求，即要使产品漂亮的外观与功能都不能随时间变化而丧失（timeless design）；通过通用化提高利用集约度也十分重要。

根据上述要求生态设计有两种类型。

(1) 现有材料生态化的再设计　现有材料生态化的再设计是以降低资源、能源消耗，降低环境负载，通过环境标准等为主要目的的设计。目前产品更新换代较快，以现有产品为基础的绿色产品、环境标志产品不断涌现，所以大量的设计需求是生态化的再设计。这一类的设计已占相当多的信息资源，有明确的设计依据，一般较容易实现。

（2）新型生态材料的生态设计　新型生态材料的生态设计目前仍处于研究发展阶段，还缺乏充分的数据和知识，需要有材料的组成、结构及加工方法与材料环境负载的内在规律数据的积累，需要建立完善材料生态设计的数据库和知识库，以人工智能、模式识别、计算机模拟等技术作为设计支撑体系。

生态设计应是以系统工程和并行工程的思想为指导，以 LCA 为手段，集现代工程设计方法为一体化、系统化和集成化的设计方法。

生态设计涉及众多学科领域的知识，这些知识不是简单叠加或组合，而是有机地融合，又由于设计数据和知识多呈现出一定的动态性和不确定性，使用常规的设计方法已不适应，所以生态设计必须有相应的设计工具作支持，目前多采用计算机辅助设计系统，如图 4.7 所示。系统包括需求分析和设计目标确定、生命周期各过程阶段描述与设计评价、设计模拟及系统信息模型等。

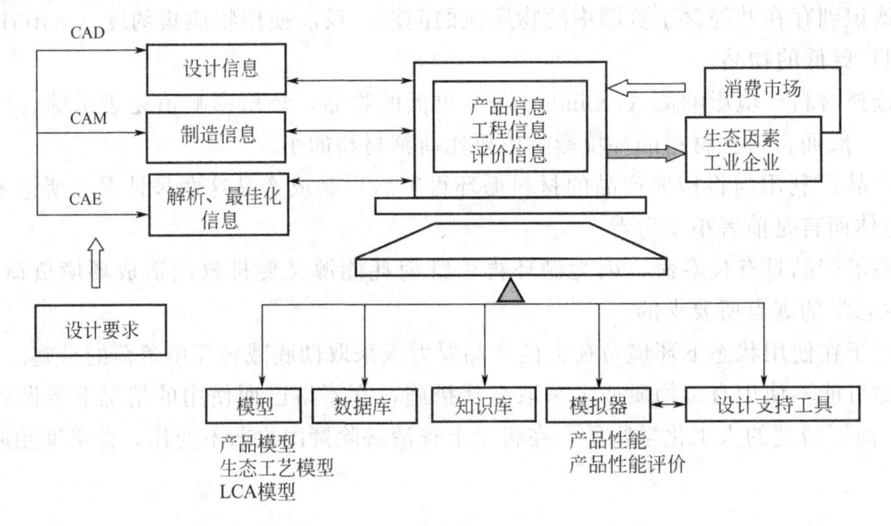

图 4.7　生态设计的计算机辅助设计系统

4.4　生态设计的方法

4.4.1　LCA

作为生态设计的方法，众所周知的是“LCA（生命周期评价）”这一方法。LCA 是环境影响评价方法，它作为一种方法在生态设计中占有很重要的位置。对于单位功能相同的两种产品，比较它们在生命周期全程中对环境的影响从而选择对环境影响更小的产品，即是 LCA 方法在生态设计中的应用。

4.4.1.1　清单分析

为了研讨 LCA 追求的对环境友好指的是什么，首先要从收集数据开始。最先是确定目标和考察范围，要考虑从原料开采开始到生产、加工、运输、出售、回收再生和废弃等全过程，这就是从摇篮到坟墓（from cradle to grave）的过程。今后，所有的废物应被再资源化，故亦有从摇篮到摇篮（from cradle to cradle）的说法。

在此整个过程中，使用了什么物质和能源？用量多少？最后排放到空气、水和土壤中去的是什么物质，各有多少？即搞清总消耗（consumption）与总排放（emission），并计算各种环境负荷物质的总和，这样的工作就是 LCA 的第一阶段。这个定量的调查被称作“清单分析（inventory）”。

其实所谓清单分析，与每月清点一次入库商品、出售数量和库存数量的清点库存完全相同，就是调查产品在整个生命周期中的全部消耗量和排放量。LCA 所追求的是正确调查生命周期全程的物质收支与能量收支。

生态设计的目标是使所有清单中的数据的值减少。也就是说，如果能够使所有消耗量和排放量都减少，那么可以断言新产品的环境负荷要比旧产品的小。但在实际情况下往往有一个综合判断即权重的问题。例如存在这样的情形，温室气体的排放量增加了，而破坏臭氧层的气体排放量却减少了。在这种情况下，如果不能够判断环境负荷总体上是增加还是减少，就不能够实施生态设计。因此，为了处理复杂的权重问题，下面要进行的影响分析必不可少。

4.4.1.2 影响分析

影响分析首先存在两个困难。第一个困难，是即使知道了造成地球温室效应的气体的排放量，但对于它怎样在全球扩散、整个地球的平均气温上升了多少度，尚没有一个有效的精确计算的方法。

同样，对于排放二氧化碳气体的结果，会产生多少酸雨、在一定地域又会降多少酸雨等有关情况的分析，仍有很多的研究课题待开展。也就是说，各种环境影响的项目中，还存在不能够将原因和结果明确地联系起来的问题。

第二个困难，是即使知道了各种环境影响，但是最终对整个环境造成了多大影响的综合环境影响指标化是很困难的。因为必须确定重视有哪些环境影响项目，对各个项目又要重视到什么程度，即要进行权重（综合化、价值估算）分析，所以仅靠科学是不能解决问题的。也就是说，因为带入了价值观的问题，最后只有取决于社会的一致意见。

LCA 和生态设计的关系如图 4.8 所示。生态设计是使 P/IC 趋于最大，即必须使 P（产品性能）趋于最大，使 I（环境影响）和 C（生命周期成本）趋于最小。因此，必须计算综合环境影响值 I，如何计算这个值，下面将介绍计算综合环境影响值或潜在性环境影响的方法。

4.4.1.3 综合环境影响值的计算方法

瑞典的 ELU、荷兰的 Ecoindicator 95、瑞士的 Ecopoint 法都是关于综合环境影响值的典型计算方法。

ELU 是英文中环境负荷单位（environmental load unit）的缩写。表示在环境破坏了的情况下，将进行修复要投入的金钱换算为货币来计算的结果。但是 ELU 是在瑞典国内通用的方法，尚没有得到其他国家认可，很难达到国际共识。

荷兰的 Ecoindicator 95 方法能够得到更加明确的指标。该方法的特点在于将环境影响量化，以打分的形式进行综合表示，为此，选定 9 种环境影响项目（图 4.9），这是荷兰 1995 年初次计算并公开发表的关于 Ecoindicator 95 的内容。

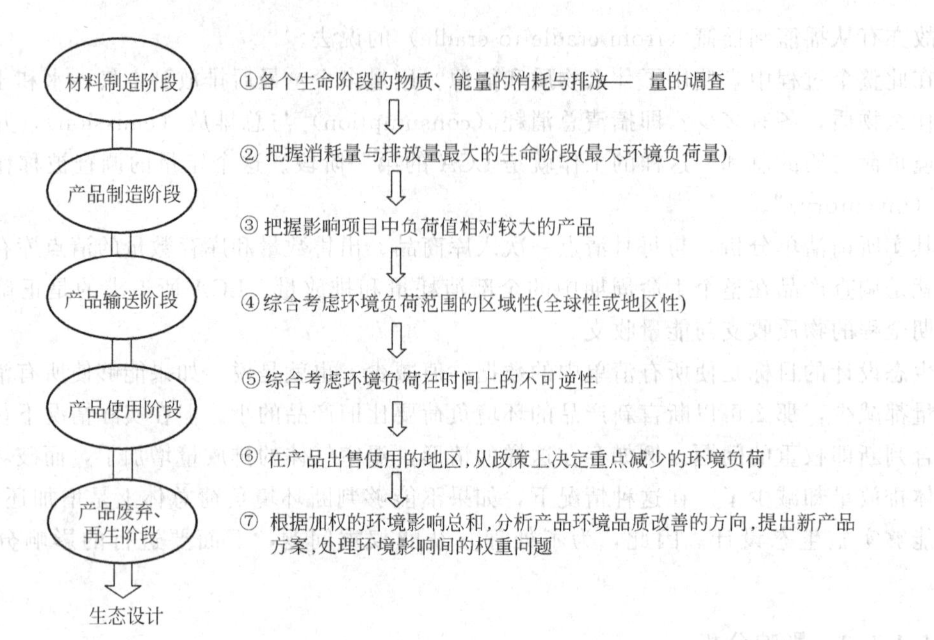

图 4.8　构成生态设计基础的 LCA 流程

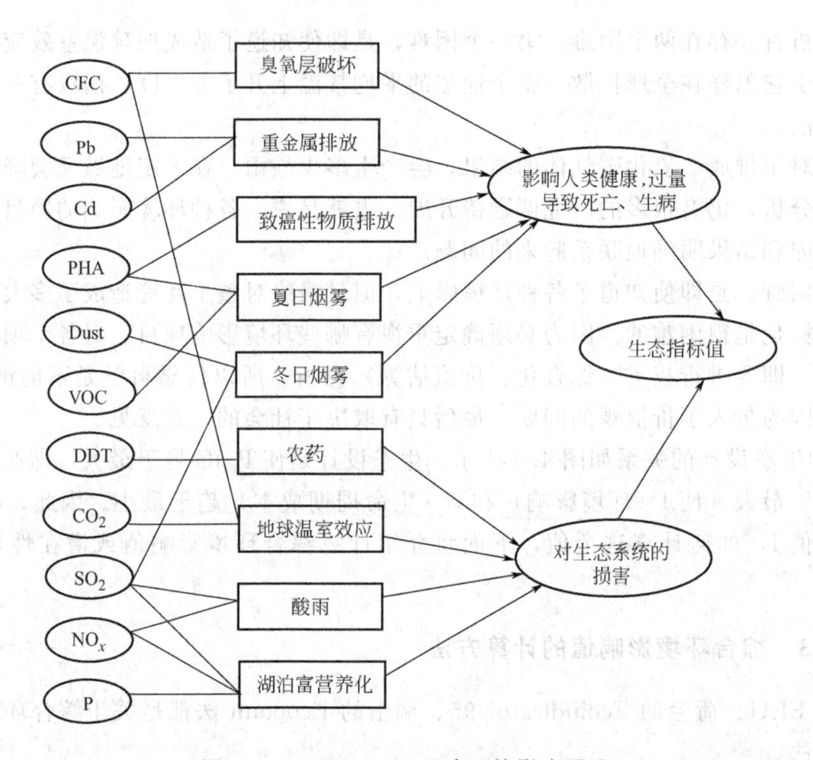

图 4.9　Ecoindicator 95 中环境影响项目

一旦得到了产品的清单数据，则将各种同类环境影响项目值相加即可得到相应的结果。例如，考虑地球温室效应时要换算成 CO_2，以表示温室效应趋势的 GWP（global warming potential）为单位将其相加即可。臭氧层破坏的情况则以特定的氟里昂 CFC-11 作为基准，用 ODP（ozone depletion potential）为单位做加和计算。对于酸化物质的情况，是将酸化物质换算为 SO_2，取酸化势之和。

这样，将各种换算值相加，就可以计算出总的环境影响势，将这样的工作称为分类与特征化。其次要进行的是归一化（标准化），例如欧洲，就要用整个欧洲排放的 SO_2 气体和酸化物质去除产品的酸化势。

然后，乘以一个得到社会公认的转换系数，也叫做权重系数（有多种决定方法），再综合相加所得的值即为 ecoindicator（生态指标或环境影响值）。无论是 ELU 还是 ecoindicator，都不是真正的环境影响值，只是将对环境带来潜在影响的程度（ecological stress potential）进行指标化的值。

Ecoindicator 95 对生产金属时的详细指标值进行了计算。每 1kg 铝的综合环境影响值是 1.8%，不锈钢是 1.7%，铁是 0.41%。然而再生铝仅为 0.18%。因此得出了原生铝的环境影响值是再生铝的 10 倍的结论。

采用 Ecoindicator 95 对塑料等其他材料进行了计算，也计算了再生材料的情况。材料进行再生，环境影响值就会降低。玻璃每再生 1kg，减少 0.1%；聚氯乙烯每再生 1kg 减少 0.16%；铁每再生 1kg 减少 0.29%。

采用该方法对运输也进行了计算。例如，将 1t 货物运输 1km，对环境产生的影响如下：采用火车是 0.0043%；采用货船是 0.0056%；如果采用空运，环境影响非常大，可达 1%；采用装载量为 28t 的卡车，平均运送 1t 货物的环境影响值为 0.034%。通过以上数据可以得出，火车是最佳的可持续运输方式（sustainable mobility）。

对欧洲各国电力情况也做了计算。生产 1MJ 能量的 ecoindicator 值最高的是葡萄牙（665.9%），最低的是挪威（3.1%）。环境影响值相差竟达 220 倍之多。究其原因，挪威采用的是水力发电，而葡萄牙是火力发电。

对于各国使用的不同的综合环境影响值计算方法，其结果具有大体相同的趋势，见表 4.7。然而，在权重系数的取法方面，日本与欧洲有很大不同。在欧洲，比温室效应更令人担忧的是因臭氧层破坏而引起的皮肤癌问题，其次是农药。因此，欧洲考虑的是臭氧层和农药的处理对策。日本则由于酸雨的影响尚不明显，因此，酸雨的权重系数是按 1.0 计算的。

表 4.7　材料制造阶段对环境影响的比较（据伊坪、山本研究结果，1998 年）

材料	日本的计算	Ecoindicator 95(荷兰)	EPS（瑞典）	EPS1996	Ecopoint（瑞士）	MIPS（德国）
粗钢	1.00	1.00	1.00	1.00	1.00	1.00
再生钢	0.20	0.15	0.14	0.22	0.53	1.22
原生钢	2.93	3.12	1.33	1.51	17.81	28.05
铜	4.48	5.52	2.39	2.28	35.71	14.30
玻璃	0.19	0.12	0.15	0.23	0.19	0.29
聚丙烯	4.76	3.90	2.42	3.41	6.57	—
聚乙烯	4.51	3.61	2.45	3.48	5.00	—

4.4.1.4　降低清单值与影响值

如果采用适当的方法进行再生循环可以使环境影响下降。如果全部资源、能源的消耗量下降，那么 CO_2、NO_x、SO_x 等各种环境影响物质的排放量就会减少。产品性能相同的情况下，如果新产品的所有清单数据减少，环境影响值就会下降，那么可以认为对环境是绝对有利的。

冰箱的生态设计是不使用特定的氟里昂，而是用其替代品。但是使用替代品时，能量的消耗会增加，二氧化碳和二氧化硫的排放量也增加。这样，虽然臭氧层的破坏得以减少，但是对温室效应的影响却增加了。清单数据不是全部减少，而是一部分增加，另一部分减少，出现这样的现象时就要权衡考虑。

我们考虑的环境影响包括土地的利用、生物毒性、资源枯竭、噪声、恶臭等各种项目。在这种情况下，由于需要从整体上决定应该使用何种产品，因而只有通过影响分析来判断。现实的作法是，将综合的环境影响最终换算为一个数值，采用数值小的也就是环境影响值小的设计。如果能够确认这一点，那么生态设计就成功了。

4.4.2 检查清单法与矩阵法

4.4.2.1 检查清单法（checklist 法）

检查清单法是1990年初面向中小企业开发的，是目前日本常用的生态设计方法。下面介绍荷兰阿姆斯特丹大学的 V. Weenen 总结的检查清单，由13项构成，见表4.8。

表4.8 生命周期设计核查清单（Springer公司的生命周期设计，1997）

序号	项　目	具　体　说　明
1	环境效率的提高/最佳功能	用户的需求，非物质化，分级利用，产品体系
2	节省资源	材料投入量，再利用，再生材料的利用
3	利用可再生材料与丰富资源	利用可再生材料，少利用枯竭性资源，尽可能减少对枯竭性资源的利用
4	提高耐久性	信赖性，损耗，长寿命设计，模块设计未来技术发展，易于清洗，易于维护和修理
5	产品再利用设计	模块设计，零部件易于获取，损耗，防腐蚀，零部件的标准化
6	材料再生循环设计	再生循环性，易于再生循环回收的材料，材料具有多样性和共享性
7	易拆卸性设计	结构、连接零部件的可视性，连续零部件易于接触
8	尽可能少地利用有害物质	有害物质的利用，特别有害物质的利用，有害物质的去除
9	环境友好的生产	废弃物，能源使用量，用水量，有害废物，排放，工厂有害物质
10	产品使用状态下的环境影响尽可能小	能耗、水和其他的消耗，对健康有害物质的排放，消费者信息
11	环境友好包装材料	可返回，再利用，回收，减小质量/体积，有害物质可再生循环，再生材料和生物分解物质的利用
12	不能再生循环物质的环境友好型废弃	避免有害物质，含有害物质的零部件标识，与自然共存
13	对环境友好的后勤管理	运输、使用的车种，供应商的选择运输方式，返回，生态友好

这13个项目被作为生态设计详细的检查清单的内容，对各项打分，用总分即可相对地把握产品生态设计的程度。

在达到环境效率的项目中，有消费者需求的项目。最佳的是消费者的需求减少，其次是消费者的需求不受到产品的影响，最差的是产品的推销与消费者的需求增大。容易被误解的一种情况是把消费者需求减少、大量产品卖不出去认为是成功的，这对于企业来讲是一个难题。反而言之，是以非物质化（服务化）为目标，即产品被服务所代替是最好的；其次是产品的一部分被服务所代替，或者能够被各种各样的消费者所使用；而产品不能够被服务代替则是最差的。

从资源的再利用程度上讲，从一开始就考虑到逐次（分阶段）地利用两种以上产品是最好的。其次，考虑两种产品，即将产品使用结束后，再将其分割制造成其他产品（再制造）。最差的是只能返回到原来的产品。关键是减少产品系统整体的环境影响。最好的是减少50%以上，其次是0～30%，最差的是没有减少的情形。

这在某种意义上相当于实施一个简单的影响分析。如前所述影响分析非常复杂、不容易实行，因此，在生态设计时，透明性、可行性和可靠性高的简化的影响分析方法是非常必要的。

4.4.2.2 矩阵法（matrix法）

矩阵法与检查清单法相类似，它是采用矩阵对产品进行评价的方法。矩阵法是提出工业生态学的Graclel和Allenby所提倡的。

生命周期设定为生产前、产品生产、产品运输、产品使用和再生产5个阶段。与之相应，将材料的选择、能源使用、固体废物、废液、废气这些与环境相关的5个项目组合起来，根据每一阶段与环境相关和各项目的具体情况，给矩阵的每一个单元赋值，一般取0～4之间的整数值，然后将其总分一一对应地加起来，见表4.9。对于5×5的矩阵，采用检查清单，计算总分，便能够得到改善环境的建议。

表4.9 产品评估的矩阵（B. Allenby & T. Graedel）

生命周期阶段	与环境相关的5个项目				
	材料的选择	能源使用	固体废物	液体废物	气体废物
生产前	1.1	1.2	1.3	1.4	1.5
产品生产	2.1	2.2	2.3	2.4	2.5
产品运输	3.1	3.2	3.3	3.4	3.5
产品使用	4.1	4.2	4.3	4.4	4.5
再生产	5.1	5.2	5.3	5.4	5.5

4.4.3 MIPS最小化法

4.4.3.1 物质隐流的计算

通常，人们只能看到物质的直接消费，然而，实际上存在着看不到的物质隐流。例如，生产1t原生铜，就要使用500t无机材料和其他大量的电力、空气、水等，并将废物抛弃到环境中的某个地方，这样就对生态系统造成了负荷。

物质流可以说是材料背负的生态负荷，也叫“生态包袱（ecological rucksack）”。讨论生态包袱的说法是由德国Wuppertal研究所提出的。1t原生铜的后面要拖上500t的无机材料生态包袱。把包含生态包袱在内的物质称作“物质集约度”。因此，讨论地球的环境问题，不能只从计算资源的直接消耗开始，计算时不仅要考虑直接消耗也要考虑间接消耗，也就是说必须计算包括生态包袱在内的全部消耗。

关于物质流，人们进行了详细的分析。用市场价格（DM）去除物质集约度（MI），该值越大，说明对环境的影响就越大，如式(4.6）所示。

$$环境影响值=\frac{MI}{DM} \tag{4.6}$$

因为如果物质集约度越大，对环境的扰动就越大，然而市场价格便宜并没有反映出环境成本与市场成本。因此，分子大而分母小，比值就不断变大，这样的产品是对环境不利的。

根据 Schmidt Bleek 的计算，1t 砂是 10 马克，MI 是 1.2；1t 镍是 11200 马克，MI 是 141；1t 铜是 3250 马克，MI 是 500；1t 再生铁是 620 马克，MI 是 3.36；1t 金是 22600000 马克，MI 是 540000。用价格除 MI，所得值中最大的是铜 0.154，其次是砂 0.1，金 0.024，镍 0.0126，再生铁是 0.00542。得出结论为铜对环境影响最大，而再生铁是这些材料中对环境影响最小的材料，见表 4.10。

表 4.10　物质集约度/市场价格（F. Schmidt-Bleek 等）

材料	市场价格(DM)/马克	物质集约度(MI)	MI/DM
砂	10	1.2	0.1
镍	11200	141	0.0126
铁	620	3.36	0.00542
铜	3250	500	0.154
金	22600000	540000	0.0240

对其他的相关产品也进行了计算，结果是用铜做的钉子环境影响值最大，而最小的是荷兰画家 Rembrandt 的绘画。因为 Rembrandt 的绘画价格昂贵，但使用的材料却很少。

对钢铁、镍铁、轻油、重油、石油、柴油、混凝土、天然气、石膏、平板玻璃、玻璃容器、松材等的 MI 值进行了计算，这样就能够用明确的数值把握隐性物质流的存在。

4.4.3.2　MIPS 最小化法

用物质集约度除以服务就能够计算每单位服务的物质集约度，这被称之为“MIPS（MI per Service unit)”。而 MIPS 的倒数，即用服务除以 MI 则得到资源效率。MIPS 越小，则资源效率越大，因而使 MIPS 最小化，这就是生态设计。类似的概念还有表示每单位服务的毒性 TIPS 和表示每单位服务的土地利用 FIPS。

人们历来高度关心怎样净化污染才能减少环境影响，即着眼于输出（output），诸如清洁生产、零排放、逆向制造等就是着眼于输出控制的概念和方法。人们通常都是盯着末端(end of the pipe)，但生物毒性权威 Schmidt Bleek 教授认为即使是监视，也不能成为生态设计。例如，毒性物质的环境容许标准是通过各种各样的动物试验求得作用的临界值后确定的。对于日常使用的 100 万余种物质，如果采用这种方法，几乎不可能决定它们的环境标准。因而，Schmidt Bleek 教授提倡着眼于输入（input）方面而不是输出方面，即大大减小资源的投入量（物质集约度)。这样，输出（污染物质排放和对生态系统的间接负荷）当然就会下降；这就是 MIPS 最小化方法的设计思想。另外，MIPS 的倒数是资源效率，所以投入量减少，则资源效率提高。

10 倍因子是以 MIPS 最小化方法的思想为基础的。因子为 10 是指到 2050 年以前发达国家资源能源的绝对使用量达到 1/10，即下降至 1990 年物质流的一半。现在，全世界的资源能源有80％是由发达国家消耗的。但是，消耗80％资源能源的发达国家人口仅占世界的20％。根据平等的原则，20％的人口应该消费20％，即总资源能源的1/5得以满足。因此，全世界的物质流比1990年减少一半，即1/5的一半也就是1/10。

但是，减少物质流，经济状况就会急速下滑，人们的生活质量也会下降，这是人们所不愿意接受的。因此，在改善和提高生活质量的同时，将资源投入量减少到1/10就成为一个必要条件。为此，资源效率必须提高10倍以上。

10倍因子在技术上具有实现的可能性，许多技术人员用事实证明了这一点。例如，德国开发出一种替代传统润滑油的新型润滑技术，是一种油雾（oil mist）润滑技术，即采用将润滑油喷成雾状的方法。这种技术彻底减少了润滑油的使用量，或许可以达到了200倍因子的水平。再如，东陶机械公司最近开发出的污物很难附着的超平滑平面技术也超过了10倍因子。

以MIPS最小化方法的思想为基础，人们进行了各种各样的生态设计。例如，将使用MIPS值小的生态环境材料设计出的住宅称作MIPS房屋。根据Wuppertal研究所的资料，德国已经设计了多种MIPS房屋，其模型于1998年在德国举行的Krangenfurt贸易博览会中陈列出来。另外，对于住宅建设中一直使用的MIPS很高的水泥，经过思考，德国打算积极采用钢铁和木材等。还有，输送高压电的塔常使用水泥，有人提议也要改成铁塔。

MIPS最小化方法的优点在于能够进行宏观的讨论，而且因为只是累算生命周期中隐性的物质流，因而指标简单明了。采用其他影响分析方法，只不过是给出了生态应力势（ecological stress potential）的指标化。因此，MIPS是优良的简易影响分析方法，对于道路、港湾等基础设施是有效的分析方法，在讨论建筑物和土地等整体情况时可发挥很好的作用。也就是说，在处理宏观地讨论社会的资源效率提高多少为好这类问题时，MIPS最小化方法是最优的方法。

但是MIPS最小化方法所把握的只是物质流，但是对于物质流的质量却没有评价。例如，物质流虽然说是1t，但1t里到底是什么一点也未触及；即便是相同的1t，对环境的影响也有大小之分；即便物质流相同，其温室效应、酸雨和毒性等内涵也还是不同的。另外，MIPS方法对于像二噁英等含量极微但给环境造成很大影响的一类物质无能为力。这种情况下，需要将MIPS与TIPS、FIPS一起使用。因此，在考虑消费资料的情况下仅仅用MIPS最小化法是不充分的。

4.4.4 回顾法与宏观法

4.4.4.1 回顾法（Backcasting）

瑞典环境非政府组织（NGO）提倡“回顾法”的生态设计方法。回顾（backcasting）是与预测（forecasting）相对的提法。预测是指从现在展望或预测将来。与此相反，回顾是从后向看现在，即由未来反射到现在。

回顾法为确定时间的对策方案，即假定已成为可持续性社会，那么随时间演变如何将现在产品的不利之点加以解决。回顾法列举了使用绿色电力或改换为具有环境标识的塑料等方面的对策方案，还综合考虑了从现在起1年后、2年后、3年后的计划，最终要做到满足NGO组织提出的4个条件。

瑞典的治癌医师K. H. Robert将金属分为丰产金属和枯竭性金属两类，并进行了比较，见表 4.11。计算了“大陆地壳中的存在量”、用完就扔掉多少年后将会枯竭的“静态沉积寿命”等参数。静态沉积寿命是指使表面土壤中金属浓度变为原来的 2 倍时所需要的时间。这也相当于将开采出的金属散布在地面的情况，即人类生活的地表土壤中的金属浓度成为原来的 2 倍时所需的时间。例如，锌是 4.9 年，铬 2.5 年，镍 13 年，铜 1.7 年，水银 10 年。仅仅 10 年以内表面土壤中的金属浓度就变成了原来的 2 倍。

表 4.11 也包含“全球未来的污染指标”和“全球矿山指标”的数据。由此揭示了这样的事实：我们一方面对很多金属使用完以后便丢弃，其结果引起资源枯竭，同时又彻底污染了我们赖以生存的空间。

表 4.11　丰产金属和枯竭性金属的比较（K. H. Robert，Natural step）

金属种类		地壳中的存在量/Eg	静态埋藏量寿命/a	静态沉积寿命/a①	全球未来污染指标(FCI)②	全球矿山指标(GMI)③
丰产金属	铝	1200000	220	2400	0.01	0.02
	铁	720000	120	29	1.0	1.4
	钛	82000	70	710	0.02	0.06
	镁	15000	9500	15000	<0.01	<0.01
枯竭性金属	锌	1200	21	4.9	6.9	8.1
	铬	1200	100	2.5	2.6	16
	镍	920	55	13	2.0	3.0
	铜	760	36	1.7	23	24
	铅	200	20	3.4	19	12
	钼	17	50	5.3	4.2	7.5
	镉	8.3	27	11	3.0	3.8
	水银	1.2	25	10	17	3.8

① 表面土壤中的量变为 2 倍需要的时间。

② 总共开采出的金属量与生命圈中已利用土地表面土壤中自然存在量相比。

③ 全球挖掘量与全球风化量之比。

NGO 组织提倡的可持续发展社会所需要满足的 4 个系统条件如下。

① 不要在生命圈内继续系统地增加从地壳中开采的物质。其意为不能以比在地壳中的固化速度还要快的速度挖掘石油、金属和矿石等，也不能将其随便扔弃。

② 不能在生物圈内继续系统地增加人工生产的物质（如化学物质）。这是说不要以比自然界生物降解或使之在地壳中固化更快的速度生产与自然异质的物质。

③ 不要破坏维持自然循环和多样性的物理基础。这是讲不能将人们生存的自然界富有生产力的土地全部由人类利用或损害。简而言之，就是应该留下避难所。

④ 进行有效的资源利用和公正的资源分配。这是讲资源的分配和利用对印度人、中国人、日本人和韩国人等的条件均是相同的，并且不应浪费，必须是高效率的利用。

对于上述 4 个条件，遵守起来是非常严格的，目前所有的产业和产品都不能达到这些条件。例如，为了保护汽车车体表面的铁，使用了镀锌钢板。用枯竭型元素锌保护资源丰富的铁，并以比锌在自然界的固化速度更快的速度将其从环境中挖掘出来，因而这违反了系统条件。还有，浴盆使用的是经过玻璃纤维增强的塑料，这对再生循环造成了很大的困难。继续增加不能够再生循环的人工物质，这明显违反了系统条件。

如上所述，满足可持续发展4个条件的产品设计方法，就是回顾法。

4.4.4.2 宏观法（Micro-approach）

上述的LCA、检查清单法、矩阵法、MIPS最小化法、回顾法都是微观法。其目标是改善公司和工厂产品的环境性能，可以说是从微观的角度考虑有关环境问题。但是，在进行产品环境行为改善的同时，怎样推动社会的可持续发展是人们的一个重要目标。为此，必须从宏观观点出发，实行环境改善，这就是宏观法。

世界上进行了各种各样宏观法的尝试。一个实例是日本国连大学的零排放计划。通过将工厂和公司里所有的产业废物作为原材料进行再利用，使废物为零。一个工厂或公司不能对所有的东西完成再利用的情况下，尝试建立产业链。“零排放”是使整个社会资源效率提高的表述，并不是字面上所指的排放为零的意思。

在日本，几乎所有的啤酒生产厂都已实现了零排放，日本饮用的国产啤酒都是在零排放工厂里生产的。其次，实现了零排放的是办公机械产业、富士印刷和佳能等，这些公司的部分工厂里的废物无限地接近于零。另外，不仅要在一个企业里实施环境改善，而且要促进整个街道和工业区的再生循环，实现产业废物为零，这种生态市镇（eco-town）的计划正在展开。

联合国环境计划实行的清洁生产（CP）计划也是与零排放相同的想法，特别是向发展中国家支援清洁生产的技术非常重要。关于清洁生产并非是狭义上的清洁生产，而是包括生态设计和LCA等丰富内容，其定义的内涵在扩大。再者，亚洲生产组织（APO）联合亚洲17个国家和地区的社会经济生产性部门，进行各种各样的教育研修、演示和技术转让，在环境问题方面开展了提高绿色生产力（GP）的运动。

4.5 生态设计发展的4阶段模型

通过灵活运用生态设计的方法，可以促进企业的环境效率经营和社会可持续发展的进展。与此同时，生态设计也得到不断的发展。关于生态设计发展的阶段，有许多种模型，具有代表性的是荷兰Delft工业大学的Brezet教授所提倡的4阶段模型，如图4.10所示。

第1阶段是“产品的改善（product improvement）”。这一阶段是从防止污染和考虑环境的观点出发，逐步进行改善。例如，建立轮胎回收系统、原材料的变更、制冷剂的替代等。

第2阶段是“产品的再设计（product redesign）”。例如，零部件的变更、无毒物质的使用，提高再生循环率，改善拆卸性，零部件的再利用，生命周期里能源使用量的最小化等。

第3阶段是“产品概念的革新（product concept innovation）”。即变更产品的概念，换言之就是功能革新。不断革新产品功能开发的方法，例如，从用纸交流信息变为采用E-mail，从拥有自家车变为租车（call a car

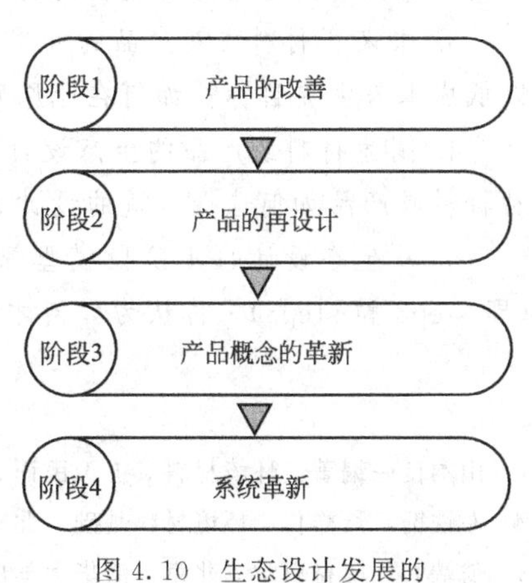

图4.10 生态设计发展的4阶段模型（H. Brezet）

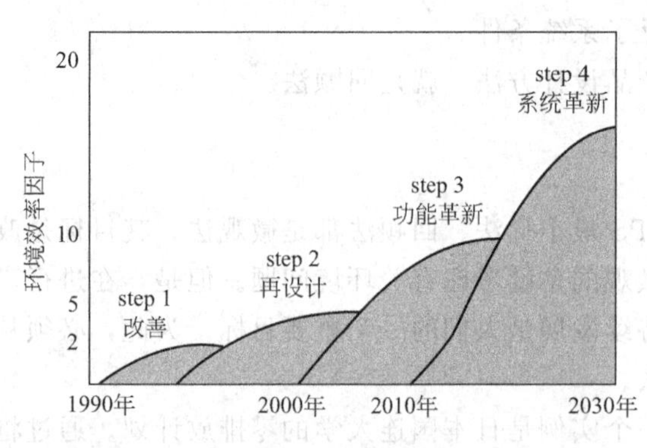

图 4.11 生态设计 4 阶段模型的发展方案

system)。call a car system 是在必要的时候租一辆车使用。

第 4 阶段是"系统革新(system innovation)"。革新社会系统，追求结构和组织的变更。例如，推进农作物的 LCA 分析，变更的不仅仅是旱田和水田农作物的生产，还包括以工厂为基础进行食品原料生产方式的转变。再如，系统革新还可以根据信息技术来改变组织、运输和劳动的方式。

Brezet 教授的 4 阶段模型谋求将资源效率在第 1 阶段提高 2 倍、第 2 阶段提高 5 倍、第 3 阶段提高 10 倍、第 4 阶段提高 20 倍，如图 4.11 所示。这里的资源效率是服务除以物质集约度所得的结果，即便变换为用环境影响去除服务（性能或附加价值）所得的环境效率也能进行同样的讨论。

小结与展望

生态设计的主旨是为了提高环境效率，即提高性能与环境影响之比。目前，生态设计工作主要包括传统材料的生态环境化设计和新型生态材料的设计。作者认为，未来材料的发展势必围绕环境的低消耗和高效率展开，即材料的生态设计工作对于新材料的开发研究将成为非常重要的环节。本章所介绍的 LCA、检查清单法与矩阵法、MIPS 最小化法、回顾法与宏观法等材料和产品的生态设计方法是目前常用的几种方法，伴随着越来越多新材料的出现，新的行之有效的生态设计方法会应运而生。

思 考 题

1. 请阐述对于新型环境材料的开发和传统材料的再设计来讲，材料设计尤其是生态设计的重要地位体现在何处。

2. 材料流理论可用于研究、评价工业生产过程中原材料的资源效率，找到提高资源效率的途径。请简述国际上流行的材料流分析方法和理论的产生、应用及发展趋势。

3. 未来新材料或新产品的开发研究过程中，设计时应坚持的基本原则是什么？是否应以低成本为主要目标？如何在此原则上进一步降低材料或产品成本？

4. 阐述材料或产品的生态设计方法，并简述各种方法的利弊，举例说明你认为针对某种材料或产品如何选择合适的设计方法。

5. 从生态设计的 4 阶段模型来看，目前正处于材料或产品的再设计和功能革新阶段（即 step2 和 step3），你认为如何才能加速当前阶段的进程而进入第 4 阶段？

参 考 文 献

1 山本良一编著．环境材料．王天民译．北京：化学工业出版社，1997
2 左铁镛，聂祚仁．环境材料基础．北京：科学出版社，2003
3 翁端．环境材料学．北京：清华大学出版社，2001
4 刘江龙．环境材料导论．北京：冶金工业出版社，1999

5 孙胜龙．环境材料．北京：化学工业出版社，2002

6 山本良一著．战略环境经营生态设计．王天民等译．北京：化学工业出版社，2003

7 洪紫萍，王贵公．生态材料导论．北京：化学工业出版社，2001

8 马翼．人类生存环境蓝皮书．北京：蓝天出版社，1999

9 陈英旭．环境学．北京：中国环境科学出版社，2001

10 Nie Zuoren，Zuo Tieyong. Ecomaterials research and development activities in China. Current Opinion in Solid State and Materials Science，2003，(7)：217～223

11 SINGH M. Ecomaterials. Current Opinion in Solid State and Materials Science，2003，(7)：207

第5章 材料的环境友好加工及制备

环境友好材料要求材料同时具有优良的使用性能和环境协调性，是赋予传统材料以环境意识的材料。在材料、产品的设计阶段开始就要纵观其整个生命周期，充分考虑到每个环节的节省资源与能源、保护环境和废弃后容易再生循环的要求，同时要具有良好的功能特性和舒适性，这就是环境友好材料的本质所在。它的加工及制备技术主要有再循环利用技术、避害技术、控制技术及补救修补技术。在可持续发展思想不断发展的历史大背景下，基于对传统“末端治理”的环境污染控制实践的反思，清洁生产应运而生。本章从清洁生产的概念和理论基础介绍起，较详细地叙述了清洁生产的内容、清洁生产的主要途径、生命周期评价、清洁生产的评价指标体系和评价方法。

5.1 材料的环境友好加工及制备工艺

环境友好（environmentally friend）就是环境无害，环境友好材料的特征首先是节约资源和能源；其次是减少环境负荷，即避免温室效应、臭氧层破坏等；最后就是容易回收和循环再生利用。它既包括按环境友好材料的基本思想和设计原则开发的新一代材料，也包括对传统材料的环境友好化改造，也就是说在传统材料基础上，通过对材料制造工艺的不断调整和改造，逐渐实现传统材料的环境友好化。所以我们说，环境友好材料是从源头治理污染的新一代材料，显然它的内涵应该包括平常人们所说的“环保材料”。

从根本上说，环境友好材料符合人与自然和谐发展的基本要求，是人与自然协调发展的理性选择，也是材料产业可持续发展的必由之路。它不仅是从源头治理或减轻环境污染的实体材料，而且应当是新时代材料研制与生产的发展方向。其实，早在20世纪90年代初开始，国内外的材料科学工作者就对环境友好材料研究高度重视并且开展了广泛的研究，研究领域主要涉及材料的环境协调性评价以及环境净化、污染防止与治理、替代有害物质、减少废物、利用天然再生资源、材料的再生循环利用、可降解塑料及固体废物的资源化等，范围相当广阔，目前已经取得了相当明显的进展。

在材料、产品的设计阶段开始就要纵观其整个生命周期，充分考虑到每个环节的节省资源（能源）、保护环境和废弃后容易再生循环的要求，同时具有良好的功能特性和舒适性，这就是环境友好材料的本质所在。一步达到这个要求是十分困难的，它是逐步改进和逼近的。显然，用常规的思路和方法做到这些是不可能的。因此，从某种意义上讲，生态环境材料就是高新技术在材料设计和制备生产过程中科学、经济、巧妙而有效的应用。

5.1.1 再循环利用技术

再循环利用有两层含义，一是要尽可能地依据我国的资源国情，使用藏量相对丰富，并且是可再生利用的资源来设计和生产材料；二是材料要易回收易再生。为此，要重视开发材料无公害回收再生技术，使用完后废弃材料可再资源化。在当前开发新型绿色材料与开发废弃材料回收再利用技术的两者中，我们更应当重视后者。

材料的再生循环利用是节约资源、实现可持续发展的一个重要途径。同时，也减少了污染物的排放，避免了末端处理的工序，追求了环境效益。

5.1.1.1 塑料包装材料

塑料材料在使用上有许多优点，因此塑料材料在包装中占有重要的地位。但塑料的最大缺点是不易自然消亡，因此塑料包装材料对环境造成的危害也是各种包装材料中最严重的。几年前"白色污染"就像瘟疫一样，使人闻之色变。现在科研工作者正致力于研发新型的塑料包装材料，以减轻或消除对环境的影响。

可降解塑料是经过改良后具有环境意识概念的塑料材料。可降解包装材料既具有传统塑料的功能和特性，又可以在完成使用使命之后，通过土壤和水中的微生物作用，或通过阳光中紫外线的作用，在自然环境中分裂降解和还原，最终以无毒形式重新进入生态环境中，回归大自然。可降解塑料一般可分为生物降解塑料、生物分裂塑料、光降解塑料和生物-光双降解塑料。目前以淀粉为基础原料得到的生物降解淀粉塑料因其可降解、原料来源广泛、价格低廉且可再生等特点而得到了迅速的发展。目前其产量已占到降解塑料产量的20%以上。

5.1.1.2 高分子材料的回收利用技术

随着高科技的迅猛发展，高分子材料在各行各业的应用日趋增多，各种塑料制品和橡胶制品的不可降解性和低回收利用率对环境造成的危害已不可低估，现已成为固体废物处理中的一个世界性棘手难题，高分子材料的回收利用迫在眉睫。高分子回收利用技术有以下几种。

电磁快速加热法：瑞典 A. Schwartz 等采用电磁快速加热方法回收金属-聚合物组件，利用在交变磁场中金属部件产生的热使升温速度高达 15℃/s，使金属与聚合物间的黏合剂失去作用，达到回收利用的目的。

超临界流体法：日本 T. Sako 等利用超临界流体分解回收废旧聚酯（PET），玻纤增强塑料（FRP）和聚酰胺/聚乙烯复合膜（PET）是典型的缩聚物，易于通过醇解或碱性水解分解为单体，实现化学回收。他们采用超临界甲醇（临界温度 $T_c=512.6\mathrm{K}$，临界压力 $p_c=8.09\mathrm{MPa}$）回收 PET 的优点是 PET 分解速度快，不需要催化剂，可以实现几乎 100%的单体回收。玻纤增强塑料是广泛应用的材料，由于玻纤的存在，其回收处理十分困难，他们采用超临界水（$T_c=647.3\mathrm{K}$，$p_c=22.12\mathrm{MPa}$），成功地将玻纤增强聚苯乙烯和玻纤增强不饱和聚酯分解成油状低分子物和玻纤，仅处理 5min，玻纤即可几乎完全从有机组分中分离出来。此外，他们还用亚临界水回收处理 PA6/PE 复合膜，在 572～673K，水蒸气压，1h 的反应条件下，使 PA6 水解成单体 E-己内酰胺，收率达 70%～80%，而 PE 不分解，E-己内酰胺溶于水，易与 PE 分离。

固相剪切挤出法：日本 N. Shinada 等人采用固相剪切挤出技术回收废弃硫化橡胶和交联聚乙烯。这两种高分子材料由于含交联结构，不熔，不溶，难以用一般回收技术回收。他们先将硫化橡胶或交联 PE 的碎片与 20%～30%LDPE 树脂在双螺杆挤出机中于高于 LDPE 的熔点下共混，然后在单螺杆挤出机中借助强大的压力和剪切应力进行固相挤出，再压塑成型而得到回收利用。其形态分析表明，经上述处理后，交联 PE 或硫化橡胶成纤维状分散在 LDPE 中，而 LDPE 则起黏合剂的作用，所得材料具有相当好的力学性能。

热裂解和催化裂解技术：日本 T. Sawaguchi 等用改进型反应器在 310～350℃将聚苯乙烯可控热降解为单体、二聚体和三聚体，收率达 95%。日本 Y. Ishihara 等以二氧化硅-氧化铝作催化剂，在自行设计的带鼓形螺杆的反应器中于 400～500℃实现聚苯乙烯的热降解和催化降解，产物回收率达 96%～97%；日本 K. Kitagawa 等用碳化法处理废弃酚醛树脂，在氮气气氛中于 600℃将废弃的酚醛树脂碳化，所得产物可作为热塑性塑料的填料使用。

5.1.1.3 废弃木质材料循环利用技术

废弃木质材料循环利用有两种方式，即物质循环利用和能量利用。其中物质循环利用是指对废弃木材回收后进行二次加工，制成各种人造板重新使用，也可以将废弃木材制成活性炭、工业炭或合成气体作为化学原料使用；而废弃木材的能量利用，是指将其作为工业燃料用于锅炉或发电，也可作民用家庭燃料。

(1) 废弃木材的物质循环利用技术

① 直接利用。对于那些较粗大的废弃木料如梁、柱、板材、枕木、桥梁及货柜、包装木箱、电缆木盘和进口物资垫舱木、漂沉木、车船解体拆卸下来的材料以及大型的家具等，如果没有腐朽与虫蛀或局部完好，经适当的除污、去缺、修补及翻新等处理后，即可直接再利用，加工成家具、建筑材料等。

② 木塑复合材料。将木材纤维、木粉、废纸与废旧塑料采用高温熔化混合热成型、非气流铺装成型、挤塑成型、模压成型等工艺生产各种木塑复合材料产品，用于室外家具、木塑托盘、汽车工业等方面。木塑复合材料是塑料和木材资源综合利用的新技术，已得到国际上的重视和关注，在美国、欧洲发展势头很猛。

③ 纸质人造板。有湿法和干法成型两种工艺。其中湿法成型的制造工艺类似于我国目前的湿法成型纤维板，但无热压工段，原料大多采用回收废纸。以目前美国市场较为有名的纸板为例，其制造工艺为：废纸—水池搅拌去除杂物—精磨—成型—脱水、烘干等。可根据需要在制造过程中加入胶黏剂、石蜡和阻燃剂。干法成型纸质板是采用气流铺装成型，原料大部分为废旧的新闻纸，其制造工艺和干法硬质纤维板类似。

④ 再生刨花板。该刨花板采用一部分废弃木质材料如建筑物废弃木质材料、废弃包装材料等作为原料制成，制造工艺和普通刨花板类似，但在原料制备工段有所不同。为了减少废弃木质材料中的铁钉、石块等对削片机、刨片机刀具的损坏，先采用无刀锤式粉碎机将废弃木质材料粉碎，再利用磁选、水洗机和气流分选机对粗刨花进行一次或多次的筛选，除去铁钉、石块等杂物后进行削片、刨片等加工。利用废弃木质材料制成的刨花一般只能作为芯层材料使用，其用量最高可达到整个板材原料用量的 24%。

⑤ 用作肥料和饲料。可以将不能再循环利用的废旧木质材料及植物纤维资源在自然或人工条件下，降解或水解作为肥料和饲料使用。

(2) 废弃木质材料能量循环利用技术　根据 2003 年 3 月德国颁布的有关废旧木材回收的管理法令，可以将废旧木材分为四类，其中一、二类废旧木材卖给木材加工厂进行再利用，即通过二次加工制成木屑板、纤维板或各种家具，也可制成包装材料重新使用。三、四类木材则可以作为工业燃料卖给发电厂用于锅炉发电。德国立法分类中第三、四类废弃木材是不能用于物质循环利用的，通常都是作为燃料使用。

5.1.2 避害技术

无害化是环境友好材料必须具有的特性，无毒无害系指在产品（材料）生命周期全过程中，选择原材料、提取原材料、生产工艺过程中，生产以及废弃后处置等各个阶段均不能对人身及环境造成危害。

5.1.2.1 聚乳酸（PLA）

聚乳酸是最重要的乳酸衍生品，是以乳酸为单体经化学合成的一类高分子材料，无毒，无刺激性，具有优良的生物相容性，可生物分解吸收，强度高，可塑性加工成型。它易被自然界中的多种微生物或动植物体内的酶分解代谢，最终形成水和二氧化碳，不污染环境，因而被认为是最有前途的可生物降解的高分子材料。它的制备方法如下。

① 直接聚合法。直接聚合法是在脱水剂的存在下，乳酸分子间受热脱水，直接缩聚成低聚物。

② 开环聚合法。开环聚合法是目前全球使用较多的生产方法。开环聚合多采用辛酸亚锡作引发剂，相对分子质量可达上百万，机械强度高，聚合分两步进行，第一步是乳酸经脱水环化制得丙交酯；第二步是丙交酯经开环聚合制得聚丙交酯。

③ 共聚法。PLA 为疏水性物质，且降解周期难于控制，通过与其他单体共聚可改变材料的亲水疏水性、结晶性等。聚合物的降解速度可根据共聚物的相对分子质量、共聚单体种类和配比等加以控制，具有特定结构（如二嵌段、多嵌段、星形结构等）的共聚物可把不同材料的结构特点结合起来，赋予特殊的性质，因此具有不同组成和特征结构的 PLA 共聚物的合成成为近年来的研究热点。如已有报道的聚 D. L-乳酸与聚己内酯（PLA/PCL）共聚，聚 D. L-乳酸与聚乙二醇（PLA/PEG）共聚，乙交酯与丙交酯共聚形成聚乙丙交酯（PGLA）等。通过设计新环制备出与甘氨酸、赖氨酸的交替共聚物，是细胞培养及组织工程的良好载体材料。

5.1.2.2 聚氨酯

水性聚氨酯具有无毒、不易燃烧、无污染、节能、安全可靠及不易擦伤被涂饰表面等优点，其研究与应得到了快速发展，1992～1997 年间，水性聚氨酯年平均增长率为 8%，并出现了一系列工业化产品，成功地应用于皮革涂饰、纸张涂层、钢材防锈、纤维处理、塑料与木材涂装、玻璃涂布等领域。近年来，由于溶剂价格的高涨和人们环保意识的增强，使水性聚氨酯取代溶剂型聚氨酯成为一个重要的发展方向。

水性聚氨酯的制备方法可分为自乳化法和外乳化法。自乳化法又称内乳化，是指在聚氨酯链段中引入亲水性成分，无需乳化剂直接分散到水中；外乳化法又称强制乳化法，即分子链中引入含有少量不足以自乳化的亲水性链段或基团，或完全不引入亲水性成分，需添加乳化剂才能得到乳液，此法制备的乳液中乳化剂有残留，影响固化后胶膜的性能，且分散液粗糙不稳定，目前研究最多的是离子型自乳化法。

自乳化法又可分为预聚体法、溶液法。预聚体法，含基团 NCO 的预聚体在不加或少加溶剂的情况下，直接在水中乳化，同时进行链增长以制备稳定的水性聚氨酯（水性聚氨酯-脲）。该法由于黏度的限制，适用于活性不高的脂肪和脂环族异氰酸酯。预聚体的相对分子质量不能太高，这样势必导致预聚体中 NCO 基团含量高，乳化后形成的脲键多、胶膜硬、缺乏柔软性，此法优点是不需回收大量溶剂。溶液法是在沸点较低且能与水混合的惰性溶剂（通常是丙酮）中，制得含亲水基团的高相对分子质量的聚氨酯溶液。用水将该溶液稀释，先形成油包水的油相为连续相的乳液，然后再加入大量的水，发生相倒转，水变成连续相并形成分散液，最后减压脱溶剂得到高相对分子质量的聚氨酯-脲分散液。该法操作简单，重复性好，但溶剂回收困难。适用于活性较高的芳香族异氰酸酯。

5.1.3 控制技术

控制技术是在保证产品使用性能和使用寿命等主要功能的基础上，努力减少材料用量，减少不可再生资源的使用量，努力开发轻量化、薄壁化的高功能新材料。

5.1.3.1 水泥生产的控制技术

在保证材料具有满意的使用性能的前提下，采用各种措施降低材料在加工和使用过程中对环境的影响也是材料工作者目前着力研究的一个方面。水泥是建筑业中重要的也是用量最大的一类材料，实现水泥工业的可持续发展，关键要采用环境友好型技术，减轻水泥生产、使用过程中的环境负担性，采用新技术（新法烧成、超细粉末等）、节能技术（建材的免烧，低温烧成，高效保温技术）等都可降低生产、使用过程中的环境负担性。除改进工艺外，在材料生产过程中实现零排放技术，也可明显地改善环境质量。如传统建材每年排放的 CO_2 占全国工业排放 CO_2 的 35%～40%，由此可见，传统建材的生产以巨大的能源、资源消耗为代价并造成严重的环境负荷，是实施可持续发展战略所必须解决的课题。因此，利用高新技术研究和开发低环境负荷、高性能的生态建材，逐步取代传统建材十分必要。

5.1.3.2 包装材料的轻量化

21 世纪初，随着世界经济的日益增长，高科技不断发展，产品日新月异，人们生活更趋向方便、时尚，无论是日用品包装、食品包装、工业包装都有了更高的要求，另一方面随着环保呼声日烈，在满足包装功能的前提下，尽量减少垃圾的产生量，从而呈现包装薄膜、容器、片材向轻量化、薄壁化方向发展。其关键技术是积极采用具有超韧性、易加工且较薄的新型原料，如双峰位高分子 HDPE、LLDPE，超辛烯，超己烯 LLDPE，新型己烯共聚 LLDPE，茂金属催化剂中的聚乙烯（MPE）、聚丙烯（MPP）和聚苯乙烯（MPS）、塑料合金等，给塑料包装提供了更多的原料选择。特别是 MPE、MPP 的开发进一步提高了软包装结构的许多性能，如韧度、透明度、阻渗透性、耐热性和抗穿性能等，并可降低热封温度，改进加工性，提高包装生产线速度等。MPE 食品包装膜的特点之一是可以控制氧气、二氧化碳以及水蒸气的渗透率，可用于控气包装（CAP），旨在延长食品的货架寿命。目前 MPE 控气及调气包装薄膜结构有单层薄膜、共挤出复合膜、层压复合膜等，主要用于超市色拉、胡萝卜片、椰菜花及肉类等半成品包装以及农产品保鲜袋、阻渗性收缩包装袋等。

被喻为明日塑料之星的塑料共混物、塑料合金、无机材料填充增强的复合材料（ABC）在 20 世纪 20 年代发展的基础上，通过基础研究和应用研究两方面共同努力，生产和加工技术将获得进一步提高和完善，产品性能改进和系列化、功能化方面也将取得更大的进展，对塑料包装质量的提高、功能性的增加、环保性的提高以及新产品的不断开发将产生更大的影响。

随着塑料包装产品质量的提高、功能性增加及新产品的不断开发，其用途也进一步拓宽，特别是高阻渗塑料包装材料由食品包装为主逐步拓宽非食品包装领域，其中工业包装、医药包装、农副产品包装、建材包装、航海用品包装等都将会获得进一步发展。

5.1.3.3 铸铁的薄壁化

铸铁薄壁化、轻量化、强韧化是为了满足工程界对工程材料节能性、回用性两方面的要求，适应“人类可持续发展战略”的需要。

对汽车工业而言，降低整车自重对节能、减少废气排放有关键性的意义。铸件的“薄壁高强”化正在工程界成为一种趋势，其技术应用也将日益成熟并迅速拓展，在可以预见的将来，3～5mm的高强薄壁球铁件将会大量出现在一般机电产品中。所谓“薄壁高强”，即生产中所指壁厚为4～6mm（国外为3.0～3.5mm），抗拉强度大于250MPa。而国内目前大多数工厂发动机仍使用HT200牌号材质标准。就材质而论，其主要原因是大多数工厂采用冲天炉熔炼，铁液指标达不到要求，特别是铁液温度低和化学成分波动大，使该类产品铸件难以控制，从而导致废品率高。其中属于材质方面的主要是性能达不到高牌号要求，断面均匀性差，渗漏严重，热疲劳性能差。我国在“六五”至“八五”期间，经过科研院所、大专院校与生产厂家的联合攻关，对高强薄壁铸铁件的研究取得了较大进展，缩短了与国外先进水平的差距。与国外同类产品相比，在铸件的使用性能和品质稳定性方面，还存在着不小的差距。如在材料耐磨性方面，国外汽车一般第一次大修里程，汽油机为30×10^4km，柴油机大于50×10^4km，而国内分别是（10～15）$\times10^4$km和25×10^4km；汽缸套使用寿命国外可达到6000～8000h，而国内只有3000～5000h。由于耐磨性与材料的综合性能密切相关，为满足发动机不断强化的要求，改善缸体的组织与性能和研究缸体新材料与新工艺，提高缸体耐磨性和使用寿命，已成为当前国内外学者和工程技术人员研究的重点之一。

（1）加强薄壁和大断面铸态球铁技术的开发和应用　要保证铸件的力学强度和切削加工等性能不致因壁厚减小而降低，其基本途径就是使球墨铸铁的力学性能得到改善。最重要的两个方面，一是白口化倾向的减低和抑制，二是石墨组织的改善。球化剂的合理选用和稀土（RE）元素的加入是实现高强度薄壁球铁铸造的关键。该技术的核心是在铸造（熔炼）工艺中要保证RE/S=2～2.5。球化剂要选用Fe-Si-Mg-RE-Ca系材料，其中稀土元素（Ce，La，Pr）的加入并使之与硫保持一定比例是球化技术关键，同时严格控制P≤0.04%～0.06%，Be=0.003%～0.007%。实验证实，当Mg/S≥5时，易生成白口；而RE/S≤2时，出现球化不良；RE/S≥2.5时，也易出现白口。故在一般情况下要求硫含量越低越好的铸铁，此时（薄壁状态）为了一定的球化率、晶粒细化和减少白口，则必须保持一定比例的硫含量。此点对于以废钢（S较少）为主要原料的熔炼厂应特别予以注意。

（2）继续开发和应用奥-贝球铁　奥-贝球铁是近几十年来铸铁冶金研究的重大成就之一，它是迄今为止具有最好综合性能的一种球铁，尤其是高的弯曲性能和良好的耐磨性，因而获得广泛的瞩目和开发应用。奥-贝球铁的基体组织由板状或针状铁素体、25%～50%的稳定残余奥氏体和碳化物组成，有时有少量的马氏体存在，一般通过850～900℃奥氏体化后在300～450℃等温淬火来获得，其常规化学成分与通常的铁素体或珠光体球铁一样。采用等温淬火来获得奥-贝球铁，其热处理费用高，难以普及，且因残余奥氏体向马氏体转变这一加工硬化现象使得加工困难。国外出现了中断热落砂法、中断正火法等新的生产奥-贝球铁工艺，这些生产工艺成本低、能耗少，且可行，因而具有研究和推广的实际意义。

(3) 发展奥氏体球铁　奥氏体球铁在石油、化工、海洋与船舶、仪器仪表、食品、动力与冷冻以及核工程等许多领域都具有广阔的应用前景，因而成为近年来球铁领域中的一个新的研究重点。尽管目前产量还不大，但有些国家却发展很快，尤其德国的产量每年以10%的速度递增，并且，一种以GGG-NiGrNb20-2为牌号的可焊接奥氏体球铁已在德国问世，其化学成分为：C≤3.0%，Si1.5%～2.6%，Mn0.5%～1.5%，P≤0.4%，Nb0.1%～0.2%，Ni18%～22%，Gr1.2%～2.5%，Mg0.08%。瑞士Sulzer研制的新型Ni-Mn奥氏体球铁在−196℃下仍具有很好的冲击韧性，最近又出现了15%Ni-5%Mn、20%Ni-4%Mn系经济性很好的低温用奥氏体球铁。GGG-NiMn137牌号也开始用于制造热核反应堆外壳承重结构、核潜艇高压壳体等。我国镍的储量占世界第一位，而奥氏体球铁的研究还是一个弱点，因此有待开发，尤其是高镍奥氏体球铁。

(4) 采用新的球铁生产工艺　在熔炼方面，最好采用感应电炉或冲天炉-电炉双联熔炼，特别是冲天炉—炉外脱硫—电炉保温的工艺流程能为制取球铁提供优质的高温低硫原铁液。在球化处理方面，现在国内外已有的方法达8种以上，国外广泛采用GF转包法和包盖法，我国也正在推广使用。在孕育方面，孕育剂的选择应在一定的铸件冷却速度下使球化-孕育有一个最佳的搭配。孕育方法以瞬时孕育为佳，近十多年来，国内外已发展了五六种新的瞬时孕育工艺。此外，近年来发展的铁液过滤净化技术也已得到推广应用，成为提高球铁质量的一种很好的措施。

5.1.3.4　镁合金代替钢铁

提出建立节约型社会的长远目标，汽车在节能、节材和轻量化方面将有大量工作可做。今后10年中，汽车为不断降低自重、提高有效负荷能力，将在采用新材料、改进汽车结构、零部件结构一体化、薄壁化、中空化、小型化、轻量化等方面对高强度轻质金属材料、复合材料、短纤维塑料等新材料提出一系列品种、质量和数量上的要求。

镁合金代替钢铁，使重量大大减轻。近年来，全球镁合金替代钢铁降低整车自重的推广工作正在普及中，汽车壳体、车身件、骨架等零部件的轻量化正在实施中，福特汽车公司每辆车镁合金用量1990年只有2kg，2000年增加到70kg；一汽已在转向盘骨架、踏板和汽缸罩盖等零件上采用了镁合金，并正在车身件、铸造壳体件等10余种零部件上推广，预计近两年可达到每辆车使用有色金属材料40kg以上。

铝合金代替钢铁降低汽车自重的工作正在成熟地推进中。铝车轮正在普及，近年我国铝车轮出口量大幅度增长，对铝合金需求很大。20世纪90年代初，奥迪公司首先在奥迪A8上采用全铝车身，解决了铝板件焊接工艺，今后为汽车减轻自重，铝合金的推广将迅速普及；一汽新开发的大红旗轿车，拟采用全铝车身，可降低车身重量30%以上。

各种铜板、铜带、铜粉等铜材用量将不断提高。目前，每辆中、重型载重车上约16～20kg铜材，变速箱同步器的用铜量也在逐年提高；水箱、冷凝器、蒸发器的材质逐渐由铝材替代铜材，以降低重量，但对铜带的需求仍然很大，精度要求也较高。另外，对电解铜、电解黄铜粉、雾化黄铜粉的纯度和供应也提出了较高的需求。

5.1.4　补救修补技术

开发门类齐全的环境工程材料，改善地球的生态环境，也是环境材料研究的重要课题。环境工程材料可分为治理大气污染、水污染或处理固态废物等不同用途的几类材料。

5.1.4.1 喷混植生技术

对石质边坡的防护，以前通常采用单纯的工程技术，如浆砌块石、干切片石、喷射混凝土等，由于施工复杂、造价昂贵而且影响公路两侧的环境和生态景观已逐渐地被淘汰。目前，在发达国家和地区，已普遍采用生物防护及生物与工程措施相结合的生态防护技术。在处理石质边坡的各种生物防护技术中，植被恢复效果最为明显并且近两年发展最快的是喷混植生技术。

喷混植生技术是以工程力学和生物学理论为依据，利用客土掺混黏结剂和锚杆加固铁丝网技术，运用特制喷混机械将土壤、肥料、有机质、保水材料、黏结材料、植物种子等混合干料加水后喷射到岩面上，形成近10cm厚度的具有连续空隙的硬化体，种子可以在空隙中生根、发芽、生长，而一定程度的硬化又可防止雨水冲刷，从而达到恢复植被、改善景观、保护环境的目的。它是集岩石工程力学、生物学、土壤学、肥料学、园艺学、环境生态学等学科于一体的综合环保技术，其核心是通过成孔物质的合理配置，在岩石坡面上营造一个既能让植物生长发育，而种植基质又不被冲刷的多孔稳定结构，使建植层固、液、气三相物质基于平衡。喷混植生技术实现了边坡防护和景观绿化两大功能的完美结合，是环境保护和国土绿化工程的一大突破。

5.1.4.2 膨润土环境修复材料

天然膨润土是一种具有独特结构的2：1型硅酸盐矿物，每一层由两个Si-O四面体层和一个Al-O八面体层构成。由于晶片层间存在过剩负电荷，通过静电作用吸引层间可交换的阳离子保持电中性。当膨润土分散于水中时，其层间阳离子可以和溶液中的有机、无机离子进行交换，在一定的物理-化学条件下，不仅Ca^{2+}、Mg^{2+}、Na^{+}、K^{+}等可相互交换，而且H^{+}、多核金属阳离子（如羟基铝十三聚体）、有机阳离子（如二甲基双十八烷基氯化铵）也可交换晶层间的阳离子。阳离子交换性是膨润土的重要工艺特性，利用这一特性，进行膨润土的改型，由钙基膨润土改型为钠基膨润土，制取活性白土、锂基膨润土、有机膨润土、柱撑蒙脱石等产品。

由于膨润土的工艺特性，使其作为黏结剂、吸附剂、催化剂、增稠剂、触变剂、脱色剂等广泛应用于冶金球团、铸造、钻井、化工、食品、环境等24个领域100多个部门，在水处理领域，可以用于处理工业废水（液）、游泳池水的净化，还可用于食品工业废料处理和作为放射性废物的吸附剂。

膨润土的加工技术包括人工钠化改型、酸活化处理、有机覆盖处理等，以提高产品的某些技术指标，增加其使用价值。

人工钠化改型方法有悬浮液法、堆场钠化法、挤压法（轮碾挤压法、双螺旋挤压法、阻流挤压法、对辊挤压法等）。

酸活化分干法活化工艺和湿法活化工艺，流程如图5.1和图5.2所示。

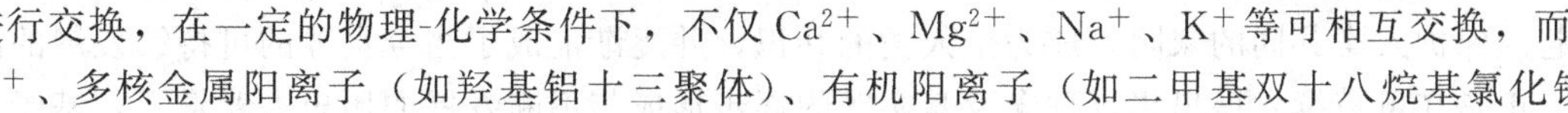

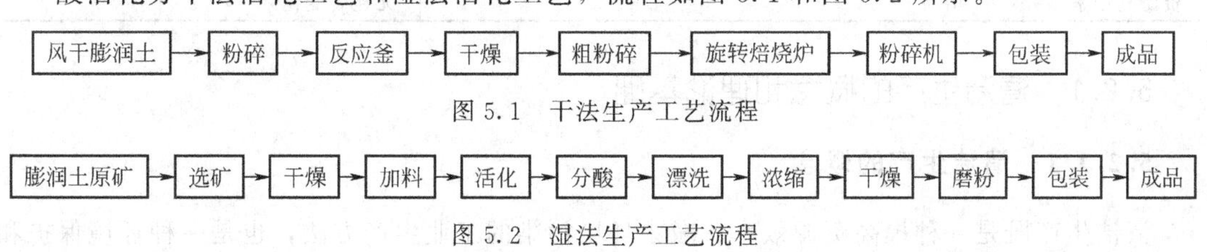

图5.1 干法生产工艺流程

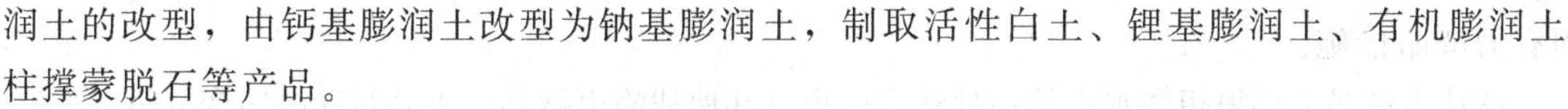

图5.2 湿法生产工艺流程

有机膨润土的制备工艺有湿法、干法和预凝胶法，流程如图 5.3、图 5.4 和图 5.5 所示。

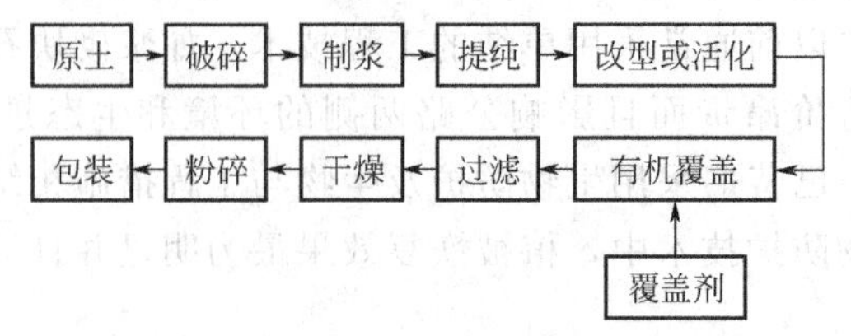

图 5.3 湿法生产有机膨润土工艺

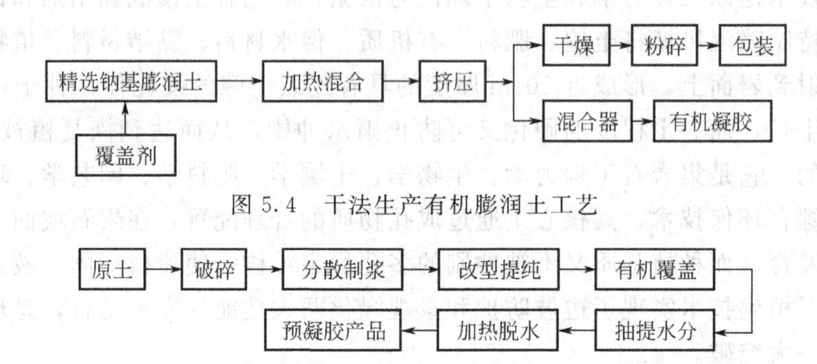

图 5.4 干法生产有机膨润土工艺

图 5.5 预凝胶法生产有机膨润土工艺流程

5.2 清洁生产工艺和技术

伴随人类生存环境的不断恶化，自 20 世纪 60 年代以来，环境保护在全世界范围内开始兴起。保护人类共同的家园，成为全人类的共识，并逐渐汇成了当今世界的可持续发展的潮流。正是在可持续发展思想、理念及其实践的逐步形成与不断发展的历史大背景下，基于对传统“末端治理”的环境污染控制实践的反思，清洁生产应运而生，并成为支持可持续发展的有力战略措施。

清洁生产是人们思想和观念的一种转变，也是环保战略由被动向主动行动的转变（表 5.1）。

表 5.1 清洁生产与末端治理的比较

比较项目	清洁生产系统	末端治理(不含综合利用)
思考方法	污染物消除在生产过程中	污染物产生后再处理
产生时代	20 世纪 80 年代末期	20 世纪 70～80 年代
控制过程	生产全过程控制 产品生命周期全过程控制	污染物达标排放控制
控制效果	比较稳定	产污量影响处理效果
产污量	明显减少	间接可推动减少
排污量	减少	减少
资源利用率	增加	无显著变化

5.2.1 清洁生产的概念和理论基础

5.2.1.1 清洁生产的概念

清洁生产既是一种提高资源效率、减小环境污染的工业生产方法，也是一种环境保护和可持续发展的概念，还是一种工业生产组织和管理的思路。研究、开发清洁生产工艺和技术，实行清洁生产管理方式，大力推行清洁产品，已成为世界各国工业界、环保界、经济界、科学界的共识和关注的热点。

清洁生产是通过产品设计、原料选择、工艺改革、生产过程管理和物料内部循环利用等环节的科学化与合理化，使工业生产最终产生的污染物最少的一种工业生产方法和管理思路。实施清洁生产的核心问题有两个：一是资源、能源的利用水平是否提高；二是污染物的产生量与排放量是否减少。清洁生产包括清洁的生产过程和清洁的产品两方面的内容，即不仅要实现生产过程的无污染或少污染，而且生产出来的产品在使用和最终报废处理过程中也不对环境造成损害。1984 年联合国欧洲经济委员会在塔什干召开的国际会议上给了无废工艺相当好的有深度的定义："无废工艺乃是这样一种生产产品的方法（流程、企业、地区三者的生产综合体），借助这一方法，所有的原料和能量在原料-生产-消费-二次原料的循环中得到最合理和综合的利用，同时对环境的任何作用都不致破坏它的正常功能"。1989 年 UNEP 巴黎工业与环境活动中心在总结各国经验的基础上，提出了清洁生产的概念，定义是：清洁生产是指将综合预防的环境策略，持续应用于生产过程和产品中，以便减少对人类和环境的风险。1990 年、1991 年、1992 三年连续召开推行清洁生产的国际会议，1992 年联合国环发大会通过的"21 世纪议程"，又把清洁生产看成是实现可持续发展的关键因素。

结合以上两种说法，我们可以将清洁生产的理念归纳为：确保生态兼容性，包括保持环境基本参数的稳定，减少乃至消除污染的生成和排放，控制人工合成的有害化学物质进入生物圈；提高资源生产率，包括源头减量化，组织再循环；实施以预测和预警为前提的预防战略；谋求经济发展和环境保护的双赢；考察和优化产品和过程的生命周期；持续改进而非一次性行动。

从方法上理解，清洁生产是在可能的最大限度内减少生产过程所产生的废物量，包括提高能源效率，合理利用资源，改进生产工艺，更新产品设计，原材料替代，促进生产的科学管理、维护、培训及仓储控制等。但清洁生产不包括废物的厂外再生利用、有害毒性处理和转移等末端处理过程。

从管理上理解，清洁生产是指将综合预防的环境管理策略持续地应用于生产过程、产品和服务中，以提高生产效率和降低对人类及环境的危害。对生产过程而言，清洁生产包括节约材料和能源、淘汰有毒原材料、减少废物排放并避免其有害毒性；对产品而言，清洁生产旨在降低产品在整个生命周期中，即从原材料的开采到产品的最终处置对人类及环境的有害影响；对服务而言，清洁生产指将预防性环境管理战略结合到服务的设计和提供活动中，减少产品最终报废处理过程对环境的影响。

从概念上理解，清洁生产是指既可满足人类的需要、又可合理使用自然资源和能源，并保护环境的生产方法和措施，其实质是物料和能耗最少的人类生产活动的规划和管理，将废物减量化、资源化和无害化，或消灭于生产过程之中，是一种对人类和环境无害的可持续发展的生产活动。

在清洁生产的概念中不但含有技术方面的可行性，还包括经济方面的可盈利性和社会方面的可持续发展性。在环境方面可直接表现为减少或消除污染；在经济方面可表现为节约资源能源、降低生产成本、提高产品质量、增加产品的市场竞争力；在技术方面，所谓的清洁生产过程和产品是和现有的工业和产品相比较而言的，推行清洁生产本身就是一个不断完善的过程，始终需要新技术的支持，不断开发新技术，改进新工艺，提出更新的目标，达到更高的水平。由清洁生产概念示意图（图 5.6）可见，通过实施清洁生产活动，解决资源和环境两大难题，最终实现人类社会的可持续发展。

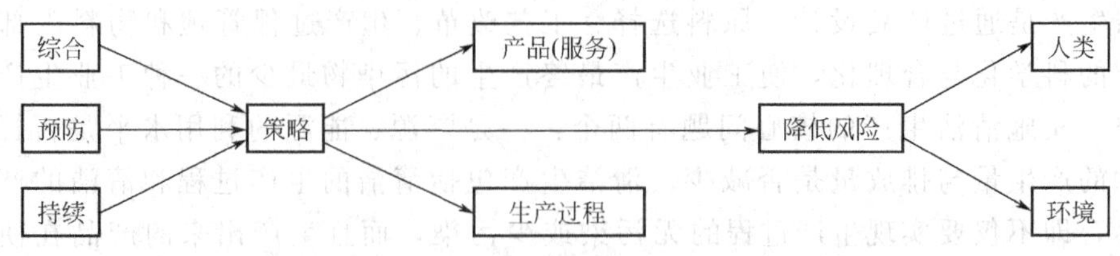

图 5.6　清洁生产概念的基本要素

结合我国的实际情况，清洁生产是以节能、降耗、减污为目标，以技术、管理为手段，通过对生产全过程的排污审计，筛选并实施污染防治措施，以消除和减少工业生产对人类健康与生态环境的影响，达到防治工业污染、提高经济效益双重目的的综合性措施。清洁生产的目标是节省能源、降低原材料消耗、减少污染物的产生量和排放量；清洁生产的基本手段是改进工艺技术、强化企业管理，最大限度地提高资源、能源的利用水平；清洁生产的主要方法是排污审计，即通过审计发现排污部位、排污原因，并筛选消除或减少污染物的措施。

由于污染物在源头削减，因而大大减少了需要末端处理的污染物总量和处理设施的建设规模，因而一次性投资和运行费用必然大大减少，有的措施甚至可以不用花钱。如北京啤酒厂开展排污审计，仅通过强化管理就降低能耗 2.08%，年减少酒液损失 765t，增收 54.2 万元，COD 削减 9.94t。

清洁生产可以避免和减少末端治理的不彻底造成的二次污染。由于清洁生产采用了大量源头削减措施，既减少了含有毒成分原材料的使用量，又提高了原材料的转化率，减少了物料流失，减少了污染物的产生量和排放量。因而需要末端治理的量大大减少，因此也就减少了二次污染的机会。

清洁生产，最大限度地替代了有毒的产品、有毒的原材料和能源，替代了排污量大的工艺和设备，改进了操作技术和管理方式，因而改善了职工的劳动条件和工作环境，提高了职工的劳动积极性和工作效率，为企业和国家创造出更多的物质财富。

5.2.1.2　清洁生产的理论基础

清洁生产的理论基础在于工业生态学。工业生态学又可译为产业生态学，它的基本思想是将工业系统乃至整个经济系统作为特殊的生态系统看待，将其纳入到生物圈之中。在生物圈中，围绕着各个物种在不同的环境中的代谢活动，物质流、能量流和信息流都有其恰到好处的构造和运作方式。生态学家认为，谁最了解自然？当然是自然本身。工业系统向自然界汲取资源和向自然界排放废料与生态系统非常相似。美国学者罗伯特·福罗什指出：“工业生态系统的概念与生物生态系统概念之间的类比不一定完美无缺，但如果工业体系模仿生物界的运行规则，人类将受益无穷”。因此人类的生产活动和消费活动应该师法自然，宏观仿生。

工业生态学的基本内容可归纳为：研究工业活动与生态环境的关系；探索工业生态化的途径；在工业的规划和管理中运用生态原则。20 世纪 90 年代以来工业生态学有了很大的发展，一些研究成果开始得到了实际的应用，例如追踪某个物质或元素在环境中扩散和迁移的工业代谢分析、宏观的物流分析和能流分析、工业共生的组织、工业体系的生态演替等，有些工业生态学著作还把生态设计作为本学科的一项重要内容。推动工业体系向生态化方向演进作为大目标的具体内容包括：封闭物质循环系统，尽量减少消耗性排放；减少废料，作为资源重新利用废料；产品和经济活动的非物质化；能源脱碳；控制有害化学品的生产、使用和扩散。

目前工业生态学已经得到了广泛的应用，不仅发达国家开展了相关的研究和实践活动，而且相关概念也在发展中国家迅速得到推广。但就其应用的层面而言，可以分为三个层次。

① 企业内部。在一个企业内部，探索如何从企业整体角度通过过程的集成来最优化使用各种资源，最小化废物的产生，相应的工艺手段包括生命周期分析、环境设计、生态效率等。

② 工业系统内部。在一个工业系统内部，考虑不同企业之间的相互合作，各企业通过共同管理环境事宜和经济事宜来获取更大的环境效益、经济效益和社会效益，这个效益是比单个企业通过个体行为的最优化所能获得的效益之和更大的效益，这个层次的应用就是目前比较流行的生态工业园。

③ 地区、国家及全球。是考虑在一个地区、一个国家或更广的范围内（如全洲、全球范围）建立生态工业网络。这指的是考虑不同的工业系统、工业群落之间如何通过有效地合作来优化资源的使用，改善整体环境绩效，最大可能地推进可持续发展。

目前，工业生态学的研究与实践集中体现在生态工业园的建立与管理上。生态工业园是建立在一块固定地域上的由制造企业和服务企业形成的企业社区。在该社区内，各成员单位通过共同管理环境事宜和经济事宜来获取更大的环境效益、经济效益和社会效益。整个企业社区所能获得的效益比单个企业通过个体行为最优化所能获得的效益之和还要大。

生态工业园的目标是在最小化参与企业的环境影响的同时提高其经济绩效。包括对园区内的基础设施和园区企业（新加入企业和原有经改造过的企业）的绿色设计、清洁生产、污染预防、能源有效使用及企业内部合作。同时也要为附近的社区寻求利益以确保其积极的发展。

丹麦在发展面向共生企业的循环经济——生态工业园的建设和发展方面作出了典范。丹麦的卡伦堡（Kalundborg）案例（图 5.7）是被许多人提及的工业共生案例，被称为工业生态学中的经典范例，至今仍成功运行着。虽然该案例涉及的模式还不是生态工业园，但各企业通过协商方式相互利用对方生产过程中产生的废物或副产品，作为自己生产中的原料或者替代部分原料，从而建立了一种和谐复杂的互利互惠的合作关系。

卡伦堡生态工业园是目前世界上工业生态系统运行最为典型的代表。该生态工业园的主体企业是发电厂、炼油厂、制药厂、石膏板生产厂。以这四个企业为核心通过贸易方式利用对方生产过程中产生的废物和副产品，不仅减少了废物产生量和处理的费用，还产生了较好的经济效益，

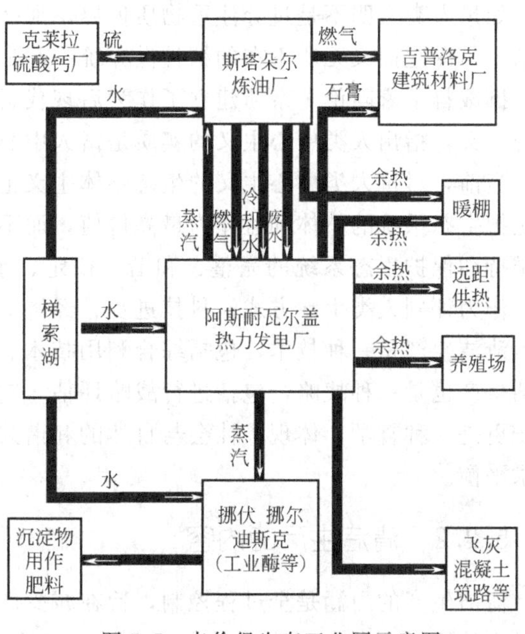

图 5.7 卡伦堡生态工业园示意图

形成了经济发展与环境保护的良性循环。

清洁生产的理念还向着经济学的方向深化，不少经济学家主张改变将经济学等同于“理财方法”的认识，而回到它最早的原先的含义，即“管理家庭以增加它对所有家庭成员的长期价值”，现在的任务是要把家庭的范围扩大到土地、资源、生物群落、共同的价值观、机构等更大的共同体。可以说，在这一点上经济学和生态学这两个名词正好是同出一源的，所以要提倡“生态学与经济学的联姻”。

美国经济学家保罗·霍肯指出：“企业教我们如何获得财富，而生态知识却向我们表明，除非财富是建立在自然法则和自然界循环的基础上的，否则钱财到头来只会是虚幻一场。调和这些矛盾的对话将成为经济改造的根本基础。”他认为一个持久的、真正的经济不会产生废物。

清洁生产的基本理念导致在经济学领域内出现了一系列新的名词，如“自然资本”、“稳态经济”、“恢复型经济”、“经济非物质化”、“循环经济”以及“生态经济”等。相应的，提出了许多推进生态经济的手段，如征收生态税、排污交易、生产者责任延伸、以租代卖、绿色 GDP 等。

清洁生产的理念还正在被提升到伦理学的高度，美国学者利奥波德在他的遗著“沙乡年鉴”中首创了“大地伦理”，其主要原则可概括为：“一件事情，如果它有助于保护生命共同体的完整、稳定和美丽，它就是正确的；反之，它就是错误的。”按照这一原则所延伸出来的尊重自然、敬畏生命的“生态责任”成了我们实施清洁生产的道德推动力。

清洁生产的理念正被推向哲学思维的领域。推行清洁生产要求：具有一种长远的观点，需要更多的前瞻和反思；树立整体的观点；时时怀着深度的忧患意识，力图避免出现生态崩溃的前景。

在清洁生产的理念中包含着消费这一重要的环节，涉及人们的世界观，美国学者特德·霍华德和杰里米·里夫金在其著作《熵：一种新的世界观》中，主张物质与精神的统一：“一种世界观如果过分沉溺于物质生活的追求，就自然不利于整个民族的超然精神生活。相反，如果人类文明不是过分注重物质世界，那么人类作为一个整体就能更自由地超越于物质桎梏，与深邃而又无所不在的精神世界统一起来。”

挪威哲学家阿伦·奈斯建立了作为后现代哲学概念的“深层生态学”，激烈地批判人类中心主义，指出人类中心主义的实质是富人中心主义。

当前，对抗人类中心主义的生态整体主义正在逐渐成为一种主流思想。所谓生态整体主义是把生态系统的整体利益作为最高价值，而不是把人类的利益作为最高价值，把是否有利于维持和保护生态系统的完整、和谐、稳定、平衡和持续存在作为衡量一切事物的根本尺度，作为评判人类生活方式、科技进步、经济增长和社会发展的终极标准。

清洁生产是一种技术，包括综合利用技术、源削减技术、再循环技术、无害化技术等；清洁生产也是一种战略，包括进行战略评估，制定战略目标、战略规划、战略步骤等；清洁生产更是一种哲学，体现了社会与自然的和谐共存、经济和环境的协调发展、精神与物质的需求平衡。

5.2.2 清洁生产的内容

清洁生产的内涵是全过程控制，旨在减少产品整个生命周期过程中从原料的提取到产品的最终处置对人类和环境的影响。清洁生产的目标是通过资源的综合利用，短缺资源的代用，二次能源的利用，以及节能、降耗、节水，合理利用自然资源，减缓资源的耗竭；减少废物和污染物的排放，促进工业产品的生产、消耗过程与环境相容，降低工业活动对人类和环境的风险。

按照清洁生产的定义，围绕清洁生产的实施目标，清洁生产的内容主要包括清洁能源和资源、清洁工艺、清洁设备、清洁产品、清洁服务、清洁管理及清洁审计，等等。

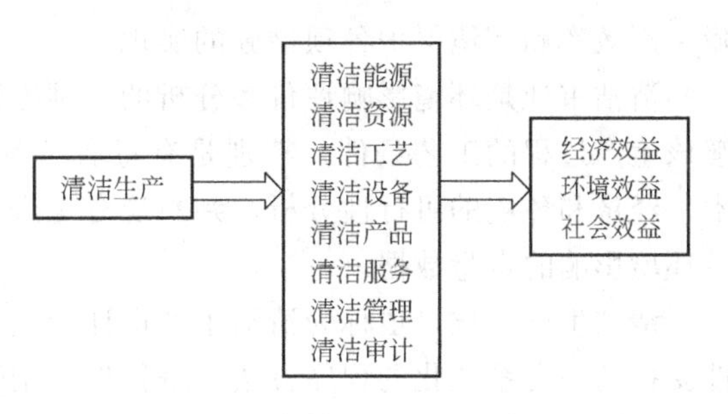

图 5.8　清洁生产内容框架示意图

图 5.8 是清洁生产内容的框架示意图。由图可见，清洁生产的所有内容都围绕一个核心，即在工艺过程中减少环境污染，实现经济效益、环境效益和社会效益的统一，最后实现可持续发展的工业生产。

清洁的能源指在生产过程中实现最少的能量消耗，对化石能源要实现清洁燃烧，如城市煤气化供气，开发低污染的新能源如核能、可控聚变能或再生能源如太阳能、水能、风能、地热、沼气等，以及有关能源的有效利用技术与节能措施等，从能源利用的途径使生产的驱动过程对环境影响较小。

清洁资源要求在生产过程中实现最少的原材料消耗，用无毒材料代替有毒材料，减少有害物料的投放，从源头控制，避免最终对环境的毒性影响。同时，优化原材料的使用，提高材料的使用效率也是一项重要内容。

清洁的生产工艺是清洁生产思想产生的最初动力之一。清洁的生产工艺流程要求在原料加工、使用、废弃等过程中无污染或少污染，无排放或少排放，尽量实现物料自循环以及高效率的安全生产过程，生产过程中实施无毒排放或无毒副产品。

工艺是从原材料到产品实现物质转化的基本软件。设备的选用是由工艺决定的，它是实现物料转化的基本硬件。通过改革工艺与设备方面实施清洁生产的主要内容可包括：简化流程、减少工序和所用设备；使工艺过程易于连续操作，减少开车、停车次数，保持生产过程的稳定性；提高单套设备的生产能力，装置大型化，强化生产过程；优化工艺条件（如温度、流量、压力、停留时间、搅拌强度、必要的预处理、工序的顺序等）；利用最新科技成果，开发新工艺、新设备，如采用无氰电镀或金属热处理工艺、逆流漂洗技术等。

清洁的生产设备最主要的是具有良好的密闭生产系统，消除生产过程中的跑、冒、漏、滴等。主要内容是改进生产设备，优先采用不产生或少产生废物和污染的设备，提高设备效率，改进设备的运行条件等。另外，生产过程中不产生对环境有害的噪声也要靠设备条件来实现与维持。

清洁的产品包括调整产品结构，发展清洁产品，用对环境和人体无害的产品取代有毒有害的产品，使产品具有令人满意的使用性能、可接受的经济成本、适当的寿命、对人无毒、对环境无害、易回收再生等性能。

清洁的服务指在产品的售后服务过程中建立环境意识，通过维护、保修、更换等一系列环节减少对环境的影响。同时，建立废品回收系统，发展回收、提纯工艺，提高废物回收利用率等也是清洁服务的内容。

清洁管理包括实施现代化管理、提高生产效率、优化生产组织、控制原料消耗、岗位技术培训、培养环境意识、监督规范执行情况等，从而加强生产全过程管理，通过管理途径保障生产效率和环境保护各项措施的实现。

清洁审计是环境影响评价和分析的一种方法，主要通过对一个生产过程的检查评价，了解该生产过程的工艺条件，特别是有毒有害物料及其他废物的产生和排放情况，经过对技术、经济和环境的可行性分析，判断现有生产工艺对环境的影响以及为筛选新的生产工艺提供环境影响的定量数据。

清洁生产审核，也称为清洁生产审计。主要指对已建企业，主要是工业企业，运用以文件支持的一套系统化的程序方法，进行生产全过程评价、污染预防机会识别、清洁生产方案筛选的综合分析活动过程。它是支持帮助企业有效开展环境预防性清洁生产活动的工具和手段，也是企业实施清洁生产的基础。

由于各国对清洁生产经常使用着不同的术语或表述，清洁生产审核在不同国家也有着不同的名称。例如，美国环保局最早针对有害废物的预防，建立推行的废物最小化机会评价，以及后来将这一技术方法推广为对一般污染物开展的污染预防审核；联合国环境署（UNEP/IEO）与联合国工业发展组织（UNIDO）为开展清洁生产编制的工业排放物与废物审核。根据国外清洁生产审核方法，结合我国清洁生产审核的实践，我国将清洁生产审核一般过程概括为：筹划与组织、预评估、评估、备选方案产生与筛选、方案可行性分析、方案实施以及持续清洁生产 7 个步骤环节。其基本框架如图 5.9 所示。

5.2.3 实现清洁生产的主要途径

实现清洁生产有两个要点：一是提高物料转化过程的资源效率，即从原料投放到废物排出整个过程的有效产出；二是组织生产过程的环境意识，即从产品开发到市场售后服务，都要关注产品的生产和使用对环境的影响。所以，清洁生产主要是针对各种产品和生产过程对环境的不利影响，以实现污染预防为目标，研究、开发并实施各种环境友好工艺和技术。

实现清洁生产的途径主要包括清洁规划和管理，提高资源效率，减少废物排放，以及开发环境友好产品和工艺，等等。

清洁规划和管理主要是对生产工艺过程推行先进的管理方式，提高员工素质和环境意识，实行良好的内部管理规范，加强物料安全储运管理，改进设备与仪表维护，减少泄漏发生，等等；优化生产结构，实施规模化、专业化生产的生产方式。另外，制定与生产相适应的清洁生产政策，保障先进的生产技术和工艺能够在实践中得到贯彻和应用，也是清洁规划和管理的重要内容。例如煤的综合利用，如图 5.10 所示。

有效地利用自然资源，重视废物的回收再利用，从而提高资源效率是实现清洁生产的重要途径。包括开发和应用原材料（比如有毒原材料）的替代技术，减少有害废物的毒性和数量，以及将废物中有价资源再生回收，并在生产流程内部得到循环利用，等等。资源的回收利用一直是材料可持续发展的主题之一，是处理废物和节省资源、节约能源的重要措施。通过资源的综合利用、短缺资源的代用、二次资源的回收利用，以及节能、省料、节水等，实现合理利用资源，减缓资源的耗竭。资源回收的途径有废物的单纯回收再利用，产品或零部件的回收再利用，对废物进行加工处理后作为原材料再利用，以及能源回收利用等。图 5.10 是有关煤的综合利用示意图。将煤使用过程中的物质和能量转化过程结合起来考虑，使生产过程中的动力过程和各种工艺过程结合成一个一体化的工业过程，从而有效地提高了煤燃烧过程中的资源效率。

在生产过程中，开发清洁生产新工艺，减少直至消除废物和污染的产生与排放，促进工

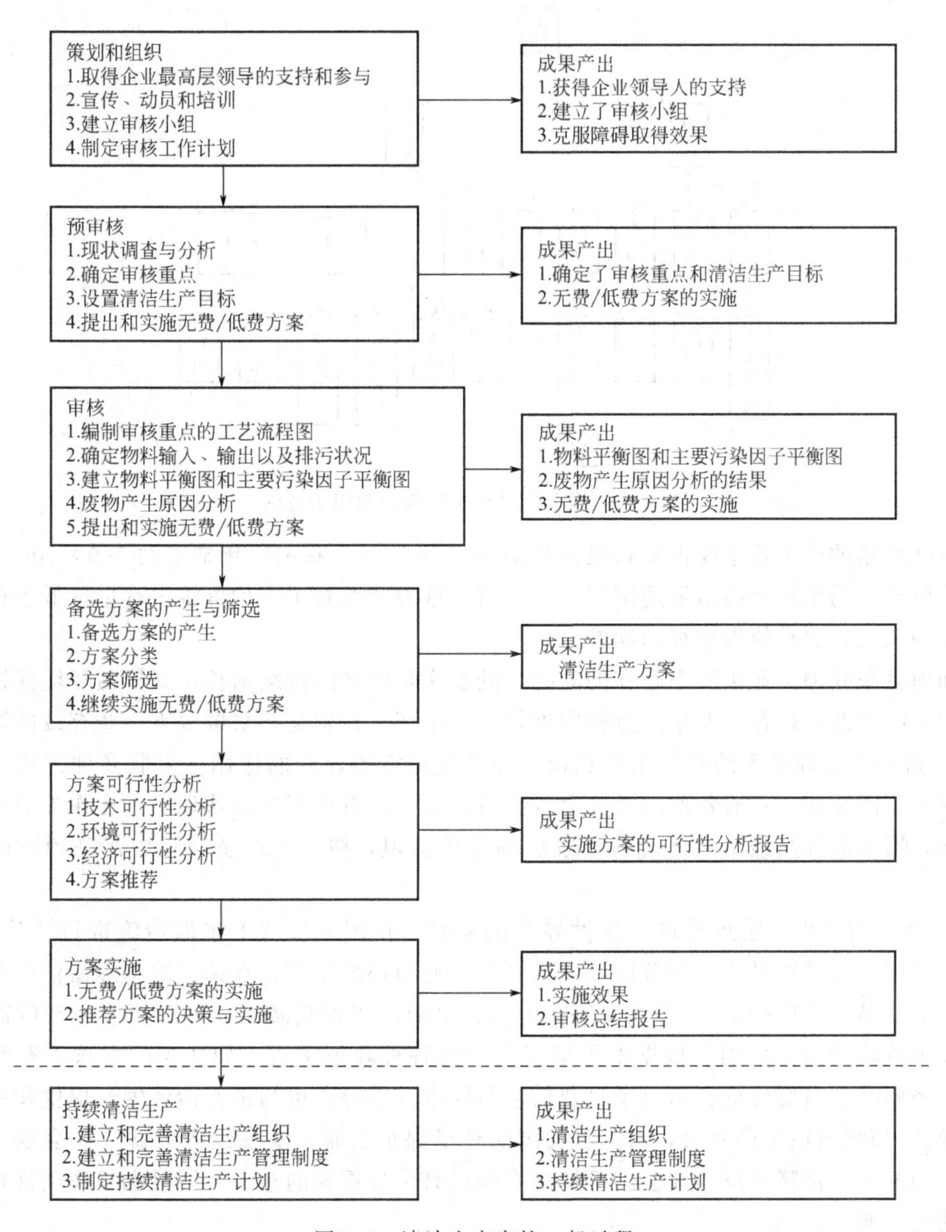

图 5.9 清洁生产审核一般过程

业产品的生产和消费过程与环境过程相容等，减少整个工业活动对人类和环境的危害，对实现清洁生产具有重要意义。具体内容包括减少废物排放；采用无废、低废的清洁工艺；通过工艺技术改革、设备改进和优化工艺操作控制，对工艺过程的污染源进行削减；实现污染排放的过程控制，实施鼓励废物回收的政策，等等。这是材料产业环境协调性发展的治本之道，是实现清洁生产最主要的途径。

长期以来，我国传统的经济增长方式，以粗放型外延发展为主，通过高投入、高消耗、高污染实现了经济的较高增长，导致经济效益低，原材料及能源消耗大，环境污染越来越严重，制约了经济的良性发展，也影响了人民群众的身体健康。而且，主要技术经济指标大大落后于发达国家，据估计，我国总能源利用率只有33%左右，矿产资源利用率40%～50%，

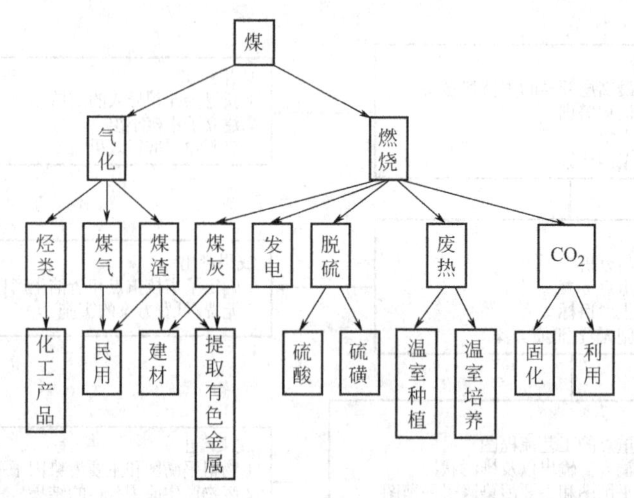

图 5.10　煤燃烧过程中的综合利用示意图

社会最终产品的产出效率仅占原料投入量的 20％～30％；我国每年缺水约 $500\times10^8m^3$，但工业单位产品用水量却高出发达国家 5～10 倍，这种状况对于人均资源占有量远低于世界水平的我国来说，更是值得重视的问题。

如何克服我国工业生产中存在的问题，既要实现经济的持续增长，又要与环境保持相和谐，唯一的出路就是在工业生产过程中推行清洁生产，特别是要采取以下一些有效的措施。

① 进一步提高全民的清洁生产意识。充分发挥宣传媒介的作用，采取多种方式，广泛开展宣传，使企业、政府各部门及社会各界对清洁生产有更深刻的认识。企业作为清洁生产的主体，需不断提高经济与环境持续发展的环境意识，树立生产全过程中污染预防的积极思想。

② 加快清洁生产法规建设。从世界范围来看，在国家层次上采取措施推行清洁生产，立法是其中一项重要措施。联合国环境规划署工业与环境中心，在第三次国际清洁生产高级研讨会的总结报告中指出："各国政府在提供必要的框架和刺激工业界对清洁生产的需求方面能发挥战略作用。特别是根据本国情况采取的各种政策手段，如适当的立法、有效的执法、经济刺激、自愿协议、示范项目及信息与促进计划等，可为推行清洁生产提供积极的实施途径。"加强清洁生产立法，对完善我国的环境保护法制，实现经济效益、社会效益和环境效益的统一，保障经济和社会的可持续发展具有十分重大的意义，同时也是我国推行清洁生产的时代要求。

③ 资金支持是推行清洁生产的一个重要措施。一方面，需要企业将清洁生产纳入自有资金使用安排决策中，树立长期发展的观念，逐步形成资金使用的良性循环；另一方面，在国家宏观调控下，需要制定银行金融等部门对清洁生产贷款的优惠政策以及税收、电力等相关部门的配套优惠政策，切实为企业清洁生产提供坚强后盾。

④ 建立企业内外部监督机制，改变目前部分企业领导只顾自己在任期间的短期功绩意识，从而真正避免吃祖宗的饭、断子孙路，实现可持续发展的先进生产方式。

⑤ 实施产品环境标志认证工作，引导全社会树立可持续消费观念，鼓励企业实行清洁生产。

⑥ 积极开展清洁技术和装备方面的研究，并提供清洁生产技术、信息的咨询服务，促进企业的清洁生产走上依靠科技进步的轨道上来。

⑦ 积极开展国际交流和合作，利用国外的先进技术和工艺，推进我国清洁生产的发展。

5.2.4 清洁生产的评价

在环境保护中，所谓产品生命周期，是指产品从原料采集和处理、加工制作、运销、使用复用、再循环，直至最终处理处置和废弃等一系列环节组成的全过程，亦即体现产品从自然中来又回到自然中去的物质转化过程。生命周期有时也被形象地称作“从摇篮到坟墓”，如图 5.11 所示。

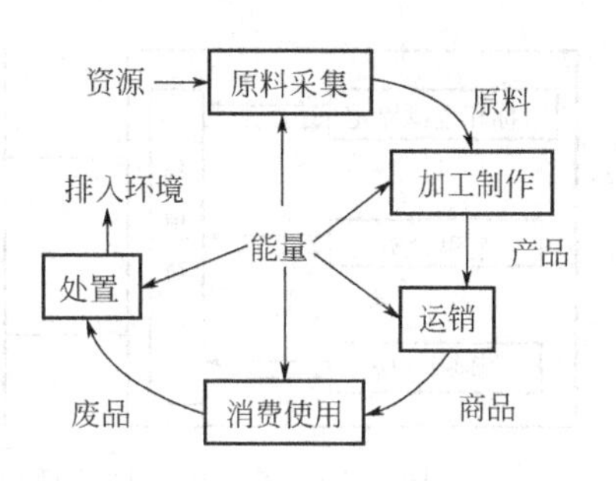

图 5.11 产品的生命周期—从摇篮到坟墓

生命周期的概念为我们提供了一种新的思想原则，即考察产品的某种环境性能，不能停留在一时一地，而应该遍历其生命周期的各个阶段，这样才能得出科学、全面的结论。利用这一思想概念用于环境问题的分析，即产品生命周期评价，它是在产品设计开发过程中，继产品功能分析、技术分析、经济分析后的一种新的分析工具。通过生命周期评价，可以阐明产品的整个生命周期中各个阶段对环境干预的性质和影响的大小，从而发现和确定预防污染的机会。目前，以生命周期为基础又逐渐衍生发展出生命周期风险分析、生命周期成本分析、生命周期管理等概念方法。

5.2.4.1 生命周期评价

生命周期评价是一种用于评价产品在其整个生命周期中，即从原材料的获取，产品的生产、使用直至产品使用后的处置过程中，对环境产生的影响的技术和方法。这种方法被认为是一种“从摇篮到坟墓”的方法。按国际标准化组织的定义，“生命周期评价是对一个产品系统的生命周期中的输入、输出及潜在环境影响进行的综合评价。”

最早的生命周期分析可追溯到 20 世纪 60 年代，美国可口可乐公司用这一方法对不同种类的饮料容器的环境影响进行的分析。20 世纪 70 年代，由于能源的短缺，许多制造商认识到提高能源利用效率的重要性，于是开发出一些方法来评估产品生命周期的能耗问题，以提高总能源利用效率。后来这些方法进一步扩大到资源和废物方面。

到了 20 世纪 80 年代初，由于工业生产对环境的影响的日益突出，以及严重的环境事件的不断发生，促使企业要在更大的范围内更有效地考虑环境问题。另一方面，随着一些环境影响评价技术的发展，例如对温室效应和资源消耗等环境影响定量评价方法的发展，在生命周期概念基础上进行产品的环境影响分析，越来越得到人们的普遍认可。

进入 20 世纪 90 年代后，由于“美国环境毒理和化学学会”（SETAC）和欧洲“生命周期分析开发促进会”（SPOLD）的推动，该方法在全球范围内得到广泛应用。1991 年到 1992 年，SETAC 出台了生命周期分析的基本方法框架，被列入 ISO 14000 的生命周期分析标准草案中。1992 年，欧洲联合会开始执行“生态标签计划”，其中使用了生命周期的概念作为产品选择的一个标准。1997 年国际标准化组织正式出台了 ISO 14040 环境管理的生命周期评价系列标准，以国际标准形式提出了生命周期评价方法的基本原则与框架。在 ISO 14040 环境管理——生命周期评价标准中，产品生命周期评价的基本框架由四部分内容或阶段构成，即目的和范围界定、清单分析、影响评价和结果解释（图 5.12）。

（1）目的及范围界定　是指对产品分析评价研究的目的和范围进行的界定。一般，生命

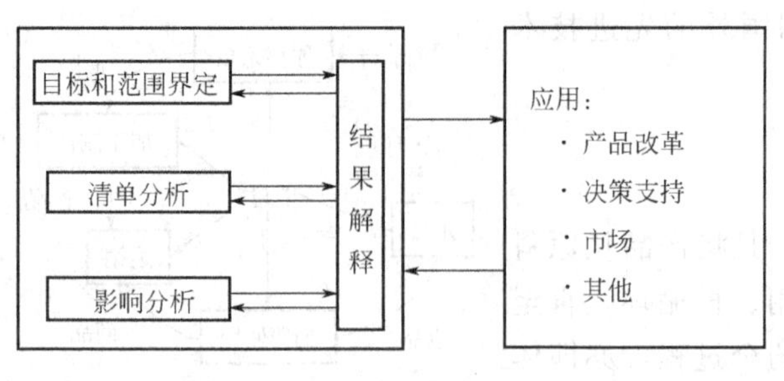

图 5.12　产品生命周期评价基本框架

周期评价的目的可以是多方面的，例如：确定单一产品的环境影响；向消费者描述环境标志产品应有的性能；用于产品的设计开发；进行产品体系的全面评价和环境标志认证；有关产品的法规制定等。根据评价分析目的的不同，则可进一步确定被评价产品系统的范围大小与详尽程度，以支持评价研究目的的完成。

(2) 清单分析　清单分析是产品生命周期分析评价工作的基础。该阶段主要内容是针对特定产品提供从原料开采、加工/制造、运输及供销、使用/再使用/维护到回收、废物管理等环节的能源、原料需求和排放至大气、水体及土壤等中的污染物的输入输出资料清单和数据。

(3) 影响评价　基于清单分析的结果，对产品生命周期各阶段的环境影响（包括潜在可能性）的重要程度进行的定量或定性综合评估。

(4) 结果解释　对清单分析和影响评价中的结果进行综合，以便对现有产品的设计和加工工艺进行分析，对整个生产周期评价结果作出结论，提出建议或可能的改进方案。

目前，完整的产品生命周期评价仍处于研究开发及使用的早期阶段，它对清洁产品的作用还需要多学科知识的支持并通过更广泛的实践来完善。

产品的生命周期分析作为一种清洁生产分析工具，应用它能够帮助工业生产企业在进行生产决策时，确定使用哪些原材料和能源来减少废物排放。借助于它可以阐明在产品的整个生命周期中各个阶段对环境造成影响的性质和影响的大小，从而发现和确定预防污染的机会。通过它可支持人们进行有关如何改变产品或设计替代产品方面的环境决策，即由更清洁的工艺制造更清洁的产品。例如，计算机公司的产品包括阴极射线管、塑料机壳、半导体、金属板等，通过生命周期分析可以得出各种产品不同种类的环境影响。废物处置问题主要是阴极射线管，可能造成有毒有害排放的主要是半导体的生产过程，能量消耗最多的是在产品的使用阶段。原材料消耗最多的是半导体的生产。对汽车的生产和使用进行比较，使用过程中产生的环境污染问题比生产过程要高得多。越来越多的事实表明，环境问题不仅仅是生产过程中的问题，在其前后的各个过程环节都有产生环境问题的可能，有时其他环节的影响甚至超过生产过程本身。如果我们能从产品生命周期全过程的视野对其所使用的原料、生产工艺以及生产完成后的产品进行全面的分析，对可能出现的污染问题事先进行预防，环境面临的危害就会大大减轻，这就可为我们进行产品的选择乃至各个过程环节的改进提供支持和依据，从而大大改进产品的环境绩效并提高市场竞争力。目前，越来越多的企业采用生命周期分析方法来帮助作出环境的和商业的决策。

5.2.4.2　清洁生产评价指标体系

清洁生产评价指标体系是由一系列相互联系、相互独立、相互补充的清洁生产指标组成，用于评价清洁生产绩效的指标集合。

一个合理的指标体系可以有效地评估清洁生产技术和管理手段的合理性，从而为技术和管理措施的筛选、清洁生产效果的评估提供有效手段（图 5.13）。

（1）确立一、二、三级指标　一级指标是在指标体系中具有普适性、概括性的指标（已有）。二级指标是在一级指标之下，可代表行业清洁生产特点的、具体的、可操作的、可验证的指标。三级指标是根据行业自身特点进行分解的更为具体的指标。

（2）评价基准值　是衡量各定量评价指标是否符合清洁生产基本要求的评价基准。应参照已有国际标准，采用国家标准或行业清洁生产先进水平的值。对于国家或行业目前尚无具体要求的，宜选择代表行业清洁生产先进水平的值（最优值）。

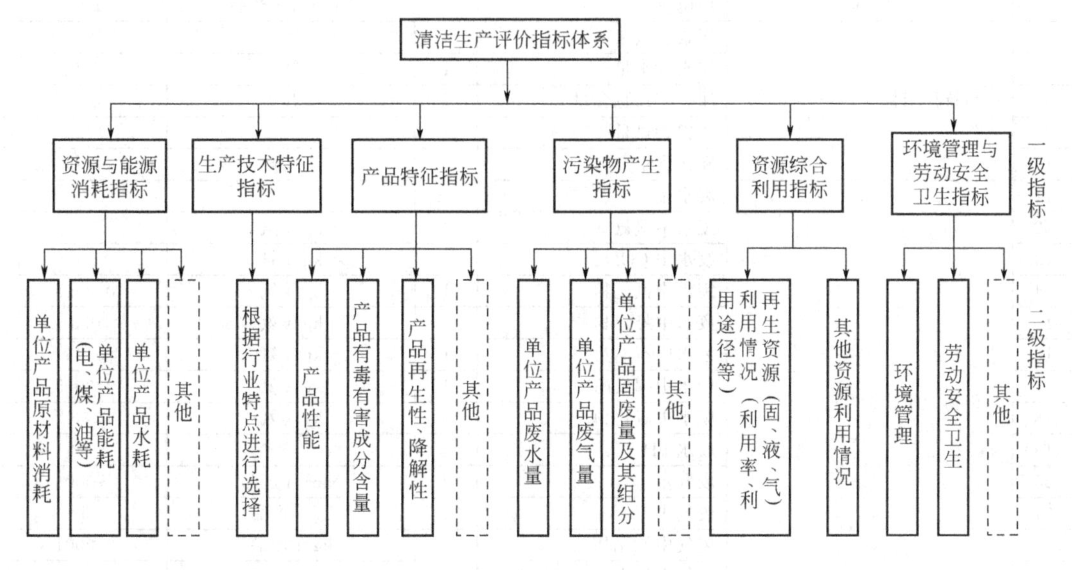

图 5.13　评价指标体系框架示意图

（3）权重值　是衡量各评价指标在整个清洁生产评价指标体系中所占的比重。由该项指标对生产水平的影响程度及实施难易程度确立。

以表 5.2 作为参考。

5.2.4.3　清洁生产评价方法

（1）评价等级

① 定性评价等级

高	影响小	0.7～1.0
中	影响中等	0.3～0.7
低	影响大	0.0～0.3

② 定量评价等级

清洁	国际先进水平	0.8～1.0
较清洁	国内先进水平	0.6～0.8
一般	国内平均水平	0.4～0.6
较差	国内中下水平	0.2～0.4
很差	国内较差水平	0.0～0.2

定性评价采用原材料指标和产品指标，定量评价采用资源指标和污染物产生指标，定性和定量评价的等级分值范围均定为 0～1。

（2）评价方法　采用百分制，各项指标的权重值采用专家调查打分法确定，专家范围包

表 5.2　以天然气为原料的氮肥行业评价指标项目、权重及基准值

序号	评价指标		权重	单　位	评价基准值
1	资源与能源消耗指标	综合能耗	21	GJ/t 产品	32
2		润滑油消耗量	3	kg/t 产品	2
3		催化剂消耗量	3	kg/t 产品	0.20
4		新鲜水消耗量	7	t/t 产品	10
5		用电量	3	kW·h/t 产品	600
6	产品特征指标	尿素含氮量①	4	%	46.2
7		尿素含水量	1	%	1.0
8		尿素缩二脲含量	1	%	0.5
9		碳铵含氮量①	1	%	17.2
10		碳铵含水量	1	%	3.0
11	污染物产生指标	废水量	12	t/t 氨	6
12		废水中氨氮	4	kg/t 氨	0.4
13		废水中 COD	4	kg/t 氨	1.0
14		废水中氰化物	1	kg/t 氨	0.0015
15		废水中悬浮物	1	kg/t 氨	0.3
16		废水中石油类	1	kg/t 氨	0.05
17		废水中挥发酚	1	kg/t 氨	0.0015
18		废水中硫化物	1	kg/t 氨	0.008
19		废水 pH	1		6～9
20		废气量	3	Nm^3/t 产品	7000
21		废气中氨	2	kg/t 产品	5
22		废气中氰化物	2	kg/t 产品	0.0001
23		废气中烟尘	2	kg/t 产品	0.02
24		废渣量	2	kg/t 产品	0.18
25	资源综合利用指标	水循环利用率①	4	%	90
26		污水综合利用率①	4	%	70
27		含氨废气回用率①	2	%	95
28		废渣综合利用率①	2	%	100
29		余热利用率①	2	%	80
30	环境管理与劳动安全卫生指标	职工病假	1	$h/10^6h$	0.5
31		职业病人数	1	人/生产工人数	0.001
32		伤亡事故	1	次/年	0.1
33		事故赔偿总额	1	事故赔款额/产值	0.001

① 指标为正向指标，即数值越大越好。其余指标为逆向指标，数值越小越好。

括：清洁生产方法学专家，清洁生产行业专家，环评专家，清洁生产和环评政府管理官员。

总体评价分值：

清洁生产　　＞80

传统生产　　70～80

一般　　55～70

落后　　40～55

淘汰　　＜40

小结与展望

环境问题逐渐引起各国政府的极大关注，发达国家通过治理污染的实践，逐步认识到防治污染不能只依靠治理末端污染，要从根本上解决污染问题，必须“预防为主”，将污染物消除在生产过程之中。因此，不少发达国家的政府和各大企业集团（公司）都纷纷研究开发和采用清洁工艺（少废无废技术），开辟污染预防的新途径，把推行清洁生产作为经济和环境协调发展的一项战略措施，这是人们思想和观念的一种转变，也是环保战略由被动向主动行动的一种转变。对于基础性的材料产业来讲，材料的环境友好加工及制备过程符合人与自然和谐发展的基本要求，是人与自然协调发展的理性选择，也是材料产业可持续发展的必由之路。它不仅是从源头治理或减轻环境污染的实体材料，而且应当是新时代材料研制与生产的发展方向。

思 考 题

1. 在实现材料的环境协调化进程中，材料的环境友好加工与制备是一个重要的环节，现实中可通过哪些技术实现该过程？试举例说明。

2. 塑料包装在包装材料中占有重要的地位，给人们的生活带来了极大的方便和舒适性，但是它曾经如同如瘟疫一样给人类造成难以消除的“白色污染”。如何在未来的发展中，解决其与环境之间的协调性，即如何实现其环境友好加工与制备过程？

3. 作为再生资源之一的木材，有哪些方式可提高再生木材的循环利用率，以缓解我国目前木材资源不足及其大量废弃之间的矛盾？

4. 推行清洁生产是人们在环境意识上的一个转变，是环保战略由被动向主动的一个转变，对于新时期解决全球环境问题具有重要意义，请论述清洁生产的概念、内容及实现的主要途径。

参 考 文 献

1 席德立．清洁生产．重庆：重庆大学出版社，2004

2 席德立．试论评价清洁生产的指标体系．中国清洁生产，1998

3 刘一男．钢铁行业清洁生产审核指南．北京：化学工业出版社，2004

4 袁晓燕．绿色化学．长沙大学学报，2005，19（5）：43～48

5 焦德富．环境影响评价中清洁生产分析方法．辽宁城乡环境科技，2000，20（3）：31～32

6 中国包装联合会．包装行业清洁生产评价指标体系调研提纲．2006

7 王淑莹．环境导论．北京：中国建筑工业出版社，2004

8 冯之浚．循环经济导论．北京：人民出版社，2004

9 黄贤金．循环经济：产业模式与政策体系．南京：南京大学出版社

10 吴敏基．包装发展需要环境友好包装材料．福建轻纺，2003，10：36～39

11 赵昭霞，孟水平．城市废弃木质材料的循环利用技术．中国资源综合利用，2005，11（11）：36～38

12 党静云．环境材料的发展势在必行．山东建材，1999，1：45～46

13 王志宏，龚先政．环境友好高新技术材料．高科技与产业化，2004，7：18～21

14 吴燕华．混凝土建筑物表面修护新型材料．江苏建材，2005，4：36～40

15 戈明亮．绿色高分子研究进展．合成材料老化与应用，2002，4：22～26

16 王天明．生态环境材料—材料发展新趋势．新材料产业，2005，10：33～35

第6章 环境治理功能材料与技术

材料一方面推动着人类社会的物质文明，一方面又大量消耗资源和能源，并在生产、使用和废弃过程中排放大量的污染物，危害和恶化人类赖以生存的空间。材料产业一方面成为环境污染的主要来源之一，另一方面环境的净化与修复在很大程度上都依赖于更高性能材料的开发。本章主要介绍了包括环境净化材料、环境修复材料以及环境替代材料在内的几类环境工程材料。

用于防止、治理或修复环境污染的材料称为环境工程材料，主要包括环境净化材料和环境修复材料。环境净化材料包括治理大气污染的吸附、吸收和催化转化材料，治理水污染的过滤、吸附、氧化还原材料，减少有害固态废物污染的固体隔离材料、噪声控制材料、电磁防护材料等；另外还包括过滤、分离、杀菌、消毒材料等。防止土壤沙漠化的固沙植被材料属于环境修复材料。从材料的全生命周期进行考虑，环境替代材料可以被划归在环境协调性材料里面。

6.1 环境净化材料

几十年来，我国的工农业发展速度很快，但却是以牺牲环境利益为代价的，如工业三废的随意排放等，使我国的环境受到了严重的污染，环境污染问题已十分严重。国内外的环保工作者在环境污染净化方面做出了不懈的努力，研究出了一些新装置、新工艺、新方法，在污染物的去除效率、能源消耗以及经济效益等方面均取得较大的突破。但是近年来，工厂的产品往往不是单一的，如制药厂、农药厂等，它们所排放的废物往往成分复杂，很难用传统的装置、方法来处理，即使可以处理，效果也不好，这就给环境污染物净化带来了新的挑战。随着材料科学的发展，各种各样的用于环境污染物净化的功能材料被广泛研究。功能材料成为被关注的热点，它有望解决现有装置、工艺、方法难以解决的问题。

环境污染净化用材料主要包括大气、水污染净化材料。

6.1.1 大气污染治理材料与技术

自然界中局部的质能转换和人类所从事的种类繁多的生活、生产活动，向大气排放出各种污染物。当污染物的排放量超过了大气环境所能承受的容量极限时，大气质量发生恶化，影响人类的生活、工作、健康、精神状态，破坏设备财产及生态环境等，此类现象称为大气污染。从工艺看，处理大气污染物的方法通常有吸收法、吸附法和催化转化法。利用物质间不同的溶解度来分离大气污染物的方法称为吸收法；利用物质吸附饱和度的差异来分离大气污染物的方法称为吸附法，利用催化剂的催化作用将大气污染物进行化学转化使其变为无害或易于处理的物质的方法称为催化转化法。从材料科学与工程的角度看，无论是吸附法、吸收法还是催化转化法，都要借助于一定的材料介质才能实现。因此，在环境工程材料里，相应地有吸收剂、吸附剂以及催化剂等材料介质。可以说，环境净化材料是构成净化处理的主体，是大气污染治理的关键技术之一。

6.1.1.1 吸附法

(1) 吸附原理与分类　气体混合物与适当的多孔性固体接触，利用固体表面存在的未平衡的分子引力或化学键力，把化合物中某一组分或某些组分吸留在固体表面上，这种分离气体混合物的过程称为气体吸附。作为工业上的一种分离过程，吸附已广泛应用于化工、冶金、石油、食品、轻工及高纯气体制备等工业部门。

由于吸附法具有分离效率高、能回收有效组分、设备简单、操作方便、易于实现自动控制等优点，已成为治理环境污染物的主要方法之一。在大气污染控制中，吸附法可用于中低浓度废气的净化。

根据吸附力不同，吸附可以分为物理吸附和化学吸附。这两类吸附往往同时存在。仅因条件不同而有主次之分，低温下以物理吸附为主，随着温度提高物理吸附减少，而化学吸附相应增多。吸附过程是放热过程，物理吸附时吸附热约等于吸附质的升华热，化学吸附时吸附热与化学反应热相近似。

吸附过程包括以下三个步骤：①使气体和固体吸附剂进行接触；②将未被吸附的气体与吸附剂分开；③进行吸附剂的再生，或更换新吸附剂。

(2) 吸附剂　吸附法是使大气污染净化的一种基本方法，例如，用活性炭吸附有机蒸汽、用分子筛吸附氮氧化物、用活性氧化铝吸附氟化氢等均已在工业上得到应用。所谓吸附，就是流体混合物与多孔性固体接触时，流体中的某些组分可被固体表面吸引，并在固体表面浓集。多孔性固体被称为吸附剂，用于大气污染净化的吸附剂主要有活性炭、硅胶、分子筛。下面将分别介绍这几种常用的吸附剂。

① 活性炭。活性炭具有不规则的石墨结构，比表面积非常大，有的甚至超过 $2000m^3/g$。所以，活性炭是一种优良的吸附剂。活性炭吸附是去除水中可溶物性有机物的一种标准方法，制备活性炭的原料很多，诸如木材、纸浆和褐煤等。将炭质材料在绝氧的条件下，在600℃下进行加热即可炭化，然后用部分氧化法进行活化。在600～700℃时，可以用二氧化碳作氧化剂，在800～900℃时，则可用水来氧化，经活化处理的碳具有多孔结构，表面积增大，并且使碳原子的排列特性有利于与有机物发生亲和作用。

常用的活性炭有两种类型：一种为颗粒状活性炭，其粒径在0.1～1.0mm之间；另一种是粉末型活性炭，其粒径在50～100μm之间。

a. 颗粒状活性炭。维尼纶催化剂载体炭，是用果壳作原料，经水蒸气活化制得的不定形颗粒炭。

回收及吸附用炭，是以煤粉为原料，以煤焦油作调和剂，经成型、炭化及活化制得的圆柱形颗粒炭。

脱硫炭的原料及制造方法与回收及吸附用炭相同。

净化水用炭是用无烟煤作原料，经破碎后直接炭化和水蒸气活化制得，外观为不定形颗粒炭。

b. 粉末型活性炭。外观为粉末状，粒度一般在200目以下，粉末型活性炭可分为糖类、油脂、酒类、药品等脱色用的脱色炭，以及用于医药方面的药用炭。

目前，颗粒状活性炭的应用比较普遍，粉末状活性炭的应用不及前者广泛，尽管它在水处理中的应用有逐步增大的趋势。颗粒活性炭一般装入固定床进行使用，废水由床的顶端自上而下流过。吸附剂中的固体物质积累到一定程度时，吸附效率和流速明显受影响，此时需进行反洗处理。让清水自下而上进行反洗，可以将使用过的活性炭稍微分开，从而使阻塞的可能性下降。

此外，近年来又出现一些新活性炭品种，如活性炭纤维、氮化活性炭及碳分子筛等。

活性炭纤维是将合成纤维或木素纤维经过药剂处理、干燥，再经过水蒸气活化等过程制得。

使活性炭的表面基团上结合氮，从而改变活性炭的结构，成为氮化活性炭。这种活性炭由于改善了原有的吸附性质，使其具备了新的离子交换性能，已被广泛应用于SO_2和氮氧化物（NO_x）的分离及在溶液中对重金属离子的分离。

碳分子筛是具有均匀孔径的分子筛结构的活性炭。它是由重石油烃类在裂化罐内加热至600℃，通过热裂解去尽600℃以前的碳氢挥发物，将约占5%的焦炭残留物再在600～900℃的N_2流中热裂解而制得。碳分子筛能选择吸附氧而不吸附氮。在分离空气工艺中，它是常用的吸附剂。

② 硅胶。硅胶是多聚硅酸经分子间脱水而形成的一种多孔性物质。硅胶的化学组成为$SiO_2 \cdot xH_2O$，属于无定形结构，其中的基本结构质点为Si—O四面体相互堆积形成硅胶的骨架。堆积时，质点间的空间即为硅胶的孔隙。硅胶中的水为结构水，它以羟基的形式和硅原子相连而覆盖于硅胶表面。

硅胶的分类常以孔径大小来分，即细孔硅胶、粗孔硅胶及介于两者之间的中孔硅胶。习惯上将平均孔径在1.5～2.0nm以下的硅胶称为细孔硅胶；平均孔径在4.0～5.0nm以上的硅胶称为粗孔硅胶；此外，将平均孔径在10.0nm以上的硅胶称为特粗孔硅胶；平均孔径在0.8nm以下的硅胶称为特细孔硅胶。

粗孔硅胶的生产工艺过程如图6.1所示。

细孔硅胶的生产工艺过程如图6.2所示。

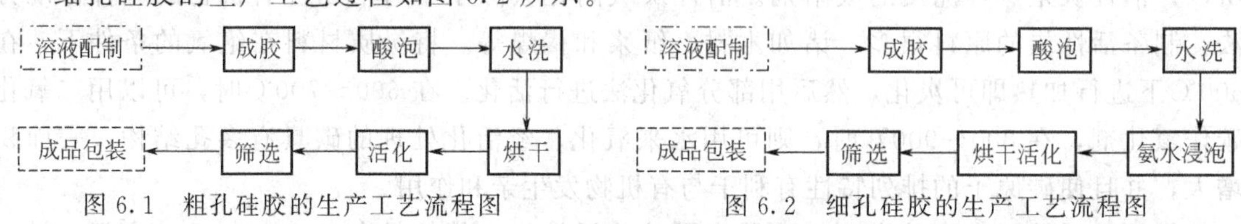

图6.1 粗孔硅胶的生产工艺流程图　　图6.2 细孔硅胶的生产工艺流程图

由于硅胶为多孔性物质，而且表面的羟基具有一定程度的极性，故而硅胶优先吸附极性分子及不饱和的碳氢化合物。此外，硅胶对芳烃的π键有很强的选择性及很强的吸水性，因此，硅胶主要用于脱水及石油组分的分离。

氧化铝、硅胶和分子筛等极性吸附剂，对极性气体具有很强的吸附能力。然而水蒸气的存在，能够降低吸附其他物质的能力，甚至使吸附剂失效，这时需要将废气预先干燥脱水。有少数吸附剂能在湿气体中使用，应用最广的活性炭就是其中之一。活性炭能吸附所有微量的气体，在采用吸附剂浸渍技术后，所能净化的污染物更加广泛。各种吸附剂可去除的主要污染物质列于表6.1。

③ 分子筛。分子筛又称沸石，是一种水合硅酸盐类，它们有着类似的组成和性质，组成中都含有SiO_2和Al_2O_3，另外还含有一些其他金属阳离子，如Na^+、K^+、Ca^{2+}、Ba^{2+}、Mg^{2+}等。因其组成中含有结合水，在加热脱水后，其骨架结构的形状保持不变，而且形成许多大小相同的“空腔”，空腔之间又有许多直径相同的微孔相连，形成均匀的、数量级为

表 6.1 各种吸附剂可去除的污染物质

吸附剂	可去除的污染物质
活性炭	苯、甲苯、二甲苯、丙酮、乙醇、乙醚、甲醛、苯乙烯、氯乙烯、恶臭物质、硫化氢、氯气、硫氧化物、氮氧化物、氯仿、一氧化碳
浸渍活性炭	烯烃、胺、酸雾、碱雾、硫醇、二氧化硫、氟化氢、氯化氢、氨气、汞、甲醛
活性氧化铝	硫化氢、二氧化硫、氟化氢、烃类
浸渍活性氧化铝	甲醛、氯化氢、酸雾、汞
硅胶	氮氧化物、二氧化硫、乙炔
分子筛	氮氧化物、二氧化硫、硫化氢、氯仿、烃类

分子直径大小的孔道，因而能将比孔道直径小的物质分子吸附在空腔内，而把比孔道直径大的物质分子排斥在外，从而使分子大小不同的混合物得以分开，起着筛分分子的作用，故称为“分子筛”。

分子筛因是一种笼形孔洞骨架的晶体，经脱水后空间十分丰富，具有很大的内表面积，可以吸附相当数量的吸附质。同时其内晶表面高度极化，晶穴内部有很大的静电场在起作用，微孔分布单一均匀，并具有普通分子般大小，易于吸附分离不同物质的分子。分子筛吸附的显著特征之一，就是它具有选择吸附性能。与其他吸附剂相比，分子筛还具有特殊的吸附性能，即在低分压或低浓度、高温度下仍有很高的吸附容量，这是其他吸附剂所不及的。

此外，沸石材料还被应用于储存放射性废物、高效微电池及微孔分子导电材料、非线性光学材料、化学传感器等许多新兴领域中。沸石无毒无害的性质以及独有的择形吸附/催化性能适应了环境保护发展的趋势，必将获得越来越广泛的应用。

6.1.1.2 吸收法

吸收是利用气体混合物中各组分在液体中溶解度不同这一现象，以分离和净化气体混合物的一种技术。这种技术也用于气态污染物的处理。例如，从工业废气中去除 SO_2、NO_x、H_2S 以及氟化氢（HF）等有害气体。吸收可分为化学吸收和物理吸收两大类。化学吸收是被吸收的气体组分和吸收液之间产生明显的化学反应的吸收过程。从废气中去除气态污染物多用化学吸收法。物理吸收是被吸收的气体组分与吸收液之间不产生明显的化学反应的吸收过程，仅仅是被吸收的气体组分溶解于液体的过程。在吸收法中，选择合适的吸收液至关重要。在对气态污染物处理中，吸收液是处理效果好坏的关键。用于吸收气态污染物质的吸收液有下列几种。

① 水用于吸收易溶的有害气体。

② 碱性吸收液用于吸收那些能够和碱起化学反应的有害酸性气体，如 SO_2、NO_x、H_2S 等。常用的碱吸收液有氢氧化钠、氢氧化钙、氨水等。

③ 酸性吸收液，NO 和 NO_2 能够在稀硝酸中溶解，而且溶解度比在水中高得多。

④ 有机吸收液用于有机废气的吸收，如洗油、聚乙醇醚、冷甲醇、二乙醇胺都可作为吸收液并能够去除酸性气体。目前，在工业上常用的吸收设备有表面吸收器、板式塔、喷洒塔、文丘里塔等。

6.1.2 水体污染治理材料与技术

水是生命之源，是人类赖以生存和发展的重要物质，没有水就没有生命。1977 年联合国水会议向世界发出“水不久将成为一个严重的社会危机”的警告，时至今日水资源危机已经日益显露出来，其中以水污染最为严重。在我国，82%的河流受到不同程度的污染，有42%的城市饮用水源受到严重污染，农村有70%的饮用水不符合卫生标准。水污染问题已经影响到人们的正常生活，成为一个急需解决的热点问题。目前，用于水污染净化的材料主要有氧化还原材料、悬浮物质分离材料、沉淀分离材料和各种膜分离材料等。

6.1.2.1 氧化还原材料

氧化还原法是水污染净化中的一种方法，它是通过在废水中投加氧化剂或还原剂，使废水中溶解的有机或无机的污染物与药剂发生氧化还原反应，从而使废水中的有毒污染物转化为无毒或微毒物质，氧化剂和还原剂在这里起到了很重要的作用。

(1) 氧化剂

① 空气。空气中的氧气是一种较强的氧化剂。空气中的氧具有较强的化学氧化性，且在介质的pH值较低时，其氧化性增强，有利于用空气氧化法处理污水。空气氧化法是利用空气中的氧去氧化废水中污染物质的一种处理方法，此法主要用于含硫废水的处理，石油炼制厂、石油化工厂、皮革厂、制药厂等都排出大量含硫废水。硫化物一般以钠盐（$NaHS$，Na_2S）或铵盐［NH_4HS，$(NH_4)_2S$］的形式存在于废水中，它们的还原性较强，可以用空气氧化法处理。

各种硫的标准电极电位如下：

酸性溶液 $H_2S \xrightarrow{0.14} S \xrightarrow{0.5} S_2O_3^{2-} \xrightarrow{0.4} H_2SO_3 \xrightarrow{0.17} H_2SO_4$

碱性溶液 $S^{2-} \xrightarrow{-0.508} S \xrightarrow{-0.74} S_2O_3^{2-} \xrightarrow{-0.58} SO_3^{2-} \xrightarrow{-0.93} SO_4^{2-}$

由此可见，在酸性溶液中，各电对具有较弱的氧化能力，而在碱性溶液中，各电对具有较强的还原能力。所以利用分子氧氧化硫化物，以碱性条件较好。

向废水中注入空气和蒸汽（加热）时，硫化物按下式转化为无毒的硫代硫酸盐或硫酸盐：

$$2S^{2-} + 2O_2 + H_2O \longrightarrow S_2O_3^{2-} + 2OH^- \tag{6.1}$$

$$2HS^- + 2O_2 \longrightarrow S_2O_3^{2-} + H_2O \tag{6.2}$$

$$S_2O_3^{2-} + 2O_2 + 2OH^- \longrightarrow 2SO_4^{2-} + H_2O \tag{6.3}$$

空气氧化脱硫一般在各种密封塔体中进行。某炼油厂采用的脱硫处理工艺是使含硫废水经隔油沉渣后与压缩空气及水蒸气混合，升温至80～90℃，通过射流混合器进入氧化塔脱硫。塔径一般不大于2.5m，塔分四段，每段高3m。每段进口处有喷嘴，雾化进料，使废水、汽、气与段内废水充分混合，促使塔内反应的加速进行。塔内气水体积比不小于15。增大气水体积比则气液的接触面积加大，有利于空气中的氧向水中扩散，加快氧化速度。废水在塔内平均停留时间为1.5～2.5h。

空气氧化法还可用于地下水除铁，在缺氧的地下水中常出现二价铁，通过曝气，可以将铁氧化为$Fe(OH)_3$。

除铁的反应式为：

$$4Fe^{2+} + O_2 + 10H_2O = 4Fe(OH)_3 \downarrow + 8H^+ \tag{6.4}$$

从环境协调的角度看，利用空气中的氧或纯氧处理废水中的有机污染物，是一种环境友好型的污水处理方法。在空气氧化的基础上，又发展形成了湿式氧化的方法。湿式氧化是在较高的温度和压力下，用空气中的氧来氧化废水中的溶解和悬浮的有机物和还原性无机物的一种方法。与一般方法相比，湿式氧化法具有适用范围广、处理效率高、二次污染低、氧化速度快、装置小、可回收能量和有用物料等优点。但是，用空气中的氧进行氧化反应时活化能很高，反应速度很慢，在常温、常压、无催化剂的条件下，空气氧化法所需反应时间很长，使其应用受到限制。如能通过催化方法断开氧分子中的氧-氧键，如采用高温、高压、催化剂等辅助处理，氧化反应速度将大大加快。用"湿式氧化法"处理含大量有机物的污泥和高浓度有机废水，就是利用高温（200～3000℃）、高压（30～150atm，大致相当于3～15MPa）的强化空气氧化处理技术。由于高压操作难度较大，目前的空气湿式氧化法的发展方向是向低压发展。在生物处理污水流程中，有的设计了低压湿式氧化工艺，对一些用生物技术难以处理的有机污染物进行预处理。

② 氯系氧化剂。氯系氧化剂包括氯气、次氯酸钠、漂白粉、漂白精等。通过在溶液中电离，生成次氯酸根离子，然后水解、歧化，产生氧化能力极强的活性基团，用于杀菌、分解有机污染物。氯系氧化剂的氧化性较强，且与pH值有关，在酸性溶液中其氧化性更加增强。氯系氧化剂还可通过光辐射或其他辐射方法来增强其氧化能力。氯系氧化剂最重要的氧化成分是二氧化氯。气态的二氧化氯极不稳定，容易爆炸，但它的水溶液相当稳定。二氧化氯在水中的溶解度大，是氯的5倍。加热、光照及某些催化剂的催化作用可促使二氧化氯溶液分解。二氧化氯遇水迅速分解，能生成多种强氧化剂，如次氯酸、氯气、过氧化氢等。这些强氧化剂组合在一起，产生多种氧化能力极强的活性基团，能激发有机环上的不活泼氢，通过脱氢反应生成自由基，成为进一步氧化的诱发剂。自由基还能通过羟基取代反应，将有机芳烃环上的一些基团取代下来，从而生成不稳定的羟基取代中间体，易于开环裂解，直至完全分解为无机物。氯氧化法在废水处理中，除用于去除氰化物、硫化物、酚、醇、醛、油类等污染物外，还用于水或废水的消毒、脱色、除臭。

a. 含氰废水处理。工业废水中的氰一般以游离CN^-、HCN以及金属络合物如$[Zn(CN)_4]^{2-}$、$[Fe(CN)_6]^{4-}$等形式存在，废水排放标准规定的允许含氰量为0.5mg/L，利用CN^-的还原性，可采用氯系氧化剂在碱性条件下把氰化物分解为微毒或无毒物质。

氧化分两个阶段进行。第一阶段在碱性条件（pH≥10）下，次氯酸盐把CN^-氧化为氰酸盐：

$$CN^- + ClO^- + H_2O \longrightarrow CNCl + 2OH^- \tag{6.5}$$

$$CNCl + 2OH^- \longrightarrow CNO^- + Cl^- + H_2O \tag{6.6}$$

此反应只需5min，通常控制在10～15min。当Cl_2作氧化剂时，要不断加碱，以维持必要的碱度；若采用NaOCl，由于水解层呈碱性，只要反应开始时调好pH值，以后就不用加碱了。

第二阶段在pH值为7～8条件下，把氰酸盐进一步氧化分解，其反应为：

$$2CNO^- + 3ClO^- + H_2O \longrightarrow N_2\uparrow + 3Cl^- + 2HCO_3^- \tag{6.7}$$

反应可在1h之内完成。

b. 含酚废水的处理。采用氯氧化除酚，理论投药量与酚量之比为6∶1时，即可将酚完全氧化，但由于废水中存在的其他化合物也与氯作用，实际投药量必须过量数倍，一般要超过10倍左右。如果投药量不够，酚氧化不充分，而且生成具有强烈臭味的氯酚。当氯化过程在碱性条件下进行时，也会产生氯酚。

③ 臭氧。臭氧是一种理想的环境友好型水处理剂。臭氧的氧化性很强，对水中有机污

染物有较好的氧化分解作用。此外，对污水中的有害微生物，臭氧还有强烈的消毒杀菌作用。用臭氧处理难以生物降解的有机污染物，使其转化成容易降解的有机化合物，在污水处理中已开始广泛应用。例如，用臭氧分解污水中的聚羟基壬基酚。通过电子传递反应，氧化除去部分聚合物的侧链，经解聚，进而生化降解；将臭氧与活性炭吸附材料相结合，可以使废水中的芳烃降到0.002μg/L；用臭氧处理钢铁工业中炼焦排放的活性污泥废水，可使废水中的聚环芳烃减少到0.02μg/L，并对该废水的除色也具有很好的效果；对工业循环冷却排放的废水，在排入公共污水系统之前，用臭氧去除废水中的表面活性剂，可明显改善排出污水的水质，有效地减轻公共污水处理系统的负担。

臭氧是氧的同素异构体，在常温常压下是一种具有鱼腥味的淡紫色气体，密度是氧气的1.5倍，在水中的溶解度是氧气的十多倍。臭氧不稳定，在常温下容易自行分解成为氧气并放出热量。MnO_2、PbO_2、Pt、C等催化剂的存在或紫外辐射都会促使臭氧分解。臭氧的氧化性很强，对水中有机物有强烈的氧化降解作用，还有强烈的消毒杀菌作用。臭氧之所以表现出强氧化性，是因为分子中的氧原子具有强烈的亲电子或亲质子性，臭氧分解产生的新生态氧原子也具有很高的氧化活性。

臭氧氧化有机物的机理大致包括三类：

a. 夺取氢原子，并使链烃羰基化，生成醛、酮、醇或酸，芳香化合物先被氧化为酚，再被氧化为酸。

b. 打开双键，发生加成反应。

c. 氧原子进入芳香环发生取代反应。

此外，臭氧还具有强腐蚀性，因此与之接触的容器、管路等均应采用耐腐蚀材料或做防腐处理。耐腐蚀材料可用不锈钢或塑料。

臭氧的制备方法很多，有化学法、电解法、紫外光法、高能射线辐射法、电晕放电法等。工业上大多采用无声放电法制取，即用干燥空气经无声放电来制取臭氧。

臭氧由于其在水中有较高的氧化还原电位（2.07V，仅次于氟，位居第二），常用来进行杀菌消毒、除臭、除味、脱色等，在饮用水处理中有着广泛的应用。近年来，由于氯氧化法用于给水、循环水处理和废水处理有可能产生三氯甲烷（THMs）等三致物质而受到限制，使臭氧在水处理中的作用受到了更多的关注。但臭氧应用于废水处理还存在着一些问题，如臭氧的发生成本高，而利用率偏低，使臭氧处理的费用高；臭氧与有机物的反应选择性较强，在低剂量和短时间内臭氧不可能完全矿化污染物，且分解生成的中间产物会阻止臭氧的进一步氧化。因此，提高臭氧利用率和氧化能力就成为臭氧高级氧化法的研究热点。

④ 高锰酸盐氧化剂。高锰酸盐氧化剂也常用于污水氧化处理过程。最常用的高锰酸盐是高锰酸钾，是一种强氧化剂，其氧化性随pH值降低而增强。在有机废水处理中，高锰酸盐氧化法主要用于去除酚、氰、硫化物等有害污染物。在给水处理中，高锰酸盐可用于消灭藻类，除臭、除味、除二价铁和二价锰等。高锰酸盐氧化法的优点是出水没异味，氧化药剂易于投配和监测，并易于利用原有水处理设备，如混凝沉淀设备、过滤设备等。反应所生成的水合二氧化锰有利于凝聚和沉淀，特别适合于对低浊度废水的处理。其主要缺点是成本高，尚缺乏废水处理的运行经验。若将此法与其他处理方法，如空气曝气、氯氧化、活性炭吸附等工艺配合使用，可使处理效率提高，成本下降。

⑤ 过氧化氢氧化剂。过氧化氢也是一种较好的处理有机废水的氧化剂。过氧化氢与紫外光合并使用，可分解氧化卤代脂肪烃、有机酸等有机污染物。通过添加低剂量的过氧化

氢，控制氧化程度，使废水中的有机物发生部分氧化、偶合或聚合，形成分子量适当的中间产物，改善其可生物降解性、溶解性及混凝沉淀性，然后通过生化法或混凝沉淀法去除。与深度氧化法相比，过氧化氢部分氧化法可大大节约氧化剂用量，降低处理成本。

(2) 还原剂　废水中的某些金属离子在高价态时毒性很大，可先用还原剂将其还原到低价态，然后分离除去。常用的还原剂有以下几类。

① 某些电极电位较低的金属，如铁屑、锌粉等。

② 某些带负电的离子，如 $NaBH_4$ 中的 B^{5-}、SO_3^{2-}。

③ 某些带正电的离子，如 Fe^{2+}。

此外，利用废气中的 H_2S、SO_2 和废水中的氰化物等进行还原处理，不但经济有效，而且可以达到以废治废的目的。

目前在水污染净化中，采用还原剂还原的方法主要用于含铬废水和含汞废水的处理。

6.1.2.2　膜分离材料

目前，膜分离技术被公认为20世纪末至21世纪中期最有发展前途的高科技之一。在短短的几十年里，膜技术迅速发展，受到世界的瞩目，扩散定理、膜的渗析现象、渗透压原理、膜电势等一系列研究为膜的发展打下了坚实的理论基础，相关科学技术的突飞猛进也使得膜的实际应用成为可能。而膜分离技术的关键还在于膜材料本身，不同的膜分离过程对膜材料有不同的要求。反渗透膜材料必须是亲水性的，气体分离膜的透量与有机高分子膜材料的自由体积和内聚能的比值有直接关系；膜蒸馏要求膜材料是疏水性的；超滤过程膜的污染取决于膜材料与被分离介质的化学结构。

与其他分离方法比，膜分离的主要优点有：①在膜分离过程中，不发生相变化，能量的转化效率高；②一般不需要投加其他物质，可以节省原材料和化学药剂；③在膜分离过程中，分离和浓缩同时进行，能回收有价值的原料；④根据膜的选择性和膜孔径的大小，既可将不同粒径的物质分开，也可使物质得到纯化，且不改变其原有的属性；⑤膜分离过程不会破坏对热敏感和对热不稳定的物质，可在常温下得到分离；⑥膜分离法适应性强，操作和维护方便，易实现自动化控制。

膜根据制膜材料的不同分有机膜和无机膜。

(1) 有机膜材料　有机膜的材料有多种，分类详见表 6.2。

表 6.2　有机膜材料的分类及举例

有机膜材料的分类	举　　例
纤维素衍生物类	再生纤维素 Cellu、硝酸纤维素 CA、醋酸纤维素类 CA、乙基纤维素类 EC、其他纤维素类
聚砜类	双酚 A 型聚砜 PSF、聚芳醚砜 PES、酚酞型聚醚砜 PECC、聚芳醚酮
酰胺类	脂肪族聚酰胺、芳香族聚酰胺、聚砜酰胺、反渗透用交联芳香含氮高分子
聚酰亚胺类	脂肪族二酸聚酰亚胺、全芳香聚酰亚胺、含氟聚酰亚胺
乙烯类聚合物	聚丙烯腈 PAN、聚乙烯腈 PVA、聚氯乙烯 PVC
含硅聚合物	聚二甲基硅氧烷 PDMS、聚三甲基硅丙炔 PTMSP
含氟聚合物	聚四氟乙烯 PTFE、聚偏氟乙烯 PVDF
聚烯烃类	聚乙烯、聚丙烯、聚 4-甲基戊烯 PMP
聚酯类	涤纶 PET、聚对苯二甲醇丁二醇酯 PBT、聚碳酸酯 PC
甲壳素类	乙酰壳聚糖、胺基葡聚糖、甲壳胺

在有机膜的实际应用中，反渗透膜材料以醋酸纤维素类为主，芳香族聚酰胺类为次，其他还有聚苯并咪唑、磺化聚磺酸盐、聚乙烯腈等。超滤膜材料一般是醋酸纤维素、聚酰亚胺、聚丙烯腈、聚醋酸乙烯、两性离子交换膜和芳香族高聚物等。微滤膜材料则是聚酯、聚碳酸、纤维素及聚四氟乙烯等一系列物质。

有机膜应用广泛，工业废水的处理、饮用水的处理、生物技术、食品发酵等行业都普遍采用了有机膜。目前，有机膜在海水和苦咸水的淡化领域里的应用已达到成熟阶段。日处理量达几十万吨的膜海水淡化装置已建立，为海边缺水地区人民解决了用水问题。我国西部也建立了许多大型苦咸水淡化装置。1993 年，中科院生态环境中心为新疆塔拉干沙漠石油勘探队安装了日产淡水 40t 的两台反渗透装置，装置迄今运转正常，出水水质达到饮用水标准，不仅解决了用水问题，而且为进一步的西部经济大开发打下了坚实的基础。海水淡化装置中反渗透膜分离应用得很广泛，大约 30% 的海水淡化装置是反渗透，可脱去海水中 99% 以上的盐离子。而反渗透膜尤以有机高分子膜为主。

(2) 无机膜材料　如今制备无机膜的材料也多种多样，像金属膜，它是以金属粉末（如 Pd 或 Pd-Ag 合金）为原料涂装成管式模件再通过烧结而成。玻璃膜则是某种由 SiO_2、B_2O_3、Na_2O 组成的均匀玻璃熔融物通过分相形成两相，然后在酸中浸制而成的。碳膜这种一般为非对称结构的无机膜则是通过 Le Carboneorraine 工艺将非常精细的碳微粒形成分离层或通过 Techsep 工艺将石墨膏挤制成管式膜，然后再使精细微粒沉积在这种对称结构上而制得的。陶瓷膜以热稳定性最好著称，主要有 Al_2O_3、ZrO_2 膜。

此外，还可以从制备无机膜的方法中了解无机膜的材料。制取无机膜的方法分为以下几种：

① 溶胶-凝胶法。它是制备无机膜最重要的一种方法。一般以醇盐为原料，如 $Si(OC_2H_5)_4$、$Si(OCH_3)_4$、$Zr(OC_3H_7)_4$、$Ti(OC_3H_7)_4$、$Al(OC_3H_7)_3$、$Al(OC_4H_9)_3$ 等制备 SiO_2、TiO_2、ZrO_2、Al_2O_3、ZrO_2-SiO_2、TiO_2-SiO_2 和 ZrO_2-TiO_2-SiO_2 等系统的超滤膜、微滤膜。

② 分相法。分相法其实就是制备玻璃膜的方法。因 R_2O-B_2O_3-SiO_2 系列玻璃存在高分相现象，所以利用这一原理将 R_2O-B_2O_3-SiO_2 系玻璃分成 R_2O-B_2O_3 相和 SiO_2 相，而 R_2O-B_2O_3 相和 SiO_2 相在酸中的溶解度相差很大，这样就可以利用酸将溶解度高的 R_2O-B_2O_3 浸出，留下的 SiO_2 形成多孔玻璃膜。

③ 固态粒子烧结法。这是一种在传统多孔陶瓷膜烧结法基础上发展起来的工艺，可以制备多种材料的陶瓷膜。

④ 阳极氧化法。将金属薄片（如铝和锆）在酸性电解质中进行阳极氧化，从而制得分离膜，如 Al_2O_3 膜。

(3) 沉淀分离材料　所谓沉淀分离就是向废水中投加某些化学药剂，使之与废水中的污染物发生化学反应，形成难溶的沉淀物，然后进行固液分离，从而去除废水中的污染物。采用这种沉淀分离的方法，可以去除水中的重金属离子（如汞、镉、铅、锌、铬等）、碱土金属（如钙、镁）及某些非金属（砷、氟、硫、硼等）。对于危害性很大的含有重金属离子的废水，沉淀分离是一种常用的处理方法。

沉淀分离的基本原理就是通过投加沉淀剂以降低水中某种离子的浓度，从而达到去除水中污染物的目的。废水中的很多种无机化合物的离子，都可以采用上述原理去除。对于某一种具体的离子是否采用沉淀分离，首先取决于是否能找到适宜的沉淀分离材料，即沉淀剂。

沉淀剂的选择可参考化学手册中的溶度积表。

(4) 悬浮物质分离材料　在现代给水和排水的诸多处理技术中，混凝技术占有非常重要的地位，是一种应用最广泛、最经济、简便的水处理技术。混凝过程达到高效能的关键在于恰当地选择和投加性能优良的悬浮物质分离材料——混凝剂。现在使用的主要是铝盐、铁盐两大类。

在混凝过程中，混凝剂在水中首先发生水解、聚合等化学反应，生成的水解、聚合产物，再与水中的颗粒发生化学吸附/电中和脱稳、吸附架桥或黏附卷扫絮凝等综合作用生成粗大絮凝体，然后经沉淀除去。以上几种作用可能同时产生，或是在特定水质条件下以某种机理为主。此外，混凝效果与作用机理不仅取决于作用混凝剂的物化特性，而且与所处理水质特性，如浊度、碱度、pH 值以及水中各种无机或有机杂质等有关。

混凝剂分为无机盐类混凝剂、无机高分子混凝剂、有机高分子混凝剂。

近年来，铝、铁、硅复合型无机高分子混凝剂的研制已成为热点。它作为一种新型的水处理药剂，克服了传统无机盐类和聚合高分子混凝剂水解的不稳定性问题，降低了粒度，改善了混凝性能。

铝盐混凝剂的大量使用，将不可避免地给环境和生物体带来影响。目前，国内用铝盐混凝剂制得的饮用水中铝含量比原水一般高出 1～2 倍。近几年来，人们已经认识到了自来水中铝残留量对人体的影响。如何在提高混凝剂效能的同时，有效地减少水中残留的铝含量，则是当前研制铝盐混凝剂时值得注意的问题。

6.1.3 其他污染控制材料与技术

6.1.3.1 噪声控制材料

科学技术的高速发展，给人们带来丰富的物质和文化生活的同时，也给人类带来了噪声的污染，引起了各国政府和有关部门对噪声防治的普遍关注。在环境领域，噪声指不同频率和不同强度的声音，无规律地组合在一起，对人类的生活和工作造成了妨碍。它不同于电学中的噪声，电学中的噪声指由于电子的杂乱运动而在电路中形成的一种频率范围很宽的杂波。环境噪声的来源主要有，由机械振动、摩擦、撞击和气流扰动而产生的工业噪声；由汽车、火车、飞机、拖拉机、摩托车等行使过程中产生的交通噪声；以及由街道或建筑物内部各种生活设施、人群活动产生的生活噪声等。

通常，一个噪声系统由噪声源、传递途径、接受体三个部分组成。控制噪声的途径，也是从这三方面考虑。如只要噪声源停止发声，噪声就会停止。因此，降低噪声源的发声强度，是一个重要的方面。目前，我国许多城市市区内禁止鸣喇叭，就是一种有效的防噪措施。控制噪声的另一项措施就是阻碍噪声的传递途径，从而减小噪声的危害。其中，安装消声、吸声和隔声设备和材料是技术人员努力的方向。消声设备是附属在声源上或成为其一部分的一种装置，能使噪声散发在声源附近，或在噪声影响工作和生活以前将其吸收掉。

吸声材料的种类很多，如各种多孔性材料及其织物，或用木板、塑料板、石膏板、金属板等板材做成穿孔板与墙面组合成一定形式的吸声结构，都可以获得良好的吸声效果。吸声材料要求质轻柔软、多孔、透气性好，以便把入射的声能不断转化为热能而消耗掉。

隔声材料和装备是用一定的材料和装备将声源封闭。常用的有隔声墙、隔声地板、隔声室和隔声罩等。据测量，在道路两边安装防噪墙板，可使交通噪声降低 10dB 以上。世界上许多城市市区的高架路都安装了防噪墙板，有效地控制了交通噪声污染。这种防噪墙板是声学和材料学的有机组合，既要求有最低的声反射，又要有较强的吸声能力。一般都是由多孔无机复合材料制成。

另外，对公路路面摩擦产生的交通噪声，通过改变路面材料成分也可降低噪声。例如，水泥路面比柏油路面产生的噪声要高，破损的路面比完好的路面产生的噪声要高。国外已有在路面材料中添加粉碎的废弃玻璃钢材料来改善路面质量的应用，也有通过改善路面的粗糙度来减小交通噪声的研究。另外，将废旧轮胎粉碎，添加到路面材料中，不但降低噪声，还大大改善路面质量。

6.1.3.2 电磁波防护材料

随着信息技术的发展，电磁波对人类生存环境的污染也越来越受到环保人士的重视。这里所谈的电磁波污染，主要指由电磁波引起的对人体健康的不良影响，不包括电磁波对电子线路、电子设备的干扰。常见的电磁波污染源有计算机设备、微波炉、电视机、移动通信设备等。这些电子器件通过机壳和屏幕向空间发射电磁波，从而污染环境。

因此，电磁波防护问题已引起人们的普遍关注。为减小电磁波对人体的辐射污染，在系统电路设计时尽量减小辐射量是一个重要的方面。目前看来，大量的研究还是集中在开发有效的屏蔽措施方面。特别是屏蔽材料的加工制备、对不同的电子设备采用不同的防护层，则是许多技术人员努力的方向。关于电磁波防护材料，目前主要有两类，一类是吸波材料，一类是反射材料。其原理都是尽量将电磁波屏蔽在机内，最大限度地减少电磁波的机外辐射。常见的反射材料主要由金属成分构成，且常加工成表面合金，对电磁波不但有反射作用，还通过衍射、折射等方式改变电磁辐射特性。例如，对于移动通信手机的电磁波防护，国外已研究成功在收机外壳镀上一层金属膜，通过改变手机近场的电磁波特性来减少对人体的电磁辐射。

目前，国内外的吸波材料主要有两大类，一类是以有机材料为主的泡沫吸波材料，另一类是铁氧体吸波材料。泡沫吸波材料通常用含炭粉、阻燃剂的乳胶作为灌注物，浸润在聚氨酯泡沫或聚苯乙烯塑料等基体中，制成锥形、楔形吸波材料，这类材料一般用于大型仪器设备的电磁波屏蔽。屏蔽方式主要是设备包裹或工作间饰面，即对电磁辐射源形成一个封闭系统。

6.2 环境修复材料与技术

6.2.1 固体废物的处理与资源化

废物是人类活动的产物，只要有人类存在，就会产生废物。无论是工矿企业，还是城乡居民，为了保证正常的活动和生活，需要不断地输入原料、食品、商品等，这些物品通过生产、流通、消费等活动后，其中一部分最终将变成废物。

固体废物如果得不到妥善处理，就会对人类赖以生存的环境造成严重污染，固体废物不是完全不可以利用的，通过各种加工处理可以把固体废物化为有用的物质和能量，特别是随着高分子合成材料、塑料以及各种包装材料的大量使用，固体废物中可利用的资源越来越多，所以有人称固体废物是“放错了地方的原料”。近几年来，随着自然资源的不断减少和固体废物资源不断增加，人们开始了对固体废物处理技术的研究，不断挖掘固体废物小的"财富"。固体废物资源开发处理系列化和综合利用多元化已成为全球固体废物处理和综合同收利用的新趋势。

6.2.1.1 固体废物的污染控制途径

（1）完善和改造生产工艺　乡镇企业的发展为经济腾飞创造了条件，但是由于企业人员素质不高，技术、设备、工艺水平落后，许多使用的是城市工业淘汰下来的工艺与设备，使得产量低、质量差，资源和能源使用不合理，生产过程中物料的流失量较大，产生大量固体废物。因此应当从改造和完善企业技术入手，减少固体废物的产生量。

（2）发展物质循环工艺　往往单个产品的生产企业所产生的废物可能是下一个企业的原料。因此应发展多级物质循环工艺，这样最后剩下少量废物进入环境，产生经济、环境和社会的综合效益。

（3）进行综合利用　积极开展固体废物资源化利用途径和技术。如将城市垃圾中铁、玻璃和塑料分离出来并分别加以回收再利用，而剩余部分经过高温堆肥处理后转化为有机肥料。又如将粉煤灰开发利用作为复合肥的原料。

（4）进行无害化处理与处置　利用堆肥等生物学方法、热处理和固化处理方法对固体废物进行无害化最终处置，以达到固体废物排放标准。

6.2.1.2 固体废物的处理技术

固体废物的产生有其必然性，实施固体废物最小量化技术仍不可避免地要排放一定数量的固体废物。为了控制其在运输、储存、利用和处理过程中对环境造成的污染危害，必须对固体废物加以物理、化学或生物的处理，使其稳定化、无害化和减量化，并对其中的有用物质和能源加以回收利用。

固体废物处理与资源化技术主要包括破碎、压实、分边、固化处理、热化学处理以及生物技术处理等，下面分别加以介绍。

（1）破碎技术　固体废物破碎技术通常用作运输、储存、资源化和最终处置的预处理。使固体废物的体积减少，便于运输；为固体废物分选提供所要求的入选粒度，以便回收废物中的其他成分；使固体废物的比表面积增加，提高焚烧、热分解、熔融等作业的稳定性和热效率；防止粗大、锋利的固体废物对处理设备的损坏。经破碎后的固体废物直接进行填埋处置时，压实密度高而均匀，可以加快填埋场的早期稳定化。

破碎的方法主要有剪切破碎、挤压破碎、冲击破碎以及由这几种方式组合起来的破碎方法。这些方法各有优缺点，对处理对象的性质也有一定程度的限制。如挤压破碎结构简单，所需动力消耗少，对设备磨损少，运行费用低，适于处理混凝土块等物料，但不适于处理塑料、橡胶等柔性物料；剪切破碎适于破碎塑料、橡胶等柔性物料，但处理容量小；冲击破碎适于处理硬质物料，破碎比较大，但对机械设备磨损也较大。对于复合材料的破碎可以采用挤压-剪切或冲击-剪切等组合破碎方式。

这些破碎方式都存在噪声大、振动强、产生粉尘等缺点，对环境有不利的一面。近年来，为了减少和避免上述缺点，提出了低温破碎的方法，即对废物用液氮等制冷剂降温脆化，然后再进行破碎。但此法在处理成本上还存在较多的问题，有待于进一步解决。

（2）压实技术　压实是一种通过对废物实行减密化，降低运输成本、延长填埋场寿命的预处理技术。这种方法通过对废物施加20～25MPa的压力，将其做成边长约1m的固化块。外面用金属网捆包后，再用沥青涂层。这种处理方法不仅可以大大减少废物的体积，而且可以改善废物的运输和填埋操作过程的卫生条件，并可以有效地防止填埋场的地面沉降。但是，对于含水率较高的废物，在进行压实处理时会产生污染物浓度较高的废液。

（3）分选技术　固体废物分选是实现固体废物资源化、减量化的重要手段，通过分选可以提高回收物质的纯度和价值，有利于后续的加工和处理处置。根据物质的粒度、密度、磁性、电性、电光性、摩擦性、弹性以及表面润湿性等特性差异，固体废物分选有多种不同的分选方法，常用的有以下几种。

① 重力分选。利用废物之间重力的差别对物料进行分离的操作方法。按介质的不同，重力分选又可以分为重介质分选、淘汰分选、风力分选和摇床分选等。

② 筛分。利用废物之间粒度的差别通过筛网进行分离的操作方法。

③ 涡电分选。将非磁性而导电的金属置于不断交化的磁场中，金属内部会发生涡电流并相互之间产生斥力。由于这种排斥力随金属的固有电阻、导磁件及磁场密度的大小而不同，从而起到分选的作用。

④ 光学分选。利用物质表面对光反射特性的不同进行分选的操作方法。

⑤ 磁力分选。利用铁系金属的磁性从废物中分离回收铁金属的操作方法。

6.2.2　重金属污染的防治

重金属指密度4.0g/cm³以上约60种元素或密度在5.0g/cm³以上的45种元素。砷、硒是非金属，但它的某些性质与重金属相似，所以将其列入重金属污染物范围内。环境污染方面所指的重金属主要指生物毒性显著的汞、镉、铅、铬以及类金属砷，还包括具有毒性的重金属铜、钴、镍、锡、钒等污染物。由于人们的生产和生活活动造成重金属对大气、水体、土壤、生物圈等的环境污染，就是重金属污染。

由于重金属在环境中不易被降解，易在环境中积累，经食物链的生物放大作用，逐级在较高级的生物体内富集，引起生态系统中各级生物的不良反应，甚至危害包括人体在内的各种生命体的健康与生存。如日本曾出现汞污染引起的“水俣病”，镉污染造成的“痛痛病”；瑞典镉、铅、砷污染造成女工的自然流产率和胎儿畸形比例明显提高。

6.2.2.1　水体重金属污染的防治

在没有人为污染的情况下，水体中的重金属的含量取决于水与土壤、岩石的相互作用，其值一般很低，不会对人体健康造成危害。但随着近年来各种富含重金属的大量污染物直接排入水体，使水体中重金属元素的含量越来越多，导致水体受到的重金属污染越来越严重。为控制和治理水体重金属污染，保护生存环境，一方面要严格控制各种污水的排放，另一方面应采取有效措施治理、净化被污染的水体，并实现废水的再生回用。目前常用的废水净化处理技术主要有三类，即物理处理法、化学处理法和生物处理法。

（1）物理和化学方法　传统的处理重金属污水的物理和化学方法很多，包括离子交换法、沉淀法、电解法、螯合树脂法、高分子捕集剂法、吸附法、膜技术、氧化还原法和铁氧体法等。其优点是净化效率高、周期较短。其缺点是流程长、操作麻烦、处理费用较高等。如螯合树脂不能通过毒性检验，因此禁止在食品工业和饮用水处理中使用螯合树脂法；膜法的选择性小，污染物浓度较高的水需进一步处理。

(2) 生物处理法　由于常规水处理方法有投资大、成本高、工艺复杂等缺点，以及重金属污染物在水中浓度低等特点，中外学者已研发出一种有效、低廉且简便易行的水质净化方法——生物处理法。进行生物处理的生物材料，可以是藻类、细菌、放线菌、酵母菌、霉菌，也可以是水生植物如凤眼莲、香蒲、芦苇、水芹菜等。此外，湿地植物也是一类很重要的材料。水体有害重金属的生物修复技术有着广泛、低廉的原材料及广阔的应用前景。

总之，在应用中必须根据重金属污染的种类及程度，选择适当的一种方法或多种方法结合起来使用，如水体中含有大量及微量不同种类的重金属，可以经离子交换吸附大量重金属元素后，再利用生物吸附微量的重金属元素，进一步净化水质。

6.2.2.2　土壤重金属污染的防治

在自然情况下，土壤中重金属主要来源于母岩和残落的生物物质，一般情况下含量比较低，不会对人体及生态系统造成危害。人为作用是使土壤遭受重金属污染的重要原因，主要包括以下几个方面。

首先，采矿业和冶炼工业向环境中排放的“三废”成为土壤重金属污染的重要来源。以土壤中的Pb污染为例，Pb在土壤中主要存在形态为难溶性的Pb化合物，被植物体吸收后主要集中在根部，但Pb为蓄积性中毒，正常人血液中Pb含量为0.05～0.4mg/kg，平均为0.15mg/kg，当血液中Pb含量达0.6～0.8mg/kg时就会出现各种中毒症状，从而对人体的器官和系统产生危害，严重时导致死亡，Pb的主要来源就是采矿和冶炼工业。

其次，过量农药化肥的不当使用以及施用含有重金属的污泥、垃圾等也是一个重要的污染源。如污染施肥可导致土壤中Hg、Cr、Cu、Zn、Ni、Pb、Cd含量增加。

另一种不容忽视且日趋严重的污染源就是交通工具燃用含铅汽油所释放的铅物质对路边土壤的污染，主要以Pb、Zn、Cd、Cr、Co、Cu的污染为主。

此外就是随着污水灌溉而进入土壤中的重金属，我国有着利用污水进行灌溉的传统。我国农业部进行的全国污灌区调查表明，在约$140\times10^4hm^2$污灌区，遭受重金属污染的土地面积占污灌面积的64.8%，其中轻度污染的占46.7%，中度污染的占9.7%，严重污染的占8.4%。

土壤的重金属污染不同于其他类型污染，具有普遍性、隐蔽性、表聚性和不可逆转性等特点。重金属可直接对环境中的大气、水、土壤造成污染，致使土壤肥力下降、资源退化、作物产量品质降低，并且在土壤中不易被淋滤，不能被微生物分解，有些重金属元素还可以在土壤中转化为毒性更大的甲基化合物，在遭受污染的土壤中种植农产品或是用遭受污染的地表水灌溉农产品，能使农产品吸收大量有毒、有害物质，由此形成土壤—植物—动物—人体之间的食物链，严重损害人们的身体健康。重金属在土壤植物中的迁移吸收具有一定的模式，如图6.3所示。

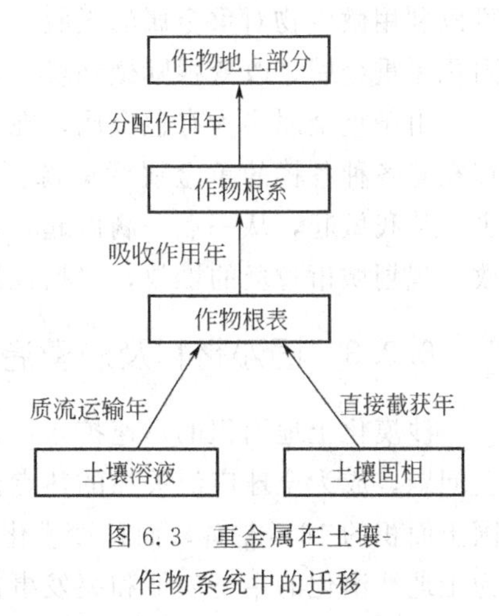

图6.3　重金属在土壤-作物系统中的迁移

重金属污染的土地的修复技术主要有两条途径，其一是改变重金属元素在土壤中的存在形态，使其由活化态转变为稳定态，其二就是从土壤中去除重金属元素，使土壤中的重金属元素的浓度接近或达到背景含量水平。目前采用的治理方法主要有以下几种。

(1) 物理修复法　重金属污染土壤修复的物理方法主要有换土法、热处理法等，适用于大多数污染物和多种条件，治理效果彻底稳定，但该方法投资大、实施复杂、能耗大，易改变土壤性质，导致土壤肥力下降。

(2) 化学修复法　化学修复法是向污染土壤投入改良剂，利用重金属与改良剂之间的化学反应从而对土壤中的重金属进行固定、分离提取等。该技术关键在于选择经济有效的改良剂，常用的改良剂有石灰、沸石、碳酸钙、磷酸盐和促进还原作用的有机物质等。该方法操作简便，费用适中，在污染轻的地区试用可以得到较好的修复效果，在严重污染区易发生再度活化，效果不佳。

(3) 生物修复法　采用物理方法或化学方法来治理土壤重金属污染，不仅成本昂贵，而且还会破坏土壤结构以及土壤微生物，也可能造成“二次污染”。而采用生物修复法能在不破坏土壤生态环境、保持土壤结构和微生物活性的情况下，通过植物的根系直接将大量的重金属元素吸收，修复被污染的土壤。因此，近年来生物修复技术得到了特别重视，并取得了显著进展。生物修复法包括植物修复及微生物修复。

植物修复是一种经济、有效且非破坏性的修复技术，主要利用自然生长或遗传培育植物对土壤中的污染物进行固定和吸收。根据其作用过程和机理，重金属污染土壤的植物修复技术可分为植物固定、植物挥发和植物吸收三种类型。

植物固定是利用植物使土壤环境中的重金属流动性降低，生物可利用性下降，使重金属对生物的毒性降低。植物固定并没有将环境中的重金属离子去除，只是暂时的固定，如果环境条件发生改变，重金属的生物可利用性可能发生改变。因此，植物固定不是一个很理想的去除环境中重金属的方法。

植物挥发是利用植物去除环境中的一些挥发性污染物，即植物将污染物吸收到体内后又将其转化为气态物质逸出土体后再回收处理。植物挥发只适用于挥发性的污染物（如 Se、As 和 Hg 等），应用范围很小，并且将污染物转移到大气中对人类和生物仍有一定的风险，因此它的应用仍受到限制。

植物吸收是目前研究最多并且应用最广泛的植物修复方式，它是利用耐受并能积累重金属的植物吸收土壤环境中的重金属离子，将它们输送并储存在植物体的地上部分。这类植物有两种，一种是具有超耐性的植物，另一种是营养型超富集植物。

微生物对被重金属污染的土壤具有独特的修复作用，虽然它不能降解和破坏重金属，但可以利用微生物对重金属的吸收、沉积、氧化和还原等作用，降低土壤中重金属的毒性、吸附积累重金属、改变根际微环境，从而提高植物对重金属的吸收、挥发或固定效率。

由于重金属多为有色金属，在人类的生产生活中得到越来越广泛的应用，这使得环境中存在着各种各样的重金属污染源。提高全民素质、增强环保意识，只有人人都意识到其危害，从我做起，从一点一滴做起，才能从根本上消除污染源，要坚决杜绝工业“三废”的排放，规划城市垃圾的堆放，严格控制含有重金属的化肥、农药的使用。

6.2.3　固沙材料及沙漠治理技术

沙漠化土地面积的迅速扩张，造成环境恶化和巨大的经济损失，甚至引发某些地区的社会问题，成为全球广泛关注的热点。在我国共有沙漠及沙漠化土地约 $150\times10^4 km^2$，占我国国土面积的16%左右，而且沙漠化土地还在高速扩张，如今已达到 $2460km^2$/年。同时，作为土地沙漠化的主要表征和突发事件沙尘暴的爆发频率越来越高，强度也越来越大。沙漠化每年给国家造成的直接经济损失高达540亿元，严重制约了社会经济的发展，成为全国性甚至国际性重大生态环境问题。要遏止日益猖獗的沙漠化势头，就必须进行固沙，目前固沙方式主要有三种：工程固沙、植物（生物）固沙、化学固沙。

① 工程固沙就是根据风沙移动的规律，采用工程技术，阻挡沙丘移动，达到阻沙固沙的目的，应用较为普遍的是建立沙障。因为防护高度有限，容易被流沙掩埋，防护年限有限，这种固沙措施只能作为一种临时性的、辅助性的固沙手段。

② 生物固沙技术是目前沙漠治理中最普遍的技术，具有经济、持久、有效、稳定的特点，但是由于恶劣的自然环境难以提供植物赖以生存的基本要素——水、土、肥，多年来，尽管国家投入大量人力、物力、财力营林造地，收效仍甚微，树木成活率仅在30%左右，有的地方甚至寸草不生。

③ 化学固沙就是利用化学材料与工艺在流沙表面形成一层具有一定结构和强度、能够防止风力吹蚀又可保持下层水分的固结层，以达到控制流沙和改善沙害环境的目的。由于化学固沙不能提供防护高度，无法防止过境流沙，故单一的化学固沙无法根治土地沙化，但化学固沙包含了沙地固结和保水增肥两方面，它和植物固沙相结合可大大提高植物的成活率。且化学固沙可机械化施工，简单快速，固沙效果立竿见影；尤为适宜于缺乏工程固沙材料和环境恶劣、降雨稀少、不易使用生物固沙技术的地区。

目前的化学固沙材料主要有两大类：一类是高吸水性树脂，另一类是高分子乳液。这些材料主要用于沙漠与荒漠化地区交通干线沿线的护路以及荒坡固定等。以高吸水性树脂为例，其用于沙漠治理的主要原理是将其制成颗粒或溶液，与土壤按一定比例混合，提高土壤的保水性、透水性和透气性，达到改进劣质土壤的目的。将高吸水性树脂配制成0.3%～0.4%凝胶液，埋入10～15cm深的沙漠中，就可在上边种植草籽、耐旱灌木，甚至蔬菜和一般农作物。在水土流失严重的沙性土壤中，添加0.2%左右的高吸水性树脂可使羊茅草增产40%。在干旱地区，新栽的幼苗由于得不到适量的水分，成活率极低，如果苗木出土后，在其根部蘸上0.1%～0.5%的高吸水性树脂溶液，可使苗木成活率达到50%以上。如果用1%高吸水性树脂溶液蘸根，并将树苗在空气中放置1个月再栽入土中，成活率可达99%以上。

在修路和筑坝时，往往要除去表土，形成岩石斜面，在受到风雨浸蚀后，容易造成水土流失。把草籽、缓释肥料等加入含高吸水性树脂的非织物布中，再将其固定在岩石上，进行斜面覆盖植被，可以起到表土绿化的作用。

目前技术已经成型的固沙剂具有固结速度快、强度高、无毒害、易于操作等优点，但通常成本较高。表6.3列出了塔克拉玛干沙漠公路沿线主要使用的几种固沙剂的固沙能力指标。

表6.3 4种固沙剂的固沙能力指标

固沙剂名称	抗压强度/MPa	抗冻融性（质量损失率）/%	抗老化性（强度损失率）/%	固结层厚度/dm
LVA	1.0～2.4	0.0	10.7	0.4～0.5
LVP	2.7～3.3	0.0	0.0	0.2～0.5
WBS	3.3～12.1	1.8	41.4	0.3～0.5
STB	1.3	0.9	39.2	0.3～0.5

6.3 环境替代材料

6.3.1 氯氟烃化合物替代材料

在地球上，离地面15～50km的大气平流层中，集中了地球上90%的臭氧气体，臭氧层是由氧分子吸收了太阳及宇宙射线中的紫外线而产生的。

O_3 的生成反应：

$$O_2 \xrightarrow{h\nu,\lambda<241\text{nm}} O + O \tag{6.8}$$

$$O + O_2 \longrightarrow O_3 \tag{6.9}$$

O_3 的消耗反应：

$$O_3 \xrightarrow{h\nu,\lambda<200\sim320\text{nm}} O + O_2 \tag{6.10}$$

$$O + O_3 \longrightarrow O_2 + O_2 \tag{6.11}$$

由于反应（6.10）的存在，臭氧层成为太阳紫外线辐射的天然屏障，正因为有了这道天然屏障，地球上的人类、动植物才能够正常地生长与世代繁衍。

1974年6月，美国国家科学院院士Mario Molina（墨西哥人）和F. Sherwood Rowland（美国人）两位科学家共同提出了氯氟烃与臭氧之间的关系，指出化学惰性的氯氟烃进入平流层后，受到强烈的紫外光照射，被分解为氯自由基，或与光解产物O反应，释放氯自由基。氯自由基引起臭氧消耗的反应以链反应方式进行：

$$CCl_3F \xrightarrow{h\nu} CFCl_2\cdot + Cl\cdot \tag{6.12}$$

$$Cl\cdot + O_3 \longrightarrow ClO\cdot + O_2 \tag{6.13}$$

$$ClO\cdot + O \longrightarrow Cl\cdot + O_2 \tag{6.14}$$

$$Cl\cdot + O_3 \longrightarrow \cdots\cdots \tag{6.15}$$

由上述反应可以看出，氯氟烃化合物属于消耗臭氧层的物质。而现代工业的飞速发展，又离不开对氯氟烃化合物的使用，如在制冷空调行业普遍使用的制冷剂氯氟烃（CFC，俗称氟里昂，包括R12，R22，R502等），地球上每年都要消耗大量此类氯氟烃化合物。氯氟烃化合物的排放造成对臭氧层的消耗与损坏，近年来，根据国际组织专家的测定，地球表面上的臭氧层越来越稀薄，南极地区甚至出现了空洞，已威胁到人类及其他动植物在地球上的生存。

在氟里昂中，CFCs、哈龙和四氯化碳对臭氧破坏力最强，HCFCs的破坏力较弱，而HFCs类物质对臭氧层则无破坏作用，因此被用作CFCs的替代物。通常讲的无氟概念，不论是说无氟里昂还是无氟元素，都是不准确的，不如说"无氯"更确切些。

氯氟烃化合物破坏臭氧层，使得臭氧层吸收太阳紫外线的功能减弱，而紫外线辐射的增强使人类的免疫系统受到破坏，人体的抵抗力降低；使生态环境遭到破坏，影响植物和农作物的生长；加剧温室效应，使世界平均气温升高，大量的氟里昂物质的环境排放，就像CO_2、SO_2等物质一样，使得本来就困扰人类生存环境的温室效应更加加剧，而且它与酸雨等自然灾害的形成有关。因此，全球关于禁止使用破坏大气层的CFC-12等有害物质的呼声越来越高。1987年各国首脑共同签署的《蒙特利尔议定书》，规定了两类八种物质为受控物质，要求缔约国逐步减少CFCs产品的消耗直至最终取缔。1990年6月通过了议定书的修正案，将受控物质扩大到七类上百种，规定发达国家在2000年完全禁止使用CFCs。1992年《哥本哈根协定》又进一步规定了发达国家将提前于1996年1月1日起完全停止生产和禁止销售CFCs产品。中国1991年6月加入了1990年修订的《蒙特尔协定书》。为切实履行国际公约，1993年中国国务院批准了《中国消耗臭氧层物质的逐步淘汰国家方案》，方案规定最迟于2010年淘汰全部CFCs，2040年以前淘汰HCFC，见表6.4。

表6.4 CFC消费行业淘汰进展

行　业	消费使用CFC	2003年消费量(ODP)/t	目前完全淘汰目标	淘汰进展
非医药用气雾剂	CFC-12	0	1998年前	已完成
外用药用气雾剂	CFC-11,CFC-12	691	2009年年末	计划中
吸入药用气雾剂	CFC-11,CFC-12,CFC-114	377	考虑作为必要用途	计划中
汽车空调(新产品)	CFC-12	0	2001年年末	已完成
聚氨酯发泡	CFC-11	11423	2009年年末	正在进行
电冰箱(新产品)	CFC-11,CFC-12	1656	2006年年末	正在进行
中央空调(新产品)	CFC-11,CFC-12	0	2001年年末	已完成
维修	CFC-11,CFC-12,CFC-13,CFC-115	5643	需持续到2010年	计划中

注：ODP表示大气臭氧层损耗潜能值。

面对CFC被禁用问题，各国都在研究开发其替代品，目前替代品主要有HCFC（含氢氯氟烃）和HFC（氢氟烃）两大类。由于氢原子的存在，HFC和HCFC将在大气中被氧化，生成含氧产物，这些产物进一步降解，大部分成为水溶性物质，它们将随降雨而消失。一般认为降解过程是在对流层进行，HCFC和HFC很难到达平流层，所以与CFC相比，对臭氧层破坏的可能性较小。目前已采用或正在研究的几种替代品见表6.5。

表6.5 替代工质及其ODP、GWP值

替代工质		ODP	GWP	被替代工质
纯工质	HCFC-22	0.05	0.07	CFC-12(R-502)
	HCFC-142b HCFC-124	0.02	0.01	CFC-12 CFC-114
	HCFC-141b HCFC-123	0.1 0.02	0.05 0.1	CFC-11
混合工质	R-12/R-142b	<0.05	<0.15	R-114
	R-22/R-152b	<0.05	<0.1	R-12
	R-22/R-152b/R-152a	0.03		R-12

注：GWP表示全球变暖潜值。

氢氟烃的问题的彻底解决需要一个相当长的过程，人类在这一环境保护问题上迈出的每一步都将付出很大的代价。为有效保护臭氧层，研究开发新的永久性CFC制冷剂替代材料也是生态环境材料领域今后的一个努力方向。

6.3.2 无磷洗涤剂的开发

洗涤剂是人们生活的日用品，其种类较多，如人们经常使用的洗衣粉、餐具清洗剂、卫生间洗涤剂、地毯洗涤剂、金属洗涤剂、油污洗涤剂等。洗衣粉是现代合成洗涤剂的主要组成部分，具有去污力强、使用方便、价格适中等优点，是一种深受人们欢迎的洗涤用品。合成洗涤剂给人类带来了洁净，但却是潜在的危害人类健康和生存环境的物质之一。在合成洗涤剂中，三聚磷酸钠（STPP）作为助洗剂，其本身对人体及生物均无害，但它所含的磷对水环境造成的污染十分严重。由于水体中磷逐渐富集，出现了蓝、绿藻的异常繁殖，使水质富营养化。水体富营养化使水体生态系统和使用功能受到极大的损害和破坏，如水的透明度下降，溶解氧缺乏，有的还会产生毒素。如昆明滇池、无锡太湖由于磷污染造成大面积蓝藻、绿藻，使水严重污染，并产生毒素，使大量鱼虾死亡，水质变坏，严重危害人类生命的健康。由于磷大量排放近海，使近海不断出现赤潮，造成海水养殖的鱼虾疾病泛滥或鱼虾因严重缺氧死亡达到绝产，给人类造成无法估算的损失。所以，严格控制含磷洗涤剂的污水排放，对于防止水的富营养化将起到重要作用。

发达国家早在20世纪70年代就已经纷纷制定了禁磷、限磷的法规政策，这些法规的实施对富营养化湖泊的治理发挥了重要的作用。我国许多地区近几年也开始制定相关的禁磷、限磷法规条例，以控制和治理富营养化湖泊。如自1999年1月1日起，江苏太湖流域已全面实施禁磷措施，云南省在《滇池保护条例》中也加入了禁用含磷洗涤剂的规定，以确保滇池的污染治理。

开发和研制新的低磷和无磷洗涤剂可从助剂入手。用于替代磷酸盐的助剂除考察它对钙镁离子的螯合效果、与活性物质是否有协同作用等方面的同时还应考虑它是否会对水质造成污染。目前市场上已经出现了比较成熟的磷酸盐替代物，主要分为无机替代助剂和有机替代助剂。

(1) 无机替代助剂　在无机助剂中最有代表性的物质是沸石，化学式 M_2(Ⅰ)，M(Ⅱ)O · Al_2O_3 · $nSiO_2$ · mH_2O。外观为白色粉末，微观上是由硅氧四面体的四元、六元、八元环等连接而成的骨架结构，大小合适的气体和水分可以从这些环构成的孔穴进入沸石晶体。具有这种结构的天然矿物在受灼烧时，由于晶体内部的水被赶出，产生类似起泡沸腾的现象。沸石的种类很多，但在洗涤剂助剂领域有应用价值的只有A型、P型、X型等少数几种。其中4A沸石在所有沸石中对钙离子的螯合能力最强，最常用。但同时因其本身不溶于水，如果粒径过大，则易堵塞洗衣机和下水管道，并使衣物和洗衣机内桶受到磨损，因此它的质量指标之一就是保证特定的尺寸分布和晶体形貌（无棱角，最好是类球型的）。此外，它与镁离子的结合很微弱，达不到软化水的效果，与活性物质没有明显的协同作用，因此要与其他助剂复配使用。

结晶性层状硅酸钠是另一种重要的助剂。层状硅酸钠层间的Na具有与Ca、Mg离子交换的能力，特别是与 Mg^{2+} 的结合能力明显好于4A沸石。与沸石相比，层状硅酸钠的突出优点是具有较好的水溶性。溶解性在很大程度上取决于测试条件：在常温下，溶解很慢；在高于60℃时，溶解反应往往发生于几分钟内，常伴随着层状结构的降解，成为类似水玻璃的硅酸盐阴离子。层状硅酸钠还具有碱性和pH值缓冲能力，它的无水特征和络合重金属的能力可以大大提高某些漂白剂（如过碳酸钠、过硼酸钠）的储存稳定性。

沸石和层状硅酸钠不能用于液体洗涤剂产品中。在液体洗涤剂这一领域，目前开发的代磷助剂则是一些有机产品。

(2) 有机替代磷助剂　与无机代磷助剂类似，有机替代磷助剂也可以根据相对分子质量的大小分为螯合型和离子交换型。螯合型有机助剂有乙二胺四乙酸和柠檬酸等。离子交换型有机助剂则是一些多羧酸聚合物、共聚物和相关的衍生物，如聚丙烯酸、马来酸与丙烯酸的共聚物。有机助剂主要由石油化学工业产品来制备，价格普遍高于无机助剂，而且 NTA 和聚合氨基羧酸类的使用可能会引起水体富氮，对富营养化的压力有增无减。但从国际上洗涤剂的发展趋势来看，固体粉末产品的比重在下降，而液体产品的比重在上升，因此研究和发展可生物降解的有机替代磷助剂还是颇有前途的（表 6.6）。

表 6.6 几种有机替代磷助剂的性能比较

有机替代磷助剂		优　点	缺点	用途
螯合型	乙二胺四乙酸二钠	对 pH 值适应面宽；良好的螯合金属离子的能力，对镁离子的螯合能力 6.4g/100g，对钙的螯合能力 10.5g/100g	价格太高，生物降解性较差	一般不用于家庭洗涤剂配方中
	柠檬酸钠	具有一定的螯合能力，但相对较低。对钙的螯合能力为 0.2g/100g。去污力优于三聚磷酸钠，易溶于水，无毒，易生物降解	价格较贵	适用于餐具洗涤剂及高档液体洗涤剂中
离子交换型	聚丙烯酸、马来酸与丙烯酸的共聚物	对炭黑的分散力优于三聚磷酸钠，相对分子质量大，水溶性好	生物降解性较差，易吸潮	用于粉状洗涤剂

总之，各种磷替代助剂各有其优缺点，不是由一种助剂单独代替磷酸盐，而是由集中助剂复配取长补短，达到优化组合的目的。

6.3.3 石棉替代材料

石棉是纤维状硅质矿物质的总称。按矿物组成和化学成分不同，可以分为蛇纹石石棉即温石棉和闪石石棉两大类，主要有五种：青石棉、铁石棉、直闪石（白色或灰绿色）、闪透石（银白色或浅绿色）、阳起石（为铁含量大于 2%的闪透石，呈灰白色或灰绿色）。通常所称石棉多指蛇纹石石棉，化学组成为 $Mg_6(Si_4O_{10})(OH)_8$，浅黄绿色或蓝绿色，常含少量 Fe、Al、Ca 等机械混入物，单斜晶系，呈层状构造，在高倍电子显微镜下，纤维呈平行排列的极细空心管。由于石棉具有耐热、保温、耐磨、电绝缘以及耐化学腐蚀等优良的性能而被各个领域广泛应用，主要有：

① 石棉纺织制品，用作隔热保温材料，密封填料。其产品基体用作水电解、食盐电解的隔膜材料。

② 石棉摩擦材料，有刹车片、离合器片、火车闸片、石油钻机刹车块等。

③ 石棉橡胶制品，有高压板、中压板、绝缘板、耐油板和耐酸板等。

④ 石棉保温制品，如石棉粉、石棉板、石棉纸、石棉砖、石棉管等作保温绝热绝缘衬垫等材料。

虽然石棉制品具有上述优良性能，且用途广泛、价格低廉，但长期吸入石棉尘可导致石棉沉着病。石棉沉着病患者的临床表现是支气管内膜炎和肺气肿，导致石棉肺。据统计，我国死于石棉沉着病的人中，患各种癌症而死亡的人数占 37.8%，其中女性接触石棉粉尘的平均工龄为 16 年，男性为 20 年时，从确诊为石棉沉着病到死亡的时间为 15～30 年，因此部分发达国家对石棉的使用进行了严格限制。当前大力提倡使用石棉替代品，我国也早在 20 世纪 80 年代初就限制使用、生产和销售石棉制品。石棉替代品的生产和应用发展很快，目前已知有 150 多种。目前研究和开发的石棉替代材料主要有以下两种。

（1）人造矿物纤维　石棉替代品的生产和应用发展很快，出现了人造矿物纤维这一替代材料，其中数量最大的矿物类纤维是用于隔热、保温、隔声的岩棉、玻璃棉和矿物棉。

岩棉是以精选玄武岩或辉绿岩为主要原料，加入一定比例的矿渣，经高温熔融制成的人造无机纤维，并再经深加工而制成岩棉板、岩棉管、岩棉毡等系列产品。由于它具有绝缘、消声、耐火、导热系数小、自重轻、价格较低，且具有优越的防火性能等特点，因而广泛应用于石油化工、电力、建筑、冶金等行业，是管道、储罐、烟道、车船等工业设备理想的保温建筑材料。由于该产品用途广泛，发展迅速，目前被作为石棉替代品之一。目前岩（矿）棉产品已发展成（半）硬板、保温棉毡、保温带、保温管套、装饰吸声板、粒状棉喷涂材料等并逐渐大量应用于工业与民用建筑、噪声控制和船用防火材料中。

玻璃棉是将石灰石、叶蜡石、石英砂、硼镁石、萤石等岩石粉碎成粉末，搅拌均匀并配以硫酸钠、芒硝等物质后，在 1000～1500℃下熔融，通过不同技术（如拉丝、吹丝、离心等）制成的人造无机纤维。由于玻璃棉作为一种新型的无机非金属材料，具有耐高温、抗腐蚀、强度高、密度小、柔软、回弹性强、保温性能好、吸声强、防潮性好等性能，深受市场欢迎。其应用范围逐步推广到航空、造船、石油化工、建筑、冶金、电气、医疗等领域。

由于石棉替代品的生物学作用与石棉相似，但其危害严重度远低于石棉。其在人体内的行为、转移、清除与石棉相似，故其致癌机理也相仿。致纤维化和致癌效应的产生，都必须以在组织中积累足够数量的纤维为前提，因此，减少接触是防治石棉替代品职业危害的根本对策。

(2) 无石棉摩擦材料　随着汽车科技的进步，汽车的速度越来越高、制动器更小以及盘式制动器的出现，对摩擦材料的性能提出了更高的要求，使用条件也更为苛刻。如今轿车前轮盘式制动温度可达 300～500℃，而石棉在400℃左右将失去结晶水，580～700℃时结晶水将完全丧失，同时也失去弹性和强度，已基本失去增强效果。石棉脱水后导致摩擦性能不稳定、损伤对偶及出现制动噪声，因此，石棉基摩擦材料显然不能适应汽车工业和现代社会发展需求而将逐步被取代。

纤维增强摩擦材料中增强纤维的作用主要是使材料具有一定的强度和韧性，耐冲击、剪切、拉伸等机械作用而不至于出现裂纹、断裂、崩缺等机械损伤。因此增强纤维应满足的性能要求如图 6.4 所示。

增强纤维应满足的性能要求：
- 具有足够的强度和模量以及较好的韧性
- 良好的摩擦性能，在一定的温度范围内具有稳定的摩擦系数及适当的摩擦损耗
- 较高的热分解温度，在一定温度范围内不发生热分解、脱水、相变等和较高的高温分解残碳率
- 纤维易于分散且与基体有较好的相溶性；适当的硬度，不产生严重的噪声；量广、价廉、无毒性，不污染环境

图 6.4　增强纤维应满足的性能要求

目前，常用的无石棉纤维主要有钢纤维、玻璃纤维、碳纤维、有机纤维。虽然拥有如此众多的代用增强纤维，但非石棉纤维还存在着许多的不足。如钢纤维强度较高，热稳定性好，但密度较大，易锈蚀和损伤对偶；玻璃纤维虽强度高，价格便宜，但在高温熔化后易导致材料性能下降，使摩擦材料性能不稳定，不耐磨；芳纶纤维虽然强度高，热稳定性好，不易损伤对偶，磨损低，摩擦系数稳定，但价格昂贵，混料工艺比较难，仍需再用其他纤维；碳纤维也同样存在价格昂贵等不足。因此，单独使用上述任何一种纤维时，都难以达到很好的效果。通常在无石棉摩擦材料配方中，加入两种以上的混杂纤维作为增强材料，如钢纤与玻纤、钢纤与碳纤、钢纤与芳纶纤维等多种纤维混用，不仅能互相弥补各自性能的不足，有时还会产生一种纤维不具有的由相互作用而产生的新性能。因此，在设计配方时，应选择两种或两种以上的纤维共同使用。

小结与展望

目前环境污染问题已经十分严重，国内外的环保工作者经过不懈的努力，研究出一些新装置、新工艺、新方法，开发环境工程材料，用于防止、治理或修复环境污染，在污染物的去除效率、能源消耗以及经济效益等方面取得了较大突破。环境工程材料范围非常广泛，这里主要介绍了大气污染、水体污染、噪声控制、电磁波防护、土地沙漠化等方面的治理材料，固体废物的处理与资源化、重金属污染的防治等技术以及替代氯氟烃化合物、含磷洗涤剂、石棉等具有潜在危害的材料。此外，还包括绿色包装、环境降解、绿色建筑等方面的材料与技术。总而言之，环境工程材料符合人与自然和谐发展的基本要求，是人与自然协调发展的理性选择，也是材料产业可持续发展的必由之路。

思考题

1. 城市三废是指什么？如何减排城市三废，以减少对城市的污染？

2. 目前在我国北方经常出现沙尘天气，严重影响人们生活和身体健康，怎样才能有效预防和治理这种污染？

3. 水资源的缺乏是目前全球的主要环境问题之一，因此大力倡导中水回用。有哪些方法和手段处理饮用水和生产生活产生的废水？

参考文献

1 冯玉杰，蔡伟民等编著. 环境工程中的功能材料. 北京：化学工业出版社，2003

2 翁端编著. 环境材料学. 北京：清华大学出版社，2001

3 孙胜龙编著. 环境材料. 北京：化学工业出版社，2002

4 师昌绪，李恒德，周廉主编. 材料科学与环境工程手册（下卷）. 北京：化学工业出版社，2004

5 李佳，翁端. 环境工程材料的研究现状及发展趋势. 科技导报，2006，24（7）

6 吴舜泽，夏青，刘鸿亮. 中国流域水污染分析. 环境科学与技术，2000，2

7 刘会娟，姜兆春，赵丽辉. 我国城镇可持续发展的水资源问题与对策. 环境污染治理技术与设备，2000，1（3）

8 唐受印等编著. 废水处理工程. 北京：化学工业出版社，1998

9 宋青云，钱蔚，杨惠森. 聚硅氯化铁的制备及其混凝效果. 青海医学院学报，2001，21（1）

10 胡翔，周定. 聚硅酸系列混凝剂的发展与展望. 化工进展，1998，6

11 史建国. 聚合硫酸铁的研制与应用. 华东电力，1996，11

12 郭建平，王继徽，张新民. 铝盐混凝剂的研究及应用进展. 娄底师专学报，2001，4

13 张晓盈. 浅谈聚丙烯酰胺在水处理中的应用. 江西化工，2000，1

14 李风亭. 我国混凝剂聚合硫酸铁的技术发展现状. 工业水处理，2002，22（1）

15 李明玉，唐启红，张顺利. 无机高分子混凝剂聚合铁研究开发进展. 工业水处理，2000，20（6）

16 贺启环，张勇，方华. 处理印染废水的复合混凝剂研究进展. 工业水处理，2002，22（4）

17 苏玉萍，王世铭，陈前火. 复合碱式氯化铝混凝剂的合成及其性能. 福建师范大学学报（自然科学版），2000，16（2）

18 高宝玉，刘总纲，岳钦艳，刘美莲. 聚硅硫酸铝混凝剂的性能研究. 环境科学学报，2001，21（6）

19 张邦胜，肖连生，张启修. 沉淀法分离钨钼的研究进展. 江西有色金属，2001，15（2）

20 吴学明，赵玉玲，王锡臣. 分离膜高分子材料及进展. 塑料，2001，30（2）

21 汪洪生，陆雍森. 国外膜技术进展及其在水处理中的应用. 膜科学与技术，1999，19（4）

22 张再利，朱宛华，江荣. 膜分离技术及膜生物反应器的发展和展望. 安徽化工，2001，2
23 郑领英. 膜分离与分离膜. 高分子通报，1999，3
24 徐南平. 无机膜的发展现状及启示. 化工学报，1998，49（5）
25 苏毅，胡亮，刘谋盛. 无机膜的特性、制造及应用. 化学世界，2001，11
26 刘阳，曾芝芳，陈虎，汪永清. 无机膜的研究进展及应用. 中国陶瓷工业，2000，7（4）
27 刘春芳. 臭氧高级氧化技术在废水处理中的研究进展. 石化技术与应用，2002，20（4）
28 张彭义. 臭氧水处理技术进展. 环境科学发展，1995，3（6）
29 赵国华，谢栋，耿政松. 高浓度臭氧用于污水处理的研究. 工业水处理，2002，22（9）
30 姜军清，黄卫红，陆晓华. 活性炭纤维及其应用研究进展. 工业水处理，2001，21（6）
31 安丽，顾国维. 活性炭纤维及其在环境保护领域中的应用. 四川环境，2000，19（1）
32 陈蕾，唐妹娟. 吸附技术及其应用. 化工设计通讯，2002，28（3）
33 张守梅，曾令可，黄其秀，黄浪观. 环保吸声材料的发展动态及展望. 陶瓷学报，2002，23（1）
34 倪文，张德信. 我国绝热吸声材料发展现状. 保温材料与建筑节能，2000，1
35 刘克，丁辉. 无纤维吸声材料研究进展. 保温材料与建筑节能，1998，27（9）
36 柴振洪等编著. 环境污染控制. 北京：中国环境科学出版社，1993
37 钱易等编著. 工业性环境污染的防治. 北京：中国科学技术出版社，1989
38 高翔云，汤志云，李建和，王力. 国内土壤环境污染现状与防治措施. 江苏环境科技，2006，19（2）：52～55
39 顾红，李建东，赵煊赫. 土壤重金属污染防治技术研究进展. 中国农学通报，2005，21（8）：397～399
40 郑喜珅，鲁安怀，高翔等. 土壤中重金属污染现状与防治方法. 土壤与环境，2002，11（1）：79～84
41 刁维萍，倪吾钟等. 水体重金属污染的生态效应与防治对策. 广州微量元素科学，2003，10（3）：1～5
42 周以富，董亚英. 几种重金属突然污染及其防治的研究进展. 环境科学动态，2003，1：15～17
43 高翔云，汤志云，李建和，王力. 国内土壤环境污染现状与防治措施. 江苏环境科技，2006，19（2）：52～55
44 顾红，李建东，赵煊赫. 土壤重金属污染防治技术研究进展. 中国农学通报，2005，21（8）：397～399
45 郑喜珅，鲁安怀，高翔等. 土壤中重金属污染现状与防治方法. 土壤与环境，2002，11（1）：79～84
46 李佳，翁端. 环境功能材料的研究现状及发展趋势. 科技导报，2006，24（7）：9～14
47 丁庆军，许祥俊等. 化学固沙材料研究进展. 武汉理工大学学报，2003，25（5）：27～29
48 胡建信，赵丽娟，张世秋等. 中国未来氟氯化碳（CFC）的生产和消费变化趋势. 污染控制，2005，7：22～24
49 刘建峰，蒋慧君. 关于氟里昂（氯氟烃）类制冷的危害及无公害制冷工质研究的新进展. 西安航空技术高等专科学校学报，1999，17（3）：7～9
50 郝红，熊国华，徐蕾. 制冷剂研究现状及发展动向. 化工进展，2001，3：5～7
51 田国庆. 制冷剂对全球环境的影响及其替代的选择. 能源与环境，2004，6：44～48
52 王光绚. 合成洗涤剂助剂的发展与应用. 当代化工，2003，32（2）：66～69
53 刘铁民，王银生. 我国石棉替代品生产、使用、危害及防护措施状况. 中国安全科学学报，2002，12（2）：1～6
54 宋华，张惠萍等. 纤维增强摩擦复合材料. 玻璃钢/复合材料，2003，1：41～43

第7章　环境生物材料

环境生物技术是解决人类面临的生存和发展问题的核心技术之一。其中，生物法和混凝絮凝法在处理水污染中占有举足轻重的地位。无论是生物滤池还是生物膜法，固定微生物填料的性能优劣是影响生物处理工艺能否正常发挥作用的关键因素；生物絮凝剂与传统絮凝剂相比，不仅用量少、去除效果好，最重要的是不产生二次污染。水处理材料中无论是生物滤料/填料，还是絮凝材料均有着悠久的发展历史，经历了一个由单一到繁多、由天然到天然与人工相结合的过程。随着国内外水处理工作者不断研制、开发各种水处理材料，越来越多的新型水处理材料为生物处理法提供保障。

7.1　环境生物材料简介

环境生物技术（environmental biotechonology，EBT），是人类在面临生存和发展的危机中所进行的一场拯救环境“革命”中的核心技术之一，在人类解决环境问题和改善生态环境方面起着重要的作用。德国国家生物技术研究中心（GBF）的 K. N. Timmis 博士认为生物技术的三个方面属于环境生物技术：①环境中应用的生物技术；②涉及环境中的某些可以看作为一个生物反应器部分的生物技术；③作用于一些必须要进入环境的物质的生物技术。

随着现代工业和城市建设的发展，我国城市的水污染问题日趋严重，水处理技术已经成为维系社会经济可持续发展的必要组成部分。基于物理、化学和生物学原理的各种污水处理新工艺不断出现，其中生物处理技术一直占有重要地位，而生物膜法是污水生物处理技术中的一类重要工艺。早在19世纪，德国就开始将生物膜法用于废水处理，但限于当时的材料技术水平未能广泛应用，到20世纪50年代，生产中采用的生物膜法处理构筑物仍是以碎石等材料作为填充物，碎石比表面积小，使构筑物的负荷较低，占地面积大，卫生状况也不好，因而生物膜法一直未被人们所重视。随着工业的迅速发展使环境污染日益加剧，水环境保护的要求进一步提高，加上20世纪60年代合成塑料工业的迅速发展，生物膜法出现了很多具有重要意义的发展。许多新型的生物膜方法和设备如塔式生物滤池、生物转盘、生物接触氧化法和生物流化床等先后问世，生物膜法在水处理工艺中的优势得到了充分体现。在生物膜法污水处理工艺中，微生物在填料上的附着成功主要取决于材料及微生物本身的性质。水处理材料可分为生物填料和生物滤料，生物滤料主要是应用于生物滤池，除生物滤池外，应用于其他生物膜法的水处理材料一般称为生物填料。

反应器所用材料是生物膜法废水处理工艺的核心部分。作为微生物的载体，其性能直接影响和制约着水处理工艺的处理效率。材料在生物膜法反应器中的作用主要有以下三方面。

① 反应器中水处理材料的主要作用是吸附固定微生物，它是微生物生长的载体，为微生物提供栖息和繁殖的稳定环境，其丰富的内表面为微生物提供了附着的表面，因而有可能

保持较多的微生物量（biomass）。一般来说，填料比表面积越大，附着的微生物量越多，可承受的有机负荷也就越高。

② 水处理材料是反应器中生物膜与水接触的场所，而且对水流有强制紊动的作用，废水在其空隙间曲折流动达到再分布的目的，从而使水流在滤池横截面上分布更为均匀。同时，水流在填料内部形成交叉流动混合，为废水和生物固体的接触创造了良好的水力条件。并且，填料对好氧反应器中的气泡有重复切割作用，使废水中的溶解氧浓度提高，从而强化了微生物、有机体和溶解氧三者之间的接触。

③ 水处理材料对水中的悬浮物有一定的截留作用，减少了滤池出水中悬浮物的浓度。填料对悬浮物的截留作用是通过对废水中悬浮物的扩散拦截、表面沉淀、表面电性作用、吸附等诸多因素来实现的。

水处理材料的发展经历了一个由单一到繁多、天然到天然与人工相结合的过程。砂、砾石、沸石、海泡石、无烟煤等是人们最早采用也应用较普遍的水处理材料。随着生产实践的需要与发展，活性炭、陶粒、塑料等也相继得到开发和应用。随着生物膜法应用范围不断扩大，国内外水处理工作者一直不断研制、开发、生产和应用各种水处理材料，为丰富水处理材料类别、促进水处理材料技术的发展做了大量工作。

1982 年日本尤尼奇卡公司推出一种与众不同的新型滤料。清华大学从 1983 年起开始对这种滤料进行研究。结果表明，这种滤料是可压缩的软性滤料，孔隙率大（占滤料层的 93%～95%），在过滤过程中，由于水流经过滤层产生阻力，引起滤料层压缩，其空隙沿水流方向逐渐变小，比较符合理想滤料上大下小的孔隙分布。试验证明，纤维球滤料能满足工业给水的水质要求，与砂滤料相比，具有滤速高（可达 20～85m/h）、截泥量大、工作周期长等优点。

前苏联于 1968 年开始将破碎的烧岩颗粒加工成滤料，其颗粒本身带有数目极大的微开孔和微闭孔，具有较高的孔隙率，0.25～2.14mm 的颗粒平均总孔隙率为 76%，约为石英砂的 1.8 倍，含污能力大，可用作净化污水，如处理炭黑厂废水和煤矿废水用。另外，它的稳定性极好，磨损率 0.48%，可磨碎度为 0.07%，在各种新滤料中名列前茅。它亦可对不加混凝剂的原水进行处理，滤后水水质可达到饮用水标准，是一种优于石英砂、煤等天然滤料的人工轻质滤料。

20 世纪 70 年代以来，前苏联用含碳量低于 10% 的次石墨矿粒在高温炉中熔化膨胀，然后制成次石墨滤料。这种滤料用来净化高色（260 度）低浊的软水时，可获得良好效果。

石油焦炭滤料也是前苏联广泛使用的一种滤料。它可从石油加工中获得，成本低于无烟煤、石英砂和陶粒，物理性能稳定，易加工破碎，反冲洗时磨损率少，孔隙率高，水头损失和促使粒子在水中相互碰撞摩擦的剪切应力小，可用于不同地区、不同厂矿的工业废水。

西欧研究生产了一种带电滤料，这种滤料是用能产生永久性电荷的颗粒制成。这些永久性电荷能破坏次微米级的混浊粒子及较大的胶体粒子的稳定性，使之在滤床中积聚。这种滤料具有滤速高（58.7m/h）、无固体穿透、滤料寿命长的特点。

自 1997 年以来，国内重庆建筑工程学院姚雨霖教授领导的科研课题组分别对陶粒滤料、烧岩滤料、石墨滤料、轻瓷滤料和莫来石-堇青石滤料进行了比较系统的研究。经性能测试和过滤实验表明，这五种人工合成轻质滤料在比表面积、孔隙率及过滤性能等主要指标上均优于石英砂。

7.2 生物填料的分类及特点

生物填料一般用于流化床和生物接触氧化法。

7.2.1 定型固定式填料

定型固定式填料于20世纪70年代开始使用，最初的材料组成形式有酚醛树脂加玻璃纤维布及固化剂，不饱和树脂加玻璃纤维布及固化剂、塑料等。

1992～1995年，日本开发出了网状蜂窝填料，该网状蜂窝填料特性为产品为蜂窝状的整体结构，比表面积为200～300m^2左右，对布气要求比较高，当有机物浓度高时容易发生膜脱落，填料也容易堵塞。

定型固定式填料（图7.1）包括用玻璃钢、硬塑料等材料制成的蜂窝状填料、波纹板状填料、网状填料、鲍尔环状填料及不规则粒状填料等。定性固定式填料的材质有酚醛树脂加玻璃纤维及固化剂，不饱和树脂加玻璃纤维及固化剂、塑料等。常用的蜂窝状填料一般由超薄型轻质玻璃钢或各种薄形塑料片构成，孔形有正六角形和偏六角形之分，孔径在20～100mm之间。蜂窝状填料的构造特点有：材料耗费较少，比表面积大；孔隙率大，如内切圆直径为10mm的蜂窝管壁厚0.1mm，孔隙率达到97.9%；质轻、纵向强度大；蜂窝管壁面光滑无死角，衰老的生物膜易于脱落。

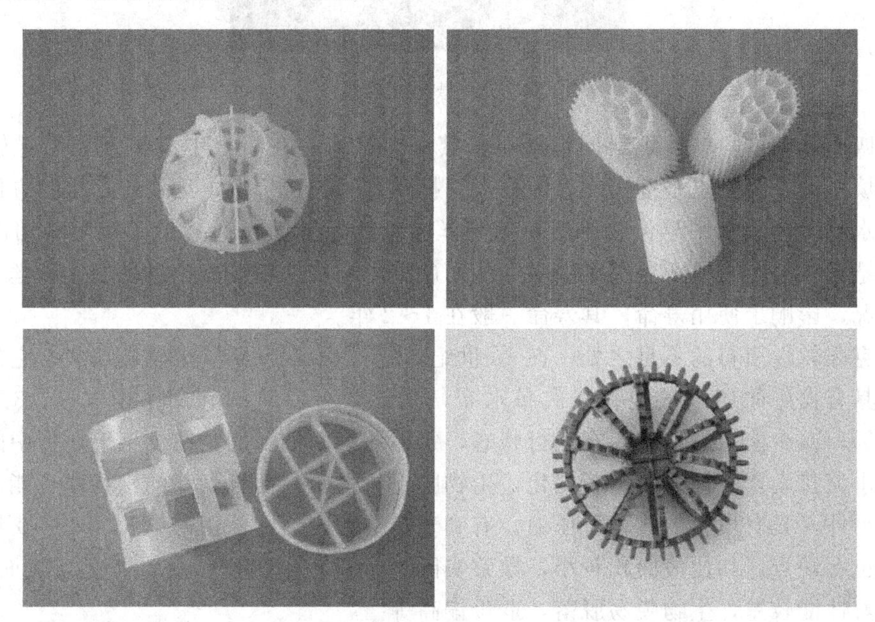

图7.1 定型固定式填料

但是，蜂窝状填料的管内水流流速难以均一，影响传质；填料横向不流通，造成布气不均匀；当管壁内生物膜量较大时，易出现堵塞现象，故不宜处理高浓度有机废水；比表面积小造成生物膜量少，表面光滑，生物膜容易剥落，只有在常温下，才能承受黏附大量活性污泥所产生的负荷而不变形，但是如果温度极低，在零度以下，它的硬度会增大，其抗冲击性能也会减弱。在室外常年暴露在直射的阳光下，紫外线会使其老化，强度降低。另外，其造价较高，成品填料的体积不可压缩，给运输和安装带来困难。

7.2.2 悬挂式填料

悬挂式填料（图 7.2）产生于 20 世纪 80 年代初，至今仍在不断发展之中，目前在水处理领域应用最为广泛。这类填料有四种产品，分别为软性填料、半软性填料、组合填料和弹性立体填料。

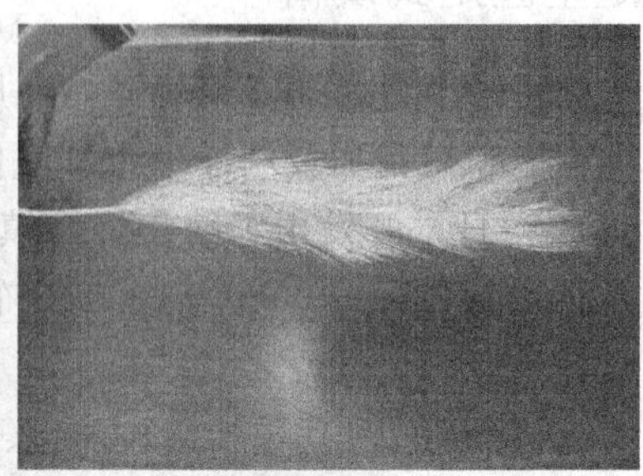

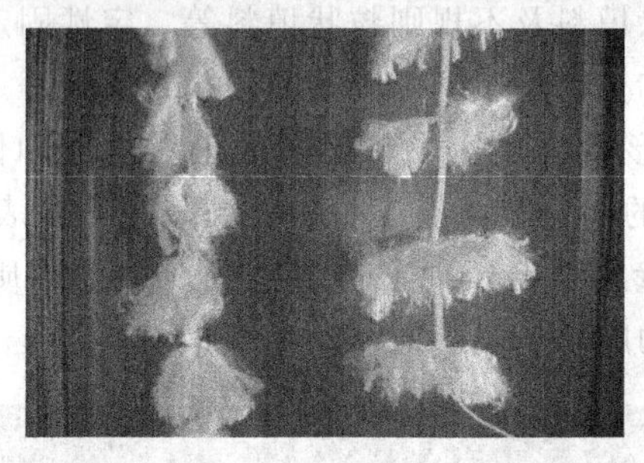

图 7.2 悬挂式填料

在这四类填料中，软性填料问世最早，其基本结构是在一根中心绳索上系扎软化纤维束。这种填料的主要特点是理论比表面积大、挂膜容易、造价低、运费省、组装方便、不堵塞。但废水浓度高或水中悬浮物大时，填料丝会结团，从而大大减少了实际利用的比表面积，并在结团中心区容易产生厌氧效应，从而严重影响其使用性能，且易发生断丝、中心绳断裂等情况，影响了使用寿命，其寿命一般在 1～2 年。

为了克服软性填料的不足之处，在 20 世纪 80 年代中期发明了半软性填料。它的结构形式合理，具有良好的切割气泡和二次布水布气功能，可使氧的利用率由 6%～8%提高到 40%～60%，减少能源的浪费。在运行状态，每根填料两端虽固定在支架上，但中间部分可随气流和水流扰动，立体空间不断变化，生物膜更新得快，而且剥落的生物膜也能及时被水流冲走。另外，具有填料的体积可压缩，有利于运输和安装，使用寿命长（5～10 年）等优点。但其也有缺点，如比表面积较小，导致实际运行过程中生物膜总量不足，表面较光滑，微生物附着性能较差，生物膜易脱落，造价偏高等。

在综合软性填料和半软性填料特点的基础上，人们又开发出组合填料，在一定程度上发挥了前两者的优点，如 20 世纪 80 年代后期推出的盾式填料。盾式填料具有比表面积大、附着性能强、生物膜生长分布均匀、表面积利用率高、生物膜不结团和生物量大等优点，且容积负荷率高、耐冲击、运行稳定和生化处理效果好，是一种经济高效和生化性能良好的新型填料。此后，国内的生产厂家还陆续推出了多种组合填料，但都只是在中心环的结构和纤维束的数量、长短上做了一些改进，而设计构思并未跳出盾式填料的范畴，使用性能也相近于盾式填料。

弹性立体填料发明于20世纪90年代初，主要有3种：YDT型弹性立体填料（YDT填料）、TA型弹性波形填料（TA填料）和PWT型立体网状填料（PWT填料）。YDT填料是通过中心绳的绞合将填料丝固定在绳内而成的辐射立体构造。填料丝具弹性、带波纹、极为毛刺，根据处理工艺的不同要求，填料丝均为一次加工成不同规格的单体，TA填料单体由若干填料片通过中心绳和套管拴接而成。每个填料片由中心环压固填料丝而成辐射状分布。根据处理工艺的不同要求，填料单体的填料片数可做调整。每个填料片成立体网状结构，由横筋、横丝构成网形，由竖丝均匀连成立体结构。根据处理工艺的不同要求，填料单体的填料片数可做调整，并且立体网状结构填料片参数亦可通过电脑控制进行调解。

弹性立体填料其丝条呈辐射立体状态，具有一定的柔性和刚性，回弹性好，使用寿命长，布水布气性能良好，氧传递系数高，挂膜脱膜容易，比表面积大，不结团堵塞，不宜老化，且生产速度快、可满足大型工程的需要，目前得到广泛的应用。如浙江某公司在1991年开发的YDT型弹性立体填料，采用了聚烯烃类耐高温、耐腐蚀、耐老化的优质塑料和酞胺品种，并加以抗热、抗氧化、亲水、稳定、抗吸附等添加剂，保证了产品的物理性能和应用机理所需的特殊作用，大大提高了使用寿命。YDT弹性立体填料展开后呈螺旋状，它的单丝在水中完全撑开，丝条空间分布均匀，因此该填料能提供最大的实际可利用比表面积，生物膜活性厚度增大，密集切割气泡提高充氧效率，节约能耗。该填料材料质地柔韧，有具有一定的刚性，能有效防止曝气池池水短路，使水气充分混合，增强传质效果，不存在结团厌氧问题，生物膜更新速度快，能提供曝气池最大的生物量，保持较好的生物膜活性，从而大大提高了污水净化效率。

7.2.3 悬浮式填料

悬浮式填料品种比较多，常用的可归为四类：空心柱状悬浮式填料，空心球状悬浮式填料，外形笼架、内装丝形或条形编织填料的组合悬浮式填料，以及海绵块状的软性悬浮式填料（图7.3）。悬浮式填料的相对密度与水的相对密度近似，应用时可直接无组织地堆放在处理装置中，使用方便且更换简单，因此减少了安装及运行操作管理工作量。

德国依维优（EVU）公司生产的聚丙烯小圆柱体悬浮填料长8mm，直径5mm，密度0.9g/cm^3，比表面积800～1200m^2/m^3，投加到活性污泥法曝气池中处理生活污水和工业废水。德国LINDE公司提出的城市污水和工业废水的LINFOR生物处理工艺，就是在活性污泥曝气池中加入10%～30%的浮动型生物载体，载体为微孔泡沫塑料小方块，回流比为50%～70%，曝气池加载体后可缩短水力停留时间。处理城市污水时BOD_5容积负荷为2kg/(m^3·d)。

北欧挪威KMT公司和瑞典PRL（PURACROSEWATERLTD）公司制造的浮动型生物膜载体是聚乙烯中空圆柱体，长5～7mm，直径10mm，内部有十字支撑，外部有翅片，密度0.95g/cm^3，孔隙率88%，可供生物膜附着的比表面积约400m^2/m^3。这种填料可在曝气池中自由浮动，运行管理方便，已在欧洲许多城市和工业污水处理工程中使用，取得了很好的效果。挪威KMT公司设计建筑中水处理系统时，采用接触氧化池的水力停留时间仅为0.6h。

韩国裕守集团环境中央研究所研发的建筑中水处理系统通常采用生物接触氧化法，氧化池中的生物载体（填料）是生物接触氧化工艺的圆柱形微生物载体（MICROBIAL-BEAD），密度0.88～0.98g/cm^3，比表面积2000～5500m^2/g，可在池水中浮动，用于处理各种污水。

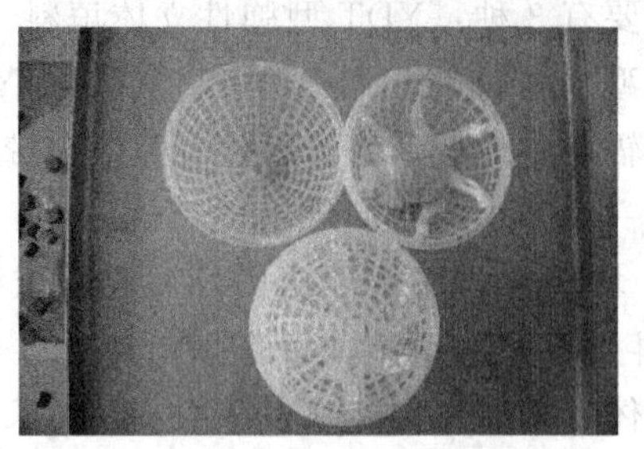
(a) 组合悬浮式填料

(b) 空心柱状悬浮式填料

(c) 软性悬浮式填料

图 7.3　悬浮式填料

日本也开发出各种小填料，直径以 mm 计，作为污水处理新技术。日本 NIPPONOIL 公司的压力式流化床生物接触氧化反应器内装聚乙烯醇凝胶小颗粒载体（PVAGELCARRIER），用来处理酚浓度为 400mg/L 的含酚污水，反应器水力停留时间为 2h。日本竹中工务店在超深层活性污泥曝气池中用聚丙烯酰胺凝胶体作为流动型微生物载体，曝气池 BOD_5 容积负荷可达 10kg/(m^3・d)。日本 HI-TACHIPLANTENGINEERING&CONSCTRUCION 有限公司生产的聚合物（如聚乙烯乙二醇树脂）凝胶小方块悬浮填料（POLYMERGELBION-CUBES）边长约为 3mm，倒入 A/O 活性污泥法的曝气池中，使微生物固定在小方块上，填料投配比 75%，曝气池水力停留时间 3h，回流比 150%～300%，用于去除污水中 BOD 和脱氮除磷，处理效果很好，BOD_5 从 210mg/L 降到 14.2mg/L，总氮从 40mg/L 降到 10.2mg/L，总磷从 6mg/L 降到 0.4mg/L。日本 ATAKA 工业株式会社生产的流动载体生物处理装置中采用蛭石烧结而成的扁平椭圆形颗粒作为流动型生物膜载体，提高曝气池中微生物浓度，高负荷去除 BOD 和脱氮。该公司认为，由于固定式填料的微生物附着表面积有限，装置面积大。而流动粒状生物膜载体可在池内浮游流动，微生物附着表面积增大，池内维持高的微生物浓度，提高容积负荷，装置面积小。

美国 KLYTECHNOLOGIES 公司的 FBC 系列多孔自由浮动型球状填料，可快速安装，附着生物膜容量大，氧的利用率高。用于 BOD 和氨氮浓度高的废水处理。

国内许多单位也开发了多种悬浮填料用于各种污水处理。在建筑中水处理系统中，北京国贸中心和奥林匹克饭店的中水处理站，采用了日本的多孔球形悬浮填料。

7.3　生物滤料概述

生物滤池集曝气、高滤速、截留悬浮物、定期反冲洗等特点于一体。其工作原理主要有过滤、吸附和生物代谢。滤池工作时，在滤池中装填一定量粒径较小的粒状滤料，滤料表而生长着生物膜，滤池内部曝气，污水流经时，利用滤料上高浓度生物膜的强氧化降解能力对污水进行快速净化。同时，因污水流经时，滤料呈压实状态，利用滤料粒径较小的特点及生物膜的生物絮凝作用，截留污水中的大量悬浮物，且保证脱落的生物膜会随水漂出。此外，滤料及附着其上生长的生物膜对溶解性有机物具有一定的吸附作用。运行一定时间后，因水头损失的增加，需对滤池进行反冲洗，以释放截留的悬浮物并更新生物膜，此为反冲洗过程。滤池正是通过这样反复的周期性运转来处理污水的。

滤料作为生物滤池的核心组成部分，滤池性能的优劣很大程度上取决于滤料的特性，滤料的研究和开发在生物滤池中至关重要。石英砂粒由于密度大，比表面积、孔隙率小，当污水流经滤层时阻力很大，生物量少，因此滤池负荷小、水头损失大。轻质陶粒和聚苯乙烯作滤料时，由于密度小，比表面积、孔隙率大，生物量大，因此滤池负荷较大，水头损失较小。为此，英国、美国和印度等国已制定了滤池所用滤料的相应标准。

早期的滤料主要是天然石英砂，它在水过滤领域中占有举足轻重的地位。石英砂有足够的机械强度，并且在中性水及 pH 值在 2.1～6.5 范围内的酸性水中都很稳定，但在碱性水中，石英砂有溶解性。后来有了破碎的无烟煤，无烟煤的化学稳定性比较高，在一般碱性、中性、酸性水中都不溶解，在以膨胀率为 50%的冲洗强度连续冲洗 400h 后，粒径变化很小，破碎损失也很小。人们还发掘了其他天然材料，如使用椰子皮和水稻皮以及卵石和砂子的混合物等作为过滤材料。

生物滤池所用滤料，根据其采用原料的不同，可分为无机滤料、有机高分子滤料；根据滤料密度的不同，可分为上浮式滤料和沉没式滤料。无机滤料一般为沉没式滤料，有机高分子滤料一般为上浮式滤料。常见的无机滤料有陶粒、焦炭、石英砂、活性炭、膨胀硅铝酸盐等，有机高分子滤料有聚苯乙烯、聚氯乙烯、聚丙烯等。

国外，RebeccaMoore 等研究了尺寸范围分别为 1.5～3.5mm 和 2.5～4.5mm 的滤料对生物滤池处理效果的影响，发现小颗粒滤料虽然有利于脱氮，但不适应高的水力负荷；而大颗粒滤料虽然改善了滤池操作条件，减少了反冲洗的次数，但不利于脱氮和 SS 的去除。这为曝气生物滤池滤料在尺寸要求上提供了一定的依据。Allant 等人研究结果表明：上浮式滤料比沉没式滤料对 SS、有机物的去除率高，更耐有机负荷和水力负荷冲击。Won-SeoChang 等以天然沸石和砂粒为滤料研究 BAF 对纺织废水的处理效果发现，天然沸石对纺织废水的处理效果优于砂粒的处理效果，这是因为天然沸石具有更强的阳离子交换能力和更大的比表面积。

作为微生物滤料应有利于微生物的固定化和生长繁殖，保持较多的生物量，有利于微生物代谢过程中所需氧气和营养物质以及代谢产生的废物的传质过程，表 7.1 是几种颗粒载体的物理化学特性。

滤料的基本功能是提供黏着水中悬浮固体所需要的面积，悬浮固体的可黏着性则主要依赖于滤料的孔隙率和比表面积。如果滤料的孔隙率大，则滤层过水能力强、含污能力高、运行周期长。但孔隙率大，杂质易于穿透。要避免杂质穿透现象，就必须强化滤料对絮凝胶体的吸附能力，提高滤料的吸附比表面积。传统的天然滤料如石英砂等很难达到高孔隙率、高比表面积的要求，只有人工滤料才能达到。因此研究孔隙率高、比表面积大、表面电性好的人工滤料及其过滤技术已引起国内外的极大关注。

目前，人工滤料总的发展方向是研究物理性能好、原材料不含有毒物质、化学稳定性好、孔隙率高、机械强度好、比表面积大、形状系数大、表面电性良好、吸附能力强的人工滤料。现已开发的人工滤料有陶粒滤料、纤维球滤料、泡沫塑料珠、氢化无烟煤、橡胶粒、浮石、珍珠岩、次石墨滤料、带电滤料等，此外，由石英石、无烟煤、大理石、白云石、花岗石、石榴石、磁铁矿、钛铁矿等天然材料加工成合乎规格的颗粒，同样也可以作为滤料。用无机材料经烧结、破碎后，也可制成滤料，如陶粒滤料和陶瓷滤料。用人工合成的粒状材料做滤料是对传统的滤料概念的一次扩大，反映了对滤料基本功能的深化了解。

表 7.1 几种颗粒载体的物理化学特性

名称	物理性质				主要化学元素组成/%					
	比表面积/(m^2/g)	总孔体积/(cm^3/g)	松散容量/(g/L)	产地	Na	Mg	Al	Si	Fe	其他
活性炭	960	0.900	345	太原	—	—	—	—	—	—
页岩陶粒	3.99	0.103	976	北京	—	1.5	21.5	63.5	6.5	7.0
砂子	0.76	0.017	1393	北京	2.83	0.24	16.8	50.7	—	29.4
沸石	0.46	0.027	830	山西	4.25	11.4	18.3	40.3	10.1	15.6
炉渣	0.91	0.049	975	太原	0.79	1.13	31.4	53.6	4.13	8.97
麦饭石	0.88	0.008	1375	蓟县	5.23	0.46	20.3	50.4	0.84	22.9
焦炭	1.27	0.063	587	北京	—	—	25.8	40.2	—	34.0

表 7.1 表明，不同颗粒的物理化学特性有一定区别，综合各种因素，包括颗粒的比表面积、总孔容积，以及微孔、过渡孔和大孔各自所占比率，细菌生长主要依赖大孔，微孔过多对细菌生长并无作用。因此，在水处理工程中，经常选择活性炭作为微生物固定化的载体。我国现阶段对滤池滤料的研究以陶粒为最多，这是因为陶粒作为滤料的一种，不仅价格低廉易得，而且显示出的优良特性，比较适合我国的国情。早期的陶粒大多采用页岩直接烧制、破碎、筛分而成，为小规则状（片状居多）。最近出现的球形轻质陶粒，采用黏土（主要成分为偏铝硅酸盐）为原材料，加入适当化工原料作为膨胀剂，高温烧制而成。

从生物滤料的发展来看，在以后的研究中，主要的方向将在以下两个方面。

① 开发以天然材料为主要成分的无机滤料，如轻质陶粒的研究开发。合成的高分子滤料与微生物之间相容性较差，所以在挂膜时生物量少，易脱落，而以天然材料为原料的无机滤料可以克服以上不足，但是需要重点解决的问题是如何增加强度、增大孔隙率和减小密度。

② 寻求改善滤料性能的工艺和方法。滤料加工过程中的工艺非常重要，为了获得优质滤料，生产工艺和方法需要不断改进。

7.4 水处理生物材料选择的基本原则

作为微生物附着生长的载体，水处理材料对生物处理构筑物运行时的处理效果和能耗都有十分重要的影响。在选择水处理材料时应遵循以下几个原则。

7.4.1 足够的机械强度

废水生物处理过程中，微生物有机底物的去除分为快速吸附和慢速吸附（相对而言）反应两个过程，其中快速吸附是前提。因而为了使废水中的污染物能在进入处理构筑物后的较短时间内完成与微生物的接触吸附，需要通过不同的方式（如进行机械搅拌、鼓风曝气或控制合理的水力负荷等）对废水进行不同强度的搅动，这种搅动所产生的水力剪切作用有时是非常强烈的（尤其是在气体生物反应器、搅拌床及三相流化床），它不仅直接作用于水处理材料与微生物的固定化结合体本身，而且当采用完全混合反应器工艺时，还可引起固定化结合体之间的强烈摩擦。因而，要求水处理材料必须具有足够高的机械强度，以抵抗强烈的水流剪切力的作用，防止填料运动、碰撞过程中破碎而损失其功能。若使用的水处理材料机械强度不够，则一旦发生破碎，不仅影响固定化微生物的数量，其直接后果将是导致处理出水水质的波动。

7.4.2 优越的物理性状

水处理材料制成的填料和滤料的物理性状包括几何形态、相对密度、孔隙率及表面粗糙度等。填料和滤料的几何形态直接决定其比表面积的大小，不同形状的填料和滤料所具有的传质效率及对微生物所起的屏蔽作用也不同。一般讲，单个生物膜填料和滤料的空间体积越大，其所具有的比表面积越小。另外，在提高填料的比表面积的同时，还必须考虑保证有效的传质及操作运行的便捷等。

填料和滤料的相对密度影响处理构筑物的建设费用及运行能耗。对用于悬浮载体生物膜系统即流化床的填料而言若相对密度过大，则需要更多的提升动力从而增加运行成本，同时也将因为过强的水力剪切而影响微生物的固定；然而，若相对密度过小，则不易维持填料在反应器中的一定流态。因此，对于流化床或其他悬浮的生物膜反应器，填料的相对密度一般控制在1.03～1.10为佳。而对用于生物滤池等的填料，相对密度过大，将增加支撑结构的建设费用，影响处理设施向空间高度的发展，如传统的碎石填料难以在塔式生物滤池中得到应用。

生物膜填料和滤料表面的孔隙率及表面粗糙度可通过以下途径直接影响生物膜形成、发展及稳定过程：增加填料和滤料与微生物接触的有效面积；可以保护固定微生物免受过强水力剪切作用；减缓由于填料和滤料间的碰撞所造成的固定微生物失落速度；在某种程度上，有利于传质效率的提高。因此，生物膜填料和滤料表面具有一定的孔隙率及粗糙度有利于生物膜反应器的成功运行。

7.4.3 优良的稳定性

由于生物膜反应器中所发生的污染物转化过程涉及物理化学、生物化学及能量传递的错综复杂的过程，同时其反应系统是一个复杂的多元体系，因此水处理材料必须具备较好的生物、化学及热力学稳定性，以免发生溶解或参与其中的各种反应，导致自身的消耗。

首先，水处理材料不能参与生物反应过程，具有抗微生物腐蚀及不可生物降解的特性；其次，水处理材料必须是化学惰性的，具有抵抗环境的化学腐蚀能力：再次，如在厌氧生物膜反应器中水温可高达40℃，而若水处理材料缺乏良好的热稳定性，则有可能因其软化或伸缩而影响微生物与填料的结合程度。

7.4.4 良好的表面带电特性及亲疏水性

水处理材料表面的带电特性是否合适主要表现在其所带电荷是否有利于微生物的固定化

过程。由于在一般的生物处理过程中，废水的 pH 值通常在 7 左右，此时微生物表面带负电荷，因而若选择表面带有正电荷的水处理材料，则不仅有利于附着或固定化过程的快速完成，也有利于提高微生物与水处理材料之间结合的强度。另外，根据物理化学中体系自由能最小原则，亲水性微生物易于在亲水性填料表面附着、固定，疏水性水处理材料有利于疏水性微生物在其表面的固定。

7.4.5 无毒性或抑制性

作为生物膜的载体，其本身必须对固定微生物无毒、无抑制，这是选择水处理材料的基本要求。

除上述主要原则外，就地取材、价格合理也是必须考虑的原则之一。

7.5 水处理生物材料

7.5.1 生物活性炭

7.5.1.1 活性炭的制造

活性炭是一种由类似石墨的碳微晶按“螺层形 O 结构”排列形成的多孔物质，外观呈黑色，具有内部孔隙结构发达、比表面积大，吸附能力强的特点。它作为吸附剂、催化剂或催化剂载体广泛应用于几乎所有的国民经济部门和人们日常生活之中。活性炭是水处理中常用的吸附剂，用来去除水中引起色度和臭味的物质以及微量有机物。

制造活性炭的主要原料几乎可以是所有富含碳的有机材料，如烟煤、泥炭、木材、兽骨和果壳等，用不同的原料制造的活性炭会具有不同的特性。通常情况下，活性炭是通过把制炭原材料在几百摄氏度下炭化之后，再进行活化而制成的。炭化在惰性氛围中进行，原材料经过热分解释放出挥发性组分而形成炭化产物，此时炭化产物的比表面积很小，每克炭只有几十平方米。如要制得具有发达的孔隙及高比表面积的活性炭，还需要进一步将炭化产物活化。在活化过程中，活性炭微晶间的强烈交联形成的发达微孔结构会被扩大形成许多大小不同的孔隙，这时巨大的表面积和复杂的孔隙结构也逐渐形成。

活性炭的生产主要采用两种活化手段，一种是化学法，一种是物理法。把炭化产物与适当的气态物质进行活化的方法叫做物理活化法（亦称气体活化法）；把通过添加影响热分解过程的活性物质等手段来活化炭化产物的方法叫做化学活化法（亦称药品活化法）。活化方法的选用一般根据原材料而定，例如：煤质炭和果壳炭通常采用水蒸气或二氧化碳气体活化，木质炭则通常采用化学活化法，活化方法的不同对活性炭的物理特性会有较大的影响。

7.5.1.2 活性炭物理特性

活性炭的物理特性主要指其孔隙结构及匹配情况。通常来讲活性炭微孔数量的大小可以反映出活性炭吸附性能的优劣，但是针对水处理这种液相吸附而言，情况就不尽然。如果活性炭的孔径匹配情况以微孔居多，那么它比较适合于气相吸附及吸附液相中相对分子质量、分子直径较小的物质，如果中孔和大孔比较发达，则该炭更适合于吸附液相中相对分子质量和分子直径较大的物质。在水处理中，被吸附物质的分子直径通常要比气相吸附中被吸附物的分子直径大得多，这时活性炭孔隙大小及匹配情况就成为影响吸附性能的最主要因素之一。所以用于水处理的活性炭，要求中孔和大孔有适当的比率，达不到这一要求，有机物质很难进入微孔，活性炭的吸附性能也会由此而降低。

影响活性炭孔径分布的主要因素是制炭原料及活化方式。例如：煤质活性炭通常采用气体活化法，产品的形状以颗粒状为主，其孔径分布以微孔居多；木质活性炭通常采用化学法活化，产品的形状以粉状为主，其孔径分布可通过调节化学活化剂的配比来进行控制，比较灵活，既可以制造出微孔容积占较大比例的产品也可制造出中孔容积占较大比例的产品；以果壳类为原料制造的活性炭通常也采用气体活化法，产品的形状以颗粒状为主，由于其特殊材质的因素，孔径分布介于上述两类活性炭之间，因此应用范围更为广泛。

除了孔径大小及匹配情况之外，比表面积及孔容积也可作为衡量活性炭吸附性能优劣的依据。大、中、小孔的孔壁总面积是活性炭的总表面积，总容积是活性炭的孔容积，它们是反映活性炭吸附性能的两个综合衡量指标。活性炭的比表面积一般在 $1000m^2/g$ 以上，孔隙总容积一般在 $0.6\sim1.18cm^3/g$，孔径一般在 10～105Å 左右。

7.5.1.3 活性炭孔径分布特性

活性炭所具有的独特孔隙结构是由石墨晶粒和无定形炭所构成的多相物系决定的。在活性炭的活化阶段，炭粒晶格间生成的空隙形成了各种形状和大小不同的孔隙，因而构成巨大的吸附表面积，具备很强的吸附能力。根据国际纯粹与应用化学联合会（IUPAC）的分类，这些孔隙可以分为三种类型：微孔（直径＜2nm）、中孔（亦称过渡孔，直径为 2～50nm）和大孔（直径＞50nm），其中微孔可进一步分为一级微孔（＜0.8nm）和二级微孔（0.8～2nm），如图 7.4 所示。

大孔的主要作用是为吸附质的扩散提供通道，吸附质通过大孔再扩散到过渡孔和微孔中去，吸附质的扩散速度往往受到大孔构造、数量的影响；中孔（过渡孔）也具有一定的吸附和通道作用，由于水中有机物分子大小不同，所以活性炭对大分子有机物的吸附主要靠中孔完成，但是这也有可能会堵塞小分子溶质进入微孔的通道；微孔占活性炭表面积的主要部分，是活性炭吸附微型污染物的主要作用点。

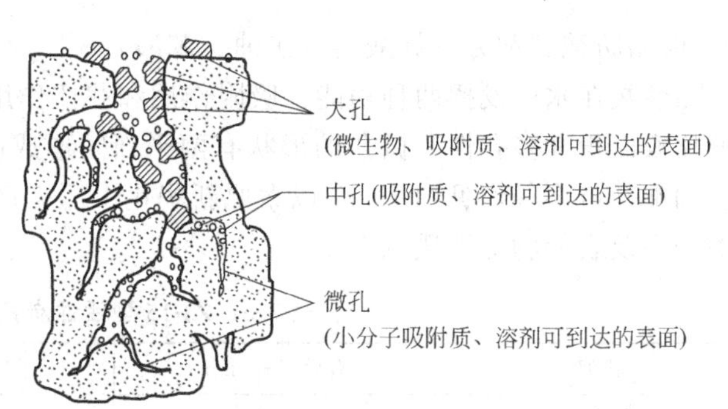

图 7.4 活性炭孔径分布示意图

在活性炭的制造过程中，活化的目的是去除挥发性有机物，导致晶格间生成的空隙形成多种形状和大小的细孔，从而构成巨大的吸附表面积，其中由微孔构成的内表面积约占总面积的 95%以上，过渡孔和大孔仅占 5%左右，这就是活性炭吸附能力强、吸附容量大的主要原因。一般来讲，良好的活性炭的比表面积在 $1000m^2/g$ 以上，细孔的总容积可达 0.6～0.8mL/g，孔径为 $1\sim10^4nm$，细孔分为大孔、过渡孔和微孔，其性能见表 7.2。

活性炭的吸附量除了与表面积有关外，主要还与细孔的构造和分布有关，细孔在吸附过程中的作用是不同的。对液相吸附来讲，大孔的作用是为吸附质提供通道，使之扩散到过渡孔和微孔中去，从而影响吸附质的扩散速度，但作用甚微；过渡孔既是吸附质进入微孔的通道，又是大分子污染物的主要吸附位置，所以水中大分子物质较多就需要过渡孔较多的活性

表 7.2 活性炭细孔的特性

孔径种类	平均孔径/nm	孔容积/(cm^3/g)	比表面积	吸附能力	生成条件(耗氧量)
大孔	10^2～10^4	0.2～0.5	1%	小	<35%
过渡孔	10～10^2	0.02～0.1	5%以下	强	35%～55%
微孔	1～10	0.15～0.9	95%以下	有	>55%

炭；微孔的表面积占比表面的95%以上，通过过渡孔吸附小分子物质，吸附量主要靠微孔来实现的。比表面积或孔隙容量仅是表示一种活性炭的潜在吸附能力，但不同孔径的表面积或孔隙率的分布以及吸附质分子大小的不同，对吸附能力的影响很大。因此，要根据吸附质的直径与活性炭的细孔分布情况，来选择适当的活性炭。

普通活性炭对溶解性有机物吸附的有效范围是分子大小在10～100nm之间。极性高的低分子化合物及腐殖质等高分子化合物难于吸附。如果有机物的分子大小相同，则芳香族化合物比脂肪族化合物易于吸附，支链化合物比直链化合物易于吸附。能被活性炭有效吸附的有机物包括：①芳香族化合物（苯、甲苯、二甲苯）；②多环芳香族化合物（萘、联苯）；③氯化芳香族化合物（氯苯、艾氏剂、DOT）；④酚类化合物（氯酚、甲酚、间苯二酚）；⑤脂肪胺类（苯胺、甲苯二胺）；⑥酮、酯、醚、醇类；⑦表面活性剂（ABS、LAS）；⑧有机染料（甲基蓝）；⑨燃油（汽油、石油、煤）；⑩脂肪酸类和芳香族酸类（焦油、苯酸）。

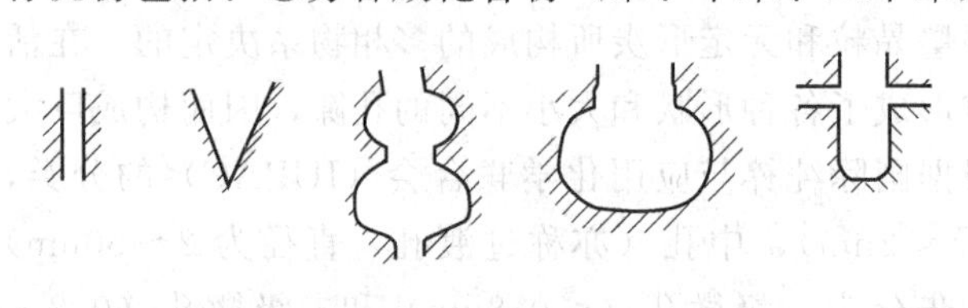

图 7.5 活性炭微孔形状示意图

活性炭在水中发挥两种功能：吸附作用和载体作用。其吸附作用完全取决于活性炭的巨大的比表面积和多孔性。微孔的形状有两平面间形成的缝隙形、“V”字形、墨水瓶状、毛细管两端开口形等，见图7.5。以太原新华化工厂生产的ZJ-15型活性炭作为载体为例，其孔隙分布及表面物理性质见表7.3。

表 7.3 ZJ-15型活性炭孔隙分布

孔隙	有效半径/nm	孔隙容积/(cm^3/g)	比表面积/%
微孔	180～200	0.4	95
过渡孔	200～5000	0.1	5
大孔	5000～10000	0.3	0.5～2.0m^2/g

7.5.1.4 固定化生物活性炭的形成

限制活性炭普遍应用的关键问题就是其使用寿命，即如何保持其的吸附能力，而解决这一问题的有效措施就是活性炭的再生。目前，活性炭的再生方法包括药剂再生法、湿式氧化再生法、化学氧化再生法、加热再生法和生物再生法。但这些方法均不是在活性炭使用的同时进行再生，而是在炭吸附饱和后再生，这样就不能适应饮用水连续处理的要求，且炭的损耗较大。因此，寻求一种能在保证活性炭正常使用的同时进行再生的方法是十分必要的。

1967年，Parkhus等人发表了一篇关于活性炭三级处理的实验报告，文章指出在炭床内生存的活性微生物和植物群，对通过炭柱的废水起到了降低有机物含量的重要作用，首次肯定了微生物在活性炭上生长的有利性。德国布莱梅水厂于1969年开始研究生物活性炭的有关参数。1970年美国的Weber等人提出了生物活性炭膨胀床的概念。1971年Robert成功地完成了脉冲式进水的生物活性炭滤床，并发现微生物在活性炭上生长良好。1978年美国学者Miller和Rice提出了“生物活性炭”（biological activated carbon，BAC），此后，BAC技术才被正式确立为改善水质的深度处理的新技术之一。

最初的BAC定义是只在水处理工艺中与臭氧化后活性炭滤池中生长微生物的活性炭。因臭氧化的作用，使活性炭滤池处于好氧状态，有大量生物生长于炭的表面，有利于对水中溶解性有机物的去除。随着研究的深入和应用的开展，BAC的定义被扩充为，在饮用水和废水处理中，表面上长有好氧微生物的颗粒活性炭。日本水道协会给BAC下的定义为，在活性炭吸附作用的基础上，利用活性炭层中微生物对有机物进行分解，是活性炭具有持久的吸附功能的方式。

而生物活性炭处理技术的优势就在于微生物的降解作用使活性炭吸附的有机物被降解，使活性炭内这部分物质所占有的吸附位重新空出来，从而长时间地保持活性炭的吸附能力，这就是活性炭的生物再生作用。

活性炭在水中可以自然挂膜，然而自然形成的BAC上的菌将活性炭的表面堵塞，活性炭内部的微孔没有利用，活性炭只起到了载体的作用，严重影响了活性炭的物理吸附作用，对水中有机物的去除只有通过菌的生物降解作用，菌的活性也低。

固定化生物活性炭（immobiliged biological activated carbon，IBAC）上人工固定的菌是不连续分布的，活性炭的表面没有堵塞，通过活性炭的物理吸附作用和工程菌的生物降解作用对有机物进行去除。而工程菌是经过针对性筛选和驯化的、活性极高的微生物。

IBAC的形成就是要使悬浮于水中的工程菌能够固定到活性炭的表面上，并能发挥高效的作用。因此，选择适当的固定化方法是十分重要的。固定化的方法很多，但基本上是通过一种胶连剂，将微生物细胞固定在载体上，由于胶连剂为高分子聚合物，对微生物有毒性，抑制微生物活性，同时，将使活性炭失去物理吸附作用。通过研究，可以采用循环物理吸附法，即充分发挥活性炭的物理吸附作用，将水中的微生物与活性炭结合在一起。

7.5.1.5 固定化生物活性炭技术在微污染水源水处理中的应用

通过近3年半的小试实验证明，采用筛选、驯化的工程菌进行人工固定化形成的IBAC，对高锰酸盐指数的去除率很高，基本上稳定在30%～60%的范围，大大延长了活性炭的使用寿命，而采用O_3-GAC工艺，GAC很难在饱和之前形成具有高活性的IBAC，其使用寿命约为10个月。另外，从GC-MS联机检测结果来看，也充分证明了O_3-IBAC工艺去除微量有机物的效能优于O_3-GAC工艺。

7.5.1.6 固定化生物活性炭技术在污水处理中的应用

在筛选、驯化脱酚工程菌的基础上，研究人员采用固定化及高效菌株生物强化技术开展了深度处理试验研究。试验结果表明，当生化段进水COD小于2500mg/L时，沉淀池出水COD在800mg/L以下，生化段去除率在75%左右，IBAC段出水COD在150mg/L以下，整个系统COD处理率达到90%以上；当沉淀池出水NH_4^+-N浓度在150mg/L以下时，IBAC出水NH_4^+-N浓度在25mg/L以下。说明煤气废水经过固定化生物强化技术的三级处理各项指标完全可以达到国家1996年颁布的《污水综合排放标准》（GB 8978—1996）。研究人员详细地分析了酚类物质与COD之间的内在联系，进一步说明提高多元酚的去除率对整个处理工艺的重要性。

以化工厂二级出水为原水，将除COD、除油、硝化工程菌组合在一起达到同时去除石化废水中残留的COD、油类、氨氮等多种污染物的效果。通过除污染效能中试研究表明：该系统同时去除COD、油类、氨氮和色度，其去除效率为73.0%、90.5%、81.2%和90%，各项指标均达到了国家循环冷却水的用水要求。

将分离筛选得到的甲醇降解菌固定在颗粒活性炭上，研究该反应系统里轻度污染含甲醇废水的最佳运行条件和运行效果，结果表明，固定化生物活性炭处理轻度污染含甲醇废水的效果明显好于丙烯酸强碱树脂、专用去除甲醇大孔树脂、D301树脂。IBAC反应系统的最佳运行条件是水力负荷0.77～0.84$m^3/(m^2 \cdot h)$，停留时间57～62min，pH值为7～8，温度20～30℃，溶解氧是去除甲醇的主要限制因子，甲醇含量为11.3～23.1mg/L时，去除率大于90%，出水COD小于12mg/L。

在适宜条件下，工程菌的存在有利于对污染物的去除，能提高炼油厂废水中油类和COD物质的去除率。通过试验表明以活性炭为载体的固定化生物活性炭（IBAC）处理含油废水是行之有效的，且能快速启动，稳定运行。固定化BAC的出水水质稳定，当停留时间为30min时，对油的去除率在80%～95%，平均约为85%。出水中油的浓度小于10mg/L，完全符合国家环保总局所规定的排放标准。

7.5.2 生物陶粒

陶粒滤料属人工轻质滤料，是一种新型净水材料，也是新滤料中使用最早的一种。它是将具有膨胀性能的页岩或黏土粉碎均化，添加活化剂和水搅拌成球形，然后入窑在1200℃左右的高温下熔烧，再将其筛分，水洗烘干而制成陶粒，页岩陶粒外壳呈暗绿色，表皮坚硬，内部为铅灰色，质轻多孔。陶粒表面较粗糙，不规则，表面主要是一些开孔大于0.5μm以上的孔洞，相互之间连通。

陶粒滤料的性能研究表明其成分不含对人体有害的重金属离子及其他有害物质，是一种无机滤料。主要化学成分为SiO_2、Al_2O_3、Fe_2O_3，次要成分有CaO、MgO等，含有少量SO_3，远小于滤料要求3%的数值。与石英砂相比，陶粒滤料具有孔隙率高（为石英砂的1.4～1.6倍）和比表面积大（为石英砂的1.5～2.0倍）等特点。而且其孔隙率随粒径减小而增大，这对形成沿水流方向孔隙由大到小的所谓理想滤层具有现实意义。

由于陶粒具有良好的物理、化学和水力性能，较好的机械强度、比表面积大、孔隙率高、吸附能力强、截污能力大，因此陶粒滤料滤池具有过滤水质好、水头损失小、产水量高、工作周期长以及反冲洗水量小等特点。陶粒在污水处理上除了广泛用于滤池方面，还应用于有发展潜力的生物膜载体上。污水处理中用于生物膜载体的生物陶粒滤料要求表面粗糙、比表面积大、孔隙率高、具有足够的强度能够承受水流的冲刷和水的剪切应力。表面粗糙是为了微生物容易附着于陶粒表面生长和繁殖；比表面积大为微生物的代谢提供了更为广阔的场所，有利于微生物的成长和代谢；孔隙率高则有助于水流空气的流通，为微生物的生长提供足够的营养和供呼吸的氧。因此，在能够长期适应水流冲刷的前提下，具有粗糙的表面、丰富的空隙结构、较高的比表面积和孔隙率是对生物陶粒的要求。当然，生物陶粒需要具有一定的耐磨程度，不含对生物体有毒的成分等以防止对微生物的代谢活动产生不利的影响。

7.5.2.1 陶粒的技术研究

陶粒的发现可追溯至1885年，但实际上是于1918年才由S.J.Hayde研制出来，他用回转窑生产陶粒的原理非常有价值，所以该技术迄今仍被广泛应用。我国是20世纪50年代初才开始研究陶粒的生产和应用的。主要用于配制轻集料混凝土、保温砂浆、轻质砂浆及耐酸耐热混凝土集料，并可用作吸声材料。

我国陶粒生产发展可分三个阶段。

(1) 1956～1962年为研制阶段　1956年在山东博山用回转窑烧制黏土陶粒首获成功。1958年先后在河南、上海、北京等地试制生产了少量黏土、页岩和粉煤灰陶粒，并在部分构筑物上试用成功。

(2) 1963～1972年为初期发展阶段　此阶段陶粒科研、生产、应用逐步扩展。人造轻骨料从单一品种发展到多类品种（页岩陶粒、黏土陶粒、粉煤灰陶粒），工艺上则从落后的土法生产推进到工业化生产，先后在北京、大庆、上海、抚顺、天津等地新建了一批生产线和试验线，总生产能力约0.13Mm^3。

(3) 1973年至今为上升发展阶段　从整体上看，此阶段陶粒工业基本上走上正规发展道路，进展速度较快。在此期间国家先后颁布了有关陶粒的5个国家标准以及其他技术、设计规程，先进工艺和设备不断研制成功并投入使用，同时还引进了国外先进的生产线，人造轻骨料已由3种发展到6种（页岩陶粒、黏土陶粒、粉煤灰陶粒、煤矸石陶粒、膨胀珍珠岩陶粒、膨胀矿渣陶粒），陶粒生产厂增至近40个，总生产能力近2Mm^3。我国人造轻骨料的科研、生产、应用三者结合较好，与国外先进水平相比，差距不很大，我国已造就了一批具有一定技术理论基础的研究、设计、生产、施工人员，为我国人造轻骨料向更深层次的发展提供了极为有利的条件。

7.5.2.2 生物陶粒特点

陶粒作为一种新型生物滤料，之所以受到越来越多的重视，与其自身特点是分不开的，其特点有质轻、松散、容重小、表面积大，陶粒具有粗糙表面，能获得较高的生物量，因而具有较强的生物氧化能力，孔隙率高，适宜于微生物的附着、固定和生长，是较理想的生物载体。

陶粒孔隙结构较为简单，陶粒表面粗糙，不规则，表面主要由一些开孔大于5μm以上的孔构成，相互之间连通率一般。而细菌的直径为5～10μm，所以，陶粒表面有利于微生物附着生长，微生物生长繁殖过程中对有机物进行降解，降低原水中的高锰酸盐指数、氨氮。同时由于工艺的不同，陶粒本身的微孔较少，所以有更多的微生物可以进入陶粒内部，进而被吸附的有机物可以有更长的时间被降解。同时由于微生物分布情况和所处的条件不同，较容易形成不同微生物群落，继而处理不同性质的污染物。总的来说，陶粒对有机物的去除容量是由吸附和生化两者叠加而成，比陶粒本身单纯吸附的容量要大得多，相应地也大大延长了陶粒的使用寿命。

陶粒不含有害于人体健康和妨碍工业生产的有害杂质，化学稳定性良好；水头损失小，有足够的机械强度；形状系数好，吸附能力强，有适宜的水力粒度值；用陶粒组装的滤池，具有滤速高、工作周期长、产水量大、产水水质好、反冲洗强度低、反冲洗水量小的优点；陶粒价格低廉，与同样重量的活性炭相比价格仅为其十分之一到七分之一；生产简便、易通过控制烧制等条件获得理想的陶粒。

7.5.2.3 生物陶粒滤料的优缺点

陶粒作为一种新型滤料，其作用在于陶粒上具有很大的开孔率和较大的孔径；在水处理工艺中，以陶粒为固定载体，拦截水中的有机杂质，生长繁殖大量的微生物，而微生物的生长代谢是以有机物杂质为养料，从而对进水中的有机物起到降解作用和对 NH_4^+-N 的硝化作用。

和活性炭相比，陶粒没有活性炭一样很大的比表面积，其微孔（孔径小于 5nm）构成的内表面积也明显小于活性炭。所以从对于有机物、浊度、色度等的吸附效果上来说陶粒的作用要明显劣于活性炭，但是从另一方面来说陶粒由于孔径比较大，故而陶粒表面有利于微生物附着生长，微生物生长繁殖过程中对有机物进行降解，降低水中的高锰酸盐指数、氨氮。同时由于工艺的不同，陶粒表面的多为大孔，所以有更多的微生物可以进入陶粒内部，被截留、吸附的有机物可以有更长的时间被微生物降解，从而获得更好的处理效果。在使用时间上来说，陶粒强度更强，不易破碎，故而有着更长的使用年限。和活性炭的易失效、需要频繁反冲洗相比，陶粒有着更长的反冲洗周期，更节省运行成本。

活性炭是一种多孔材料，有很大的比表面积，其中由微孔（孔径小于 5nm）构成的内表面积占 95%以上。因而它在水处理工艺过程中表现出很强的物理作用，从而有效地吸附水中的有机物和杂质。当吸附有机物和杂质的量达到一定程度时，其吸附功能就会减弱，直到吸附饱和。

活性炭用于深度水处理是可行的，使用周期为十个月左右，吸附达到饱和和平衡。在此期间对有机物、UV254、色度、嗅味、NH_4^+-N 去除效果好于生物陶粒，生物陶粒用于深度水处理效果不如活性炭好，对色度的去除需要较长时间。生物陶粒用于沉淀后的水处理可替代砂滤池的功能。然而活性炭运行费用高，持续时间短，不易冲洗。

陶粒多由粉煤灰、黏土、底泥、污泥、煤矸石、石灰石等尾矿石烧结而成，因此可以消耗大量的工业废物，降低处理成本，有利于保护生态环境。

7.5.2.4 生物陶粒应用现状

清华大学的王占生教授在国内率先将陶粒生物滤池应用于水源水的处理上，自此之后，近 5 年来，很多科研人员对生物陶粒反应器进行研究，并且应用在实际工程中。

由于陶粒是一种多孔轻质材料，具有比表面积大（一般大于 $10^4 cm^2/g$）、孔隙率高、表面粗糙、吸附能力强、有效进行生物降解、易挂膜、挂膜快等优点，已广泛用于污水处理滤料。采用生物陶粒反应器作为预处理，可有效去除浊度、细菌、大量溶解性有机物、氨氮、色度等污染物质，大大改善后续处理工艺对污染物的去除效果。这种工艺曾应用于北京水源六厂、山西大同册田水库、滏阳河、官厅水库、绍兴青甸湖、蚌埠段淮河等受污染的水源水的生物预处理研究。天津采用生物陶粒滤池对引滦源水进行预处理可去除水中微量有机污染物，具有改善后续常规工艺进水水质的能力。

7.5.3 新型生物填料——菌丝球

微生物载体大致可分为有机载体和无机载体。有机类载体主要有藻酸钙、琼脂等天然高分子载体和聚乙烯（PE）、聚氯乙烯（PVC）、聚苯乙烯（PS）、聚丙烯（PP）、聚氨酯

(PU) 及多种形状的塑料填料等合成高分子载体。无机类载体大部分为粒状载体，如石灰石、玻璃粒料、陶瓷颗粒、矿渣等粒子，尽管它们机械强度、生物相容性较好，但它们的相对密度较大、回收利用困难，给应用带来了诸多不便。目前主要应用的有机合成微生物载体在生物相容性、稳定性、力学性能及处理效果等多方面或某一方面暴露出很多不足，制约了微生物载体技术的发展。因此，研制更优异的微生物载体材料已成为发展膜法水处理重要的问题之一。人们对生物发酵过程中产生的菌丝球进行了技术开发，使之首次应用在了城市污水处理中，成为一种性能优良的纯生物质载体。同时，为了在更复杂的石化废水中固定化工程菌，采用将传统悬浮球形填料改造并活化的方式获得了另一种生物亲和悬浮填料。

菌丝球是发酵过程中自然形成的一种微生物颗粒，具有生物活性良好、沉降速度快、易于固液分离等优点，实物照片见图 7.6。如果将其应用在污水处理中，将是一种性能优良的纯生物质载体，与传统微生物载体相比，菌丝球具有诸多优点：首先，菌丝球本身就是菌体的组成部分，具有较好的亲疏水平衡值，载体材料表面带有正电荷，表面的官能团或元素也有利于细菌的黏附，密度接近于水，在水流作用下即可均匀溶于水中而不下沉或上浮；其次，由于菌丝球是由菌丝体缠绕形成的球体，其表面布满了网状孔隙，因此更具有多孔以及大的表面积的特点，利于传质；最后，菌丝球的生长迅速，使得其生产成本非常低，并且菌丝球生长时利用污水中的有机污染物为营养，利于污染物降解。所以，将菌丝球作为生物强化处理废水的生物质载体具有无可比拟的优点。

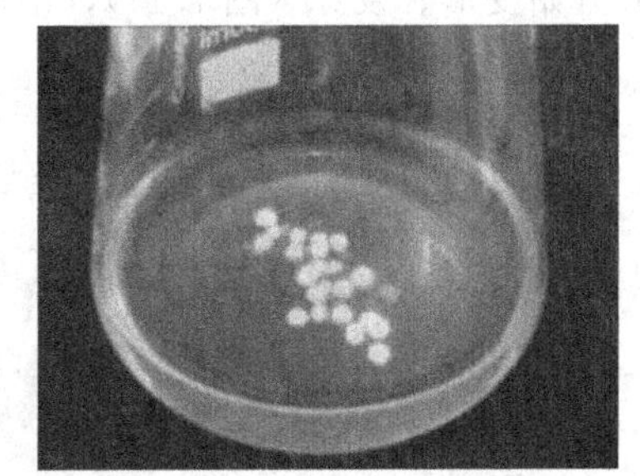

图 7.6　菌丝球实物照片

7.5.3.1　菌丝球的形成过程

对孢子成球过程进行了初步探讨，通过光学显微镜和石蜡切片照片较为详细地记录了菌丝球的形成过程，对各个时期菌丝球结构和形态的变化进行了描述，阐明了菌丝球的形成机制以及影响因素。

(1) 孢子形态　将培养 7d 的菌丝于 100 倍和 1000 倍的显微镜下观察，得到长出孢子的气生菌丝和孢子囊的形态，见图 7.7 和图 7.8。

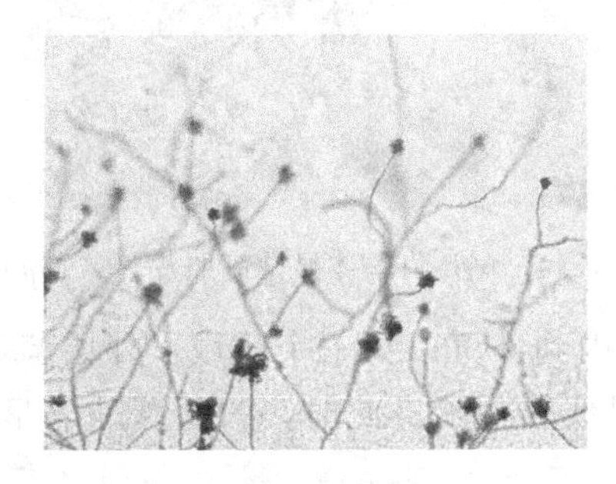

图 7.7　菌丝外观显微镜照片 (×100)

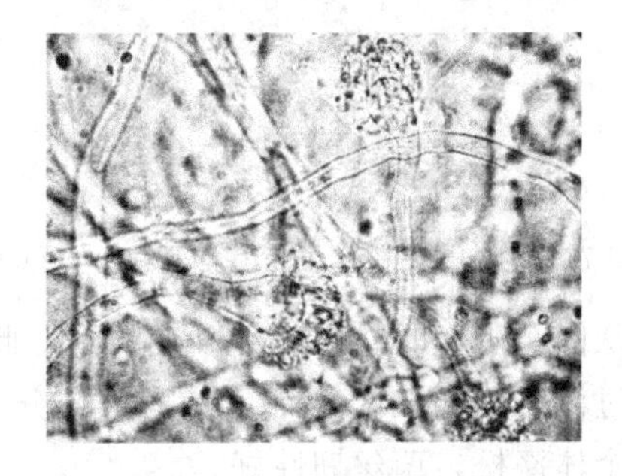

图 7.8　分生孢子头显微镜照片 (×1000)

(2) 菌丝球形成的第一阶段　图 7.9 和图 7.10 记录了单孢子聚集成晶核、发生变形、发芽长出菌丝的过程。

图 7.9 接种后培养基中散落的孢子（×400）

图 7.10 12h 孢子聚合（×400）

由图 7.9 我们可以看出，经充分振荡后孢子自由分散在液体培养基中。将接种后的液体培养基置于 160 转、37℃的摇床中培养 12h，发现孢子开始抱团生成晶核，晶核中的孢子继续生长并开始变形、发芽（图 7.11），不形成晶核的孢子同样也可以发芽形成菌丝，见图 7.12。

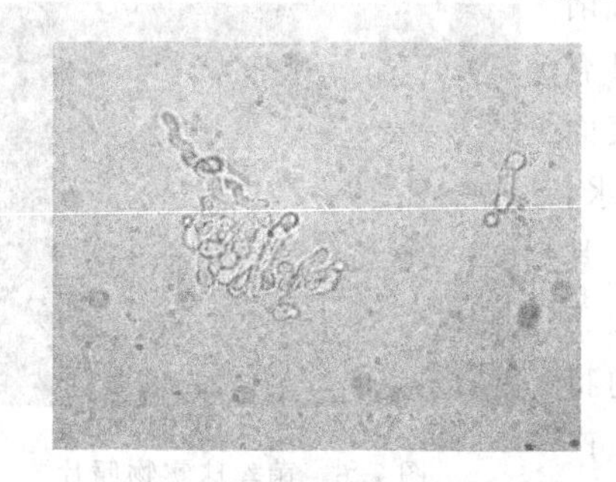

图 7.11 24h 晶核孢子发芽（×1000）

图 7.12 24h 孢子发芽（×1000）

（3）菌丝球形成的第二阶段　菌丝发生延伸生长，在外力的作用下形成菌丝球。图 7.13～图 7.16 记录了聚集成晶核的孢子发芽生长出菌丝的状态。此阶段形成的菌丝球外表呈绒毛状，个体蓬松，菌丝韧性好。

为便于观察，将培养 36h 的菌丝进行染色，结果如图 7.15 和图 7.16，我们可以清楚地看出晶核发芽生长出菌丝的状态。

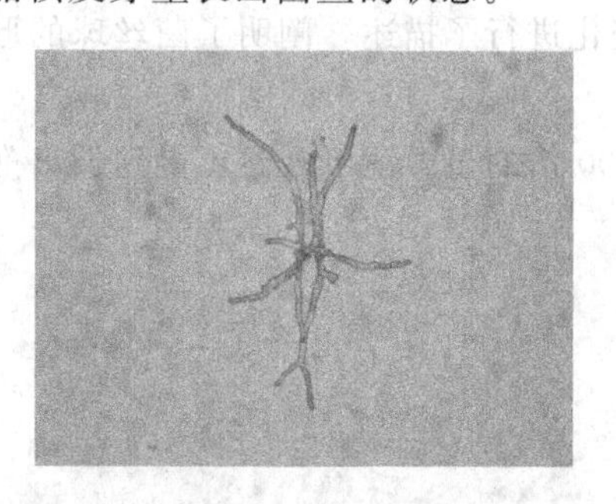

图 7.13 36h 晶核孢子发芽照片（×1000）

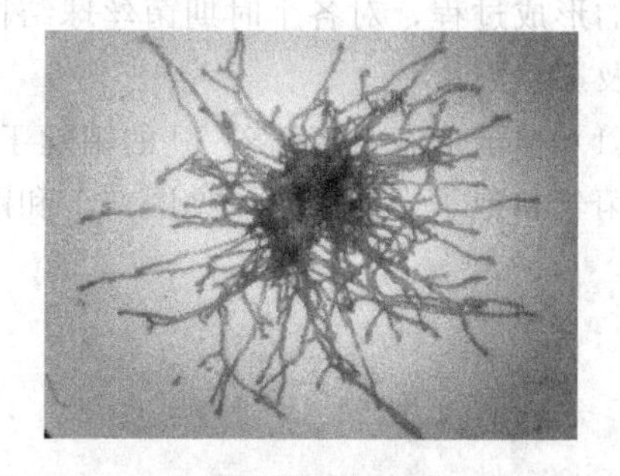

图 7.14 60h 菌丝体显微镜照片（×1000）

从图 7.15 和图 7.16 可以观察到，此刻菌丝球由内到外可以为三个区域：外层菌毛区、中间过渡区和内核区，而且三个区域分布较均匀、界线较明显。此时，菌丝球外表呈绒毛状，个体蓬松，菌丝韧性好。

（4）菌丝球形成的第三阶段　菌丝球进一步生长，随着生长条件的恶化，菌丝球开始破碎，见图 7.17。30d 后菌丝球开始发生自溶，图 7.18 显示的是菌丝球培养发生自溶并生成的碎片的形态。

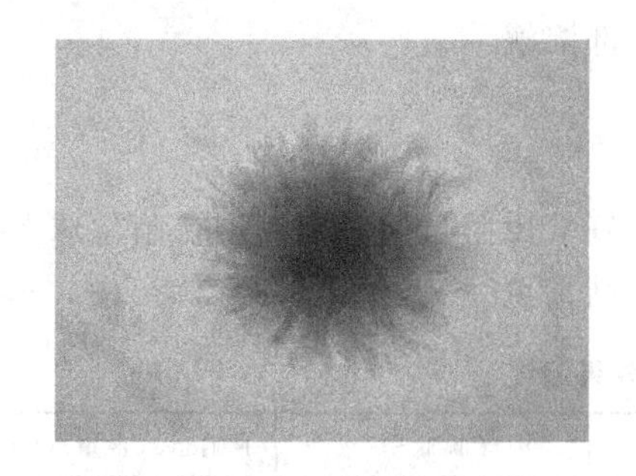
图 7.15　菌丝球显微镜照片（4×10）

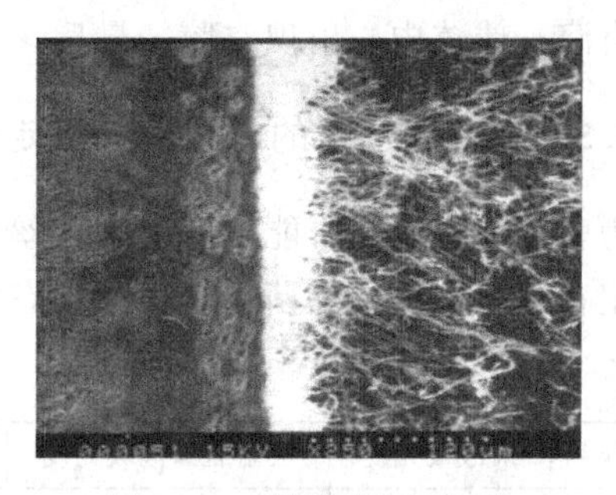
图 7.16　菌丝球电镜照片

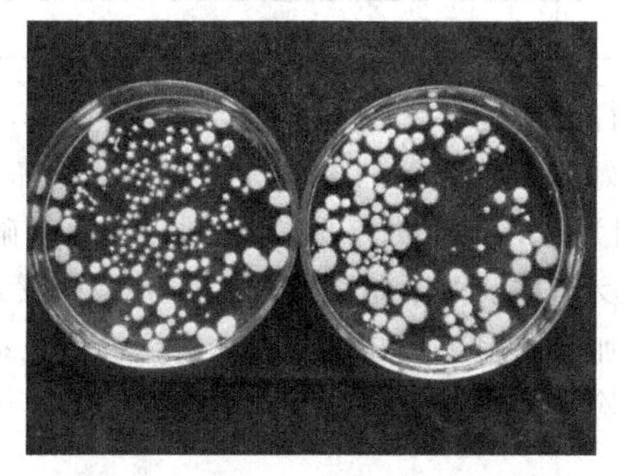
图 7.17　菌丝球培养 96h 开始破碎

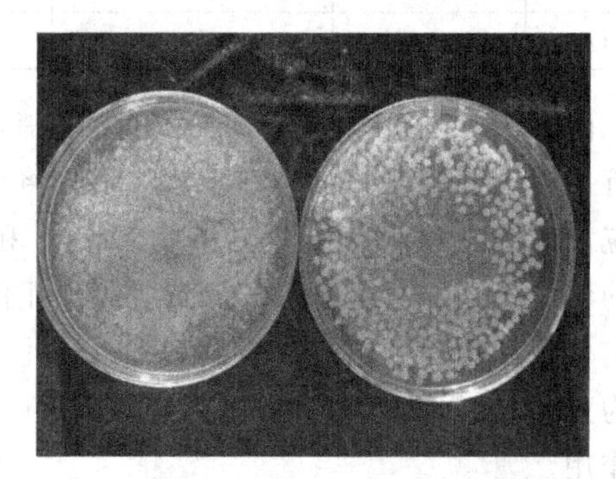
图 7.18　培养 30 天后菌球

由图 7.17 可以看出，培养 96h 的菌丝球外表光滑、球体韧性好。同时也发现了培养基中的散落菌丝片断，这是由于营养成分和溶解氧不足导致菌丝弹性降低，变得易于断裂，而摇床产生的剪切力使得菌丝从菌丝球表面脱落，形成菌丝片断。

由图 7.18 可以看出，自溶是由内向外进行的。同时可知在营养成分一次添加的情况下，菌丝球的生长周期大约是一个月。

7.5.3.2　菌丝球形成机制探讨

通过上述实验可以证明，菌丝球形成经过三个阶段：单个孢子或孢子晶核发芽长出菌丝；菌丝延伸生长，在外力的作用下形成菌丝球；菌丝球生长，培养条件恶化，菌丝球自溶。

当接种孢子的液体培养基静置培养时，孢子以单个或凝聚的形式存在。在培养过程中，首先，孢子发芽生长并产生菌丝，菌丝顶端细胞不断延伸，细胞壁和细胞质的形态、成分都逐渐变化、加厚并趋向成熟，实现了菌丝的生长，并出现分枝。随着菌丝的生长和分枝的不断增多，菌丝形成不规则絮状体，自由分散在液体培养基中。此时，由于菌丝间没有外来剪切力的作用，相互碰撞接触机会少，不易相互粘连。同样，因缺少外力的作用，菌丝不能相互紧密缠绕，只能靠分枝相连以不规则絮状体的形式自由分散在液体培养基中。

当将接种孢子的液体培养基在摇床中培养时，单个或凝聚态的孢子同样先发芽长出菌丝。在摇床剪切力的作用下，菌丝可紧密缠绕，形成菌丝球。随着培养的进行，菌丝不断生长，菌丝球直径增大。相应的，菌丝球外部菌毛区的紧密度也随之增大，营养物质和溶解氧向球体中心的传递受阻，使得处于菌丝球中心处菌丝很难得到充足的营养物质和溶解氧，同时，菌丝球内部的代谢产物难以分泌到球体外，在菌丝球核心积累。以上两个方面的原因使得菌丝因生长条件不适而逐渐老化，随着生长条件的不断恶化，菌丝球核心的菌丝开始逐渐发生自溶，球体中心出现空腔，最后，整个菌丝球全部溶解。

7.5.3.3 菌丝球的工程菌的固定化

为验证工程菌是否能够固定到菌丝球上，将两株好氧反硝化菌分别固定在菌丝球上，并对固定在菌丝球上的细菌进行去除硝态氮效果检测。结果见表 7.4。

表 7.4 工程菌固定化效果测试

菌株	菌液吸光度	吸附后菌液吸光度	菌液脱氮率/%	菌球脱氮率/%	亚硝态氮含量/(mg/L)
B7	1.660	1.362	99.87	83.04	0.51
D5	1.740	1.497	99.82	37.38	21.891

由表 7.4 可知，在菌丝球对好氧反硝化菌液进行吸附后，菌液的吸光度都有所减小，说明有一部分好氧反硝化菌可能被吸附。将可能固定好氧反硝化菌的菌丝球投加到三角瓶中，反应 24h 后测两株菌的脱氮率，发现 B7 和 D5 分别为 83.04%和 37.38%，同时测得亚硝态氮的含量上升，这就说明了起到脱氮作用的是好氧反硝化菌而不是菌丝球。因为菌株 Y3 在本实验中氮源为氯化铵，并将无机氮转化成氨基酸加以利用。而好氧反硝化菌是将硝态氮转化为亚硝态氮，再进一步转化为氮气。在三角瓶中检测到亚硝态氮可以说明是好氧反硝化菌的作用。

为进一步证实好氧反硝化菌确实固定到菌丝球上，对菌丝球拍摄扫描电镜照片和原子力显微照片，见图 7.19～图 7.22。

图 7.19 固定工程菌后的菌丝球

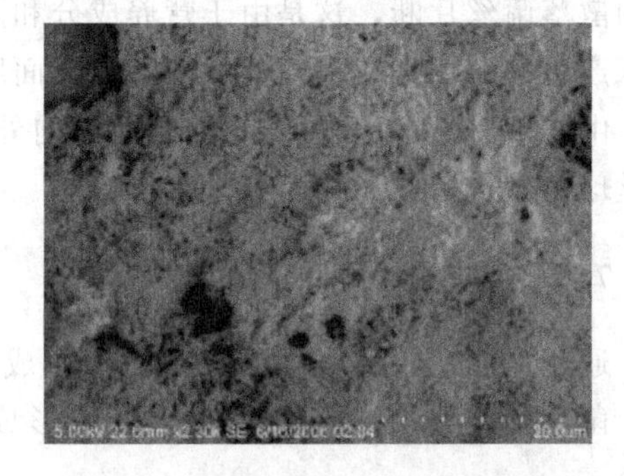

图 7.20 固定好氧反硝化菌的菌丝球

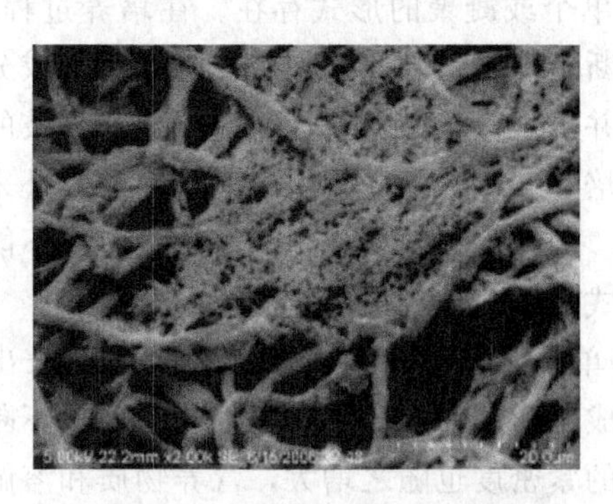

图 7.21 固定好氧反硝化菌的菌丝

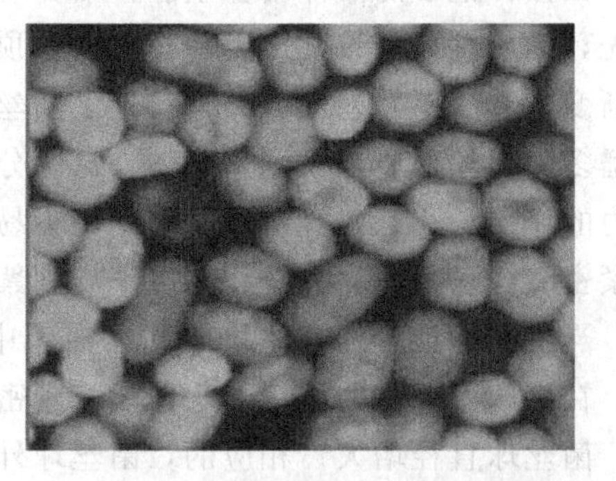

图 7.22 好氧反硝化菌的原子力照片

图 7.19 是对固定了好氧反硝化菌的菌丝球拍摄扫描电镜照片，图 7.20 是好氧反硝化菌 B7 的扫描电镜照片。对比图 7.21 和图 7.22 可以看出，两张照片中的细菌具有相同形态，

结合前面菌丝球固定好氧反硝化菌去除硝态氮效果，进一步证实了好氧反硝化菌被固定到菌丝球上。菌丝球对酵母菌和其他菌的固定化效果也非常理想，图 7.23 和图 7.24 为菌丝球固定酵母菌的扫描电镜照片。

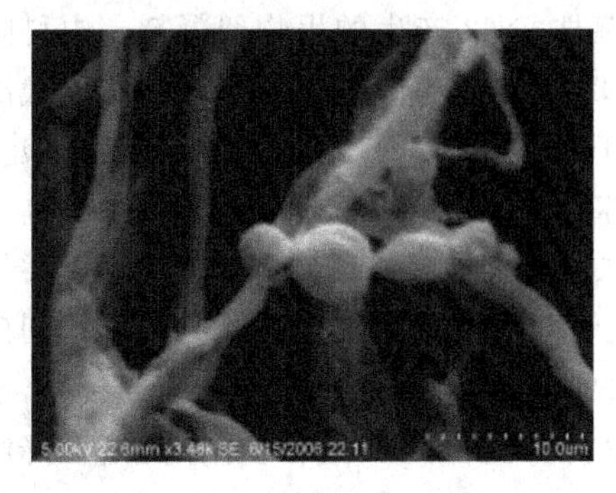

图 7.23　固定酵母的菌丝球（一）

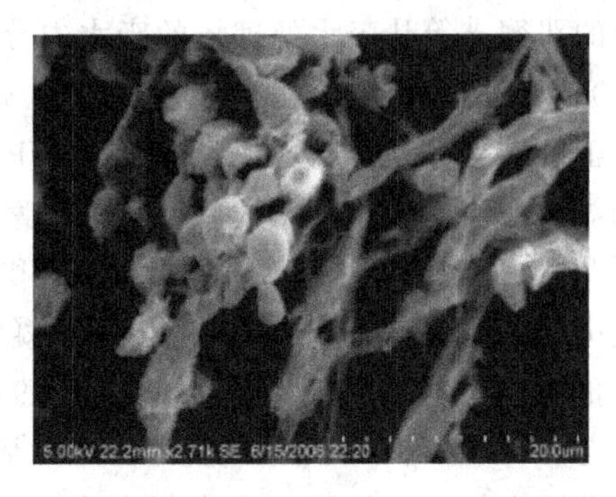

图 7.24　固定酵母的菌丝球（二）

由图 7.23 看到单个酵母菌粘连到菌丝上，图 7.24 显示的是多个酵母菌粘连固定到菌丝球上。扫描电镜照片显示，固定后的微生物在菌丝上黏附牢固、生长良好，且反硝化菌对硝酸盐的去除率也高达 83.04%，表明菌丝球本身性能优良。菌丝球大孔隙网格构造为生物降解过程提供了优异的传质条件，松散的结构高度发挥了微生物的代谢活性，数以万计的菌丝为微生物附着提供了充足的空间，大幅度提高了单位空间的微生物数量。因此，菌丝球作为生物载体显示了优异的性能和良好的开发应用前景。

7.6　生物絮凝剂

生物絮凝剂（biological flocculant 或 bioflocculant）是一类由微生物产生的代谢产物，主要成分有糖蛋白、多糖、蛋白质、纤维素和 DNA 等。它是利用微生物技术，通过细菌、真菌等微生物发酵、提取、精制而得到的具有生物分解性和安全性的新型、高效、无毒、无二次污染的水处理剂。目前属国内外新型水处理剂研究和开发的热点。

7.6.1　生物絮凝剂的起源及发展趋势

7.6.1.1　生物絮凝剂的起源及发展

文献报道中，最早发现的具有分泌絮凝剂能力的微生物，即絮凝剂产生菌，是 Butterfield 于 1935 年从活性污泥中筛选得到的。20 世纪 70 年代，日本学者在研究酞酸酯生物降解过程中发现了具有絮凝作用的微生物培养液，从此人们开始了对生物絮凝剂的研究。在以后的研究过程中，不少研究者分离出能使酵母菌和大肠杆菌絮凝沉淀的微生物。这些研究的对象局限于从活性污泥中分离出来的微生物，主要用于使培养液中的微生物富集沉淀，从而获得大量的菌体。当时提出的污水处理新方法——AB 法，即运用了微生物的吸附和絮凝的原理。AB 法整个系统分成负荷截然不同的 A 级（adsorption stage）和 B 级（bio-aeration stage），其中，A 级对 BOD_5 和 COD 的去除，不是以细菌的快速增殖降解为主，而是以细菌及其分泌物质的吸附和絮凝作用为主。

1986 年，Ryuichiro Kurane 等人，采用从自然界分离出的红球菌属微生物 *rhodococcus erythropolis* 的 S-1 菌株，用特定培养基及培养条件，制成絮凝剂 NOC-1，并且把它用于畜产废水处理、膨胀污泥处理、砖场生产废水处理及废水的脱色处理，都取得了很好的处理效果，被认为是目前发现的最好的生物絮凝剂。

我国对生物絮凝剂的研究起步较晚，开发研制的生物絮凝剂数量和种类均相对较少。台湾省的邓德丰等从废水处理场的废水中分离到细菌菌株 C-62 产生的生物絮凝剂；中科院成都研究所张本兰等从污泥中分离得到 *P. alcaligenes* 8724 菌株产生的絮凝剂；中科院武汉病毒所王镇、王孔星等制备得到 MF3、MF6、MF8、HF24 絮凝剂；武汉市建设学院康建雄、陶涛等以葡萄糖为原料发酵产生普鲁兰絮凝剂；江苏微生物研究所陆茂林等得到 3 株高效絮凝剂产生菌，并且对邻苯二甲酸二丁酯和苯二甲酸二异辛酯有良好的降解能力；庄源益等从土壤中筛选到代号为 NAT 型的生物絮凝剂；东北大学邓述波等从土壤中分离筛选得到硅酸盐芽孢杆菌新变种，产生絮凝剂 MBFA9，用于给水处理中，以河水作为絮凝对象，出水浊度降至 0.8NTU；哈尔滨工业大学马放等人筛选出 2 株芽孢杆菌，利用纤维素分解菌降解后的发酵液进行二次发酵，生产复合型微生物絮凝剂 HITM02，对强酸性白土废水、泥浆废水、松花江水源水均取得良好的絮凝效果。另外，大连理工大学的徐斌，上海大学的黄民生，南京理工大学的柴晓利，暨南大学的尹华等，内蒙古大学的卢文玉、张通等，也都筛选分离出絮凝剂产生菌，进行了生物絮凝剂生产和应用的有关研究。

7.6.1.2 生物絮凝剂研究发展趋势

目前在水处理领域，都倾向于生物处理。若把水处理中的工程菌，与可产生絮凝作用的微生物配合使用，既可缩短处理流程，也可减少絮凝剂的投加量。同时，实现资源化，如生产单一抗菌素的废水投加生物絮凝剂后产生的沉淀物，可经过简单的处理作为饲料添加剂等，并能减轻后续处理的负荷。可以预计，通过对生物絮凝剂的更加全面、深入的研究，生物絮凝剂将更好、更广泛地应用于生产实践。鉴于目前的研究现状，生物絮凝剂今后的研究方向应该包括以下几个方面：①在筛选高效新型絮凝剂产生菌的同时，利用基因工程手段构建工程菌；②优化发酵条件，提高絮凝剂产量；③在生产全过程降低絮凝剂生产成本；④深入研究微生物絮凝剂的絮凝机理；⑤开发复合型微生物絮凝剂；⑥探讨其他絮凝剂复配和联用技术。

7.6.2 生物絮凝剂的特点和分类

7.6.2.1 常用絮凝剂的缺点

随着生活品质的提高和环保意识的增强，常用絮凝剂在使用过程中的不安全性和给环境造成的二次污染越来越引起人们的重视，主要存在以下问题。

① 给被处理液带入大量无机离子，需增加脱盐、去离子工序，过量的无机离子不仅影响产品的风味、口感，也不利于人的健康。

② 铁盐类絮凝剂具有很强的腐蚀性，限制了某些设备的使用；易残留铁离子，使被处理水带有颜色，影响水质。当处理含有较多硫化物的工业废水时，Fe^{3+} 会被还原为 Fe^{2+}，同时生成 FeS 和 Fe_2S_3 的混合物，此混合物呈胶体状态，带负电荷，很难形成絮凝沉淀。

③ 铝盐类絮凝剂由于沉淀物中含有大量该金属的氢氧化物而导致污泥机械脱水困难。有关资料显示，水中铝含量高于 0.2～0.5mg/L 即可使鲑鱼致死；在碱性条件下（pH 值 8.0～9.0），水中铝酸根离子浓度高于 0.5mg/L（以铝计）也可使鲑鱼致死。另外，铝对人

类的危害也引起了注意：老年痴呆症与现在广泛使用的无机絮凝剂——聚合氯化铝有关。

④ 有机合成高分子絮凝剂丙烯酰胺多聚体虽然本身没有任何毒性，但是在使用中发现，聚丙烯酰胺的生物降解性差，会对环境造成二次污染，而且聚合单体丙烯酰胺具有强烈的神经毒性，是强致癌物。现在美国、日本等发达国家在许多领域已禁止或限量使用。

7.6.2.2 生物絮凝剂的优点

生物絮凝剂作为一种安全无毒、絮凝活性高、无二次污染的新型絮凝剂，对人类的健康和环境保护都有很重要的现实意义。生物絮凝剂具有以下优势。

① 无毒无害，安全性高。生物絮凝剂为微生物菌体或菌体外分泌的生物高分子物质，属于天然有机高分子絮凝剂，它安全无毒，这已被许多实验证明。例如，生物絮凝剂 BFA9 的急性毒性试验结果表明：小白鼠一次性吞食 1.0g/kg 的该絮凝剂后，体态、饮食、运动等均无异常反应；给小鼠、豚鼠注射 *R. erythropolis* 的细胞及培养液，均不致病。因此，生物絮凝剂不仅可以应用于水处理领域，而且完全适用于食品、医药等行业的发酵后处理。

② 无二次污染，属于环境友好材料。目前使用的絮凝剂如铝盐、铁盐及其聚合物、聚丙烯酰胺衍生物等，经过絮凝之后形成的废渣，不能或难以被生物降解，严重污染水体、土壤，造成二次污染，并且在水中积累达到一定浓度后，会对人体健康造成危害。生物絮凝剂既然是微生物的分泌物，主要成分是多聚糖、多肽和蛋白质等，具有可生化性，易被微生物降解，不会影响水处理效果，且絮凝后的残渣可被生物降解，对环境无害，不会造成二次污染。

③ 使用范围广，净化效果好。生物絮凝剂可以广泛地应用于给水处理、废水处理、食品发酵和生物制药等方面，能够提高对油和无机超微粒子的净化效果，具有良好除浊和脱色等性能。同时还具有受 pH 条件影响小、热稳定性强、用量少等特点。

④ 生物絮凝剂的生产和使用成本较低。主要从两方面考虑：生物絮凝剂为微生物菌体或有机高分子，较化学絮凝剂便宜。生物絮凝剂是靠生物发酵产生的，化学絮凝剂是人工合成的，从生产所用原材料、生产工艺能源消耗等方面考虑，生物絮凝剂应是经济的，这一点为国内外普遍认同。生物絮凝剂处理技术总费用较化学絮凝剂处理技术总费用低。一般工业废水采用生物处理的费用低于化学处理的费用，前者约为后者的 2/3。以印染工业的漂洗水为例，达到二级排放标准，采用活性污泥法处理费用一般为 0.3～0.5 元/m^3，采用化学混凝处理的费用一般为 0.7～1.0 元/m^3。

7.6.2.3 生物絮凝剂的分类

根据来源不同，生物絮凝剂可分为三类。

① 直接利用微生物细胞的絮凝剂。如某些细菌、霉菌、放线菌和酵母，它们大量存在于土壤、活性污泥和沉积物中。

② 利用微生物细胞提取物的絮凝剂。如酵母细胞壁的葡聚糖、甘露聚糖、蛋白质和 *N*-乙酰葡萄糖胺等成分均可作为絮凝剂。

③ 利用微生物细胞代谢产物的絮凝剂。微生物细胞分泌到细胞外的代谢产物，主要是细菌的荚膜和黏液质，除水分外，其余主要成分为多糖及少量的多肽、蛋白质、脂类及其复合物。

根据化学组成的不同，生物絮凝剂可分为三类。

① 多糖类物质。目前已发现的生物絮凝剂主要有效成分多数含有多糖类物质。

② 多肽、蛋白质和 DNA 类物质。根据文献报道，已知絮凝能力最好的生物絮凝剂 NOC-1 的主要成分即为蛋白质，而且分子中含有较多的疏水氨基酸，包括丙氨酸、谷氨酸、甘氨酸、天冬氨酸等，其最大相对分子质量为 75 万。

③ 脂类物质。目前发现的唯一的脂类絮凝剂是 1994 年 Kurane 从 *R. erythropolis* S-1 的培养液中分离出来的生物絮凝剂。其分子中含有葡萄糖单霉菌酸酯（GM）、海藻糖单霉菌酸酯（TM）、海藻糖二霉菌酸酯（TDM）三种组分，霉菌酸碳链长度从 C_{32}～C_{40} 不等，其中以 C_{34}、C_{36} 和 C_{38} 居多。

7.6.3 生物絮凝剂的絮凝机理

传统的絮凝机理主要有三种：桥联作用、中和作用和卷扫作用，同样适用于生物絮凝剂。

（1）电性中和作用机理 生物絮凝剂是带有电荷的生物大分子，借助离子键和氢键，可以与水中带负电荷的胶粒发生作用，中和其表面上的部分电荷，使胶粒脱稳，从而胶粒之间、胶粒与絮凝剂分子间易发生相互碰撞，通过分子间作用力凝聚而沉淀。加入金属离子或调节 pH 值可显著增强某些生物絮凝剂的絮凝效果，就是主要通过影响其带电性而起到助凝作用。

（2）桥联作用机理 生物絮凝剂的大分子结构，可以结合多个悬浮微颗粒物质，即在颗粒之间起到“桥梁”作用，把这些颗粒联结在一起，从而使之絮凝成较大颗粒，易于沉降下来。一般认为高相对分子质量生物絮凝剂与低相对分子质量相比，在絮凝过程中有更多的吸附点和更强的桥联作用，因此有更高的絮凝活性。有线性结构的大分子絮凝剂的絮凝效果较好，如果分子结构是交联或支链结构，其絮凝效果就差。另外，絮凝剂分子中的一些特殊基团，由于在絮凝剂分子中的特殊作用，对絮凝活性的影响也很大。如某些絮凝剂分子结构中的氨基，被氧化释放出氨后，絮凝剂的活性就消失。

（3）化学反应作用机理 该理论认为生物絮凝剂的絮凝活性大部分依赖于生物大分子中某些活性基团与被絮凝物质相应的基团发生了化学作用，生成较大分子而沉淀下来。通过对生物大分子改性和处理，使其添加或丧失某些活性基团，那么絮凝活性就大受影响。

但是，以上这些理论对于生物絮凝剂的某些絮凝特性还是无法作出解释。特别是，相对于经典的胶体体系的絮凝机理而言，生物体系的絮凝机理目前还不是很清楚。

目前，针对生物絮凝剂提出了一些絮凝理论，主要有：Butterfield 的黏质假说；Grabtree 的利用 PHB（Poly-β-hydroxybutyric acid）酯合学说；Friedman 的菌体外纤维素纤丝学说等。但这些假说适用范围窄，只能解释部分菌体引起的絮凝，因此不为人们所接受。

从生物絮凝剂的多样性以及表现出的絮凝范围的广谱性可以断定，絮凝机理肯定是多样的。絮凝过程是一个复杂的过程，为了更好地解释机理，需要对特定絮凝剂和胶体颗粒的组成、结构、电荷、构象及各种反应条件对它的影响进行更深入的研究。

7.6.4 生物絮凝剂的生产过程

生物絮凝剂的生产过程如图 7.25 所示。

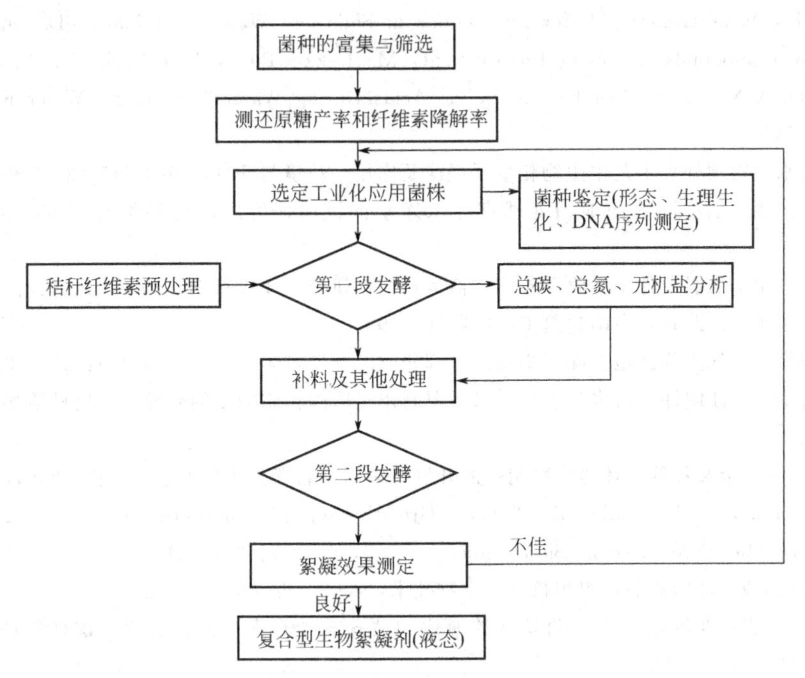

图 7.25 复合型生物絮凝剂生产工艺研发流程

小结与展望

在环境生物技术中，水处理填料/滤料作为微生物附着生长的载体材料，对生物处理构筑物运行时的处理效果和能耗都有十分重要的影响。以往的载体往往注重片面的使用性能，如机械强度、物理性状、表面带电性及亲疏水性、毒性或抑制性等，而生物相容性、稳定性及处理效果等方面却暴露出很多不足，因此，现阶段生物载体向着有机载体和轻质无机载体的方向发展，开发生物相容性好、易于回收利用、成本低廉的载体材料。例如生物发酵过程中产生的菌丝球便是一种性能优异的纯生物载体，它将给水处理载体材料的发展带来新的方向和生机。绿色净水剂作为一种安全无毒、无二次污染的水处理材料，如生物絮凝剂、生物破乳剂及其他生物制剂等，对人类的健康和环境保护都有很重要的现实意义。

思 考 题

1. 概述水处理生物材料选择的基本原则。
2. 固定化生物活性炭形成的机理是什么？
3. 简述生物陶粒与生物活性炭具有哪些不同的特点。
4. 阐述菌丝球的培养及分解过程。
5. 生物絮凝剂与非生物絮凝剂相比有什么优点？
6. 生物絮凝剂的絮凝机理是什么？

参 考 文 献

1 Walter J W. Potential Mechanisms for Romoval of Humic Acids from Water by Activated Carbon，In Activated Carbon Adsorption of Organics from the Aqueous phase，Vol. 1，Ann Arbor Sci. Publishers，Inc.，Ann Arbor，Mich，1980

2 Schnitzer M., Metal-Organic Matter Interactions in Soils and Waters, In Faust, D. and Hunter, J. V., Organic Compounds in Aquatic Environment, M. Dekker Pub., New York, N. Y., 1971
3 Van Breemen A N, et al. The Fate of Fulvic Acids During Water Treatment. Water Res, 1979, 13 (8): 771~783
4 李伟英．给水生物预处理工艺中生物相变迁规律及作用．环境与开发，2000．15 (2) 5~8
5 桑军强，王占生．生物陶粒滤池预处理官厅水库水的试验研究．环境科学与技术，2003，26 (4): 31~44
6 桑军强，王占生．低温条件下生物陶粒反应器运行特性研究．环境科学，2003，24 (2): 112~115
7 李自杰．排水工程．北京：中国建筑工业出版社，1996
8 李汝淇，钱易．曝气生物滤池去除污染物的机理研究．环境科学，1999，20 (6): 49~52
9 黄德志，何少先，江映翔．污水处理厂脱水污泥制作轻质陶粒添加剂的研究．环境科学学报，2000，20 (suppl): 129~132
10 马放，杨基先，金文标等．环境生物制剂的开发与应用．北京：化学工业出版社，2004，3
11 Polona Znidarsic, et al. Studies of a Pelleted Growth From of Rhi-Zopus Nigricans as a Biocatalyst of Progesterone 11α-hydroxylation. Biotechnology, 1998, 60 (3): 207~216
12 张一竹．真菌菌丝球形成的自组织机理．生物技术，2002，12 (6): 27~28
13 田谷达．产黄青霉在沉没培养中菌丝球的形成和破碎与青霉素生产的关系．国外医药抗生素分册，1999，17 (6): 403~408
14 程江，张凡，海景等．聚丙烯填料的生物亲和亲水磁化改性对其润湿及挂膜性能的影响．化工学报，2004，55 (9): 1564~1567
15 赖震宏．需氧生物催化填料的开发与特性试验研究：[硕士学位论文]．重庆：重庆大学，2004
16 Vloldymyr I, Xiao H W, Stephen T L, et al. Bioaugmentation and Enhanced Formation of Microbial Granules Used in Aerobic Wastewater Treatment. Appl Microbiol Biotechnol, 2005, (57): 7~15
17 任南琪，马放，杨基先等．污染控制微生物学．哈尔滨：哈尔滨工业大学出版社，2004
18 马放，冯玉杰，任南琪．环境生物技术．北京：化学工业出版社，2003，5

第8章　金属类环境材料

迄今为止，金属材料仍处于材料的主导地位，品类繁多、性能各异，人类文明、社会进步和经济发展依赖于金属材料。然而，金属材料工业是以大量的矿产资源和巨大的能源消耗作为支撑，目前呈现扩张性需求。传统的金属材料生态化和新型金属材料的开发是不可阻挡的趋势。本章主要内容包括金属的资源储量、金属的能源消耗、金属的生态环境破坏，金属材料的生态环境化方法，废钢、铝、铜、铅、锌等再生金属资源的利用等内容，目的是让读者了解金属类材料生态环境化的迫切性和必要性。

金属冶金是人类材料利用史上最古老的工艺技术领域之一。金属材料具有优良的工艺性能和使用性能，被广泛应用于航空航天、原子能、电化学、石油化工、冶金、机械、医药、环保、建筑等行业的分离、过滤、布气、催化、电化学过程、消声、吸震、屏蔽、热交换等工艺过程中，制作过滤器、催化剂及催化剂载体、多孔电极、能量吸收器、消声器、减震缓冲器、电磁屏蔽器件、电磁兼容器件、换热器和阻燃器等。另外，还可制作多种的复合材料和填充材料。金属材料既可作为许多场合的功能材料，也可作为一些场合的结构材料，而一般情况下它兼有功能和结构双重作用，是一种性能优异的多用工程材料。

迄今为止金属材料仍处于主导地位。钢铁材料、有色金属及其合金、稀有金属及其合金，是金属材料的三大支柱。在所有结构材料中，钢铁材料的基础和主导地位不可动摇；有色金属及其合金材料，由于其品类繁多，性能各异，因此它在国民经济各个领域内发挥着网架作用；而稀有金属则是各类功能材料、新型材料发展的基础。因此，人类的文明、社会的进步、经济的发展对金属材料具有相当大的依赖性。青铜器的发明与应用使人类结束了蒙昧与野蛮时代，走向文明社会。因而，金属材料的发展与进步影响着人类社会发展的历史进程。

金属材料在其发展中所依据的冶金原理、制造工艺、强化理论、性能表征、应用领域、废金属的回收、分离和分类等方法已形成了较完备的理论体系。随着环境材料概念的提出，将环境协调性意识引入材料科学，针对金属材料特性正在逐步形成一些新的理论和技术体系，将丰富和完善金属材料的发展。

8.1　金属材料与生态环境

金属材料是经济建设的基础性材料。金属材料工业是以大量的矿产资源和巨大的能源消耗为支撑的，经济发展对金属材料的需求不断增长，为金属材料工业创造了发展的环境和机遇。而金属材料工业的快速发展对矿产资源、能源的扩张性需求，对于我们又是一个严峻的挑战。

8.1.1　金属与资源

人类社会所需要的各种金属元素均以矿产的形式存在于地壳之中。金属矿产资源是在地壳形成后，经过几千万年、几亿年甚至几十亿年的地质作用生成的，从这个意义上讲金属矿产资源是不可更新的自然资源，因此大量消耗必然使人类面临资源逐渐减少以致枯竭的威胁。

8.1.1.1 金属资源储量

自20世纪中叶以来，世界钢产量增加了4倍，20世纪末全球钢产量维持在7.8亿吨左右，比塑料和其他金属产量之和还高4倍以上，中国已连续5年保持第一产钢大国的地位。非铁金属的冶炼产品总的产量都呈增加趋势，非铁金属中镍、铝、镁和钛的产量增长率最高，其中镍的需求增长有赖于高合金钢和超合金的研究及开发，而轻金属（铝、镁、钛）的日益增长主要是基于它们的特性，几十年来，铝成为最重要的非铁金属，世界主要生产国的总产量在2001年已超过2700万吨，其次分别是铜、锌和铅。

到了21世纪，中国矿产资源供需方面将迎来更为严峻的形势。比如，中国的优势矿产资源锡，2000年年产量为11万吨，即使年平均增长率为0，10年内锡的累计产量为110万吨，按62%的回收率计，10年需要采掉的锡矿山储量为177万吨，而1998年底中国锡的保有储量为197.7万吨，那么按2000年的年产量计，中国锡基础储量的保证年限为10年左右，10年以后将丧失其优势地位，而变成紧缺矿种。面临这种状况，必须采取多种措施，以缓解所面临的矿产资源危机。

另外，我国铁矿目前的自给率为45%，到2010年将下降到35%；铜矿自给率30%～40%，铝矿自给率为50%左右。但是，中国有色金属矿的特点是贫矿多，富矿少；共生矿多，单一矿少；中、小型矿床多，大型、超大型矿床少；小有色金属资源多，大有色金属（Cu、Al、Pb、Zn）资源少。近年来中国统计的10种有色金属产量中，Cu、Al、Pb、Zn的产量超过90%，分析这4种金属的资源和需求之间的矛盾，就可以了解中国有色金属工业的状况，见表8.1和表8.2。

表8.1 铜、铝、铅和锌的储量

矿产名称	资源储量/万吨	储量/万吨	百分比/%	基础储量/万吨	百分比/%	资源量/万吨	百分比/%
铝土矿	229411.3	37251.9	16.24	48448.5	21.12	180962.8	78.88
铜矿	6187.5855	1912.7225	30.91	3038.7099	49.11	3148.8756	50.89
伴生矿	30.7861	2.1940	7.13	2.9170	9.48	27.8691	90.52
铅矿	3481.7994	771.3705	22.15	1209.2157	34.73	2272.5837	65.27
锌矿	9172.3506	2249.1218	24.52	3441.5397	37.52	5730.8109	62.48

8.2 中国有色金属资源在世界的排位

矿产	储量位次	基础储量位次	主要国家
铝土矿	8	8	几内亚、澳大利亚、巴西、牙买加、印度、圭亚那
铜	5	6	智利、美国、秘鲁、波兰、赞比亚
铅	2	3	澳大利亚、美国
锌	3	3	澳大利亚、美国
镍	7	9	古巴、澳大利亚、加拿大、新喀里多尼亚、印度尼西亚、南非、俄罗斯、巴西
钴	8以后	10以后	刚果(金)、古巴、澳大利亚、新喀里多尼亚、美国、赞比亚
钛	1	1	中国、澳大利亚、南非、挪威、印度、加拿大
钨	1	1	中国、加拿大、俄国、美国
锡	3	2	巴西、中国、马来西亚、印度尼西亚、玻利维亚
钼	2	2	美国、中国、智利、俄罗斯、加拿大
锑	1	1	中国、俄国、玻利维亚、南非
稀土	1	1	中国、俄国、美国、澳大利亚、印度、加拿大
铂族		5以后	南非、俄国、美国、加拿大、中国

注：表8.1和表8.2来自国土资源部中国矿产资源可供性论证总报告（第5稿），2003。

中国有色金属矿产资源并非先天优越，特别是在有色金属工业中举足轻重的四大金属，资源状况不容乐观。中国属于快速工业化国家，金属消费量增加一直伴随着工业化进程。表8.3是中国有色金属工业协会地调中心对未来30年中国铜、铝、铅、锌的消费量预测。据中国建材网的统计数字显示，2006年中国有色金属产量和有色金属进出口量及当年铜、铝、铅、锌的国内表观消费量见表8.4。

表8.3　未来30年中国铜、铝、铅、锌消费量预测　　单位：万吨

年	铜	铝	铅	锌	合　计
2010	361	628	110	244	1343
2015	448	778	133	297	1656
2020	535	928	156	350	1969
2030	709	1228	201	456	2594

表8.4　中国2006年有色金属表观消费量统计　　单位：万吨

有色金属	产量	进口量	出口量	表观消费量
精炼铜	293	83	24	354
原铝	919	29	84	862
氧化铝	1323	691	3	20
铅	27.34583	5	3	25.31551
锌	31.5179	3	3	30.8179

注：本表来自中国建材网统计数字。

由表8.3和表8.4不难发现，2006年中国铜和铝的消费量已接近2010年预测值（对中国未来有色金属消费量的预测，表8.3可能偏于保守）。从表8.3的结果还可以看出，如果按2010年预测的消费量，中国铜、铅、锌的资源只能满足10～15年，除非在此期间我们在地质勘探上有重大进展，否则自然矿产资源不足与金属需求增长的矛盾会越来越尖锐。

随着有色金属工业规模扩大和产量增加（图8.1），国内有色金属矿产原料的自给率不断下降（图8.2），这就从另外的角度说明中国有色金属矿产资源难以满足今后的需求。

图8.2说明，中国铜矿原料只能满足铜产量的约2/5，形势严峻。过去认为中国铅、锌矿产资源比较丰富，近年来铅、锌矿的自给率下降非常明显，而铝矿资源由于矿物性质而使其处于不利的竞争地位。

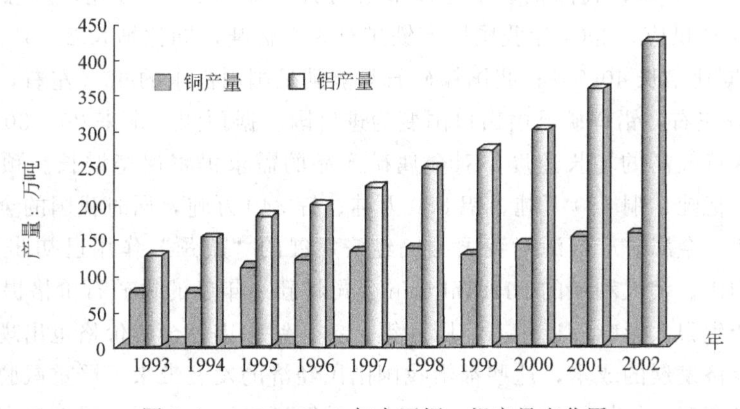

图8.1　1993～2002年中国铜、铝产量变化图

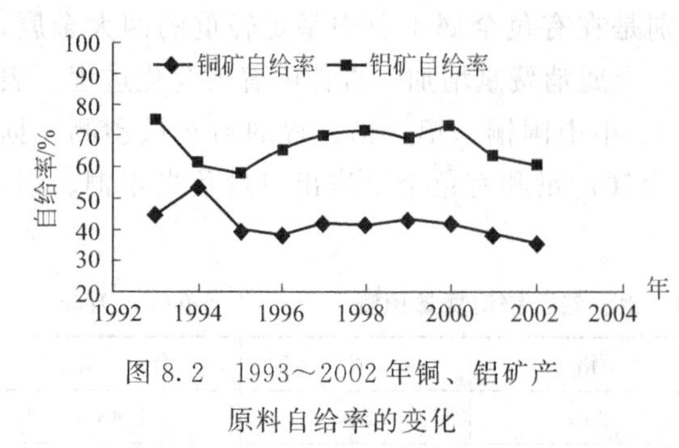

图 8.2 1993～2002 年铜、铝矿产原料自给率的变化

最近 20 年，中国有色金属工业快速发展，已经成为世界有色金属工业大国。据全国第二次基本单位调查，全国有色金属工业企业数量达 15746 户，其中规模以上有色金属企业 3541 户。2002 年，中国 10 种有色金属产量突破 1000 万吨，超过美国，成为世界有色金属第一生产大国。表 8.5 为 2002 年中国 10 种有色金属产量。表 8.6 为中国 1995～2002年 10 种有色金属产量变化情况。

表 8.5 2002 年中国 10 种有色金属产量

项 目	铜	铝	铅	锌	镍	锡	锑	镁	海绵钛	汞
产量/万吨	158	436	129	211	5	7	12	23	0.3648	0.0495
占世界百分比/%	10.5	16.8	20.2	22.4	5.1	28	90	50	—	—
位次	2	1	1	1	6	1	1	1	—	—

表 8.6 1995～2006 年中国 10 种有色金属产量变化情况 单位：万吨

1995	1996	1997	1998	1999	2000	2001	2002	2005	2006
496.6	523.1	581	616.4	694.7	775.0	883.7	1012	1632	1917.01

随着中国工业化的进程，国民经济发展对有色金属的需求量增加，特别是中国有色金属工业体制的改革，各地新建企业或扩大现有产能的积极性增高，可以预计今后一段时间有色金属的产量仍将与过去一样快速增加。中国有色金属工业的发展大大地突破了人们的预期和原先所制订的规划。如《21 世纪中国有色金属工业可持续发展战略》一书提出到 2005 年有色金属的总量调控目标为 800 万吨，其中铜 170 万吨，铝 350 万吨，铅 90 万吨，锌 170 万吨，锡、锑各 6 万吨，钨 112 万吨，稀土氧化物 6 万吨。这个目标已经提前到 2001 年实现。

近年来，随着经济、社会的不断发展，对矿产资源和矿产品的需求量越来越大，我国资源供给形势已非常严峻。目前，我国几种重要的战略性金属矿产资源保障程度已经很低，对国外的依赖程度越来越高：按已探明可开采储量计算，我国铁矿静态可开采储量 125 亿吨，静态保有年限小于 30 年；我国铜矿铜金属静态可开采储量 2290 万吨，静态保有年限小于 11 年。按目前生产供应，2004 年我国国产铁矿石 3.1 亿吨，同比增长 22.5%，进口铁矿石量 2.08 亿吨，同比增长 40.5%；我国锰矿石只能满足国内需求的 60%左右，铜精矿只能满足国内需求 24%左右，铅锌矿已由出口国变为进口国。据预测，未来 20～30 年内，我国国民经济将继续保持较高的增长速度，对金属矿产品的需求仍将保持增长。预计到 2010 年，国内需要钢 3.3 亿吨、铜 450 万吨、铝 880 万吨、锌 340 万吨，届时我国的金属矿产将面临更为严峻的挑战。金属矿产资源对我国国民经济发展的“瓶颈”作用已初步显现，2005 年初，巴西的 CVRD、澳大利亚的 BHPBilliton 公司将新一年度的铁矿石价格提价 71.5%，对我国钢铁工业产生很大影响。近年来，国际铜、钼、锰、铝等金属价格也出现大幅攀升，全面提升了我国经济发展的成本，这些都给我国国民经济的发展带来了严重威胁。为了减轻经济增长对金属矿产资源供给的压力，必须大力发展循环经济，实现金属矿产资源的高效和循环利用。

在传统的经济发展模式下，资源的枯竭带来了诸如“四矿问题”、“四万矿工下农村”的“阜新困局”等社会问题，这归根到底还是企业可持续发展能力低下的结果。实际上，矿山弃置的固体废物其实都是极宝贵的矿产资源，如铁矿山堆存的尾矿，除其所含的部分铁之外，还有其他金属成分，即使那些非金属物质，也是建材、化工等行业的原料。因此，矿山企业充分利用矿产资源，大力发展循环经济，就可以走出一条科技含量高、经济效益好、资源消耗低、环境污染少、人力资源优势得到充分发挥的新型工业化道路。

8.1.1.2 金属资源的寿命

金属资源在地球上究竟有多大储量，能维持开采多久，一直是人们关注的问题。所谓金属储量是指由于地质作用的结果，在地壳中某些地段内形成金属矿物的富集，其质和量能够满足工业要求，并在当前经济技术条件下能够开采的自然堆积体的总量。表 8.7 列出了各种金属资源的储量与其可开采年限。为了便于比较，列出了不同年代的统计数据。不同年代意味着经济技术的发展和科学的进步。例如，Al 在 1976 年的总储量为 1.2×10^{9} t，按当时的技术条件，其可开采年限为 350 年；经历近 20 年的岁月，Al 在 1994 年的总储量为 2.3×10^{10} t，此时，其可开采限为 216 年。仔细分析表 8.7 可以发现，尽管不同年代的金属资源储量和可开采年限是波动的，甚至有时波动较大，但总的趋势是可开采年限越来越短了。

表 8.7 各种金属资源的储量和可开采年限

元素	1976年		1984年		1988年		1990年		1994年	
	储量/t	可采年限/年	储量/t	可采年限/年	储量/t	可采年限/年	储量/t	可采年限/年	储量/t	可采年限/年
Fe	1×10^{12}	109	6.5×10^{10}	130	1.53×10^{11}	167	1.51×10^{11}	175	6.5×10^{10}	71
Al	1.2×10^{9}	350	2.0×10^{11}	250	2.18×10^{11}	224	2.18×10^{10}	220	2.3×10^{10}	216
Mn	—	—	1×10^{9}	125	—	—	—	—	8×10^{8}	40
Ti	1.47×10^{8}	51	1.7×10^{8}	60	—	—	1.7×10^{8}	—	2×10^{8}	56
Cr	7.75×10^{8}	112	1.1×10^{9}	100	—	—	4.19×10^{8}	—	1.4×10^{9}	128
Ni	—	—	5.2×10^{7}	70	5.4×10^{7}	65	4.9×10^{7}	52	4.7×10^{7}	55
Mo	5.4×10^{6}	36	5.4×10^{6}	50	—	—	—	—	5.5×10^{6}	57
Co	—	—	2.7×10^{6}	80	—	—	3.3×10^{6}	—	4×10^{6}	88
W	—	—	2.8×10^{6}	62	—	—	2.35×10^{6}	—	2.3×10^{6}	73
Cu	3.08×10^{8}	24	5.0×10^{8}	71	3.5×10^{8}	41	3.2×10^{8}	36	3.1×10^{8}	33
Pb	—	—	1.46×10^{10}	50	7.5×10^{7}	22	7.0×10^{7}	21	6.3×10^{7}	21
Zn	1.23×10^{8}	18	2.43×10^{8}	40	1.47×10^{8}	21	1.44×10^{8}	20	1.4×10^{8}	19
Ag	2×10^{5}	14	2.6×10^{5}	20	—	—	—	—	2.8×10^{5}	20

金属资源的可开采年限亦称之为金属资源的静态寿命。静态寿命的定义是某金属的当年总储量与其当年总产量之比。

在金属资源的形成过程中，分散的金属元素在地质作用下富集成矿。在人类使用金属资源的过程中，往往发生相反的情况，即金属由富集状态成为分散状态。从总体上讲是遵循物质不灭原理的，即这些金属元素资源的总量是不变的。这些分散状态的金属物质仍然在地球上，在理论上它们能够重新加以开发和利用。这就是所谓二次金属资源的再循环利用。

金属资源寿命的影响因素是多方面的，主要包括三个因素，即某元素在地球上的总储藏量、金属资源的消耗量或生产量、该元素物质的再生量。前两个因素构成了某物质的静态寿命，它取决于科学技术的发展水平和其储藏总量。图 8.3 列出了 1994 年探明的各种金属资源的储藏总量。

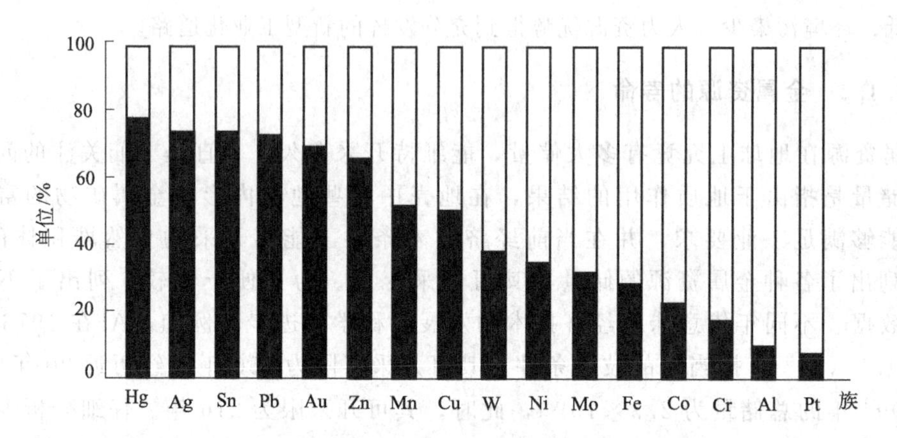

图 8.3 金属矿石储量与其已开采量

□现有储量 ■已开采量

另外一个影响因素是物质的再生，其对资源的可开采或寿命具有很大的影响。引用动态寿命或循环寿命的概念可以清楚地说明这一点。动态寿命的定义是某资源的当年储藏总量与其当年总产量和再生总量之差的比。某物质的再生总量越大，其资源的循环寿命或可供开采的年限越长。因此，在描述金属矿产的可开采年限时应当引入循环寿命的概念。表 8.8 是某些金属在不同再生率的条件下的资源量。

表 8.8 某些金属在不同再生率条件下的资源量（以 1994 年为基准）

金属元素	总矿物资源量/t	金属元素	总矿物资源量/t
铝	2819000×10^6	锰	32900×10^6
钛	173000×10^6	镍	2601×10^6
铜	1907×10^6	钴	867×10^6
铅	451×10^6	钛	152600×10^6
锌	2427×10^6	钨	52×10^6
铬	3467×10^6	锆	5721×10^6
钼	52	银	2.43×10^6

因而，金属的再生程度对金属资源的寿命有极大的影响。从长远的观点看，随着生产发展和科技进步，对金属资源开采需求的增长将逐步减弱，而逐步强化对再生资源的开发和利用。但是，从化学冶金的角度，不是所有的金属都能够完全循环再生。如 Fe、W、Mo、Ni 在返回冶炼时，其回收率较高，可以达到 95%以上；而某些元素的返回率就很低，如 Zn、Cd、Pb 等低熔点、在液态下易挥发的元素和 Ti、V、Al、Si 等在液态下易氧化元素，其回收率小于 90%，甚至只有 60%～70%。

8.1.2 金属与能源

我国钢铁工业能源消耗巨大，大约占全国能耗的10%～11%，每吨钢综合能耗是世界主要产钢国中最高的，与国际一般水平相比能耗高30%以上。目前，能源已经成为我国钢铁工业发展的“瓶颈”，由表8.9可以说明，能源增加的幅度仍满足不了冶金工业和国民经济发展的需要。

表8.9 2000年我国主要能源与冶金产品产量

年 度	原煤/亿吨	原油/亿吨	天然气/亿立方米	发电量/万亿千瓦小时	钢/亿吨	10种有色金属/万吨
1995	12.98	1.49	174	1.0	0.95	425
2000	14.00	1.55	250	1.4	1.05	520
增值	1.02	0.06	76	0.4	0.10	95

有色金属也是高能耗工业，随着有色金属产量增加，有色金属工业的能耗也在不断上升。图8.4表明在1990～1997年期间，有色金属产量与能耗变化的关系。在此期间，有色金属的产量约以每年13.1%的速度增加，而能耗每年上升的速度为8.8%。虽然在此期间节能工作效果显著，但能耗仍在以较高的速度增加。

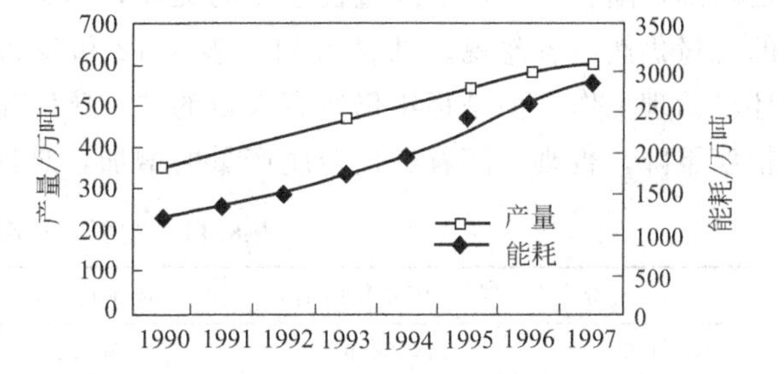

图8.4 1990～1997年有色金属工业产量-能耗关系

中国有色金属工业在近几年能源结构有所变化。表8.10反映了1997年和2001年有色工业能耗的变化。煤炭、焦炭、燃料油等用量变化不大，但电力需求迅速增加。这与近年来耗电量大的铝工业迅速发展有关。如果按每千瓦时电耗煤0.435kg来换算，2001年中国有色金属工业能耗超过4000万吨标煤，有些文献的报道则比上述数据还要高，有色金属工业的发展不应该也不可能建立在能耗快速增加的基础上，必须寻求新的节能途径。

表8.10 1997年和2001年有色工业能耗的变化

年份	电力/亿千瓦时	煤炭/万吨	焦炭/万吨	燃料油/万吨	柴油/万吨	汽油/万吨	天然气/万立方米	其他(折合标煤)/万吨
1997	487.0	1163.6	160.1	53.2	15.9	7.53	10315	23.5
2001	660.3	1005	163	50.5	20.4	5.5	9486	—

由于有色金属的循环利用具有能量消耗低、生产成本低、环境条件较好、减缓天然资源的消耗等许多优点，已得到人们的普遍重视。图8.5是某些原生金属和再生金属生产的能量消耗比较。近年来，世界各国对有色金属的循环利用越来越重视，西方发达国家在经济和立法上对资源回收均加以鼓励，废金属的回收利用取得了较大的进展。例如，在日本，铜、锌、铅和铝的再利用比率分别达到了66%、20%、66%和54%。

8.1.3 金属与生态环境破坏

对金属材料工业而言，无论是钢铁行业，还是有色金属行业，都会受到能源消耗和污染

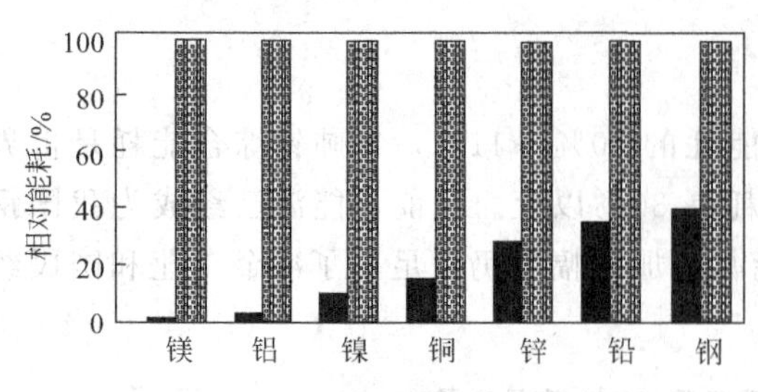

图 8.5 再生金属与原生金属能耗比较

■再生金属能耗 ▩原生金属能耗

物排放方面的限制和制约。这就要求企业彻底改变粗放型的生产方式，最大限度地合理利用一次资源和二次资源，减少废物排放，发展绿色生产工艺和技术，促进企业与生态环境友好相处和行业可持续发展的密切结合，这是金属材料工业生存发展的关键所在，也是国家可持续发展的重要组成部分。

中国有色金属产量的增加主要是靠扩大采、选冶金业的规模。虽然十多年来，中国有色金属工业的环境保护和治理有了很大的进步，但随着生产规模的扩大，排放污染物的总量继续上升则是不容置疑的。如果还要将污染控制在目前的水平，环境治理的压力将是相当大的，随着社会对环境的要求逐渐提高，人们对健康的关注更加重视，有色金属工业的污染物排放量势必受到更为严格的限制。20 世纪 90 年代，有色金属产量增加使污染物产生量随之增加，随着对环保治理重视程度的提高，污染物的排放量基本得到了控制，但污染物排放的总量仍然不容忽视，见表 8.11、表 8.12 和表 8.13。尽管对我国有色工业进行了大力度的环境治理工作，但是每年仍然有大量的“三废”排出，除非有色工业非金属污染物排放量大幅度下降，否则，随着有色金属产量的增加，难以避免三废排放量增加。

表 8.11 主要“三废”的治理率 单位：%

年　份	废水复用率	废水达标率	重冶 SO_2 利用率	固体废物利用率
1995	66.91	60.32	71.70	7.98
1996	72.12	65.53	72.79	7.44
1997	72.85	70.46	77.52	7.96

注：数据来自“中国有色金属工业环境统计”。

表 8.12 有色金属工业“三废”排放量

年　份	10 种有色金属/万吨	固体废物/万吨	废水排放量/万吨	SO_2 排放量/万吨	粉尘排放量/万吨	氟化物排放量/吨
1999	694.71	7165	32103.9	38.8	5.27	6150.8
2000	783.81	8802	32373.7	42.45	5.8	5835.4
2001	883.71	8965.2	32043.7	31.35	5.4	

表 8.13 有色金属工业吨金属主要污染物排放量 单位：t

年　　份	废水排放量	固体废物产生量
1999	46.21	10.31
2000	41.30	11.22
2001	36.26	10.14

注：表 8.12 和表 8.13 数据来自中国有色金属工业协会。

与其他工业污染物相比，金属工业污染物具有以下一些特点。

(1) 废水中含有害元素和重金属，有些毒性大，有些元素虽然毒性不大，但仍然是社会十分关注的目标。表 8.14 的数值表明，每年有色金属工业废水外排汞、镉、六价铬、铅、砷、COD 等有毒有害物数量相当惊人。

表 8.14 有色金属工业废水中污染物

年份	工业废水排放量/万吨	达标率/%	工业废水污染物外排/t								
			汞	镉	六价铬	铅	砷	锌	镍	COD	铜
1995	52899	60.72	3.91	137.08	3.29	299.8	243	3779.93	36.96	16714.3	603.7
1996	41384	65.53	2.82	103.63	2.57	272.4	179	2084.9	26.6	11593.8	507.3
1997	38786	70.46	5.55	87.76	2.83	285.4	158	1725.9	1453	13238.7	537.3

(2) 有色金属工业废气中成分复杂，治理难度大。采、选工业废气含工业粉尘，有色金属冶炼废气含硫、氟、氯，有色加工废气含酸、碱和油雾。在高温烟气中，有的还含有汞、镉、铅、砷等，治理困难。有色金属工业企业排放的 SO_2 总量与电力工业排放的 SO_2 总量相比虽然要小得多（1997 年有色金属工业企业排放的 SO_2 为 46.35 万吨，占全国总量的 2.5%；而 1996 年全国电力工业排出 SO_2 732 万吨，占全国总量的 53.6%），但是，有色金属工业排放的 SO_2 一般来说浓度高，SO_2 小于 3% 的烟气往往放空，不加处理，大型企业在 5～10km，中小型企业在 1～2km 范围内，人、畜、植被和土壤都会受到污染和影响。

(3) 固体废物量大，利用率很低。一般来说，有色金属在原矿中含量较低，生产 1t 有色金属可产生上百吨甚至几百吨固体废物。目前，这种固体废物利用率低，对环境有一定的污染。表 8.15 为 1993～1997 年有色金属工业固体废物产生量和堆存量。表 8.15 表明，目前有色工业产出的固体废物利用率很低，约为 8%。要利用这些固体废物，还需要做大量的工作。实际上，表 8.15 的数据只代表了铝工业产出固体废物的状况，并未包含许多其他有色金属工业产出的固体废物。例如，从矿石中生产 1t 铜，需要产出几百吨废石、表外矿和围岩。许多有色金属选厂的尾矿坝造成的危害也没有得到反映。

表 8.15 1993～1997 年有色金属工业固体废物产量和堆存量

年 份	固体废物产生量/万吨	赤泥尾矿/万吨	冶炼渣/万吨	固体废物利用率/%	年堆存量/万吨	占地面积/万立方米	历年累计堆存量/万吨
1993	5966	5305	324	8.9	4871	5891	134682
1994	6457	5836	377	7.0	5523	5935	140205
1995	8656	7763	475	8.0	6621	7856	146826
1996	7310	6547	385	7.4	5590	6447	152416
1997	7721	6970	406	8.0	6436	7490	158852

(4) 三废排放在城市所占比例大，企业将面临巨大的社会压力。许多有色金属工业企业地处城市，由于城市人口密集，环境污染的影响比人烟稀少的地方要严重得多。图 8.6 表明，有色金属工业每年产生和排放的污染物，大约有 70%～80% 的量降落或堆存在城市中。1997 年，地处城市的 11 个有色金属企业中二氧化硫排放不达标的占 82%。

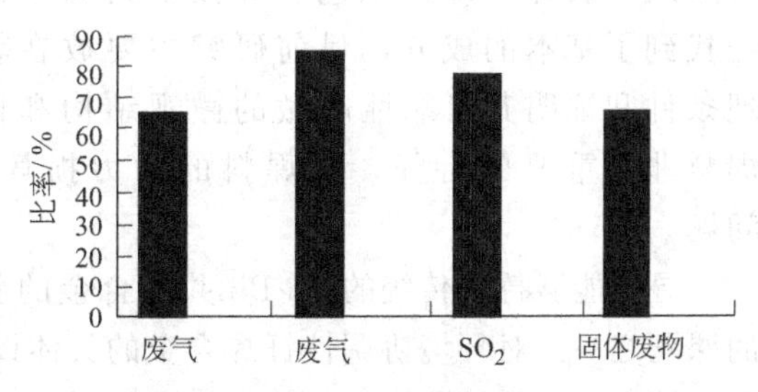

图 8.6 1997 年 31 个地处城市有色企业三废排放占全行业的比率

8.2 金属材料的生态环境化

从环境材料的基本概念出发，材料本身无毒无害、全寿命过程资源和能源消耗少、可再生循环、高效率使用等要求对金属材料的冶金、制备工艺和合金化等提出了不同于传统金属材料合金设计、加工制备等方面的要求，不仅要发展材料的使用性能，而且要充分考虑材料对环境的影响。

8.2.1 添加无毒无害元素

从环境材料观点出发，金属材料合金化添加元素的选择首先要保证添加元素的无毒无害。“无毒害物质”是环境材料在废弃阶段和日常生活大量消耗类材料的关键词。国际环境保护机构已列出17种对人体和环境有毒害的元素，包括铅、汞、镉、铬等。目前无铅焊料、无铅机械加工合金、无铬表面处理钢等是该类研究的典型示例。

迄今为止，世界每年约5万吨铅通过电子废物进入人类生活环境，赋存于废弃产品中的铅通过雨水尤其是酸雨形成可溶性铅化合物而进入地下水中，导致水源污染，逐步破坏生态平衡，威胁人类安全。铅及其化合物被人体器官摄取后，将危害人体中枢神经，特别是直接损害儿童的脑中枢神经和正常发育，含铅产品废物对人类自身和生态环境构成的威胁已受到国际社会高度重视，铅及其化合物已被国际环境保护机构列入前17种对人体和生态环境有毒害元素之首。许多国家已通过法律或行业自律逐渐禁止使用含铅材料。

8.2.1.1 无铅焊料

Sn-Pb是用量最大的钎料，仅Sn-Pb共晶焊料，2000年全世界的产量已达5万吨，作为焊料涉及的应用面广泛，主要用于电子、汽车、航空、灯具等行业。含Pb37%的Sn-Pb合金是传统的钎焊合金，具有良好的金属湿润性、低熔点和可靠的焊接质量，广泛地用于电子集成电路、印刷电路板装配元件的技术中，特别是高密度的表面装配技术。在焊料制备过程、焊接工艺过程、产品使用过程和废弃之后均产生铅渣、铅蒸气而污染环境。印刷电路板废弃后，由于板上的金属材料量很小及种类繁多而难以回收，一般采取填埋的办法予以处理。其中铅元素可溶于水并通过生物链进入人体。从环境保护的角度出发，希望能找到Sn-Pb钎焊合金的取代材料。

无铅焊料主要指适用于各类产品连接的无铅焊料和与之相匹配的焊剂。研究可分为合金成分设计、焊接工艺、焊接辅料3个部分。其中之一为合金设计，已有的研究已经找到了基本的成分，目前研究主要放在辅助元素对合金的改善上。为寻找最好的处理条件和证明其可靠性所做的微观结构和性能的研究目前非常热门。焊接点的强度是焊料非常重要的特征，对焊料的动力损坏机理和静态界面现象的研究也是一个热点问题。

寻找能够替代传统的Sn-Pb共晶合金的新型无铅钎焊合金就成为环境协调性合金设计的课题之一。对环境协调性钎焊合金的具体设计要求见图8.7。其中最关键的要求是良好的湿润性和合适的熔化温度。根据以上原则，目前已取得的进展大多以Sn-Ag系合金和Sn-Zn系合金作为研究对象，为了调整合金的熔化温度，加入少量的Bi或In。

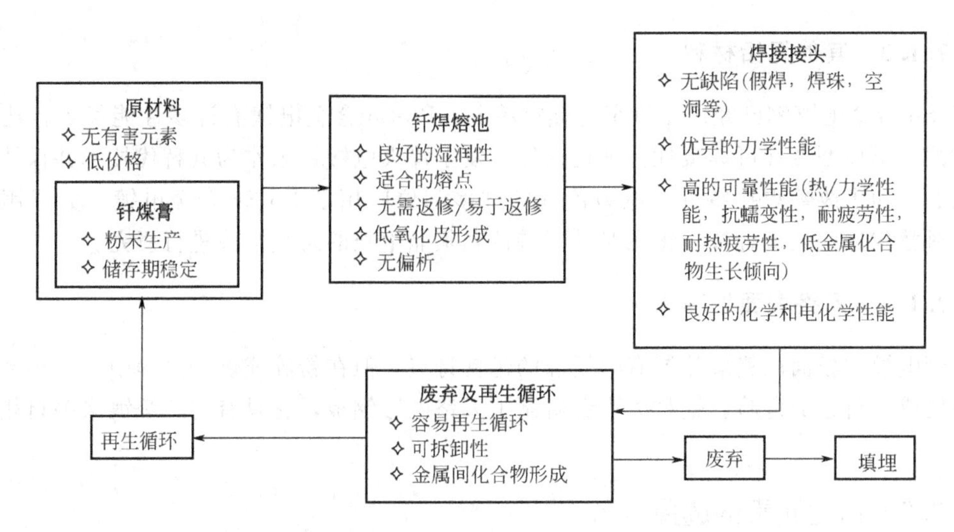

图 8.7 环境协调性无钎焊合金

从价格因素来考虑，没有一种替代合金的成本会低于 Sn-Pb 共晶合金，这是因为铅的价格低于钎焊合金中任何替代元素。从合适的熔化温度范围来考虑，Sn-Pb 共晶合金的熔点为 183℃，Sn-3.5Ag 合金的熔点为 221℃，Sn-9Zn 合金的熔点为 199℃。加入少量 Bi 或 In 形成三元共晶合金时，Sn-3.5Ag-5Bi、Sn-3Ag-5In、Sn-8Zn-5In 合金都可以满足熔化温度范围的要求。从价格因素考虑，第三组元选用 Bi 时成本较低。但从湿润性的角度考虑，Sn-Pb 系合金对导体金属的接触角小。Sn-3.5Ag-5Bi 接近 Sn-Pb 系合金，因而具有可以与 Sn-Pb 系钎焊合金竞争的湿润性。而 Sn-Zn 系合金对导体金属的接触角大，反映出较差的湿润性。湿润性差可以引起许多钎焊缺陷，其中最重要的缺陷是虚焊（未焊透或假焊）。有研究采用梳状试样测试了各种钎焊合金的虚焊率（未焊透长度占焊接长度的百分率），发现 Sn-Zn 合金的虚焊率很高，见表 8.16，实际上难以作为电子封装钎焊合金来使用。因此 Si-Ag 系合金可以成为环境协调性钎焊合金的最有力的竞争者。

表 8.16 各种钎焊合金的虚焊率

钎焊合金成分	虚焊率/%	钎焊合金成分	虚焊率/%
Sn-37Pb	1.6	Sn-8.2Zn-5Bi	40
Sn-3.5Ag-5Bi	3.8	Sn-7.9Zn-5In	44
Sn-3.5Ag-5In	12		

8.2.1.2 无铅机械加工钢

不仅焊料需要无铅，其他任何合金，只要废弃时不经重新熔炼就不允许铅的迁移，也必须是无铅的。一个重要的领域就是易加工合金。许多齿轮和机械零件中都含有分散的铅，它作为润滑剂便于精密切割。无铅机械加工钢是指钢中的铅用其他元素或机理替代的钢材。有希望的替代物是 S-Ca-六方氮化硼。对可再生性的进一步研究是为了使用脱氧物质或与硬马氏体相混合的微观结构。微观结构的硬马氏体部分使得切削碎片非常脆，从而碎片更易脱落。在这一例子中，替代元素不是根据元素的性质来选择的，而是根据原理的需要而选择的。

8.2.1.3 其他无铅材料

Pb-Sn 合金电镀钢已经用于汽车的燃料箱上。Pb-Sn 合金电镀有许多性能优点，比如耐石油腐蚀、可成型性和可焊接性。现在已经开发了淬火电镀铝来作为其替代技术并保持了以上的优点。为了改善焊接特性，电力器件的许多部位应用了 Pb-Sn 合金电镀。为了用无铅合金焊料替代这些电镀合金，正在对黏附特性和须晶生长的防止措施进行研究。

8.2.1.4 无铬表面处理钢

尽管电镀钢板面的铬酸盐层有耐锈蚀的优良特点，但在粉碎或燃烧过程中，一小部分氧化铬有变成六价铬的危险。钢材生产者研制了无铬电镀钢板，它具有与传统镀铬钢材相似的性能。

8.2.2 合金元素的选择

合金元素的选择应充分考虑到金属材料在再生循环时残留元素的控制，由于金属材料相对来说较容易循环，所以该类材料的再生循环效率是很明显的，“可循环的”是合金元素选择要考虑的关键之一。

绝大多数传统合金为改善其性能都含有一些辅助元素，这些辅助元素通常会妨碍合金的再生性。传统的材料技术主要是针对用自然资源生产合金而设计的，因此不能很好地处理合金中的人为杂质，这一缺点是再生材料有较低的成本竞争力的最大原因。改善再生性的新方法是不用辅助元素来控制合金的性能，而是通过改善材料的组织结构来控制。马氏体和铁氧体的二相合金在不需要加入辅助元素的情况下改善了合金的强度和刚度。通过微观结构控制可生成超细微粒的铁氧体钢。用小于 5μm 的超细微粒＋均匀分布的碳纤维可生产出低 C-Si-Mn 的、高强度和延伸率好的可再生钢。热加工控制微观结构对生产铝合金也是很有效的，热变形处理的 Al-Si 合金也具有双球面的结构，这种结构使得再生的 Al-Si 合金很容易成型，这种工艺已经被进一步研究成 RTMT (repeated thermo-mechanical treatment) 加工技术。

从有利于再生循环出发，双相钢（铁素体加马氏体 F＋M）是钢铁材料环境协调发展的方向之一。双相钢的金属成分相对简单，易于再生利用，这种 F＋M 双相钢通过工艺控制使 F 和 M 交替去存，改善性能。目前主要应用于新型冲压用钢、Fe-Fe 复合金属材料等。

废弃金属材料在再生过程中，由于某些合金元素的化学特性，会受到金属冶炼和提纯工艺的限制很难去除。一般来讲，在金属精炼过程中，杂质金属是靠氧化物的形成去除，由于各种元素形成氧化物的能力受热力学和动力学条件限制，其被去除的难易程度差别比较大，这主要取决于杂质元素与氧的亲和力强弱即氧化势大小，如果杂质元素氧化势大于基体金属，更易形成氧化物，则容易被去除，若杂质元素与氧的亲和力弱于基体金属，更难于氧化，则难以被去除。如钢水中间的铝杂质几乎能全部被除去，而铝熔体中的铁杂质则很难去除干净。当然去除的杂质还与沸点、蒸气压等诸多因素有关。

对于钢铁材料而言，可将杂质元素分成 4 类。

① 几乎全部残留于钢水中的元素，有 Cu、Ni、Co、Mo、W、Sn、As；

② 不能完全除去的元素，有 Cr、Mn、P、S、C、H、N；

③ 与沸点和蒸气压等无关的元素，有 Zn、Cd、Pb、Sb；

④ 从钢中几乎能全部除去的元素，有 Si、Al、V、Ti、Zr、B、Mg、Ca、Nb、Re 等。

从上可知，废合金钢经过多次再生循环后，Cu、Ni、Mo、Sn、Sb 等残留元素的浓度会发生富集增高，接近极限，影响材料的性能。关于残留元素在钢中的积累，经过无限次循环后，一般范围内的残留元素平均极限 R(%) 可计算如下：

$$R=\frac{rc}{1-r} \tag{8.1}$$

式中，c 表示全部废钢残留元素的平均质量分数；r 表示所产粗钢消耗废钢的比例。

根据此式，c 增加，残留元素平均极限 R 将增加（假设废钢比例不变）。

有些残留元素除溶解在基体中外，还可能存在于夹杂物中，可能是简单氧化物、复杂氧化物、硅酸盐夹杂物、氮化物和硫化物等，夹杂物对金属性能的影响问题一直是金属材料的一个重要研究领域。而溶解在基体中的残留元素可能发生铸态偏聚（偏析），偏聚程度取决于残留元素在液相和固相间的分配系数，从相图可判断出该元素的大致偏聚倾向，一般固溶度限越小的元素，偏聚的倾向越大，一些元素在钢中凝固时的偏聚系数见表 8.17。此系数越大，偏聚倾向越强。

表 8.17　一些元素在钢中凝固偏聚系数

元素	As	Sb	Sn	Cu	Cr	Ni	Mo	W	Co
偏聚系数	0.70	0.80	0.50	0.44	0.05	0.20	0.20	0.10	0.10

8.2.3　新钢种的开发

由金属的资源量调查表明，地球上多数稀有金属可采掘年数只有几十年，金属元素矿石是以氧化物、碳化物等化合物形式存在，矿石中金属元素含量各不相同，从经济和技术角度考虑，一般以采掘和提取比较容易的高品质矿石来保障资源供给，在高品质矿藏枯竭后，即使提取技术进步，也难以避免生产效率低下、尾矿增多、开采量过大等一系列问题。采取提高碳含量（比平均碳约高 0.1%）来产生二次硬化效应可降低高速钢合金含量（1%），节约 W 和 Mo 资源，同时减少了环境污染，因为冶炼过程中含碳量高可减少 CO_2 的排放量。

Si 是地球上含量最丰富的元素之一，常以氧化物的形式存在，其制取方便。以往在钢中 Si 是受限制使用的元素，近来的研究表明，钢中加入 Si 后（1.0%～2.0%），可提高钢的二次硬化效应，并使二次硬化的峰值浓度向低浓度方向移动，抗氧强度提高，并降低对材料的韧-脆转变温度，可代替部分贵重金属 W 和 Mo 等资源，对环境协调发展具有重要作用。

8.3　再生金属资源利用

矿山开采会引发多种环境问题，主要表现在侵占土地、地表形态破坏、植被破坏、原始生态不复存在、水土流失、粉尘污染、采场滑坡、排土场泥石流、尾矿库溃坝、区域性生态遭到破坏，这些问题仍呈恶化趋势。全国国有、集体、乡镇各类矿山已累计达 24 万多座，破坏面积之大，污染之严重，长期缺乏有力措施，“污染转移”、“跨域报复”，给人们带来难以补偿的灾难。如果矿产资源得到了充分利用，原来的固体废物大部分变成了资源，暂时未被利用的得到合理处置，矿山开发所产生的环境污染就会减少，过去所出现的灾难也就会避免。

8.3.1 废钢

世界钢铁工业经历了1971年、1994年两次石油危机的冲击以后，迫使钢铁生产更加重视降低能耗和环境保护，出现了转炉、淘汰平炉等重大技术创新成就。随着钢产量的增加和钢材消费量的增长，随之而来的是社会废钢积累量的增多，这促进了电炉炼钢的发展。电炉炼钢能回收利用废钢、综合能耗低、建设投资少、环境负荷小，因而发展很快。

目前使用的金属材料中，钢铁所占的比例在90%以上，而钢铁中又以普通钢材的用量最大，约占整个钢材生产总量的80%～90%。随着资源的日益枯竭和环境问题的日益严重，逐步建立以废钢铁为原料基础的钢铁冶金体系，是社会可持续发展的重要组成部分。以资源意义上理解，对废钢进行再生利用，是发展“第二矿业”。钢铁企业多用废钢、少用铁矿石，不仅有利用保护自然资源，而且有利于节约能源、减少污染。因而应将废旧金属视为“第二矿业”，形成新兴的工业体系：提高转炉炉料的废钢比，同时发展电炉废钢，在钢铁工业中会具有降低生产成本、提高产品质量的优势，在国际钢材市场上会具有影响价格的主动权。

8.3.1.1 电炉炼钢的兴起

20世纪中期，电炉专门用来冶炼质量要求高的钢种，而现在电炉作为短流程的组成部分，也用来生产品种钢。对性能要求高的品种钢则转由高炉-转炉流程生产。由于各国资源条件存在差异，电炉炼钢的发展受到废钢供应与电力供应的制约，电炉炼钢在各国所占的比例也不同。经济发达国家，如美国，工业化时间长，社会废钢积蓄量充足，电炉钢比例较高，达40%～50%。对于我国而言，因社会废钢积蓄尚少，电炉钢所占比例小于15%。由于废钢积蓄量有限，电炉钢产量在相当长的时期内，不会超过转炉钢产量。

电炉炼钢是以废钢为主要原料的，所用原矿石少、投资低、产品质量好。但是发展电炉钢厂的前提条件是要有充足的废钢资源。否则，在废钢短缺、价格昂贵的情况下，要钢铁工业多用废钢，只能是一个良好的愿望。社会废钢积累量和钢材消费量有关，经济发达国家钢材的消费量大，社会废钢积累量大；反之，发展中国家钢材消费量少，社会废钢积累量尚少，废钢的供应量也少。在钢铁产量持续增长的情况下，废钢资源必然相对短缺；在钢铁产量稳定增长的情况下，废钢供应相对缓解。

8.3.1.2 废钢回收再生资源

废钢和铁矿石一样，是钢铁工业的两种主要原料，铁矿石是地下开采出来的自然资源，而废钢是社会通过回收渠道获得的可再生资源。由于来源不同，废钢原料和矿石原料在性质上有很大差异。第一，废钢原料的物理形态有板状、块状、带状、丝状、粉状等类型，而铁矿石经粉碎后，按统一规格制团。第二，废钢表面黏附或涂有油脂类物质，这对废钢再生熔炼不利，而矿石原料没有这类问题。第三，从化学成分上来看，废钢原料比精矿原料的杂质含量高，而且杂质的品种多，可能含有铜、锌、镍、锡、铅、锑等杂质，化学成分变化较大。为了适应冶炼过程的需要，冶炼前必须进行严格的预处理，包括收集-分类-破碎-分选-冶炼。再生金属材料的性能，在很大程度上取决于废钢材料的预处理。

对钢铁产品来说，钢铁冶炼、钢铁产品制造和使用是生命周期中的三个阶段，在钢铁产品的生命周期中，产生三种不同来源的废钢。

钢铁产品生命周期的第一阶段是钢铁生产流程。在此过程中，含铁物料经选矿、烧结、炼铁、炼钢、轧钢等工序，一步步变成钢材等钢铁产品。在这一阶段产生的废钢，称为内部废钢。如金属锭冒口、返回料等。

钢铁产品周期的第二阶段，是制造加工业。钢铁产品经此阶段机械加工时，产生边角料和车屑等废钢，这种废钢是不久前生产出来的钢铁产品演变而成的，所以称这种废钢为短期废钢。这些废钢，经回收后返回钢铁工业，进行重新处理。

钢铁产品生命周期的第三阶段，是钢铁制品的使用阶段。各种钢铁制品，经过一定年限的使用之后，报废而成为废钢。这些钢铁制品包括汽车、船舶、机器设备、金属构件、机车和车辆、武器装备等，使用寿命都较长，一般在10年以上，只有少数制品寿命较短。这些金属制品经若干年使用后才会成为废钢，这部分废钢经回收后，重新进入钢铁生产流程中，是钢铁工业的重要原料之一。

从经济成本方面来说，对生产过程中每一阶段生产的废物，应首先在该阶段内部进行循环利用，既提高资源的利用率，也减轻末端治理的负担。

8.3.1.3 钢铁的杂质分离和无害化

在传统工艺中，产品设计往往只从经济和使用性能出发，而不考虑产品的回收利用问题，这给废品的回收利用带来很大困难。所以新的产品设计概念，要有利于产品的回收和再生产品的性能，有利于环境保护。废钢的再生利用不但要求不同部门、不同行业的合作，还要求开发新的工艺流程，从源头上减少废物，提高废钢利用率，改善产品性能，以求达到最佳性能。同时追求再生产的性能的完全复原，逐渐实现经济上合理、技术上可行的废钢复活的目标，乃是科技工作者的努力方向。

我国目前的钢铁工业中，钢锭生产主要通过转炉、电炉和平炉实现。随着钢铁工业的现代化进程，转炉钢所占的比例将越来越大，平炉炼钢工艺则处于逐渐淘汰之中。目前钢材种类十分繁杂，含有多种合金元素（如Si、Mn、Cr、Mo、Ni、Cu、V、Ti、Zr等）。大量金属制品还含有金属涂层（如Sn、Zr）和非金属涂层（如油漆、塑料等），加上回收过程中不可避免地混入其他材料，使得回收废钢铁化学成分复杂、品质低劣，用来生产新材料必然导致材料性能的劣化。目前我国电炉炼钢使用的原料主要以废钢为主，经过良好分选的废钢铁基本上可以保证钢材的质量。但对于既不需要外部热源，又不能进行长时间氧化还原反应的转炉炼钢过程，则基本上不能使用废钢铁作为原料。即使将废钢铁重熔（如使用冲天炉）后经转炉冶炼，由于杂质元素难以去除，也很难获得合格的钢锭。随着转炉钢在钢材生产中所占比例逐步增大（如日本粗钢生产中转炉钢比例已超过65%），废钢铁再生循环利用的难度将逐渐增大。

在废钢循环再利用的过程中，影响材料性能的主要原因是材料的化学成分和加工工艺。当材料中含有一些不需要的杂质时，往往会影响材料的性能，特别是利用回收的废钢为原料，循环利用中生产出的钢材性能就会退化。例如，制造汽车用的钢板，必须要杂质极低的钢材，而从汽车废钢回收的钢材经电炉熔炼后，不能达到汽车用钢的原有要求，只能用于生产建筑用的钢筋。当再生金属用于原用途时，处理代价太大，经济上不合理或技术上不成熟时，要根据再生钢的性质和需要，开发其他利用途径，作为另一种产品降级使用。合金钢经几次再生循环，钢中的 Cu、Ni、Sn、Mo 等元素的浓度会由于累积效应而增高。这些元素本身最初是作为合金化元素加入钢中来提高性能的，但它们的累积效应对于钢材的热加工性能有不良影响，因此，在钢铁再生循环过程中应设法控制其含量。综上所述，应该大力研究和开发以下冶金技术：①针对含有不能去除元素废钢的炼钢技术和精炼技术；②再生循环钢中杂质无害化技术；③钢材的可再生循环设计技术，即通过可再生循环设计来保证钢材具有良好的再生循环性能；④废钢铁再生循环过程中的分离与分选技术。

8.3.2 再生铝

当今用的金属材料中，铝的用量仅次于钢铁，已成为第二大金属。在工业用的结构金属中，铝的可回收性是最高的，再生效益也是最大的。由于铝的抗腐蚀性能高，除某些铝制化工容器与装置外，铝产品在其使用期间几乎不被腐蚀，如建筑铝门窗、高压输配电线、交通运输工具铝结构与零配件、铝制易拉罐等在其“服务”期间仅发生极少量的腐蚀损失，几乎可得到全部回收。在其熔炼铸造的再生过程中，仅因废料形态、尺寸的差异，再生装备、技术的不同可产生 2%～10%烧损。这种烧损主要是指在熔炼铸造的高温作用下，少量铝因氧化作用变成 Al_2O_3，再也无法再生，除非加入电解槽。

废铝回收再生能耗仅相当于从铝土矿开采-氧化铝提取-原铝电解-铸成锭块所需总能源的 5%。所以回收与再生废铝是一项效益巨大的节能工程。

铝虽有强的抗腐蚀性能，但在大气中也会或多或少发生一定程度的腐蚀作用，而与某些化工物质如碱、海水、土壤等接触，则会发生较强或猛烈的化学反应，造成环境污染。在废旧铝再生过程中排放的污染物比原铝生产全过程排放的污染物既少又轻，大致仅相当于后者的 10%。由此可见，回收与再生利用废旧铝是一项当代受益、荫及子孙的“绿色工程”。

8.3.2.1 再生铝生产现状

2002 年全世界共生产 26086kt 铝，其中中国的产量为 4335kt，消费的原铝也与此数相当，不过中国消费的只有 4200kt，因为净出口了 355.44kt。据世界金属统计局对 26 个国家及地区的统计，2001 年再生铝的产量为 7775.1kt。在这个数字中未包括如中国这样的大批发展中国家的产量，据笔者估算，这 100 来个国家与地区回收的废铝生产的再生铝约 5000kt。可见，全世界 2001 年全球的再生铝产量约 12000kt，相当于原铝消费量的 51%(23544.6kt)。这就是说，一个国家某年回收的废铝大致相当于那一年消费的原铝的 50%以上。

一个国家或地区的再生铝产量与其原铝消费有着密切的关系，一般是原铝的消费越高，回收的废铝也越多，当然，废铝回收率的高低还与国家或地区国民经济水平高低、政府政策、回收网络完善程度等有关。

一些国家或地区的再生铝产量与原铝锭消费量见表 8.18。由表中所列数据可见，这 25 个国家或地区的再生铝产量平均相当于当年原铝锭消费量的 55%。由于废铝统计是一个非常复杂的课题，几乎不可能获得一个准确的数字，而原铝产量数据是相当准确的，原铝锭消费量也可以很准确，因此，在估算某一个国家或地区的废铝产量时，可按原铝消费量的 55%计算。

由表中数据还可以看出，美国、日本、德国、法国、英国五个工业发达国家的平均 a/b 为 47.45%，比世界 25 个国家或地区的平均值低 7.55%。

表 8.18　2000～2001 年一些国家或地区的再生铝产量与原铝锭消费量　　单位：kt

国家或地区	2000 年			2001 年		
	再生铝产量	原铝消费量	$(a/b)/\%$	再生铝产量	原铝消费量	$(a/b)/\%$
奥地利	158.1	168.2	94.0	149.4	201.0	74.3
比利时	—	340.6	—	—	327.3	—
克罗地亚	15.4	28.4	54.2	16.1	37.8	42.6
丹麦	32.6	41.2	79.1	32.6	44.0	74.1
芬兰	43.4	38.5	112.7	34.0	36.9	92.1
法国	270	780.4	34.0	252.8	774.1	32.7
德国	572.3	1490.3	38.4	620.3	1581.0	39.2
意大利	596.9	780.3	76.5	578.3	755.5	76.6
荷兰	96.0	155.0	61.9	95.0	155.0	61.3
挪威	254.6	253.3	100.5	223.9	253.3	88.4
葡萄牙	18.0	78.0	23.1	18.0	66.9	26.9
西班牙	240.5	525.6	45.8	224.6	507.8	44.2
瑞典	30.0	147.0	20.4	30.0	118.6	25.3
瑞士	6.1	165.0	3.7	2.5	161.2	16
英国	241.3	575.5	41.9	248.6	433.3	57.4
前南斯拉夫	1.2	16.0	7.5	1.9	18.7	10.2
伊朗	10	116.7	8.6	10	116.7	8.6
日本	1213.6	2224.9	54.6	1170.3	2014.0	58.1
中国台湾	79.0	501.6	15.8	79.0	321.3	24.6
阿根廷	23.1	81.6	28.3	23.1	70.0	33.0
巴西	229.2	513.8	44.6	229.2	552.8	41.5
加拿大	112.0	799.5	14.0	112.0	759.6	14.0
墨西哥	287.3	87.5	328.3	287.3	87.5	328.3
美国	3450.0	6079.5	56.8	3140.0	5117.0	61.4
委内瑞拉	24.0	183.4	13.1	24.1	164.7	14.6
澳大利亚	109.7	346.4	31.7	127.2	316.6	40.2
平均			55.6			55.4

注：a/b 为再生铝产量/原铝消费量。

8.3.2.2　再生铝生产技术

回收来的废铝一般经过重熔炼，然后经铸造、压铸、轧制成再生铝锭。波兰有人提出将回收的铝碎片直接挤压成产品。从用过的铝饮料罐（UBC）回收利用制成易拉罐材料，一直是再生铝的主要产品，但是，在 UBC 的再熔炼过程中，油漆会产生麻烦。日本有人提出了应用膨胀-剥皮法将油漆除去的方法。

在此需指出的是，再生铝与再生铝合金是两个含义不同的术语，前者是指回收的废铝复化后获得的熔体中的铝含量，据实践经验可按回收的固态废铝的 83%计算，当然这是宏观计算，对某一批具体的废料的铝含量则应按实际情况计算。再生铝合金则是指往复化的废铝熔体中添加一定的合金元素与原铝锭后获得的符合标准规定成分的铝合金。

8.3.3　再生铜

铜是淡红色有光泽金属，具有优良的导电、导热、耐蚀性能，危害人类健康的许多病菌在铜的表面不能存活（图 8.8）。考古资料证实，铜是人类认识、开采、加工、使用最早的金属。远在一万年以前，西亚国家的人们就用铜来制作装饰品。在古埃及人的象形文字中，用“♀”表示铜，其含义是

图 8.8　原生铜

"永恒的生命"。公元前2750年的基厄普斯金字塔内发现了铜制水管；公元前2500年，锡青铜的开发，使铜的硬度大为提高，为铜的使用打开了广阔的空间。在我国青铜器时代，青铜被广泛地用来制作生活用具、兵器、乐器、钱币、工艺品等；宋代开始使用铜-镍-锌白铜制作生活用具，是世界上最早的仿银合金；至21世纪，铜及铜合金已达250多种，分别具有高强度、高导电、高导热、高耐蚀等优异性能，铜及铜合金加工已形成现代重要工业体系，分别以板、带、箔、管、杆、线等多种形式供国民经济和国防工业各部门的需要，从高新技术至人们日常生活，从微电子技术到空调、冰箱、彩电，铜无处不在。目前，中国铜工业生产和技术已相当发达和进步，铜加工材产量已居世界第二位，中国空调用高效散热管的制作技术和产品水平已走在世界前列，具有久远历史的工艺品制作技术也进一步发扬光大。

8.3.3.1 铜资源

1999年，美国地质调查局估计，世界陆地铜资源量为16亿吨，深海结核中铜资源估计为7亿吨，地球上含铜矿物约为280种，但具有经济开采价值的矿物主要有铜的硫化物、氧化物、硫酸盐、碳酸盐、硅酸盐等矿物。地球上铜储量最丰富的地区为环太平洋带，储量最大的国家是智利和美国，中国铜的储量占世界第七。由于中国良好的成矿条件，形成了种类多样的矿产资源，同时，由于多期次、多种地质作用对矿床的强烈改造，我国许多矿床组合变得复杂，形成贫、杂、细的矿产资源特点，使得资源开发利用技术难度大、成本高。尽管我国矿产资源种类多，总量较大，但与占世界人口21%的大国则不相称，人均储量不到世界平均水平的一半。我国铜矿以中小型矿居多，大型和特大型矿少，矿石品位低，且与其他金属共同伴生。目前正在开采的铜矿占已有储量的一半以上。自产矿产铜自给率由1990年53.1%下降到2002年的35.5%。如果国内铜需求增加，矿产铜的自给率还要下降。预测2010年和2020年分别下降到13.3%和9.2%。

在我国，铜精矿短缺趋势明显，2003年、2004年、2005年来矿山生产一直比预期的减少很多，主要是品位下降、能源与原材料中断，导致电解铜产量减少。2006年我们认为世界铜精矿短缺18万～20万吨，2007年仍将保持这样的水平。虽然中国冶炼能力增长很快，铜精矿短缺将导致中国铜冶炼开工率只能达到70%～80%。为满足我国对铜的需求，有关方面正不断推进技术进步，加强找矿工作，与此同时，我国将不断增加铜精矿、粗铜、废杂铜的进口，我国已成为重要的铜原料进口国。

8.3.3.2 铜的再生回收现状

随着工业化进程的加快，人们越来越注意工业用铜废料的回收和利用。铜的可贵之处在于从各种废料回收铜的技术十分简单，各种工业零件报废之后，只需经过分拣就可以重新熔化成有用的铜原料，有的可以直接生产各种铜合金加工材，有些可以通过电解精炼的方法生产阴极铜，所以各类铜废料是宝贵的资源。各国铜的消费量中，大致有20%～40%来自过去消耗的铜，又称为再生铜，发展和利用再生铜技术，是铜工业中的极为重要的技术经济问题，是满足对铜日益增长需求的重要课题。

美国1997年废杂铜再生的直接利用量达到94.8万吨，占当年消费量的34.1%，再生精铜产量32.1万吨，占当年精铜产量的13.15%。表8.19为主要发达国家废杂铜的回收情况。

表 8.19 主要发达国家废杂铜回收利用量

年份	主要发达国家精铜产量(A)	再生精铜产量(B)	加工厂再生产利用的杂铜(C)	回收杂铜总量(B+C)	再生铜占精铜产量比/%
1993	913.2	151.5	284.6	436.1	16.6
1994	898.5	146.8	304.9	451.7	16.3
1995	931.1	163.6	322.8	486.4	17.6
1996	1003.8	169.4	311.1	480.5	16.9
1997	1058.2	168.0	320.0	488.0	15.9

在2007年第三届中国国际金属回收市场及技术论坛上，北京中色再生金属研究所所长、教授级高级工程师张希忠在做题为《再生铜机遇、问题与发展》的演讲时提到，从消费情况看，2006年国内阴极铜产量约300万吨，进口82万吨，出口24万吨，表观消费阴极铜约358万吨，比2005年表观消费378万吨降低了5%，这与2000年以来国内消费铜年均19.7%的增长速度形成了反差，这也是1994年以来的消费铜首次出现下降。2006年国内再生铜产量达到80万吨，比2005年的62万吨增长了18万吨，增长了29%。2007年再生铜工业仍然以较快的速度增长。快速增长的再生铜工业，需要客观地评价再生铜的机遇，冷静地考虑和分析影响再生铜工业发展的一些潜在问题。

8.3.3.3 废杂铜资源

废杂铜（图8.9）的产生地点随着社会的发展在不断变化。20世纪50年代，废铜资源主要产生于民间；60年代，由于国家铜资源紧张，民用产品几乎没有铜制品，因此，民间几乎不产生废铜资源；80年代，废铜主要来源于工矿企业。从目前看，国内产生的废铜主要来源于以下几个方面。

图8.9 废杂铜

（1）有色金属加工企业产生的废料　有色金属加工企业产生的废铜主要有纯铜废料和铜合金废料，如切头切尾、浇冒口、边角料、废次材、含铜的灰渣等。有色金属加工企业产生的铜废料在计划经济时期属于国家统一调拨的物资，市场经济之后，这部分废料一般都由企业自己回收利用，重新加入生产过程，也有一部分流入社会，主要是低档次的废料和含有色金属的灰渣。

（2）消费领域产生的废铜资源　该领域产生的废铜数量庞大，是再生铜工业的主要资源，产生于国民经济建设的各工业领域、工矿企业。该领域产生的废铜主要包括加工余料、屑末、废次材（废品）、废机器零件、废电气设施等。随着加工制造技术的进步和工业化速度的加快，消费领域产生的废有色金属中的加工余料（边角屑末）的数量在逐年降低，而含有色金属的报废设备、仪器、废电子元器件、废电气设施的数量和品种逐年增加，是未来废有色金属的主要资源。

（3）社会上产生的废有色金属　随着人们消费水平的提高，社会上产生的废铜数量不断增加，如废电线、废家用电器等。

（4）进口的废有色金属　我国是铜的消费大国，铜资源严重不足，国内产生的废铜资源有限，因此我国每年都大量进口废铜，弥补资源的不足。进口废铜可以分为两部分，一部分是比较纯净的废铜或铜合金，海关将其称为六类废料；另外一部分叫做以回收铜为主的废电机、废电线和废旧五金，为第七类废料。据海关的统计数字表明，2003 年全国进口含铜废料 306 多万吨，含铜量大约在 60 万～70 万吨；2004 年我国进口铜废料 396 万吨。

(5) 国防、军工产生的废有色金属　此类废料主要是弹壳、废通信电子设备、废电气设施和从退役的汽车、飞机、舰艇及其他军事设施中拆解的废有色金属零部件。

8.3.3.4　再生铜生产技术

废杂铜一般分为特种紫杂铜、一般紫杂铜和黄杂铜，还有铜渣和铜灰。不同种类的含铜废料，回收利用的方法也不同。目前国内外回收利用废杂铜的方法主要可分为两大类：第一类是将高质量的废杂铜直接冶炼成紫精铜或铜合金后供用户使用，称作直接利用；第二类是将废杂铜冶炼成阳极板后经电解精炼成电解铜供用户使用，称为间接利用。第二类方法比较复杂，通常采用一、二、三段法冶炼。

8.3.4　再生铅

事实上，再生铅工业是实现铅工业可持续发展的不可缺少的重要组成部分，回收再生铅可以充分利用铅废料，减少原矿石的开采量，延长开采期限，再生铅将大量节约能源，生产再生铅的能耗仅为生产原生铅的 25.1%～31.4%，生产成本也比原生铅低 38%。

8.3.4.1　铅的再生回收现状

20 世纪 60 年代以来，原生铅的产量逐渐下降，再生铅的产量逐渐上升。相对于其他金属，铅的回收与再生相对容易，因此，目前世界铅生产的再生率达到了 60%，是所有金属中再生率最高的。

世界再生铅的产量已超过原生铅产量。世界再生铅产量呈逐年上升趋势，1998 年世界再生铅产量已达到 294.6t，占精铅总产量的 59.8%，再生铅工业在世界铅工业中占有重要地位。1990～1996 年，美国再生铅产量由 87.8 万吨增至 95.7 万吨；欧洲从 77.1 万吨增至 87.4 万吨；日本从 11.1 万吨增至 14.7 万吨。美国再生铅的原料 95%来自废铅酸蓄电池的回收铅。

世界再生铅的生产主要集中在北美洲、欧洲和亚洲，北美洲再生铅产量占西方世界再生铅总产量的 47.3%；再生铅生产主要分布在美国、英国、法国、德国、日本、加拿大、意大利、西班牙等国，说明再生铅产量受汽车工业和汽车保有量的影响较大。

从西方各国再生铅产量在铅总产量中所占比例看，可分为 3 种情况：①不生产原生铅的国家，即再生铅占总铅产量的比例为 100%，这类国家有爱尔兰、葡萄牙、瑞士、尼日利亚、新西兰等；②再生铅比例超过 50%的国家，有美国、奥地利、法国、德国、瑞典、日本、巴西等；③再生铅比例低于 50%的国家，主要是发展中国家。

目前，中国再生铅的原料 85%来自于废蓄电池，同时，蓄电池行业也消耗了 50%以上的再生铅，已初步建立了良性循环，但与国外相比仍有很大的差距。2003 年西方国家再生铅的产量为 284.6 万吨，再生铅产量占总产量的 58.1%，其中美国年产铅总量为 142.2 万吨，而再生铅产量已达到 108.3 万吨，再生铅产量是我国的 6 倍，如表 8.20 所示，再生铅比例高达 76.2%，德国、法国各国的再生铅比例也均超过了 50%，我国 2003 年再生铅产量仅为 18 万吨，占总比例约为 20%，可见还有很大的潜力去追赶国际先进水平。2006 年，中国再生铅产量为 39 万吨，与 2005 年相比增长 39%。

表 8.20 2003年西方国家与中国的再生铅产量

国家	再生铅产量/万吨	再生铅占总铅产量的比例/%
美国	108.3	76.2
德国/法国	—	超过50
中国	18	20

8.3.4.2 再生铅生产技术

再生铅的原料包括废铅酸蓄电池、电缆护套、铅管、铅板及铅制品在加工过程中产生的废碎料等，其中主要原料是废蓄电池，特别是汽车用的起动型蓄电池。

发达国家主要采用机械破碎分选，并进行脱硫等预处理，具有代表性的有两种：意大利Engitec公司开发的CX破碎分选系统和美国MA公司开发的MA破碎分选系统。其工艺是根据废铅蓄电池各组分的密度与粒度的不同，将其分开，分为橡胶、塑料、废酸、铅金属、铅膏等几大部分，然后分别回收利用。在中等发达国家主要采用锯切预处理技术，将废铅蓄电池在低速锯床上解体，取出极板，该技术与鼓风炉对物料的要求相应；在发展中国家，大部分只是进行手工解体、去壳倒酸等简单的预处理分解，劳动强度大且污染严重。

世界废铅蓄电池的处理方法有火法、湿法、火湿联合法之分，具体的工艺流程有如下4类。

① 废铅蓄电池经去壳倒酸等简单处理后，进行火法混合冶炼，得到铅锑合金。该工艺金属回收率平均为85%～90%，废酸、塑料及锑等元素未合理利用，污染严重。

② 废蓄电池经破碎分选后分出金属部分和铅膏部分，二者分别进行火法冶炼，得到铅锑合金和精铅，该工艺回收率平均水平为90%～95%，污染情况较第一类工艺有较大改善。

③ 废蓄电池经破碎分选后分出金属部分和铅膏部分，铅膏部分脱硫转化，然后二者再分别进行火法冶炼，得到铅锑合金和软铅，该工艺金属回收率平均为95%以上，如德国的布劳巴赫厂其回收率可达98.5%，废酸、塑料、锑等都能合理利用，基本不污染环境。

④ 全湿法处理，主要有电解和电积法、固相电解法等，产品可以是精铅、铅锑合金、铅化合物等。该工艺只停留在试验研究阶段，尚无工业生产报道，从研究情况看，该工艺回收率高，无污染，综合利用水平好。

8.3.5 再生锌

我国是世界主要锌生产国。据有色协会统计，2005年全国锌产量达到271万多吨，占世界总产量的26.3%，居世界第一位。

在我国，锌的最终消费主要集中在建筑、通信、电力、交通运输、农业、轻工、家电、汽车等行业，中间消费主要是镀锌钢材、压铸锌合金、黄铜、氧化锌以及电池等。2005年我国锌消费量为315万吨，占世界总消费量的30%。

从世界范围来看，再生锌工业已成为整个锌工业的重要组成部分。据美国锌贸易公司(US Zinc Trading)估计，目前全世界每年消费的锌中（包括锌金属和锌化合物），原生锌占70%，再生锌占30%；据国际锌协会（IZA）估计，目前西方世界每年消费的锌锭、氧化锌、锌粉和锌尘总计在650万吨以上，其中200万吨来自锌废料。美国1997年锌产量(包括金属、合金、锌化合物和肥料）的大约62%来自再生资源，2000年再生锌消费量占锌总消费量的40%。日本再生锌产量占总产量的10%，根据日本金属经济研究协会（Metal Economics Research Institute of Japan）数据，日本每年能够从钢厂烟尘、飞尘和废旧电池中回收锌92000吨，其中从钢厂烟尘中回收锌5000吨，从飞尘中回收锌6万吨，从废旧电池中回收锌2.7万吨。中国2006年的再生锌产量为11万吨，与2005年相比增长29%。

锌废料也和其他金属废料一样，分为“新”废料和“旧”废料。所谓“新”废料是指锌金属生产过程中和应用金属锌生产其他产品如镀锌钢、黄铜零部件、锌压铸件等过程中产生的废料，又称为“加工”废料（“process” scrap）；所谓“旧”废料是指用过的汽车零部件、屋顶锌板、家用电器和其他含锌产品报废后产生的废料。

小结与展望

金属资源属于不可更新的自然资源，大量消耗必然会使人类面临资源逐渐减少以致枯竭的威胁，目前我国的矿产资源供需方面已经形势严峻，几种重要的金属矿产资源保障程度已经很低，对国外的依赖程度越来越高，金属矿产资源显现出了对国民经济发展的“瓶颈”作用。因而，金属材料产业的生态环境化已成为未来发展的一项迫切任务。从金属材料合金添加元素的无害化，到新型金属材料的开发，再到再生金属资源的利用，将形成金属材料循环利用的闭路系统，该系统的目标是低能耗、零排放。然而，在该循环利用闭路系统的形成过程中仍然存在有众多尚待解决的问题，如金属的回收以及再生金属的加工技术等，有待于我们进一步完善。

思考题

1. 试述金属材料对生态环境的影响。
2. 如何能够更加行之有效地回收废旧金属，以利于金属产业的生态环境化？
3. 有哪些途径可以降低金属矿藏资源的消耗，缓解目前日益紧张的金属资源供需关系？

参考文献

1 左铁镛，聂祚仁. 环境材料基础. 北京：科学出版社，2003
2 刘江龙. 环境材料导论. 北京：冶金工业出版社，1999
3 洪紫萍，王贵公. 生态材料导论. 北京：化学工业出版社，2001
4 余兴泉，何德坪，陈锋. 泡沫金属对流换热性能研究. 功能材料，1993，24（5）：438～442
5 汤慧萍，张正德. 金属多孔材料发展现状. 稀有金属材料与工程，1997，26（1）：1～6
6 李保山，牛玉舒，翟秀静等. 发泡金属的开发、性质及应用（Ⅰ）——发泡金属的制备方法. 中国有色金属学报，1998，8（Suppl. 2）：18～22
7 刘培生，李铁藩，傅超等. 多孔金属材料的应用. 功能材料，2001，32（1）：12～15
8 辜禄荣，闻建静，孟庆江. 坚持科学发展观发展江西金属材料工业. 世界有色金属，2005，（4）：7～10
9 刘大文，谢学锦. 基于地球化学块体概念的中国锡资源潜力评价. 中国地质，2005，32（1）：25～32
10 邱定蕃，吴义千，符斌等. 我国有色金属资源循环利用. 有色冶金节能，2005，4：6～13
11 王运敏. 我国金属矿产资源开发循环经济的发展方向. 金属矿山，2005（9）：1～3
12 R·斯里普里亚等. 从铁铬合金厂的渣和混合金属中回收金属——示范研究. 国外金属矿选矿，2005，（5）：20～26
13 李寿康. 铜及铜合金知识简介. 金属世界，2005，（4）：39～41

第9章 无机非金属类环境材料

在现代科学发展过程中，无机非金属材料越来越受到人们的重视，已成为材料科学的三大支柱之一。伴随着航天、电子信息等工业的迅速发展，应运而生了一系列新型无机非金属材料，这些材料用途广泛，是现代社会不可或缺的支柱材料。为使读者系统了解传统的和新型的无机非金属材料及其生态化，本章介绍了无机非金属材料的分类及特点，如何实现无机非金属材料的生态环境化，以及生态建材、装饰装修材料、新型陶瓷等典型无机非金属类环境材料的相关知识。

在材料科学发展过程中，无机非金属材料越来越受到人们的重视，它与金属材料、高分子材料构成材料科学的三大支柱。无机非金属材料占材料科学中的一大部分，近年来世界各国都极为重视对它的研究、发展和应用。我国非金属矿产品及非金属制品资源丰富，种类繁多，在国民经济和生产生活中发挥出越来越重要的作用。

9.1 无机非金属材料的分类及特点

无机非金属材料，是指既是无机的又是非金属的所有材料。如果按定义来划分材料的类别，其内涵非常丰富。但在20世纪40年代以前，其包含的内容非常少，仅包括自然产出的石头、黏土制品、水泥、玻璃、陶瓷、耐火材料、人工晶体等。直到20世纪40年代后期，随着航空航天工业、电子信息工业、机械工业、生物材料等工业的发展，人们开发出了一系列的新型材料，极大地丰富了无机非金属材料的内涵。现代的无机非金属材料种类繁多，诸如结构材料、耐磨材料、电子材料、声光材料、敏感材料、生物材料等。因此可以说，新型无机非金属材料已是一类内涵丰富、用途广泛、现代社会不可缺少的支柱材料。

9.1.1 分类

通常，可以把无机非金属材料分为普通的（传统的）和先进的（新型的）两大类。传统的无机非金属材料是工业和基本建设以及人民生活所必需的基础材料。包括水泥、耐火材料，各种规格的平板玻璃、日用玻璃、仪器玻璃和普通的光学玻璃，以及日用陶瓷、卫生陶瓷、化工陶瓷和电瓷等，它们的生产历史较长，产量大，用途广。其他产品，如搪瓷、碳素材料、非金属矿物材料也都属于传统的无机非金属材料。先进无机非金属材料是指20世纪中期以后发展起来的，具有特殊性能和用途的材料。它们是现代新技术、新兴产业和传统工业技术改造的物质基础，也是发展现代国防和生物医学所不可缺少的。主要包括先进陶瓷、非晶态材料、人工晶体、无机涂层、无机纤维等。

无机非金属材料也可按生产过程的不同组合分为以下三类：第一，胶凝材料类；第二，玻璃、铸石类；第三，陶瓷耐火材料类。

9.1.2 特点

无机非金属材料是从传统的所谓硅酸盐材料演变而来的。传统的硅酸盐材料因都含有硅酸盐矿物而得名。现代的无机非金属材料则从硅酸盐领域已经扩展到碳化物、卤化物、氮化物、硼化物、铝酸盐、硅酸盐、磷酸盐、硼酸盐等领域。无机非金属材料及工业生产过程有如下特点。

（1）原料特性　制备无机非金属材料的原料主要有天然矿物原料与人工合成原料两大类。无机非金属材料的大宗产品，如水泥、玻璃、砖瓦、陶瓷、耐火材料等的原料大多来自储量丰富的非金属矿物，如石英砂（SiO_2）、黏土（$Al_2O_3 \cdot 2SiO_2 \cdot 2H_2O$）、长石（$K_2O \cdot Al_2O_3 \cdot 6SiO_2$）、铝矾土（$Al_2O_3 \cdot nH_2O$）、石灰石（$CaCO_3$）、白云石（$CaCO_3 \cdot MgCO_3$）、硅灰石（$CaO \cdot SiO_2$）、硅线石（$Al_2O_3 \cdot SiO_2$）等。据统计，氧、硅、铝三者的总量，占地壳中元素总量的90%，地壳中硅酸盐和铝酸盐占明显优势，它们和其他一些氧化物矿物是制备无机非金属材料的最主要原料。其中除天然砂和软质黏土外，都是比较坚硬的岩石。因此，无机非金属材料原料蕴藏量十分巨大。

（2）生产工艺、技术特性　普通无机非金属材料的生产工艺通常都要经过以下工序：粉料制备、成型、高温烧成和后处理。对人工晶体和玻璃制品，成型是在高温熔制的同时或之后进行，对所有的原料，作为共同的特点，高温烧成乃是最重要的工序。在此之前，各种原料只经受较简单的物理变化（粉碎、配料、混合和造型）；在烧成过程中，物料一般要在1400～1600℃或更高的温度下发生一系列复杂的物理化学变化，使之转变成为所需性能的多晶态（陶瓷、耐火材料、水泥等）或非晶态（玻璃、珐琅等）。后处理则视产品而定，如陶瓷的上釉、彩饰，水泥的粉磨，玻璃的退火等。

新型无机非金属材料的生产工艺过程基本上和普通材料类似，但生产条件的控制要精细严格得多。例如原料多采用高纯、超细、成分固定的人工合成原料，成型方法则视产品的形状而定。以陶瓷为例，成型方法有干压、挤压、注浆、热压注、等静压、轧模、流延、注射或蒸镀等。高温烧成除了炉温有时会达到1800℃或更高外，炉内气氛也可由空气、燃气改为真空、氮、氩、氢气等，压力由负压至几个、几十个乃至上百个大气压，热源由液体、气体燃料发展为电热、微波和激光、等离子。后处理则发展为各种热处理、化学处理、表面处理和精细的机械加工等。

（3）产业特点　传统无机非金属材料由于品种繁多，决定了其生产企业不集中，规模差异大，技术水平悬殊，资源消耗巨大，能耗大，环境污染问题严重，这些都是无机非金属材料生态化改造的重点。新型无机非金属材料多应用于严酷环境和特殊领域，对性能的要求苛刻，由于对原料的要求高，工艺复杂，单位能耗高、污染大，因此，对其生态化改造必须兼顾环境协调性和严格的性能要求，是无机非金属材料生态化改造的难点，同时也是开发新型环境友好无机非金属材料的契机和主要领域。

9.2 无机非金属材料的生态环境化

9.2.1 传统无机非金属材料面临的生态环境问题

9.2.1.1 使用性能与环境协调性的矛盾

材料使用性能与环境协调性是一对矛盾，使用性能好的材料环境协调性往往较差。无机非金属材料的原料广泛、工艺多样、微观结构千变万化，上述矛盾更加突出。例如，普通陶瓷以黏土、石英砂等天然矿物为原料，这些原料只需简单处理即可使用，烧结温度也较低，因此环境协调性较好，但其性能差，强度一般不高于100MPa，不能够作为结构材料用于机械工程领域。相反，先进陶瓷采用超细、高纯的人工合成原料，有时还采用化学合成原料，成型、烧结、加工工艺复杂，排出有害物多，因此，环境协调性较差，但性能优良，强度能够高于1000MPa，可广泛用于机械、化工、冶金等领域。

9.2.1.2 土地资源占用和消耗量大、破坏严重

通常无机非金属材料对土地资源的占用和消耗巨大，对地表带来严重破坏，如我国黏土砖、水泥等几大项材料的生产企业10万多家，占地40万公顷以上，破坏绿色土地5万公顷，消耗原料50亿吨，其中石灰石10亿吨，消耗的黏土相当于100万亩土地。对土地资源的累计破坏严重、消耗巨大、产出量低是这一类材料的主要环境问题，并且产品性能低，服役能耗高，综合效益极差。

9.2.1.3 制备过程中能耗高

无机非金属材料生产中都要经过高温燃烧（烧结）过程，能耗高。我国无机非金属材料产业单位能耗一般是西方先进国家的两倍左右，高的单位能耗不仅消耗能源，而且是污染物高排放的最直接原因，无机非金属材料的生态化改造应该从降低能耗入手。

9.2.1.4 难以再循环利用

金属材料可以重新回炉熔炼，热塑性树脂可以重塑成型，热固性树脂也可以回收能源（燃烧、炼油），但是，无机非金属材料却很难再循环利用。由于无机非金属材料的自身特点，其废物很难破碎，即使能够粉碎再利用，其能耗也要比直接使用矿物原料高得多，带来更大的二次污染，同时性能大大下降。因此，无机非金属材料的生态化改造考虑的重点应该是长寿命化设计，即尽量提高材料的使用寿命，全面提高无机非金属材料的循环利用率和再资源化率是很困难的。

9.2.1.5 固体废物处理困难

无机非金属材料固体废物数量特别巨大，再循环利用又很困难，因此，目前很多固体废物堆积如山，占用大量耕地，少量利用的也多是低附加值，如铺路等。建筑陶瓷、日用陶瓷、工业陶瓷等废物量非常大，基本不能回收再利用。电子玻璃、电子陶瓷成分复杂，回收困难，并且污染严重，已在世界范围造成严重的环境问题。所以，对固体废物的低能耗、高附加值资源化再利用，是无机非金属材料生态化改造的难点。

9.2.1.6 有毒有害添加剂和排放物问题

陶瓷、玻璃和耐火材料及一些先进陶瓷材料，采用大量铅、氟、铜、铬、砷等有毒化合物，以废水、废气形式污染环境，对人体健康造成危害。有些混凝土、砖、石材等含有放射性元素，在衰变过程中放出氡气并伴有放射性，严重威胁人的身体健康。石棉材料对人体有强烈的刺激作用和致癌倾向。

由于大多数无机非金属材料在制造的某个阶段以粉末形式存在，因此，带来的粉尘污染

也很严重。例如仅水泥生产，全国年粉尘排放高达1300万吨。

9.2.2 无机非金属材料的生态环境化

9.2.2.1 无机非金属材料生态化设计原则

正如我们对生态环境材料的界定一样，无机非金属类材料生态化改造的基本原则就是从设计、制造、使用到退役、废弃、循环再生都必须与环境具有协调性。

与金属或高分子材料相比，除工艺、性能上的差异外，无机非金属材料设计思想也有很大区别。研究开发无机非金属生态环境材料，必须充分考虑到这些差异。金属材料与高分子材料，一件产品最终完成可分为材料制备和产品制造两个截然分开的阶段。设计也分为材料设计和产品设计两个独立的阶段，材料工作者负责设计制造出具有各种性能的材料，产品制造者负责选材和产品设计、生产，相应地环境协调性评价也分为MLCA和PLCA。

对于无机非金属材料（除水泥外），由于加工的困难性，通常材料和产品是同时完成的，材料即是产品，产品即是材料，二者不可分割。材料设计贯穿于产品的整个生产中，材料工作者直接面向最终产品，对最终用户负责。因此，无机非金属材料的设计、生产模式不同于金属材料或高分子材料，也不能够沿用传统材料与产品相分离的设计思想。

根据数十年的材料强度研究，特别是先进陶瓷材料强度与材料设计方面的经验，提出了集材料设计与产品设计于一体的新设计思想，并在某些陶瓷材料的设计与应用中取得了成功，该设计思想可以参见图9.1。

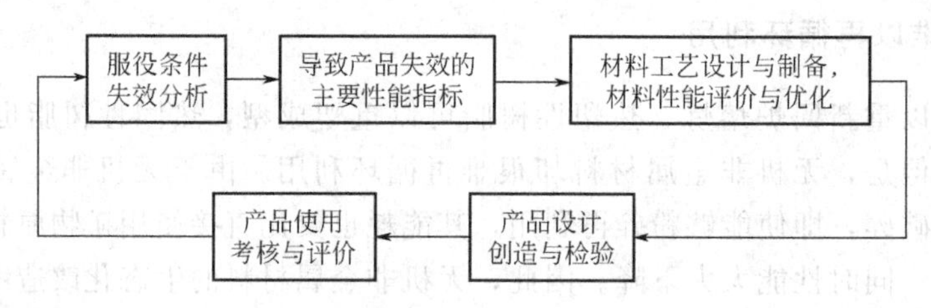

图9.1 陶瓷材料与产品的设计框图

这一设计思想的要点在于：首先根据材料的实际服役条件，开展失效分析，找出产品早期失效或损伤的主要因素，即材料的主要抗力指标（或性能指标），然后针对如何提高该性能指标，进行材料工艺设计与材料制备，并进行性能评价，材料已优化，达到性能要求后再进行产品设计制造与使用考核，若达不到理想要求，可以再重复上述过程，直至成功。上述设计思想尽管是从陶瓷材料实践中得出的，但由于无机非金属材料具有的共性，因此其基本思路对于大多数无机非金属材料具有普遍意义。

无机非金属类生态环境材料的设计，除了要考虑上述设计思想以外，还应将环境协调性评价（LCA）和材料、工艺的生态化设计、优化加入其中，这样就形成一个设计“双环”，见图9.2。由于无机非金属材料的固有特点，MLCA和PLCA是统一的，贯穿于材料（产品）的设计、制造、使用等整个寿命周期中。需要注意的是，图9.2中“产品设计制造与检验”和“产品使用考核与评价”，都应采用包括使用性能评价和LCA的“双指标”评价检测体系。

根据前面谈到无机非金属材料的环境问题，在进行生态环境化设计时重点应落在长寿命和再生循环设计。

(1) 长寿命化性能设计的原则 ①服役条件、失效分析为依据。无机非金属材料应用范围很广，服役条件千差万别，要求的性能也不同。因此，应该根据无机非金属材料的设计思

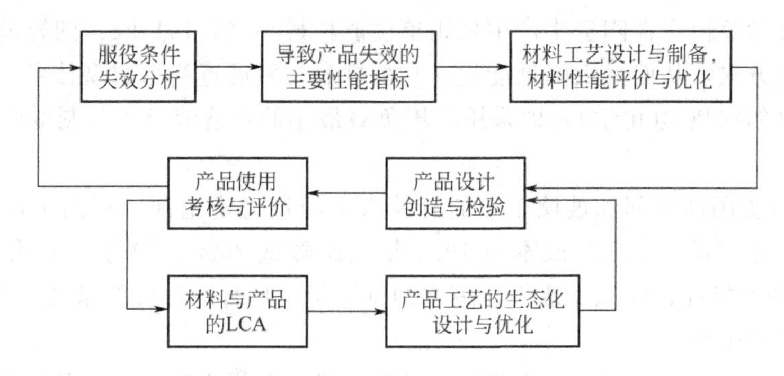

图 9.2　无机非金属类生态环境材料和产品的设计框图

想（图 9.1），依据失效分析，确定影响使用寿命的关键性能指标。②成分设计和结构设计相结合。某些与化学变化有关的性能对材料成分敏感，对结构不敏感，相反，大多数力学性能对结构敏感。但总体来讲，材料的性能是由化学成分和微观结构共同决定的。因此，对材料的性能设计需要将成分设计与结构设计相结合才能实现。

如对混凝土，以前由于混凝土配制水平低，全世界均采用 50 年服役设计，自 20 世纪 90 年代以来，由于高性能混凝土技术的成熟，在西方发达国家已采用 80～140 年服役期设计。日本已着手 500 年混凝土的深入研究，将大大减少原材料使用量，传统消耗、污染排放及废物量均大大下降，从而减小了环境负荷。

（2）再生循环设计原则　材料的可循环再生要从设计抓起，对混凝土等建筑材料包括如下几点。①减少使用材料。以最少的材料达到对性能和功能的要求。②材料再使用。要求可拆卸，可修复使用。③循环使用。可拆卸，可降级使用。

9.2.2.2　无机非金属材料生态化改造对策

（1）用高新技术提升改造传统材料产业，提高产品品质、节能降耗、提高效益、减少或消除排放。

传统无机非金属材料产业，如水泥、玻璃、陶瓷、混凝土等，尤其是水泥与混凝土，量大面广，但是技术、工艺水平落后，企业不集中，规模小，资源、能源消耗高，污染大，环境负荷高。近些年来，发达国家已发展了许多高新技术，成功地解决了这些问题，而我国这方面的问题依然很严重。

对于水泥工业可以用新型方法（窑外分解技术）对传统的立窑、机立窑及旋窑、湿法窑进行改造，并运用系统配套新技术如收尘技术等，可使燃料消耗、电耗大幅下降（分别可达 40%和 30%），粉尘等排放大大降低，达到德国等先进国家标准（$10mg/m^3$），同时质量、产量资源效率均有所提高，CO_2、NO_x 排放亦有所降低。配上脱硫技术等，SO_2 等排放会大幅下降。

在混凝土中可大量采用超塑化剂和超细粉技术生产高性能混凝土，使传统混凝土向绿色材料迈进。目前我国使用添加剂的混凝土不到 30%，日本、美国、德国等发达国家高达 70%，这样混凝土性能提高，寿命大大延长，水泥用量少，混凝土用量亦下降，如此资源消耗下降，排污量亦下降，环境负荷就会大大减缓。同时，用工业废渣如石灰石、矿渣、粉煤灰制造混凝土细掺和料，可替代水泥高达 60%～80%，而且性能非常优异，如活性粉末混凝土（RPC），强度高达 $2000 \sim 8000kg/m^2$。这两项技术的广泛应用，可实现 3.5 亿吨水泥相当 5 亿吨水泥的效果。

为了减少环境负荷，在陶瓷生产中采用单位能耗最小（4.19J/kg）的辊道窑，淘汰高能耗的间歇式烧结方式，从而大大降低能耗，减少排放。发展近终型成型技术、低温快烧技术和软溶液工艺（如水热-电化学），即采用环境负载最小的水溶液类工艺制取陶瓷和复合材料等高功能材料。

1996 年 4 月美国能源部和玻璃工业的有关人士经过讨论论证，提出了玻璃工业发展的一些关键目标，它们是：①生产成本与 1995 年相比降低 20%；②与 1995 年相比，能耗降低 50%，逼近理论能耗；③减少废气、废水的排放量，比普通环境要求低 20%；④100%回收废玻璃和用于再生产。

在对平板、瓶罐、电视玻璃等大型池窑的生产进行分析之后，欧洲各国都制订出相应的标准，见表 9.1。由表 9.1 可知废气主要分为三类。一为带出的粉尘，这与生产所采用原料的状况有关，也与工艺有关，各国的要求也不一，以荷兰要求最严（25mg/m³），而意大利最松（150mg/m³），即使如此也在目前所测烟气的下限，因此有较大差距要改进。其二是重金属的排放，这与原料、添加剂、燃料等多种因素有关，现在的要求是总量控制在 30mg/m³以下，其各分量受相应法规的限制，例如，众所周知的铅，有人测出目前重金属排放量高达 500～800mg/m³，所以也是一项艰巨工程。解决的方案甚至包括调节小炉布局、对数，以影响燃烧过程，或采用全电熔窑等手段防止重金属的溢出。最后是废气的主体，按组成分即为 SO_x、NO_x、HF 和 HCl，都是燃烧过程的产物，因而与燃烧工艺紧密相关。

表 9.1　钠钙玻璃熔窑排放的烟气及各国标准要求

组元	浓度/(mg/m³)	德国		法国		意大利		英国		荷兰	
		油	气	油	气	油	气	油	气	油	气
总粉尘	150～250	50	50	50	50	～150	～150	100	100	25	25
Pb	12	5	5	5	5	5	5	5	5	5	5
Cr	5	5	—	—	—	—	—	—	—	—	—
Ni	6	1	—	—	—	—	—	—	—	—	—
V	2～5	5	—	—	—	—	—	—	—	—	—
Se(粉粒)	～2	1	—	—	—	—	—	—	—	—	—
Se(气态)	～13	1									
SO_x①	400～4000	1800	1100	～1800	750	1800	800	750	1750	400	400
NO_x②	400～3600	～3000	—	～1500	—	～3000	～3500	2700	2700	2500	2500
HF	3.5～4.5	5	5	5	5	5	5	5	5	5	5
HCl	30～120	30	30	50	60	30	30	60	60	30	30

① 代表 SO_2，SO_3。

② 代表 NO_2，NO，NO_x。

玻璃池窑中 NO_x 的排放与工艺的关系，见表 9.2，由此可知，NO_x 的排放与用油或气有关，还与窑型结构有关，例如横火焰的排放量比换热窑高一倍还多，同样的情况也发生在 SO_x、HF 和 HCl 方面（表 9.1）。另外，燃烧过程也较复杂，所以整个废气的控制应作全面考虑。

表 9.2　玻璃池窑中 NO_x 的排放与工艺的关系　　单位：mg/m³

NO_x排放工艺	换热式	马蹄式	横火焰
燃油	1200	1800	3000
燃气	1400	2200	3500

(2) 充分利用工业废渣、城市垃圾、尾矿改变原料体系，减轻对地表的破坏。

到目前为止实心黏土砖、水泥、玻璃、陶瓷、混凝土及水泥制品依然大量采用天然矿物原料，如黏土、石灰石、硅砂、砂石等，造成大面积地表破坏，形成了严重生态问题。工业废渣的主要成分类似于这些矿物，国外的工业实践已证实工业废渣等能为这些材料生产所用。如粉煤灰、高炉矿渣、煤矸石、尾矿、城市垃圾、建筑垃圾等可用于生产水泥、混凝土、水泥制品以及陶瓷墙地砖等。实际上绝大部分废渣可以制造墙体（如空心砖）材料和混凝土，按现在的工业条件可使利用率达到45%～50%。工业废渣、尾矿、煤矸石等亦可作为陶瓷墙地砖及屋面瓦等的原料，以及利用粉煤灰微珠做吸波材料等。

(3) 循环再生利用（闭路循环），零排放零废弃。

正如前面所述无机非金属材料很难循环再生利用，结果造成大量固体废物，且无法降解为环境所消纳。无机非金属材料生态化改造应努力改变这种状况，美国、日本等已广泛开展了利用废弃陶瓷、玻璃及混凝土破碎代替砂石作混凝土集料。

玻璃回收利用相对较易，可重新熔化做玻璃，主要注意有害元素的富集。陶瓷再生利用较难，一股只能作混凝土或墙体材料的集料。无法再用作陶瓷原料。混凝土解体后，一般要降标号使用，所以标号太低的亦很难再利用。故以前的低标号混凝土（普遍情况）只能考虑作水泥、烧砖的原料。

(4) 发展替代材料，淘汰环境负荷重、对人体有毒害的材料。

实心黏土砖对环境的破坏太大，必须用新型墙体材料全面替代，尤其在中心城市及发达地区，目前，新型墙体材料，如水泥空心砌块、加气混凝土砌块与条板、石膏砌块、空心砖等的使用率基本达80%以上，全国达到50%。

石棉等材料已被证明对人体极为有害，发展GRC（抗碱玻璃纤维增强低碱水泥）以及其他无石棉纤维（高模量维纶纤维，纤维素纤维，高密度高模量聚乙烯纤维，钢纤维等）水泥板替代石棉水泥板，消除公害。

9.3 生态建材

9.3.1 建材与环境

建筑材料是最古老、用量最大的材料，也是不断开发、研究及革新的材料。在我国从古代到近代的建筑材料发展史上，大体上经历了“秦砖汉瓦”时代、金属和水泥时代、新型建筑材料时代。在石材和木材之后发展起来的黏土砖瓦的出现是全球大气环境污染的开始。日本的生态学专家研究秦朝的史料后认为，秦始皇为了修筑长城破坏了大量的森林，破坏了绿色土地，加速了北方沙漠地带的形成和发展。尽管金属材料、水泥、玻璃和建筑卫生陶瓷的出现，加快了建筑业的进程，促进了人类文明的发展，但同时也增加了对地球生态环境的负面影响，燃煤烟尘的污染严重破坏了地球的生态环境。19世纪石油化工、汽车交通产生的化学烟雾，把污染引到了公路和居室门口。20世纪这种污染进一步恶化，同时又产生了化学建材和建筑涂料引起的有机有害污染物这一新的污染源，并将污染带入室内。进入21世纪，随着全球经济一体化的不断发展，地球生态环境污染的控制和防治得到逐步加强。由此可见，传统建材的生态环境化是满足人类居住生态环境需要的必然趋势。

传统建材按其来源可分为传统人造建材和自然岩石建材，其主要产品有钢材、水泥、陶瓷、玻璃、装饰装修材料和石材等。这些传统材料是根据建筑物及其应用部分对材料提出力学性能和功能方面的要求而进行开发的。具体说，建筑结构和墙体材料主要追求高强度、高耐腐蚀性等方面的先进性；而装饰材料则追求功能性和设计图案美观等方面的舒适性，但往往忽略了建筑材料的环境协调性，结果给环境带来了较大的污染。由于建筑材料应用广泛，用量巨大，因此对能源和资源的消耗巨大，对生态环境所造成的影响严重。

9.3.1.1 传统建材对生态环境的影响

在建筑材料生产过程中，大多伴有矿山开采、原材料及燃料的破碎、物料粉磨和烧制过程。在这些过程中产生的粉尘、飞灰、烟雾等气溶胶，直接造成对人体呼吸道、眼睛等器官损害以及对环境的破坏等。水泥粉尘是建材工业的一大污染源，我国水泥粉尘占水泥产量的30%左右，年排放量为$1.5\times10^7\sim1.8\times10^7$t。而发达国家的排放量控制在0.01%以下。水泥粉尘回收后可直接作为水泥的原材料或者作为胶凝材料。

在建材的选矿、冶炼、轧钢过程中会产生很多污水，其中含有大量的无机悬浮物质，如砂、炉渣、铁屑等。在冶金、涂料等行业会产生有毒污染物汞、镉、铅、砷等废液；在金属加工、制造业中可产生酸、碱污染物；在建筑工地上由于搅拌水泥而产生的污水中也都含有偏碱性的溶液。

工业窑炉产生的炉渣、采矿和冶炼过程中产生的冶金渣、尾矿与碎石，建筑过程中产生的砂、碎石；金属、塑料、木材等行业加工产生的金属屑、木屑、碎塑料、碎玻璃等，拆卸老旧建筑物的碎砖、碎瓦等大大增加了固态废物排放量。据1997年的统计资料，由建筑产生的废弃材料约为10.6t，其中尾矿、煤矸石、粉煤灰、矿渣分别占30%、18%、18%、12%。1998年固体废物利用率仅为45.2%，约3%直接排放到环境中，约40%被储存，占地面积近$5\times10^8\mathrm{m}^2$，其中绿地面积、农田高达$4.0\times10^7\mathrm{m}^2$。

建筑材料制品所需的主要原料，无论是金属原料还是非金属原料，在这些原料的开采及选矿过程中，既占用大量土地，又产生粉尘污染自然环境。据统计表明，每生产1亿块砖，就要用$1.3\times10^4\mathrm{m}^2$土地，这对我国人口众多、人均土地偏少的国情来说，是很严重的资源浪费。另外，在开山取石或是挖土制砖等过程中，可能影响到动植物的生存，也破坏了自然景观。

在传统建筑材料的生产和建筑施工过程中，不同的机械会发出强烈的噪声，它是城市噪声的主要来源之一。在相当多的粉磨工场和施工现场，噪声都在90～100dB，噪声控制标准规定在白天要小于70dB，夜间小于55dB。而噪声对人的听觉、神经系统、心血管、肠胃功能等都会造成破坏。

家庭装修中所使用的各种装饰材料会释放甲醛、苯系物、酮等有机物；所使用的尾矿、天然石板材（如花岗岩石、大理岩石）、瓷砖及沥青中，有时会含有过量的放射性元素如氡等；生产各种瓷砖的工业窑炉制气过程中产生热水、高温气体；保温材料中大量使用的石棉，是一种纤维状的矿物，在开采和使用过程中被人体吸入后，可导致硅沉着病；城市高楼所用的玻璃幕墙也会产生光污染，高层建筑群既不利于汽车尾气及光化学烟雾的排放，也不利于由空调产生的热量的排放，从而形成热岛现象。如何解决上述问题，是目前材料科学、建筑科学与环境科学工作者所关心的研究课题。

9.3.1.2 传统建材生态环境化的要求

生态建材（EBMI）是具备优异环境协调性的建筑材料。它要求既有利于减少对地球生态环境的影响，又具有对人体及人居环境无害的环保、安全、健康、舒适的功能。如图 9.3 所示，从广义上讲，传统建材的生态化，既需要对原料、生产、施工、使用及废物处理等各个过程贯彻环保意识，实施环保技术，保证社会经济的可持续发展，又需要实现“环保、安全、健康、舒适”的要求。传统建材的生态环境化代表着未来建筑业的主体方向，也是可持续发展的必然趋势。

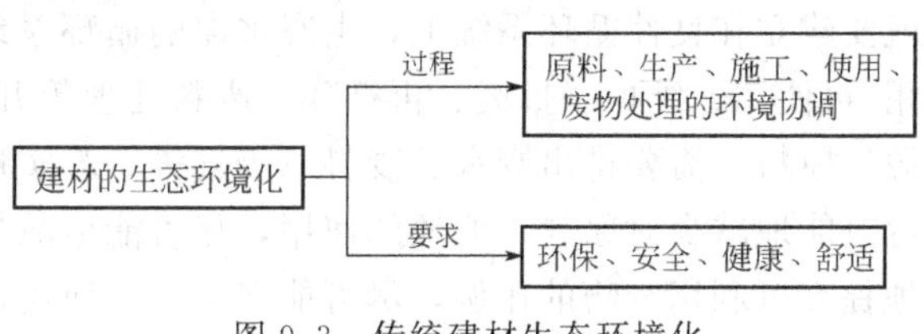

图 9.3　传统建材生态环境化

传统建材的生态环境化一般应达到以下 5 方面的要求：①优异的使用性能；②生产时少用或不用天然资源，大量使用废物作为再生资源；③采用清洁生产技术，尽可能少排放废气、废水和废渣；④使用过程中有益于人体健康，有利于改善人居环境或与环境友好；⑤废弃后可作为再生资源或能源加以利用，或可作净化处理。

9.3.2　生态水泥和生态混凝土

9.3.2.1　生态水泥

水泥是最主要的建筑材料。如表 9.3 所示，生产 1t 水泥熟料约需原料 1.3t 石灰石，烧成、粉碎过程约需消耗 135kW·h 电力。同时，分解 1.1t 石灰石，约排放 0.49tCO_2，燃烧 105kg 煤需排放 0.4tCO_2，通常按 1t 水泥熟料排放 1tCO_2 估计，可以看出水泥生产的环境负荷很高，特别是温室气体 CO_2 影响到人类的生活环境。全球大气中约有 55%CO_2 是由水泥生产排放的。

表 9.3　生产 1t 水泥的资源消耗及污染物排放情况

石灰石	煤	CO_2	SO_2	NO_x	粉尘
1.3t	0.135t	1t	0.86kg	1.75kg	30kg(约占 3%)

因此，降低水泥生产和使用的环境负担性极其重要。目前的措施主要有节省能源（燃料和电力），减少 CO_2 的排放量，以及利用水泥生产的特点，掺加大量固体废物作为原料等，发展生态水泥。

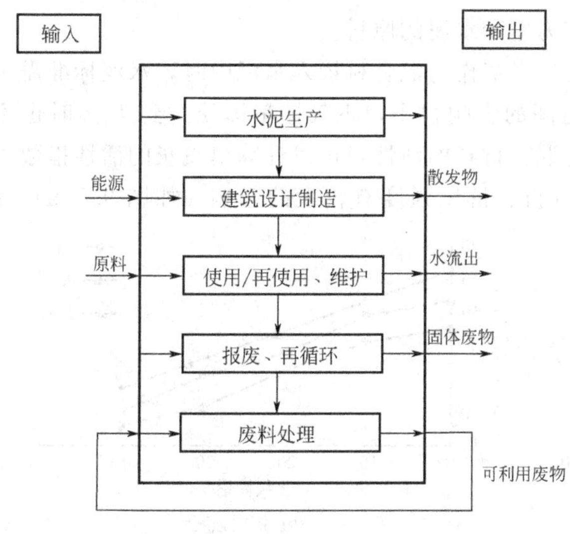

图 9.4　传统水泥向生态化发展的循环系统模型

(1) 生态水泥概念与发展目标　生态水泥（eco-cement）的概念包含 3 个因素：一是充分合理利用资源，大量节省能源；二是生产和使用过程中尽量减少或杜绝废气、废渣、废水和有害有毒物质排放对环境的影响，维护生态环境平衡；三是大量消纳本行业或其他工业难以处理的废物及城市垃圾，支持经济和社会的可持续发展。

根据生态水泥工业可持续发展的情况及所涉及的生产要求，可建立生态水泥工业可持续发展的循环系统模型，见图 9.4。分析图 9.4 可得出，可持续发展的生态水泥就要建立在良性循环系统上，生态水泥的循环系统主要包括水泥的生产、建筑设计建造、使用/再使用、维护、报废、再循环、废料处理等几个环节，而在每个环节中，都需要使用能源、原料，需要排出废水、废料、废气等。若实现传统水泥向生态水泥发展的转换，就应该尽可能地减少对原料、能源的使用，尽可能地减少废水、废料的排放。换句话说，尽可能大地提高可利用废物的比例，尽可能在生产、使用过程不依赖于原料、能源，同时考虑再循环和回收利用的水泥及混凝土产品，尽量实现水泥系统的内循环。因此，水泥产业的可持续发展应该集中考虑建材系统的输入、输出部分，如果可以实现或基本实现真正含义上的水泥系统内循环，也就实现了水泥工业的可持续发展。

(2) 国内外生态水泥的现状与发展趋势

① 节能型水泥。可通过改变熟料矿物组成、生产少熟料水泥等途径达到。

在保证质量的条件下，以低能耗熟料矿物代替传统硅酸盐水泥中的 C_3S、C_3A 等高能耗矿物。如以 $C_4A_3\bar{S}$、β-C_2S 等为主要矿物组成的硫铝酸盐水泥，以 C_4AF、$C_4A_3\bar{S}$、β-C_2S 为主要组成的铁铝酸盐水泥，以 $C_{11}A_7 \cdot CaF_2$、C_3S 或 C_2S 为主要组成的氟铝酸盐水泥，以 $C_{21}S_6A \cdot CaCl_2$、$C_4S_2 \cdot CaCl_2$、$C_{11}A_7 \cdot CaCl_2$ 和 $C_4AF \cdot CaCl_2$ 为主要组成的阿利特水泥等，这些水泥的共同特点是烧成温度低（1200～1250℃左右），热耗大幅度降低，早期强度高，后期强度也比较稳定，易磨性好，可减少粉磨电耗。

利用碱-矿渣水泥的生产原理，提高混合材掺量，减少水泥用量可大幅度降低水泥生产能耗及成本，同时还可充分利用工业废渣，如钢渣、磷渣、铁合金渣、铅渣、镍渣、铝渣等，还可利用沸石、火山灰等天然或人工火山灰质材料。提高混合材掺量通常对水泥长期强度没有影响，但使凝结变慢、早强下降，采用碱性激发剂充分激发混合材的活性或采用早强剂可弥补这一缺点。

② 利用城市固体废物为原料制备生态水泥。目前，我国城市垃圾年产量已达 1.46 亿吨，而且每年以 9%的速度递增。全国 666 座城市中有 200 多座已陷入垃圾包围之中，近年全国各地因此兴建了不少垃圾焚烧炉，同时排放大量的垃圾焚烧灰渣。在对上海御桥垃圾焚烧厂烟气除尘器收集的飞灰研究发现，焚烧飞灰的主要成分属 CaO-SiO_2-Al_2O_3-Fe_2O_3 体系，主要矿物成分为 SiO_2、$NaCl$、KCl、$CaSO_4$、$CaCl_2$ 等，其微观形态各异，相当一部分为无定形态。经研究表明，垃圾可以焚烧作为生产水泥的原料。

同济大学施惠生教授的研究发现，将焚烧飞灰作为混合材掺入水泥中时，水泥标准需水量随飞灰掺量的增加略有增加，但对凝结时间的影响很小，飞灰掺量即使达到 40%时也不会影响水泥的稳定性。采用强度试验法评定混合材料的活性，可以计算出飞灰的活性指数为 57%。因此，掺入过量的飞灰对水泥胶砂抗折、抗压强度有较大的影响，如图 9.5(a) 和

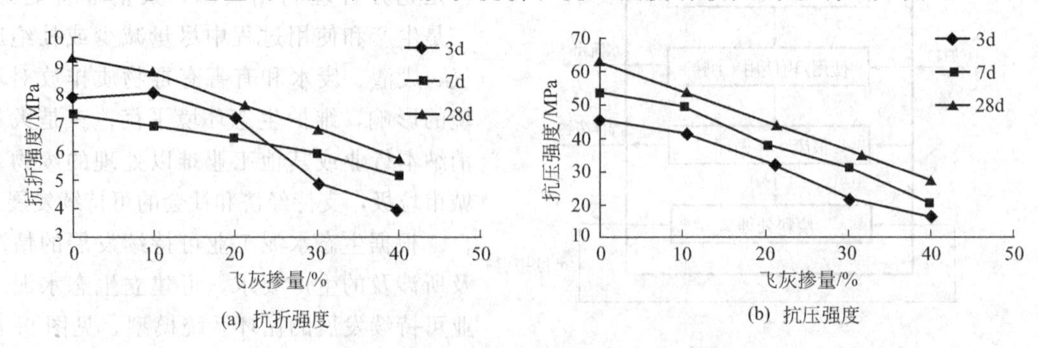

(a) 抗折强度　　(b) 抗压强度

图 9.5　不同掺量焚烧飞灰对抗折强度和抗压强度的影响

图 9.5(b) 所示。也就是说，在没有采取其他技术措施的情况下，飞灰只能算是非活性混合材料，欲提高其掺加量，则必须采取化学或物理激发措施，使其活性提高。

以城市固体废物为原料制备生态水泥的生产工艺可以有两种。第一种工艺为：以城市垃圾焚烧灰和城市下水道脱水污泥为主要原料，用石灰石、赤泥等原料补充废物中不足的成分，将它们制成生料后在干法回转窑中煅烧得到生态水泥熟料，然后掺加硬石膏和 Na_2SO_4 等作调凝剂，共同粉磨到比表面积为 400～500m^2/kg 即成生态水泥。工艺流程见图 9.6。

第二种工艺为：垃圾焚烧和水泥熟料煅烧一体型，即垃圾直接喂入水泥回转窑，经 1450～1700℃高温煅烧后，垃圾灰与水泥其他原料在高温带通过固液相反应形成水泥熟料，熟料与石膏配合后粉磨成水泥。工艺流程见图 9.7。

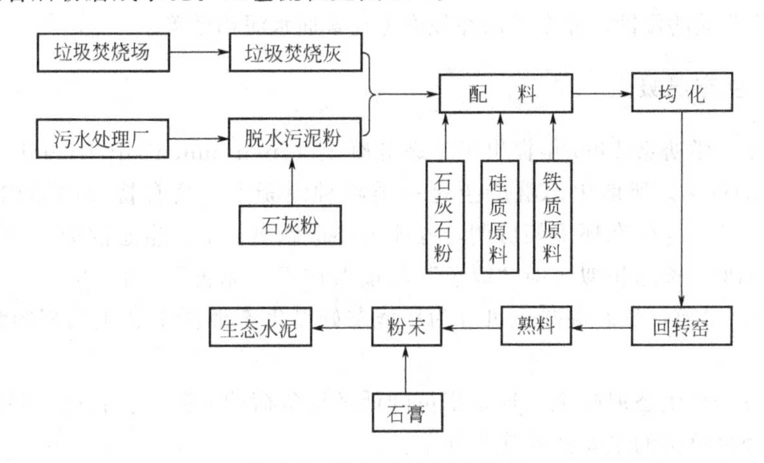

图 9.6　生态水泥工艺流程

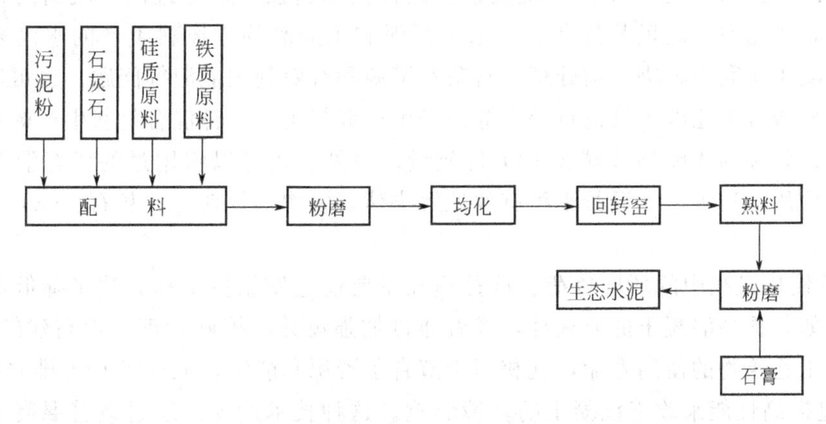

图 9.7　以垃圾焚烧灰和污泥为原料制备生态水泥工艺

1996 年瑞士的 HCB Rekingen 水泥厂已成为世界上第一个具有利用、处置废物的环境管理系统的水泥厂，并得到 ISO 14001 国际标准的认证，为规划、实施和评价环境保护措施提供了可靠的框架。

2004 年底，全国首家利用水泥窑焚烧处置城市工业废物示范线（简称生态水泥生产线）在金隅集团北京水泥厂内正式联动试车。该项目建成投产后，每年可达处置工业废物 10 万吨的规模，使水泥窑炉从污染环境的“能源老虎”变成处理城市垃圾的“净化器”。

目前，哈尔滨水泥厂成功利用有毒有害垃圾生产生态水泥。一边生产水泥，一边吞噬垃圾，随着哈尔滨水泥厂 6 号窑生产线的建成投产，该水泥窑在每天生产 2500t 高质量生态水泥的同时，可处理包括毒鼠强、废弃电池等特种垃圾在内的城市可燃垃圾 400t。该厂现已被确定为全省唯一的特种垃圾处理中心。由于回转窑内气体温度达 1500℃，可使垃圾中 99.99%以上的有机有害成分分解，所以在目前的产量下每天添加 400t 工业危险废物和城市可燃垃圾，完全可以达到无害化分解处理的目的。

③ 能吸收 CO_2 的生态水泥。据海外媒体报道，澳大利亚已开发成功一种能够吸收 CO_2 的新一代生态水泥，其主要成分为废料、粉煤灰、普通水泥和氧化镁。氧化镁具有可回收、低能耗、释放 CO_2 少的特点。如果该种生态水泥能代替世界所产 16.5 亿吨普通水泥的 80%，将会有 15 亿吨的 CO_2 被吸收。由生态水泥制成的砌块等产品是 CO_2 的中和物，甚至当这种砌块与有机废料纤维相结合时，它们还是 CO_2 的吸收物。同时，该生态水泥更能耐硫酸盐、氯化物和其他腐蚀性化学物质的侵蚀，完全可以在强度上与普通水泥相媲美。

9.3.2.2 生态混凝土

日本混凝土工学协会 1995 年提出了生态混凝土（environmentally friendly concrete 或者 eco-concrete）的概念。所谓生态混凝土是一类特种混凝土，具有特殊的结构与表面特性，能够减少环境负荷，与生态环境相协调，并能为环保做出贡献。生态混凝土与绿色高性能混凝土（Green HPC）概念相似，但“绿色”的重点在于“无害”，而“生态”强调的是直接“有益”于环境。目前，生态混凝土可分为环境友好型生态混凝土和生物相容型生态混凝土两大类。

（1）环境友好型生态混凝土　这是指可降低环境负荷的混凝土。目前，降低混凝土生产和使用过程中环境负担的主要技术途径如下。

① 降低混凝土生产过程中的环境负担。这种技术途径主要通过固体废物的再生利用来实现，例如，采用城市垃圾焚烧灰、下水道污泥和工业废物作原料生产的水泥来制备混凝土。这种混凝土有利于解决废物处理、石灰石资源和有效利用能源等问题。也可以通过将火山灰、高炉矿渣等工业副产物进行混合等途径生产混凝土，这种混合材料生产的混凝土有利于节省资源、处理固体废物和减少 CO_2 排放量。另外，还可以将用过的废弃混凝土粉碎作为骨料再生使用，这种再生混凝土可有效地解决建筑废物、骨料、石灰石、CO_2 排出等资源和环境问题。

② 降低使用过程中的环境负荷。这种途径主要通过使用技术和方法来降低混凝土的环境负担，例如，提高混凝土的耐久性，或者通过加强设计、搞好管理来提高建筑物的寿命。延长了混凝土建筑物的使用寿命，就相当于节省了资源和能源，减少了 CO_2 排放量。

③ 通过提高性能来改善混凝土的环境影响。这种技术途径是通过改善混凝土的性能来降低其环境负担。目前研究较多的是多孔混凝土，这种混凝土内部有大量连续的空隙，空隙特性不同，混凝土的特性就有很大差别。通过控制不同的空隙特性和不同的空隙量，可赋予混凝土不同的性能，如良好的透水性、吸声性、蓄热性、吸附气体的性能。利用混凝土的这些新的特性，已开发了许多新产品，例如，具有排水性铺装用制品，具有吸声性、能够吸收有害气体、具有调温功能以及能储蓄热量的混凝土制品。

环境友好型生态混凝土具有如下功能。

① 隔热和飘浮等。形成独立空隙的加气混凝土板具有良好的隔热性，而且比强度与密度的比值大于普通混凝土。以不具有吸收性的超轻质骨料或泡沫苯乙烯为骨料的混凝土可在水中飘浮，可用于浮桥、浮码头等。

② 路面排水性。除透水性、隔热性之外，在城市内的人行道、轻车道和停车场等采用生态混凝土以追求舒适性，不仅能够使雨水还原于地下，而且在路面下形成微生物栖息的良好环境，对通过的水产生净化作用。

③ 消声和吸收有害气体。生态混凝土含有大量的孔隙，10cm 厚的表面积约为普通混凝土单侧表面积的 400 多倍。声音进入多孔材料以后变成摩擦热及振动能而被吸收，如果多孔材料的孔径大或内部设置有空间时，声音与声音由于相互缓冲而消失。因而根据噪声频率考虑骨料、材料的性能及构件厚度和排列，则能进一步提高生态混凝土的消声性。若在骨料和胶结材料中使用特定的气体（CO_2、SO_x、NO_x等）吸收物质（如采用离子交换容量大的人造沸石无机材料）以后，就能够吸收有害气体从而实现无公害化。

④ 湿度调节和蓄热功能。如在房间内部装配特殊的生态混凝土材料，则在潮湿时能够吸潮，在干燥时则能够加湿，起到自动调节湿度的作用。研究还发现，在生态混凝土使用相对密度为 5 左右的骨料时，可储存从工厂排出的热能和太阳热能，当导热体的温度差高于 10℃时，通过加热泵可用于发电或空气调节。

(2) 生物相容型生态混凝土　这是指能与动物、植物等生物和谐共存的混凝土。栖息在地球上的 3000 万种生物每年消失 0.3%～0.5%，每年以微生物为主有几百种的生物从地球上消失，在日本栖息的 174 种哺乳动物中有 80 种处于危险之中。所以，为了保护濒临灭绝的生物种群，在河流的整治中不应再像以往那样用普通混凝土铺设表面，应向重视生物的自然型河流改造方向转变，打造一个恢复环境的 21 世纪。

① 植物相容型生态混凝土。该混凝土是指在具有连续空隙的混凝土上直接播种草坪和各种杂草类的种子及移植草苗，或者在混凝土表面覆盖土层后进行播种或移植，使植物在其上能够茁壮生长。植物相容型混凝土通常用于河流、道路和住宅地区的坡面，以美化环境。

② 海洋生物、淡水生物相容型混凝土。该种混凝土放置在河流、湖泊和海滨等水域后，在其凹凸不平的表面和连续空隙内有陆地和水中的小动物附着栖息，因彼此的相互作用和共生作用而形成食物链。这种混凝土能够作为小动物的生存基础。在水中，混凝土的表面附着栖息藻类、贝类和水生小动物，在连续空隙内栖息原始生物，从而创造了多样性生物的生存基础。

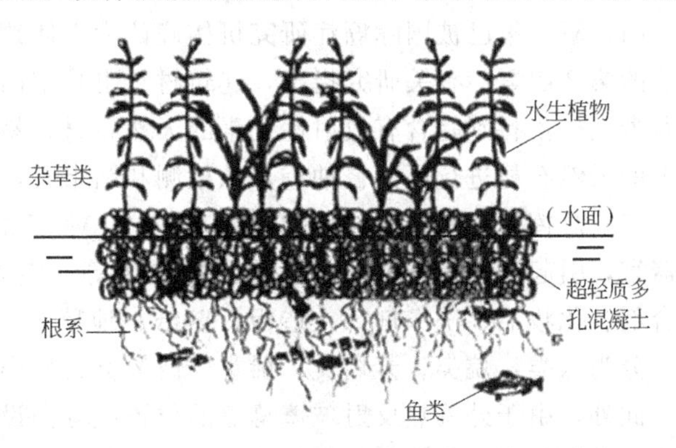

图 9.8　超轻质多孔混凝土的漂浮结构

③ 净化水质混凝土。该混凝土通过附着在其内、外表面上的各种微生物能够间接地净化河流和湖泊的水质。需厌氧菌、氨氧化菌、硝酸氧化菌等菌类附着后，使有机物和氨分解并无机化。这些无机物与 CO_2 通过光合作用进行初级生产而生成有机物，然后从二级生产向多元生产发展，形成食物链。

图 9.8 即为由超轻质混凝土建造的漂浮结构上种植水生植物和杂草的示意图。

9.3.3　净化和修复装饰装修材料

装饰装修材料是指铺设或涂装在建筑物内、外表面起装饰效果的材料。对于建筑物，它犹如衣服，犹如美容养颜的化妆品。它集材料、工艺、造型设计、色彩、美学于一身，除包括传统的建筑材料，如石材、木材、陶瓷等，还包括化工建材、塑料建材、纺织建材、冶金建材等，品种已达几万种之多。随着社会的发展进步，人们环保意识的增强，一些新工艺、新科技逐步应用于装饰材料行业，人们对装饰材料的要求越来越高，一些全新的装饰理念和材料也将不断涌现。

9.3.3.1 建筑装修材料中的主要污染物及危害

近年来的研究表明，室内空气质量一方面受室外大气污染物渗透、扩散等的影响，另一方面，室内污染物的影响更严重、更复杂。居室中常见的有害物质多达数千种，种类复杂，对人体健康造成的影响各异。其中室内建筑、装修材料散发的有害物中危害较大的有甲醛、氨、苯系物、氡和总挥发性有机物等。

(1) 甲醛　人体对甲醛最敏感的是嗅觉和刺激，甲醛还有致病、致癌作用。甲醛来自装饰材料的各种人造板、黏合剂、油漆、涂料、塑料贴面、壁纸等。国家质检总局曾经抽查了涉及北京、上海、广东、浙江等七个地区 87 家生产企业的木制家具产品，游离甲醛释放量合格率仅 61%；广东省首次室内空气质量调查结果表明空气中污染物以甲醛超标最严重。

(2) 苯系物　苯毒性较强，1993 年就被世界卫生组织确定为致癌物。长期接触低浓度苯系物可引起慢性中毒，出现血小板、白细胞减少，严重者可使骨髓造血功能发生障碍，对生殖功能也有一定影响。苯系物在各种建筑装修材料的有机溶剂中大量存在，比如各种油漆和涂料的添加剂、稀释剂和一些防水材料等，劣质家具、壁纸、地板革、胶合板和油漆等会释放出苯系物等挥发性有机物。

(3) 氨　氨对接触的组织有腐蚀和刺激作用，减弱人体对疾病的抵抗力。氨主要来自建筑施工中使用的混凝土外加剂，特别是在冬季施工过程中，在混凝土墙体中加入尿素和氨水为主要原料的混凝土防冻剂。另外，室内空气中的氨也可来自装饰材料中的添加剂和增白剂。

(4) 氡　氡已被国际癌症研究机构确认为人体致癌物，导致肺癌因素中，氡被列为吸烟之后的第 2 因素。有关研究指出，建筑材料也是室内氡的主要来源，如花岗岩、砖砂、水泥及石膏之类，特别是含有放射性元素的天然石材，易释放出氡。国家质量技术监督局曾对市场上的天然石材进行了监督抽查，从检测和结果看，其中花岗岩超标较多，放射性较高。

(5) 总挥发性有机化合物 (TVOC)　TVOC 的浓度过高将直接刺激人体的嗅觉和其他器官，引起刺激性过敏反应、神经性作用等。室内的 TVOC 主要来自油漆、含水涂料、黏合剂、化妆品、洗涤剂、人造板、壁纸、地毯等。目前在室内已发现的 TVOC 多达几千种，分为八类：烷类、芳烃类、烯类、卤烯类、酯类、醛类、酮类及其他。

此外，由于外墙热反射玻璃幕墙的位置或方向设计不合理易造成光污染，由于热反射玻璃和夏季使用空调造成局部热岛效应易引起热污染。另外，装饰材料废物，如废渣难以重新利用和不能很快降解也造成对环境的污染。另据报道，我国每年因建筑涂料引起的急性中毒约 400 起，1.5 万余人中毒，死亡约 350 人，造成慢性中毒达 10 万余人次。这些都说明我国装饰材料的污染问题相当严重。

9.3.3.2 净化和修复装饰装修材料的现状与发展

未来的建筑装饰材料将不仅满足对建筑的装饰功能，还要满足建筑物的节能、舒适等特殊要求。建筑装饰材料将更强调低污染环保型、环境功能型（净化、优化空气，吸声、吸波，调节温度、湿度，抗菌防霉等）、可再生、可循环、就地取材研发。

(1) 节能材料

① 遮阳产品。分为内遮阳、外遮阳。新型的屋顶遮阳系统用铝合金条型百叶，配合光感应系统，根据阳光的折射角度和强度自动开合、调节角度。通过计算机模拟计算，仅采取夏季西立面选择外遮阳，便可节约能耗 20%。智能化的内、外遮阳装置，既能遮挡夏天太阳直射辐射，减少空调负荷，同时又能保证室内的良好采光。

② 太阳能产品。包括太阳能光电（太阳能电池板）和太阳能光热（太阳能热水器、制冷器等）产品。目前，多晶、双晶太阳能电池已逐步向单晶硅太阳能电池、镀膜金属板电池发展，其光电转换效率可达 17%，多用于太阳能草坪灯、太阳能路灯、太阳能航标灯、太阳能电话亭等。太阳能热水器更为工厂、家庭引入清洁能源，节省可观的电费、燃料开支。利用太阳能制冷又为其综合利用开辟新的途径。

③ Low-E 玻璃、阳光控制膜玻璃、热反射玻璃等和中空玻璃、真空玻璃。Low-E 玻璃、阳光控制膜玻璃、热反射玻璃等是在浮法玻璃或本体着色玻璃的表面镀上若干层金属膜，它能反射或吸收热源产生的远红外线，从而有效控制热能从窗户散失和外界热源从窗户进入。在不同地区（高寒或酷热）的建筑物上，采用 Low-E 玻璃、阳光控制膜玻璃或热反射玻璃组成的中空玻璃做窗，任何季节都能保持室温，节省空调或暖气费用，是具有节能和环保功效的产品。

④ 导光产品。如光导纤维等，可将自然光引入建筑物内走道甚至地下室，节省照明的能耗等。

⑤ 建筑外保温系统。建筑墙外保温材料主要包括采用新型发泡技术、可减少红外线透过的 EPS 板、玻璃纤维网格布、聚合物防水抗裂保温砂浆等，可最大限度地减少热能通过墙体的损耗。目前，德国、英国的建筑节能标准要求墙体材料的 K 值小于等于 $0.3W/(m^2 \cdot K)$，这就要求整个墙体系统的各部分材料之间及其施工技术的配合，达到墙体厚度和 K 值的协调统一。

(2) 环保健康材料　随着人们环保意识的不断提高，对建筑装饰材料的要求已从过去对产品的单一功能向多功能过渡。

针对目前室内装潢材料中甲醛和挥发性有机物普遍超标的情况，采用可降解上述污染物的光触媒材料，能有效降低室内污染物的浓度水平。研究表明，晶型为锐钛矿的物质具有光催化性能，而超细锐钛矿型二氧化钛（TiO_2）是化学稳定性好、具有很强光催化能力的光催化材料。TiO_2 是一种半导体材料，能带宽度是 3.2eV。在紫外光（400nm 以下波长）的照射下，它的电子从价电子带向导电带跃迁，电子的迁移产生自由电子 e^- 和空穴 P^+，分别与空气中的氧、水发生反应生成活性氧 O_2 和活性的 OH 基团：

$$O_2 + e^- \longrightarrow \text{活性 } O_2$$

$$H_2O + P^+ \longrightarrow \text{活性 } OH + H^+$$

从而具有极强的氧化还原能力。把少量二氧化钛光催化材料加入建筑卫生陶瓷、涂料和墙体材料等建筑材料中，可发挥净化环境、消除氮氧化物污染、杀菌、防霉等功能，制成有利于人体健康和保护环境的生态建材。

同时，可开发一些有效的无醛黏结剂产品，从源头彻底根治室内污染问题，包括防霉防蛀的涂料等。例如：利用动态静电吸附式消毒，在有人场合连续消毒除菌、除尘除臭，保持室内空气清新，消除异味的室内空气净化产品，可使室内空气的细菌达到 $800CFU/m^3$ 以下，可吸入颗粒物达到 $0.15mg/m^3$，不仅提高室内工作人员的工作效率，还可保护室内的仪器设备。此外，对目前大量生产使用的 PVC-U 塑料给排水管、塑料门窗，发达国家严格限制或禁止使用铅盐添加剂，这就要求必须加强科技投入，尽快生产出满足生态建筑要求的相关产品。

(3) 环境友好装饰装修材料　该种材料不仅注重材料本身的性能，同时力求在材料的整个寿命周期内对环境友好。例如“3R”材料，该种材料可回收、可循环、可再生利用，在材料的整个寿命周期内都不会给周围环境带来副作用。例如采用聚烯烃塑料管道（PE、PB、PP等），节水的卫浴设备、无水男用小便器等产品。

(4) 适应居住舒适性要求的材料　这类材料包括隔声降噪材料，可调节自然采光面积的产品等。例如：通过对废旧的塑料轮胎再利用，作为浮筑楼板的弹性层可有效地提高楼板的撞击声隔声性能；可气喷覆施工的吸声材料具有环保无二次污染以及隔热保温的特点；低噪声的建筑排水管道、抽水马桶等产品也将逐渐受到重视。

9.4 新型陶瓷

陶瓷是具有悠久历史的材料，是人类历史上第一种人造材料，是划时代的伟大发明。陶瓷通常作为陶瓷器、砖瓦、卫生陶器等民用产品用于人们的日常生活，作为工业产品，广泛用于耐火材料、电绝缘子、磨削砂轮等。精细陶瓷是相对于传统陶瓷而言的，它是采用高度精选的原料，具有能精确控制的化学组成，按照便于控制的制造技术制造、加工的，便于进行结构设计的具有优异特性的陶瓷。精细陶瓷可分为电子陶瓷、磁性陶瓷、高温陶瓷、生物陶瓷、结构陶瓷、超导材料、纳米晶材料等。

9.4.1 陶瓷与环境

陶瓷原料是地球表面储量丰富的硅、铝、钙、镁等无毒的氧化物、碳化物、氮化物，所以被称为高克拉克指数材料。从宏观上看，资源地域分布广，故陶瓷业的发展，几乎不受资源制约。陶瓷原料可分为天然原料和化工原料两大类，主要天然原料有黏土类、石英类、长石类等，主要化工原料有氧化铝、二氧化锆、莫来石、碳化物、氮化物等。

陶瓷从生产粉料到混合、成型、烧结等工艺过程，都要消耗大量能源。传统陶瓷烧成需要1300℃左右，而现代陶瓷则需要1600℃左右，所以现代陶瓷是高能耗产业。

从陶瓷生命周期来考察环境问题，有其复杂性，原料采掘与其他多数矿藏的区别是地表作业，造成土地和植被的破坏，水土流失。生产阶段消耗大量能源，排放大量CO_2，由于能源结构问题，还可能排放硫氧化物、氮氧化物。由于陶瓷制品使用寿命长，相对环境负载小。精细陶瓷在超导材料、燃料电池、分离废液和有害物质、分解有害物质的催化剂、CO_2吸附和固定等方面应用可降低环境负载。陶瓷废物对人体不构成直接危害，处理简单，体积小，没有二次污染，但随着建筑陶瓷、卫生陶瓷、日用陶瓷等普通陶瓷的生产总量越来越大，陶瓷废弃量也同步增加，逐渐成为城市垃圾的重要组成部分。

9.4.2 新型陶瓷生态材料

9.4.2.1 电子陶瓷

电子陶瓷可分为导电陶瓷、光电陶瓷、电介质陶瓷、热电陶瓷等。

(1) 导电陶瓷　导电陶瓷有碳和SiC系陶瓷、$BaTiO_3$系半导体陶瓷等。可用作电阻器、热敏电阻器、湿敏电阻器、具有开关和存储功能的非线性电阻器等。

(2) 光电陶瓷　光电陶瓷可制成光敏元件、光电导（PC）模元件、光生伏打（PV）模元件。烧结CdS多晶可作成X射线到紫外线范围的光检测器。CdS中掺加Cu等杂质制成的薄膜和多晶光敏元件，目前作为可见光的检测器具有广泛的用途。PbSnTe、CdHgTe等窄能带半导体单晶，用它制成的基阵式检测元件和用混合CCD制成的显像元件，已用于遥感等领域。

(3) 电介质陶瓷　电介质陶瓷可分为绝缘陶瓷、压电陶瓷和铁电陶瓷。

① 绝缘陶瓷主要用作集成电路基片。Al_2O_3陶瓷是广泛使用的主要基片材料，可用作GaAs大规模集成电路的基片。BeO也是一种绝缘材料，在欧美市场上其销售增长速度比Al_2O_3陶瓷高。正在开发的绝缘基片材料还有氮化物、碳化物、富铝红柱石、董青石、玻璃和微晶玻璃等。

② 压电陶瓷可产生压电效应，$PbTiO_3$是一种可用于高温、高频场合的压电材料，它适合于在高频操作的传感器材料。$PbTiO_3$的性能可通过添加稀土类元素而改善，使其适合于高频超声波探测器的使用。

③ 铁电陶瓷可用作电容器材料，$BaTiO_3$系陶瓷由于其制造较为简单，适于批量生产。永久半导体存储器的开发使人们对铁电薄膜产生了兴趣，这种存储器具有高存取速度、高密度、抗辐照及低操作电压等优点，可用作微传动器、光学波导装置、立体光学调制器、动态随机存取记忆器、薄膜电容器、压电传动器、热电探测器及表面声波装置等。

(4) 热电陶瓷　热电陶瓷由于其表面电荷随温度发生变化，固此可利用它制成探测辐射能量大小的热电探测器，在工业、医疗等方面用作非接触测温、热成像器件等。

9.4.2.2　磁性陶瓷

磁性陶瓷可分为永磁材料、软磁材料和磁信息材料。

(1) 永磁材料　早期生产和使用的永磁材料是以碳钢为代表的淬火马氏体钢。1967年，作为第一代稀土永磁材料的$SmCo_5$的稀土永磁材料诞生了，1975年，成分为Sm_2Co_{17}的第二代稀土永磁材料问世，1982年前后投入大规模生产，1983年底，高性能的第三代稀土永磁材料——钕铁硼永磁材料诞生。第四代新型稀土永磁材料的探索对象，主要是在稀土铁化合物中添加第三种或第四种元素，最可能取得突破的是成分为$Sm_2Fe_{17}N_3$和$SmFe_{11}Ti$的两种材料。

粘接稀土永磁材料由于其制造工艺简单，原材料利用率高，性能好，成型后即可得到精确的产品尺寸，可以做成形状复杂的和薄壁且带有径向取向的环状产品，机械强度高并耐冲击，磁体性能可在较大范围内调整，因此应用范围广，发展极为迅速。

(2) 软磁材料　非晶态软磁合金是一个崭新的材料研究领域，目前重点研究的非晶态磁性合金主要有：过渡金属-金属非晶态磁性合金、稀土-过渡族非晶态合金、过渡金属-过渡金属非晶态合金。如掺入铌和钽的CoZr合金薄膜是重要的磁带、录像机磁头材料。

微晶磁性材料是一种纳米晶材料，其内部的晶粒尺寸一般在1～100nm，现已投入大批量生产的微晶软磁材料是铁硅硼合金，其典型成分是$Fe_{73}\cdot 5Si_{13}\cdot 5B_9Cu_1N_{63}$。

(3) 磁信息材料　随着计算机技术的发展，磁存储和磁记录一直是信息存储和记录的重要手段。近年来，为了提高记录密度，常使用金属磁粉。钡铁氧体磁粉是一种正在研究的新记录材料，此外，新型的薄膜介质也已投入使用，新型的CoZr/NiFe双层膜介质的研究正取得进展，有望得到更高的位密度。在新型磁存储器中，值得一提的是磁光盘，它具有超高存储密度、高可靠性、可擦除重写百万次以上的优点。目前，用作磁光盘介质材料的主要有两种，即稀土-过渡族非晶态合金薄膜和掺Bi铁石榴子石多晶氧化物薄膜材料。

9.4.2.3 高温陶瓷

高温陶瓷与金属相比，能耐更高的温度。高温陶瓷有氧化物系陶瓷和非氧化物系陶瓷。ThO_2、MgO、BeO、M_2O_3陶瓷可用作磁流体发电机的发电通道绝缘材料，ZrO_2、$LaCrO_3$陶瓷可用作发电通道的电极材料。碳化物、硼化物、氮化物等显示出不同于以往氧化物系陶瓷的性能，成为超高温度技术领域中的重要材料。

9.4.2.4 生物陶瓷

生物陶瓷是用于人体器官替换、修补和外科矫形的陶瓷材料，它已用于人体近四十年，近年来发展相当迅速。这类材料主要包括氧化铝、羟基磷灰石、生物活性玻璃及生物活性玻璃陶瓷、涂层，以及可被吸收降解的磷酸钙陶瓷。

9.4.2.5 结构陶瓷

结构陶瓷以耐高温、高强度、耐磨损、抗腐蚀等机械力学性能为主要特征，在冶金、宇航、能源、机械、光学等领域有重要应用。在这些领域中用非金属代替部分金属是总的发展趋势。典型的结构陶瓷包括如下类型。

(1) 耐高温、高强度、耐磨损陶瓷　氧化铝、氧化铝-碳化钛、氧化铝-氮化钛-碳化钛-碳化钨、氧化铝-碳化钨-铬、氮化硼和氮化硅等陶瓷可用作切削工具。氮化硅可做燃气轮机的燃烧室，最引人注目的是在发动机制造上获得了突破性进展。

(2) 耐高温、高强度、高韧性陶瓷　氧化锆增韧陶瓷可替代金属制造模具、拉丝模、泵机的叶轮，还可用于制造汽车零件，如凸轮、推杆、连动杆、销子等。

(3) 耐高温、耐腐蚀的透明陶瓷　用氧化铝和氧化镁混合在1800℃高温下制成的全透明镁铝尖晶石陶瓷，外观极似玻璃，但其硬度、强度和化学稳定性都大大超过玻璃，可用它作为飞机挡风材料，也可作为高级轿车的防弹窗、坦克的观察窗、炸弹瞄准具以及飞机、导弹的雷达无线罩等。

小结与展望

传统无机非金属材料由于品种繁多，决定了其生产企业不集中，规模差异大，技术水平悬殊，资源消耗巨大，能耗大，环境问题严重，这些都是无机非金属材料生态化改造的重点。目前对于生态化的无机非金属材料的研究开发工作已经开始，并进展良好，如生态水泥、生态混凝土、绿色无污染的装饰装修材料等建筑用材料、新型生态陶瓷等。但是，对于新型无机非金属材料而言，多应用于严酷环境和特殊领域，因而对性能的要求苛刻，同时对原料的要求亦高，工艺复杂，单位能耗高、污染大，因此，对其生态化改造必须兼顾环境协调性和严格的性能要求，这是无机非金属材料生态化改造的难点，同时也是开发新型环境友好无机非金属材料的契机和主要领域。

思 考 题

1. 在环境工程中涉及哪些无机非金属材料？它们对于环境工程的重要意义体现在何处？试举例说明。

2. 材料使用性能与环境协调性是一对矛盾，使用性能优异的材料环境协调性往往较差，对于无机非金属材料来讲，上述矛盾更加突出。你认为，如何能够缓解无机非金属材料的使用性能与环境协调性这一矛盾？试举例说明。

3. 通常，无机非金属材料在生产和使用过程中对环境产生巨大的影响，如对土地资源的占用和消耗巨大，对地表带来严重破坏，在生产中经过高温燃烧（烧结）过程，能耗高，难以再循环利用，废物排放量大，等等。你认为，上述众多的影响当中，哪些是目前最为严重，是必须首要解决的问题？试举例说明。

参 考 文 献

1 王天民．生态环境材料．天津：天津大学出版社，2000

2 左铁镛，聂祚仁．环境材料基础．北京：科学出版社，2003

3 洪紫萍，王贵公．生态材料导论．北京：化学工业出版社，2001

4 张杏硅．新材料技术．南京：江苏科学技术出版社，1992

5 张绶庆．新型无机材料概论．上海：上海科学技术出版社，1985

6 冯玉杰，蔡伟民．环境工程中的功能材料．北京：化学工业出版社，2003

7 ［日］樱井良文，小泉光惠．新型陶瓷——材料及其应用．北京：中国建筑工业出版社，1983

8 邱关明．新型陶瓷．北京：兵器工业出版社，1993

9 陈志山．生态混凝土净水技术处理生活污水．给水排水，2003，29（2）：10～13

10 干福熹．无机非金属材料的发展．硅酸盐通报，1995，（4）：13～17

11 徐海龙．现代无机非金属材料的分类与发展．国外建材科技，1997，18（4）：13～18

12 张雯，高兴华，梁金生．现代无机材料的分类与构成．中国陶瓷，1996，32（6）：36～39

13 张雯，熊秋明．无机非金属材料的发展阶段及特征．陶瓷工程，1999，33（6）：48～50

14 徐光亮，刘莉．无机非金属材料的现状与前景．西南工学院学报，1998，13（3）：8～15

15 黄继武，卢安贤．物理效应与功能无机非金属材料．中国陶瓷，2002，37（1）：38～40

16 朱建平，常钧，芦令超．利用城市垃圾、污泥烧制生态水泥．硅酸盐通报，2003，（2）：57～61

17 施惠生，袁玲．发展生态水泥保护生态环境．环境保护，2002，（9）：39～41

18 李湘洲，李凡．国外生态水泥工业的现状与发展．建材发展导向，2004，（1）：54～56

19 徐智，梅全亭．室内装饰材料有害气体污染的防治对策．住宅科技，2005，（1）：38～39

20 KIM B N，HIRA G K. Superplastic Ceramic Deformable at High Strain Rates. Chem Eng Technol，2002，25（10）：1021～1023

21 郭景坤．关于先进结构陶瓷的研究．无机材料学报，1999，14（2）：193～202

22 TEKEL I S. High Temperature Ductility and Cavitation Behaviour of Hot Isostatically Pressed（HIP）ZrO_2/Al_2O_3 Composite Containing 40wt % Al_2O_3. Ceramics International，2003，29（2）：169～174

23 刘新菊，赵宇光，任子明．多孔混凝土的研究开发．中国建材科技，1999，（4）：1～5

24 TAMAI M，TANAKA T. Sound Absorbing Properties of Porous Concrete Using Shirasu Pumice. Transaction of JCI，1994，16：81～88

25 李湘洲．走向可持续发展的生态混凝土技术．中国建材，2003，（1）：34～35

第10章 高分子环境材料

高分子材料素有“第四代材料”之称，其应用领域之普及、覆盖面之广可以用无处不在、无时不在来形容。但是，大量生产和使用高分子材料的同时也带来非常可怕的环境问题，社会上形象地称其为“白色污染”。本章介绍了高分子材料的环境问题、环境协调化技术、废旧高分子材料的再生循环技术、可降解高分子材料、长寿命高分子材料等内容，使读者了解高分子材料在生产、使用及废弃过程中带来的各种环境问题，同时可以感受到当前对于高分子材料的源治理、生态化方向发展及开发其再生循环技术的紧迫性和必要性。

20世纪以石油化工为基础的高分子合成化学工业的诞生改变了我们生活的世界。如今多种多样质轻价廉、性能价格比高、有“第四代材料”之称的高分子材料已经遍及我们生活的衣食住行的每个角落，给我们带来了前所未有的生活便利和生活品质的提高。目前，全世界的高分子合成工业的规模已经达到年产1.5亿吨左右，超过了钢铁工业的年总产量。其中的塑料产量已逾1亿吨，橡胶产量也已超过3100万吨，增长速度远高于其他材料。钢、木、水泥、塑料的比例从1950年的125：700：88.6：1上升为1990年的7：33：10：1。

高分子一词最早是由Staudinger于1920年提出的，高分子材料又称作聚合物材料，主要包括塑料、橡胶、纤维及功能高分子材料四大类。

10.1 高分子材料的环境问题

高分子材料应用领域之普及、覆盖面之广可以用无处不在、无时不在来形容。但是，大量使用高分子材料的同时也带来非常可怕的环境问题。首先，这种废弃表现在废物品种繁多，涉及飞机内装材料、汽车部件、橡胶轮胎、计算机、光盘、各种农用电器、农膜、包装材料、服装、鞋、帽、门、窗、地板、各种管道等废旧制品以及生产部门的边角料；其次，是废弃数量巨大，据有关部门估算，废弃塑料约占当年塑料产量的70%，废弃橡胶约为当年橡胶产量的40%，其中塑料包装材料是最主要的塑料垃圾源。如果不进行处理，全世界一年的塑料包装就有3000万吨左右，如我国1994年约使用了35亿只泡沫塑料餐具，社会上形象地称其为“白色污染”。大量高分子材料废物的长期积存对人类的生存环境造成了危害。

10.1.1 生产过程带来的环境问题

任何一种高分子材料从原材料制成产品都要经过许多复杂的生产工艺，以世界产量最大的塑料——聚氯乙烯为例，我国计划到2015年，在全国新建、改建、扩建工程中，塑料管道在全国各类管道中市场占有率达到50%以上；塑料门窗在全国的建筑门窗市场占有率预计达到20%，其中采暖地区要达到20%以上，约需塑料门窗4000万平方米。然而，目前聚氯乙烯在合成和加工过程中存在很多污染问题，例如其原料氯乙烯对人体有伤害作用，会引起急性或慢性中毒，聚氯乙烯作为一种热敏性塑料，在加工过程中需要添加近10种添加剂，其中作稳定剂的镉系、铅系等重金属化合物毒性很大，其他某些增塑剂虽属微毒和无毒，但难以降解，易于生物富集，动物实验有致癌作用。因此，高分子材料合成和加工过程中所带来的环境污染问题也是影响高分子材料产业可持续发展的一个重要方面。

10.1.2 使用过程带来的环境问题

高分子材料优良的使用性能受到人们愈来愈多的钟爱，但是在使用过程中也有许多不尽如人意之处。如油漆中含有的挥发分以及目前备受人们青睐的复合地板、硬质纤维板中含有的游离甲醛对人体都有毒害作用。据北京儿童医院小儿科主任医师推测，装修材料中的有害物质可能是小儿白血病的诱因。近年来小儿白血病的患者明显增加。从众多患儿的家庭居住环境调查中发现，许多患者家里都是刚刚装修不久，这与日本广岛原子弹爆炸后白血病人增多的现象多少有些吻合。另外，许多高分子中的残余单体和添加物，如一些摩擦材料和密封材料中的石棉等都是对人体有害的物质。使用中存在的环境污染问题也是影响高分子材料可持续发展的一个原因。

10.1.3 废弃后带来的环境问题

废弃高分子材料主要来自两个方面：一是产品生产中的废弃料，另一是使用终结产生的废弃料。生产中产生的废弃料通常是一些半成品或边角余料，这一类废弃高分子材料较易回收，也可以再利用，一般来讲，环境问题不大；而使用终结产生的废弃料才是主要的污染源，主要产品多为一次性包装物和农用膜，其主要原料是第二大通用塑料PE薄膜，这种材料质轻、透明、耐用。塑料废物通常不易“分解消化”，填埋则占用陆地，破坏地质，而且埋在地下200年都不会降解，倒入江湖海洋污染水质，危及生物，焚烧会造成更为严重的污染，燃烧生成大量的CO和CO_2产物，形成“白色污染”，这种污染已经成为当今世界亟待解决的严重环境污染问题。因此，各国都纷纷以法律形式对废弃高分子材料的处理做出规定。

美国一些州也对饮料包装拉环、尿布衬里、包装袋、一次性食品供应用器皿、蛋托、工业容器、妇女卫生巾等制定了治理法规，要求使用降解塑料。

近年来在我国，针对生活垃圾中废弃高分子材料比重日益增加，一些城市对一次性塑料饭盒、蔬菜购物袋等的使用作了严格的规定，有力地推动了资源充分利用和环境保护。

10.2 高分子材料的环境协调化技术

10.2.1 源治理是实现高分子材料与环境协调发展的根本

源治理是实现高分子材料与环境协调发展的主渠道，在高分子材料工业发展过程中必须贯彻3R原则。

① 减量化原则（reduce）。要求用较少的原料和能源投入，达到既定的生产目的或消费目的，以便从经济活动的源头就注意节约资源和减少污染。

② 再使用原则（reuse）。要求产品和包装能够以初始形式使用和反复使用，减少一次性用品，延长产品使用寿命。

③ 再循环原则（recycle）。生产出来的制品在完成其使用功能后能重新变成可以利用的资源而不是不可恢复的垃圾，生产一件制品只是完成了一半工作，关键是应设计好在制品达到寿命期后如何处理。与环境协调的高分子材料产业如图 10.1 所示。

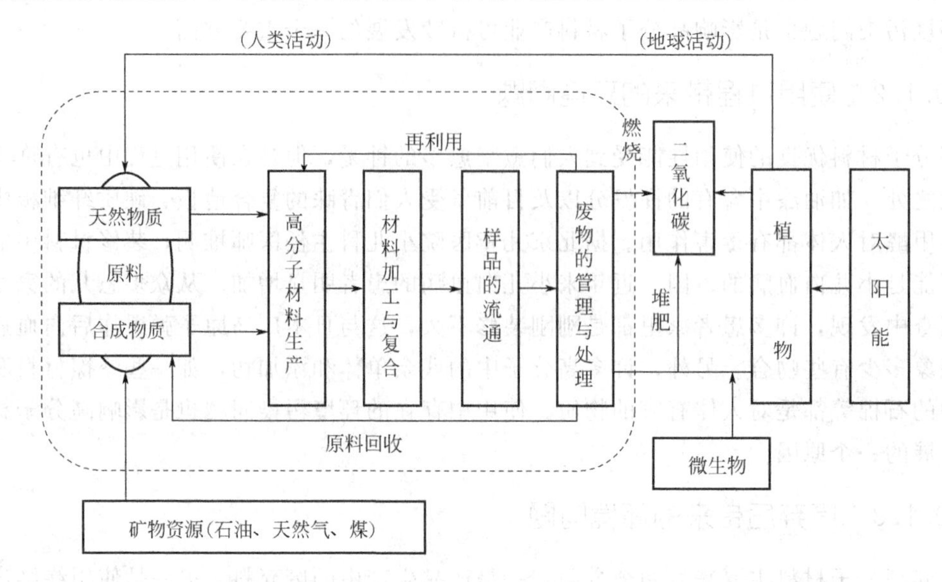

图 10.1　与环境协调的高分子材料产业

由此可见，高分子材料的研发和产业化应围绕着开发特种功能高分子材料，目的在于使高分子材料与环境协调，减缓对地球生物圈的不利影响。

实现高分子材料与环境协调发展的技术包括如下几种。

(1) 高分子材料的零排放技术　零排放是指其制品完成使用价值后，能回收降级使用，最终通过高效溶剂或能吞噬高分子材料废物的物质就地或异地转变，无毒地回归大自然生态环境的系统工程。零排放技术的实质是回收利用技术、降解技术、天然高分子开发应用技术、低负荷设计技术及减少金属-高分子材料复合构件等。天然高分子材料的开发和应用被认为是实现有机高分子材料零排放的最理想途径。

(2) 采用无毒无害的原料　用无毒无害的原料代替有毒物质作为原料生产所需的化工产品，其技术难度在于发掘无毒无害原料的官能团和反应性以满足所需的化学反应。近年来我国开发的无苯胶黏剂及建筑装饰材料的无害化等技术，国外开发的由异丁烯生产甲基丙烯酸甲酯的新合成路线，取代以丙酮和氢氰酸为原料的丙酮氰醇法等，其目的是为了从源头上减少和消除污染，这就是所谓的绿色化学。

(3) 利用可再生的资源代替合成树脂　无机矿物粉体来源于自然，回归于自然，蛋白质、淀粉、纤维素等来源于光合作用并可环境消纳，在高分子材料合成和加工中采用这两类环境友好材料部分代替合成树脂，是保护环境的一个长远的发展方向。因此，应大力扶持发展矿物的超细化技术及偶联、增容技术，淀粉的接枝及脱水加工技术，纤维的增强技术。如将淀粉添加到塑料中，其优越性在于原料单体实现了无害化，而且淀粉又易于转化为葡萄糖，易于生物降解。

(4) 回收与回收利用　热塑性高分子材料的可塑性及可重复加工性，为高分子材料的回收利用创造了有利条件，因此必须加强回收再利用的研究，特别在复合材料的配方设计时应该进行再利用设计，力图选择简单的合成方法合成出应用范围广的通用材料。

高分子材料加工边角料及废次品直接在生产线上回收利用或降级使用有明显的经济效益，这是一级循环经济；同时各地要建立生态工业园区，实现区域内的综合利用，减少对社会的废弃量，这是二级循环经济；过了使用期的废弃高分子材料无论是否有利用价值均要分类回收，对无回收再利用价值的要妥当处置，有回收再利用价值的要建立专业生产厂，定点加工，才能避免产生二次污染。

对于无法进行分选且无回收价值的高分子复合材料，只好采用裂解回收废旧高聚物的方法，分解回收不同沸程的石油烃类物质及燃料。同时对难以再生循环的高聚物以及裂解的废渣，采用焚烧的方法，通过燃烧产生的气体进行热交换，冷凝回收有用物质，有效地利用高聚物具有的高热值为生产、生活服务。

(5) 仿酶催化技术　酶是一种生物高分子，酶催化反应以高效性、专一性且条件温和而令人注目，但天然酶来源有限，难以纯制，敏感易变。模拟酶，就是从天然酶中挑选出起主导作用的一些因素，如：活性中心结构、疏水微环境、与底物的多种非共价键相互作用及其协同效应等，用以设计合成既能表现酶的优异功能又比酶简单、稳定得多的非蛋白质分子或分子集合体。模拟酶可应用于底物识别、结合及催化作用，开发新的合成方法等。当前仿酶催化的研究方向主要包括功能环糊精和桥联环糊精仿酶研究、双核酮酶的模拟、手性金属胶束体系以及新型手性噁唑硼烷化学酶等。利用酶催化和发酵技术开发聚乳酸和聚酯等可完全生物降解的高分子材料是实现高分子材料源治理的最终目标。

10.2.2　高分子环境材料的发展方向

(1) 高分子合成工业的绿色化　在高分子材料的合成与制备过程中，使用洁净技术，减少“三废”的排放，生产过程中应用原子经济性反应途径，达到零废物、零排放，替代单体生产中的剧毒原料（如光气、氢氰酸等），减少有机溶剂的使用，利用生物资源等，在生产过程中实施绿色化工技术，是提高资源效率、改善环境污染的有效措施。

(2) 高分子废物的再生循环技术　高分子产品使用周期不很长，其废物特别是一次性塑料制品成为城市垃圾的重要来源。所以，再生循环技术不仅是解决高分子“白色污染”的有效途径之一，而且有利于充分利用原料，提高资源利用率，保护环境。应大力发展高分子材料的多级利用技术，实现材料多次循环。

(3) 可降解高分子材料　高分子材料的降解技术，也可称为高分子材料的零排放。降解技术的根本问题是要发现传统高分子材料废物的降解方法和开发新型可降解合成高分子材料新品种。天然高分子材料的开发与应用被认为是实现高分子材料零排放的最理想途径，但需要解决强度低、寿命短、成本高等问题。

(4) 长寿命材料　发展超长寿命的高分子材料，是降低资源开发速度，有效利用资源，减少高分子材料废物的有效途径之一。尤其对于用量大、影响深远的农用地膜、棚膜、建筑用高分子材料等应考虑长寿命问题。可通过优化配方和工艺设计、开发功能优异的塑料合金体系等方法来实现。需要指出的是，无论材料的短寿命还是长寿命，都应以维持生态环境和节约资源及提高利用率为最基本目标。

(5) 环境友好的新型高分子功能材料　发展高分子功能材料，生产具有高附加值的精细化工产品，是实现资源利用率最大化的有效途径之一。

10.3 废旧高分子材料的再生循环技术

美国再生利用技术重点放在生产过程中的边角料及不合格品的回收再利用上，对于那些还有一定利用价值，但需进行繁琐处理，特别是要花费大量人力的废旧塑料，总是想方设法将其转移出本土以减轻在本国处理对环境的压力。日本重视塑料废物的回收利用工作，大力推广废弃塑料发电，2003 年在全国建立 5 个塑料发电设施，到 2010 年将废弃塑料发电设施增加到 150 个，废弃塑料发电将成为日本新能源的支柱之一。据有关部门统计，日本国内每年废弃塑料为 489 万吨，其中只有 25%成为再生资源、3%用于发电、6%白白烧掉、42%作为垃圾掩埋处理。欧洲各国情况不完全相同，目前焚烧方法处理所占比例已逐渐下降，代之以逐渐健全城市及居民区垃圾分类收集、分别加以处理的方法，如意大利米兰政府花钱收购废塑料，免费送到再生加工厂。

我国的国情与美国、欧洲、日本不同，目前每年进口的石油已占到总消费量的 1/3，就我国的地理情况和技术装备水平来看，无论是热解还是焚烧提取热能都会对环境造成更为严重的污染，根据国情我国应选择"以回收及再生利用为主，以填埋、热解、焚烧、可降解等途径为辅"的废旧高分子材料回收利用策略，这也是我国废塑料处理的最现实、最科学、最具活力和发展前景的方针政策。用技术、经济、环保 3 方面都可行的方法回收并科学、合理地利用这些废旧高分子材料，其重要的意义在于资源的再生和实现"循环经济"。这方面技术进展十分显著，有的马上可以应用，有的可能还需要进一步完善，故而还需要我们继续努力研究，力争有所发明、有所创造。

10.3.1 废旧高分子材料的组成及分类

塑料产量占高分子材料总产量的 70%，以塑料为例，2001 年全世界塑料总产量约为 15000 万吨，大约有 20%以上的塑料制品成为一次性使用废弃塑料，占塑料总量 70%～80%的通用塑料在 2 年内有 40%可转化为废弃塑料。目前，全世界仅塑料包装材料年消费量就为 2500 多万吨，但回收利用率很低。中国 2001 年塑料总用量约为 2000 万吨，人均消费 15kg/a，废旧塑料约占塑料总消耗量的 15%，再生利用占废旧塑料的 50%左右，我国塑料的再利用率高于发达国家，塑料在固体废物中所占比例小于发达国家的水平，目前我国每年再生废旧塑料利用量约 300 万吨。

高分子材料废物污染环境，引起国际社会的高度重视。国家环保总局等单位最近联合发出《关于国家限制进口可用作原料的废物目录的通知》。该通知将塑料废旧物及下脚料列入国家限制进口的原料废物的目录之中，要求严格执行强制性国家标准《进口废物环境保护控制标准——废塑料》。根据该标准，可以进口的使用过的塑料容器必须经过破碎并清洗至无明显异味、无明显污渍，未经破碎并清洗的使用过的塑料容器（如废饮料包装容器等）不符合标准，禁止进口。

我国各类废旧塑料的所占比例见表 10.1。可将废旧塑料归类为以下 4 大类。

(1) 已经步入良性循环，能够取得较好效益，再生产品有明确用途。如：①农用塑料大棚膜；②塑料编织袋、编织布、塑料打包；③饮料瓶、中空桶、化妆品瓶等；④日用品中纯塑料部件、外壳等；⑤电线、电缆的塑料外皮。这类废塑料的回收再利用规模和技术水平处于国际先进位置。

表 10.1 我国废旧塑料的分类状况

名　　称	所占比例/%	名　　称	所占比例/%
包装袋、手提袋、垃圾袋(PE 为主)	25	农膜、地膜(PE 为主)	12
泡沫包装物、餐具类(PS、PP 为主)	15	编织袋类、打包带、捆扎绳等(PP 为主)	13
包装瓶、桶、壶类(PE、PET 为主)	10	其他类(ABS、改性 PS、改性 PP、PVC 为主)	17
中空容器、注塑制品(PE、PP 为主)	8		

(2) 生产过程中产生的或从国外进口的边角料，可加工成再生料，具有较好的性能和应用市场，也获得市场认可，效益良好。如：VCD 光盘边角料、饮料瓶、不合格薄膜、卫生巾和尿不湿的边角料、家电、电脑外壳、零件等。这部分废旧塑料的质量通过改性几乎可以达到新的合成树脂的水平，甚至某些性能还有所增强，弥补了我国合成树脂的部分缺口，促进了我国塑料工业的发展。

(3) 已经大量出现但因经济效益不佳，企业和废品回收经营者不感兴趣。如：EPS 泡沫塑料、一次性餐饮具、背心袋、购物袋、单层或复合包装膜片等。这是产生塑料“白色污染”的主要来源，更严重的是加剧了垃圾综合处置的难度，我国部分城市已实行了推广降解塑料的政策，但收效甚微。

(4) 随着我国电子类产品进入淘汰更新期及汽车产业的快速发展，我国生活水平的提高也加速了电子类等大型耐用品的更新换代，电子类高分子材料废物大量涌现，这些高分子材料有许多是经共混改性或不同材料复合而成的。如：电视机、家电、电脑、汽车上使用的各种零部件等，有些是已交联过的，有些是表面已经涂饰或复合热固性高分子材料的，因此难以用通常使用的办法如清洗、粉碎、熔融造粒方法进行回收再生利用。对这部分废塑料回收再利用技术早期关注不够，近期国家有关部门专门研讨了电子类废塑料的回收技术，但是进展缓慢。

10.3.2 废旧高分子材料的回收再循环技术

废弃塑料的回收利用主要有循环再用、再生利用、热能回收和化学回收等几种途径。

10.3.2.1 回收技术

塑料的回收，首先要严格按种类分选，目前我国已在主要城市逐步推行垃圾分类收集，对于来源于垃圾系统的废塑料要倡导垃圾分类回收措施，在进入垃圾中转站前回收，这样才能提高废塑料的回收质量。

塑料分类工作大都由人工完成，最近机器分类方法有了新的研究进展，德国一家化学科技协会发明 1 种以红外线来辨认塑料类别的方法，既迅速又准确，只是分拣成本较高，在中国很难推广。要提高再生塑料的物理性能，确保再生粒料的质量，需要进行清洗，再送入破碎机破碎，对于污染较严重的塑料件，首先进行粗洗，除去砂石和金属等异物，脱水后送入破碎机破碎，破碎后再进一步脱水，去除包含在其中的杂物，干燥后造粒。以 PBT 和 PET 为代表的聚酯系列必须在回收成型前进行充分的干燥，以防止水解。

10.3.2.2 再生循环技术

塑料的再生循环技术大致可以分为两类：一类是将回收废旧塑料作为原材料使用；另一

类是将回收废旧塑料分解成单体，然后重新合成新塑料。前一类技术称为材料再生循环法，后一类技术称为化学再生循环法。

（1）材料再生循环法　材料再生循环法的思路是在塑料功能丧失之前，将废塑料作为原料多次再生循环使用。在实际再生循环过程中，由于杂质混入及加工过程的影响，塑料的某些性能不可避免地要发生退化。因此，经材料再生循环法制成的再生塑料，存在一个降低使用的问题。即由新原料合成的新塑料首先用于制造性能较高的制品，回收塑料作为原料时，一般用于制造性能要求次之的制品，而再次回收的塑料作为原料的，则只能用来制造性能要求较低的制品……一直到不能再循环利用为止。例如，由石油原料合成的聚乙烯可用来制造电线绝缘材料；用回收废聚乙烯作原料时，可以制造电线保护套管及型材；再次回收利用时可用来制造室内装修材料等。因此，在材料最初的设计阶段，就要考虑到材料的可再生循环性。其中有两点要给予足够的注意：一是要考虑到材料的相容性；二是要考虑到如何评价回收塑料的老化程度。

用于不同场合的装修材料要求具有不同的性能，为此使用不同的聚合物树脂。回收废旧塑料时，这些不同的聚合物树脂便混杂在一起，在很多情况下相容性都不好，从而使再生塑料的性能明显下降。设计阶段必须考虑到材料的再生循环性能并限制使用材料的种类，研究开发出能够同时满足多种性能要求的材料及相应的加工工艺，这些材料应是以通用树脂为核心的同系树脂（相容性好）。如果能通过改变各种树脂的混合比例来开发出能够满足各种性能要求的通用聚合物合金（塑料合金）及其相容剂，那么这类塑料即使在再生循环时相互混合，再生循环后性能变化也不会大，因而可以扩大再生循环塑料的应用范围。这类聚合物合金如尼龙 6/ABS 系、聚烃类和 PET/ABS 系聚合物。

各种条件下使用的塑料制品，由于受到光、热、水分等环境因素的作用，会发生不同程度的老化。评价和掌握材料在使用过程中的老化程度，对于充分利用回收材料有着重大意义。如果建立了评价塑料老化程度的可靠方法，就可以将回收废旧塑料纳入到有效的再生循环系统中去。由于将回收废塑料直接作为原料使用，材料再生循环法比化学再生循环法更经济，因而有可能成为塑料再生利用的主要途径。

材料再生循环法中的典型实例是汽车保险杠的再生循环利用。废旧汽车保险杠回收后，经消除涂料膜、底漆和粉碎细化后可以重新作为制造汽车保险杠的原料。该种材料再生循环中包含有机溶剂分解和剥离漆层的技术、水热法水解涂层膜的技术、清除涂层膜和粉碎废塑料的技术。这些技术一旦成熟并推广应用，废旧保险杠就可以作为制造新保险杠的原料得到充分的再生循环利用。

（2）化学再生循环法　化学再生循环法的基本思路是将回收废塑料作为资源，以石油或单体形式利用。将回收废塑料通过水解或解聚，分解成原始材料的单体或低聚物，然后重新合成塑料初级产品，或者返回到石油状态以便再生利用。例如，在前述材料再生循环法中，对于已多次再生循环过的塑料，由于功能降低而不能再进行材料再生循环，则适合采用化学再生循环法处理。化学再生循环法可以把废塑料还原成原料，使再生塑料变成新材料，所以是一种完全的再生循环方法。化学再生循环法不但适用于热塑性塑料，而且适用于热固性塑料及有机高分子复合材料。然而目前热固性塑料由于不能再加热成型，只能粉碎后用作填充剂等低档次的材料。真正的再生循环利用，可望通过化学再生循环法来解决。

化学再生循环法的实例是分馏回收技术。如日本电线综合研究中心研究开发的将交联聚乙烯电线、橡胶绝缘电线的塑料和橡胶成分加热分解、分馏回收的技术。德国塑料包装材料废物再生利用协会研究的技术，是将家庭废弃的各种塑料包装材料混合物放入煤分馏装置加热分解，作为石油回收处理来获得制造塑料的原料。日本工业技术院北海道开发试验所开发出从废塑料中回收煤油和柴油成分的技术。

10.3.2.3 废旧高分子材料降级回收再利用技术

(1) 木塑复合塑料的回收及再生利用　木塑复合塑料的基本配方为木粉、稻壳或秸秆粉占50%，废旧塑料占50%。木塑复合塑料既可代替天然木材制作货物的托盘，也可在其他包装、建筑和日用品等方面找到应用空间。综合文献报道：MAH-g-PP表面包覆的天纤填料有利于与聚丙烯复合，乙烯-丙烯酸共聚物（EAA）表面包覆的天纤填料有利于与聚乙烯复合；采用同向平行双螺杆挤出机混炼造粒工艺可以生产木塑复合塑料原材料，但木塑复合塑料制品的生产应该使用排气式单螺杆挤出机，销钉螺杆对物料的混合混炼效果明显优于普通螺杆，适当地降低排气式挤出机温度、提高机头压力、降低螺杆转速都可以有效地改善天纤塑料的挤出加工性能。

(2) 聚苯乙烯泡沫塑料（EPS）的回收及再生利用　目前我国各类EPS塑料制品达60多万吨，其中用后即丢弃的减振包装材料用EPS占50%以上，泡沫塑料餐饮具仅仅是EPS塑料制品中1个小小的门类，为了塑料工业与环境保护协调发展，必须把包括一次性发泡塑料餐具在内的所有EPS塑料的回收及再利用问题加以科学、合理地解决。

国内外对EPS塑料的回收及再利用技术都十分重视，相关报道很多，其技术路线和用途不外乎熔融造粒；热解提取苯乙烯单体；有机溶剂溶解做黏合剂；直接粉碎，与水泥等混合做轻体建筑材料4大类。这些技术之所以未能大面积推广其主要原因为：再生后材料性能被严重破坏，再生产品的附加值低；回收再生过程中易产生二次污染；回收不便，运输费用太高。

EPS塑料之所以难回收，主要是质轻体积大，运输成本太高。最近轻工业塑料研究所的刘英俊等人发明一种小型价廉的热压机，可就地先消泡，再运输，即采用非溶剂型热介质法将所收集的EPS塑料的体积在极短时间内减少到原来的1/30，密度恢复到$0.9g/cm^3$以上。将这种消泡技术回收的EPS塑料再重新加工成可发性聚苯乙烯并用于生产泡沫塑料板材，这种板材用于冷库或大型厂房房顶、管道保温等绝热、隔热材料可用其所长，避其所短，较之使用全新的EPS粒料，可大大节约原材料成本。

(3) 废轮胎橡胶的回收利用　全世界轮胎废弃量约900万吨/a，堆积的废轮胎是蚊虫滋生的场所，一旦失火会引起难以扑灭的大火，因此废轮胎是危害人类健康和环境安全的定时炸弹。目前已采用废轮胎开发生产了“安全橡胶地砖”和“高级公路减振剂”两类技术产品。其中生产“安全橡胶地砖”的工艺如下：将橡胶丝进行处理，然后将经处理的胶丝进行着色，将着色的橡胶丝放入反应釜，边搅拌边加入“无溶剂型橡胶胶黏剂”进行包覆，随后将包覆均匀的橡胶丝装进模具加压固化，进烘道加热成型，脱模后的地砖进行熟化处理，最后是成品包装；另一工艺是可以直接在现场施工固化，应用于运动场或草坪上。试产的“安全橡胶地砖”经国家塑料制品质量监督检验中心（福州）测试其耐晒牢度大于等于4级，目前在户外已使用2年，其颜色几乎不变。

10.3.3 无回收再利用价值的废旧高分子材料的处置技术

有相当比例的废旧高分子材料无法回收再生利用，还有一些经过多次再生利用已失去实际使用价值，它们的去向目前仍然是掩埋或焚烧，而这种处理方法既浪费资源又可能再次给环境造成污染。通过热裂解或催化裂解可以将不可再回收利用的高分子材料进行分解，得到基本有机原料或燃油，但在分解过程中得到率较低且存在废气、废渣对环境的再次污染问题。目前从生态设计的角度考虑，对于该种废旧高分子的处置方法主要有以下两种。

（1）超临界水分解废旧高分子材料技术　水的临界温度为 374.3℃，临界压力为 22.05MPa。当温度和压力分别超过临界值时，水就处于超临界状态，此时的水称之为超临界水，它具有常态下有机溶剂的性能，即能溶解有机物而不溶解无机物，而且此时超临界水可以与空气、氮气、氧气和二氧化碳等气体完全互溶。

用超临界水进行废旧高分子材料的分解有明显的优点：①用水做介质成本低；②可避免热解时发生炭化现象；③反应在密闭系统中进行，不会给环境带来新的污染；④反应速度快，生产效率高。

日本、美国对此进行了大量研究，据日本专利报道，用超临界水对废旧塑料（PP、PE、PS）进行降解回收，反应温度为 400～600℃，反应压力为 25MPa，反应时间在 10min 以下，可获得 90%以上的油化率。福州大学王良恩教授曾开展这方面研究。用超临界水进行废旧高分子材料降解是近几年发展起来的，这是一种新的“洁净的”分解塑料的方法，目前该项研究还处于初期发展阶段，但从环保的角度看，超临界水的应用极具发展前途。

（2）可环境消纳塑料技术　目前垃圾主要采用填埋、堆肥和焚烧为主要处理方式，美国、加拿大、中国和西欧一些国家大多采用填埋处理，日本以焚烧为主。无法回收再利用的废塑料进入垃圾系统，也随着垃圾的掩埋、堆肥和焚烧进入环境系统。垃圾掩埋处理占据大量的土地，垃圾稳定化低即产生的渗滤液多，渗滤液污染水环境，而垃圾稳定化很大程度上取决于废塑料的品种和含量。垃圾焚烧处理，产生的热能发电或取暖使废物转换成能源造福人类，虽然没有确切的技术数据证明废塑料在燃烧时是否增加二噁英的产生量，但废塑料增加垃圾有机物含量，从而增加尾气产生量是不争的事实。

日本要求包装垃圾的塑料包装袋，生产中 $CaCO_3$ 含量不得低于 30%，其目的就是为了保护焚烧炉和减少焚烧尾气的产生量。添加无机粉体可有效地提高塑料材料的经济性和功能性，同时无机粉体改性塑料使用后既可回收再利用，进入垃圾系统后其中的无机粉体又易于被环境消纳，从而突现出无机粉体改性塑料的环境协调性。从源头治理的角度来看，“无机粉体改性塑料环境友好材料”可以成为生产者、消费者和监管者 3 方所接受的有效治理塑料“白色污染”的新型材料。

福建师大环境材料开发研究所还引入了“含稀土配合物的可环境消纳助剂”，通过“可环境消纳助剂”与无机粉体共同作用，不但提高了无机粉体与环境同化的能力和速度，同时通过各种方式引导加速了塑料中高分子成分在自然条件（光、热、风、酸碱水、细菌和微生物等）或人为条件（厌氧或耗氧堆肥、焚烧等）下尽快与环境同化，减少了废塑料对环境的压力和危害。该所将添加了“可环境消纳助剂”的“无机粉体改性塑料环境友好材料”命名为“光钙型环境友好塑料”，其中“光”是“可环境消纳助剂”的简称，“钙”是指无机粉体改性塑料，目前这类产品在中国已逐步获得了认可。

10.4　可降解高分子材料

高分子降解是指构成聚合物的大分子链断裂反应。聚合物暴露于氧、水、射线、热、光、化学试剂、污染物质、机械力及生物（尤其是微生物）等环境条件下的降解过程称为环境降解。从机理上降解因素可归纳为生物、光、化学降解，其中最具有应用前景的是光降解与生物降解。

可降解高分子材料按照降解机理可大致分为光降解高分子材料、生物降解高分子材料和光-生物双降解高分子材料三大类，如图 10.2 所示。

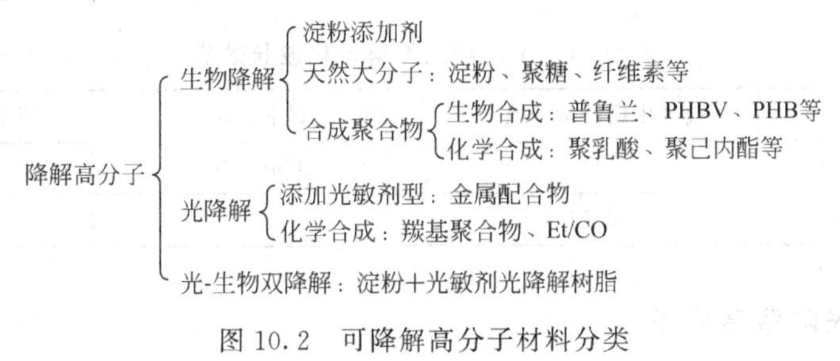

图 10.2　可降解高分子材料分类

10.4.1　光降解高分子材料

10.4.1.1　光降解机理

高分子的光降解是指高分子材料受到光照而发生包括材料物理机械性能变差、分子链断裂以及化学结构变化的过程或现象。主导高分子材料最初光化学过程的是太阳光谱中的近紫外光波段，波长一般在 290～400nm 范围内，大约占到达地面太阳光谱的 5%，见表 10.2。

表 10.2　地面太阳光组成

太阳光波长/nm	所占比例/%	太阳光波长/nm	所占比例/%
290～320	2.0	600～1200	38.9
320～360	2.8	1200～2400	21.4
360～480	12.6	2400～4300	0.4
480～600	21.9		

但是，这 5%的紫外光区所具有的能量在攻击高分子化学结构导致断键、断链等“光致化学降解”作用上却最有威力，这是因为根据光量子理论，光波长越短，光量子所具有的能量越大，在 290～400nm 范围的紫外光所具有的光能量一般高于引起高分子链上各种化学键断裂所需要的能量，见表 10.3。

表 10.3　化学键强度（键能）及具有相近能量的紫外光波长

化学键	键能/(kJ/mol)	波长/nm	光波能量/(kJ/mol)	化学键	键能/(kJ/mol)	波长/nm	光波能量/(kJ/mol)
O—H	463.0	259	—	C—O	351.6	340	约 351
C—F	441.2	272	—	C—C	347.9	342	—
C—H	413.6	290	418	C—Cl	328.6	350～364	≤340
N—H	389.3	300～306	约 397	C—N	290.9	400～410	≤297

由表 10.3 可知，高分子材料在光照下是否会发生断键从而导致一系列的氧化降解过程首先取决于分子链所吸收波长的能量和化学键的强度。由表 10.3 可知，太阳光的紫外辐射可以切断大多数高分子的化学键，但是实际上所引起的光降解速度很慢，主要原因是：正常

的高分子结构对太阳紫外光的吸收速度很小；高分子的光物理过程可消耗大部分被吸收的光能，使量子效率很低。此外，还有一个不可忽视的原因是各种高分子结构对光波波长的敏感性各有不同，如果所吸收的波长不是某种高分子的敏感波长，其光降解老化作用就很小。例如，聚乙烯在表10.4所示三种波段下光降解老化的试验表明，尽管254nm的短波紫外光具有很高的能量，但其促使聚乙烯降解老化的量子效率并不高。

表10.4 聚乙烯光降解老化波长效应

波长/nm	羧基生成的量子效率	波长/nm	羧基生成的量子效率
254	0.04	350～450	0
250～350	0.11		

10.4.1.2 光降解高分子

在制备塑料时，向塑料基体中加入光敏剂，在光照条件下就可诱发光降解反应。光降解引发剂有很多种，可以是过渡金属的各种化合物，如卤化物、乙酰基丙酮酸盐、二硫代氨基甲酸盐、脂肪酸盐、羟基化合物、多核芳香族化合物、酯（如磷酸酯）以及其他一些聚合物。引发剂可以在挤出吹膜或挤出前混合于高聚物中，也可以以印墨形式涂于薄膜表面。这种方法以简单的方式制得具有不同使用期限的降解膜，颇具应用价值。

改变Ni、Co等稳定二硫代氨基甲酸盐和Fe、Cu等二硫代氨基甲酸盐的比例就可以得到不同寿命的可降解高分子材料。此外，联二茂铁也可以引发光降解反应，该薄膜的降解速度与光敏剂含量有关，在自然条件下测试得出光敏剂含量与薄膜降解速度的曲线，然后可以根据该材料的使用期限选择适当的用量。

除了以上光降解高分子以外，还有一类重要的合成光降解高分子，其制备方法是通过共聚反应在高分子链上引入羰基型感光基团而赋予光降解特性，光降解活性的控制是依靠改变羰基基团含量来实现的。工业化的有乙烯-乙烯酮共聚物和乙烯-CO共聚物。

目前光降解塑料制备技术较为成熟，在国内已广泛用于农用地膜、垃圾袋、快餐容器、饮料罐拉环以及包装塑料制品等一次性用品中。光敏单体用在地膜中的添加量为0.1%～0.2%。

光降解塑料只有在日光的作用下才可能降解，而且能降解为小分子化合物进入生态循环的塑料只是极少部分，绝大部分塑料只是逐步崩解为碎片或者粉末。而且，塑料废物部分埋在土壤中或整个作为垃圾填埋在地下时，缺光或缺氧、缺水，使光降解塑料在许多情况下降解不完全。即使在光辐照条件下发生分解反应，也受地理、气候影响较大，降解速度难控制。因此，人们将注意力逐渐转向其他降解塑料，特别是微生物降解塑料产品的开发上。

10.4.2 生物降解高分子材料

10.4.2.1 生物降解机理

生物降解高分子材料的生物降解通常是指以化学方式进行的，即在细菌、霉菌、放线菌、藻类等自然界的微生物活性（有酶参与）的作用下，酶进入聚合物的活性位置并渗透至聚合物的作用点后，使聚合物发生水解反应从而使聚合物的大分子骨架结构发生断裂成为小的链段，并最终断裂成稳定的小分子产物，完成降解过程。

生物降解机理主要是通过各种细菌及酶将高分子材料分解成二氧化碳、水、蜂巢状的多孔材料和低分子的盐类，它们可被植物用于光合作用，不会对环境造成污染。生物降解大致有三种途径。①生物物理作用：由于生物细胞增长而使聚合物组分水解、电离、质子化而发生机械性的毁坏，分裂成低聚物碎片。②生物化学作用：微生物对聚合物作用而产生新物质（CH_4，CO_2 和 H_2O）。③酶直接作用：被微生物侵蚀部分导致材料分裂或氧化崩裂。

生物降解高分子在制造和使用过程中应保持稳定，并要求在废弃后及时进行生物降解，因此影响生物降解性的因素成为人们关注的焦点之一。

环境因素是指水、温度、pH 值和氧的浓度。水是微生物生成的基本条件，因此聚合物能保持一定的湿度是其可生物降解的首要条件。每一种微生物都有其适合生长的最佳温度，通常真菌的适宜温度为 20～28℃，细菌则为 28～37℃。一般来说，真菌适宜长在酸性环境中，而细菌适宜长在微碱性条件下。真菌为好氧型的，细菌则可在有氧或无氧条件下生长。

实际上，生物降解不只是微生物的作用，而是多种生物参加的综合过程。例如，微生物产生的共聚聚酯（生物聚酯），经过如图 10.3 所示的过程，被栖息在大地、海洋、污泥等各种环境中的微生物分解。

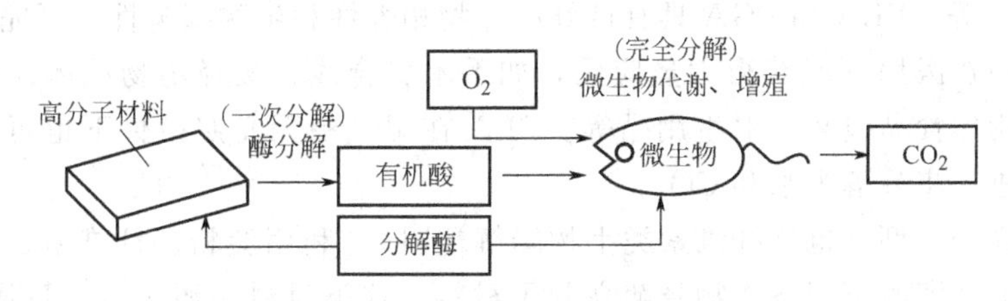

图 10.3　高分子材料的微生物分解

材料的结构是决定其是否可生物降解的根本因素。一般情况下只有极性高分子材料才能与酶相黏附并很好地亲和，因此高分子材料具有极性是生物降解的必要条件。高分子的形态、形状、相对分子质量、氢键、取代基、分子链刚性、对称性等均会影响其生物降解性。另外，材料表面的特性对微生物降解也有影响，粗糙表面材料比光滑表面材料更易降解。

由于依赖微生物的分解，与光降解塑料类似，生物降解塑料是一类降解速度不可控制的高分子材料。但与光降解塑料不同的是，生物降解塑料既有不完全降解型，也有完全降解型。完全生物降解型塑料在 22℃ 下两年即可完全分解，实际上，生物降解不只是微生物的作用，而是多种生物参加的综合过程。

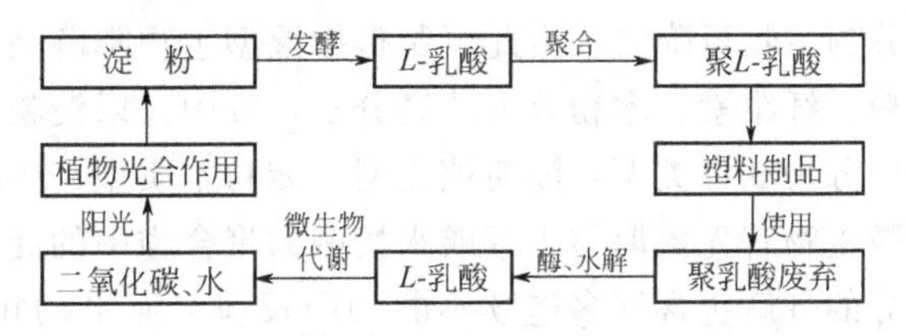

图 10.4　聚 *L*-乳酸在自然界的循环过程示意图

例如，聚 *L*-乳酸在自然界的循环过程，如图 10.4 所示。该过程可划分为两个阶段：首先，是微生物的分解酶吸附在聚 *L*-乳酸表面上，在酶的作用下，聚 *L*-乳酸的酯链发生水解、断链反应，相对分子质量从数十万降到数万以下，导致聚乳酸强度降低、崩碎、表面积增大。表面积的增大又促进了水解反应，使之进一步降解，转变成相对分子质量低的乳酸，完成一次降解；其次，是水解生成的乳酸在土壤中微生物的代谢作用下，最终转变成二氧化碳和水。

虽然生物降解塑料作为塑料技术的一大飞跃风靡了整个世界，但许多专家、环保组织和科研部门对这类塑料的降解仍有一些疑问，认为这种所谓的生物降解性能只不过是一种“错觉”。从理论上，这类塑料在阳光或微生物作用下，大部分仍能残留一个相当长的时期，即使埋在土壤中也很难降解。例如，商用聚乙烯包装膜虽经淀粉填充改性，但发现仅是混入的淀粉发生了降解，留下一个空洞环状结构，而高相对分子质量的聚乙烯并没有发生降解，因此只是降低了其物理机械性能，大多形成了碎片或粉末，根本无办法再回收。而且，长期掩埋后，在土壤中被微生物吸收的情况不明了，反而将污染由可见变为不可见，给生态环境带来更大的潜在危害。鉴于此，发展完全型光-生物共降解塑料，在光和微生物的共同作用下发生完全型降解，可保证降解效果，对整个生物圈将会有更积极的意义。

10.4.2.2 生物降解高分子

按照降解特性，生物降解高分子可分为部分生物降解型和完全生物降解型；按照其来源则可分为化学合成型、天然高分子型、掺混型、微生物合成型、转基因生物生产型等。

(1) 化学合成型（又称官能团型） 化学合成的生物降解性高分子材料大多是在分子结构中引入酯基结构的脂肪族（共）聚酯，在自然界中其酯基易被微生物或酶分解。目前已工业化的主要代表品种有聚乳酸（PLA）、聚己内酯（PCL）、聚琥珀酸丁二酯（PBSU）和聚乙醇酸（PGA）等。PLA 和 PGA 具有良好的生物相容性和生物降解性，可完全参与人体内代谢循环，因而在医用领域获得大量应用，如手术缝合线、缓释药物载体、体内埋植材料等，此外还可用作食品包装、卫生用品等。PLA 在湿气中无光照条件下也可发生水解，在微生物作用下进一步分解为水和 CO_2。

(2) 天然高分子型（也称纤维素类生物降解塑料） 利用淀粉、纤维素、甲壳素、木质素等可再生的天然资源可制备生物降解高分子材料。这类材料来源丰富，且属天然高分子，具有可完全生物降解性，因而其研究开发应用前景广阔，其中日本、德国的研究开发最为活跃，并开发出各自品牌的产品，成本有待降低。日本通过纤维素衍生物与脱乙酰基多糖复合，采用流延法制得薄膜，其强度与 PE 相近，2 个月左右可完全降解。采用天然草和胚芽所含多糖类物质制得的可食性薄膜具有良好的物理力学性能，在日本已用于药品、调味品、油脂小包装等。近年来我国的研究单位采用从稻草、麦秸等草本植物中提取的纤维素为原料，经一定的处理后加工制成地膜，开发应用取得一定的进展。

(3) 掺混型（又称共混型） 将两种或两种以上高分子物共混复合，其中至少有一种组分为生物可降解，由此可制得掺混型生物降解高分子材料。选用的生物降解组分大多采用淀粉、纤维素、木粉等天然高分子，其中又以淀粉居多。淀粉掺混型生物降解高分子材料大致可分为 3 种类型：淀粉填充型、淀粉基质型、生物降解高分子共混型。这类生物降解材料中微生物首先摄取与土壤或水接触的聚合物中的淀粉添加剂，留下多孔的海绵状结构。余下部分的分解包含许多连续不断的酶反应，而平均相对分子质量相应逐步减少，这是一个漫长过程。

(4) 微生物合成型（又称生物合成降解塑料） 微生物通过生命活动可合成高分子，这类高分子可完全生物降解，主要包括微生物聚酯和微生物多糖，其中微生物聚酯方面的研究较多。目前可用于合成微生物聚酯的细菌约有 80 多种，发酵底物主要为 $C_1 \sim C_5$ 化合物，如甲醇、乙醇、CO_2、羟基乙酸、3-羟基丁酸、4-羟基丁酸、丙酸、戊酸、丁二醇、葡萄糖等。如聚-β-羟基丁酸酯（PHB）是一种可产生于生物体内的微生物聚酯，是可降解材料研究领域中最令人兴奋的发现，它是细菌体内应付食物紧张储存原料的物质，可被许多细菌激活，导致快速解聚。研究发现，解聚细菌酶有截然不同的两类：一类酶将高分子聚合物降解成二聚体，另一类则将二聚体降解为单体。PHB（聚-β-羟基丁酸酯）生物降解的第一步是膜表面的改变，即表面水解，从而导致表面—OH和—COOH数量的增加，细菌开始繁殖，生长速度取决于温度与pH值，PHB最终降解为3-羟基丁酸，它是人体血液的正常代谢物。

（5）转基因生物生产型　韩国科学技术院生物工程开发中心研究人员利用现代生物技术从一种细菌中获取合成高分子的基因，转到大肠杆菌中获得“工程大肠杆菌”。这种“工程大肠杆菌”在$1m^3$反应器的底物中发酵40h可生产80kg以上的生物降解高分子。美国学者通过转基因方式，将从豌豆植物中提取的DNA片段外源基因转入拟南芥菜细胞，使其叶绿体能产生聚-β-羟基丁酸酯颗粒的能力提高了3倍，这种转基因方法将成为生物降解高分子开发的一个新方向。目前，正在进行聚3-羟基链烷酸酯（PHA）转基因植物生产研究，可望通过转基因植物这个生物反应器实现大规模生产PHA，以解决用细菌发酵法生产成本及价格过高的问题。

10.4.3　光-生物双降解高分子材料

10.4.3.1　光-生物双降解机理

高分子材料在光和微生物的共同作用下发生的分解过程被称为光-生物双降解。将光敏剂体系的光降解机理与淀粉的生物降解机理结合起来，一方面可以加速降解，另一方面可以利用光敏剂体系可调的特性达到人为控制降解的目的，此外，克服了单纯光降解材料在阳光不足或非光照下难降解的问题，也克服了单纯淀粉塑料在非微生物环境中难降解的问题。光降解和生物降解具有协同效应，并非是简单的加合。

光-生物降解塑料的降解机理是淀粉等生物降解剂首先被生物降解，这一过程削弱了高聚物基质，使高聚物母体变得疏松，增大了表面/体积比。同时，日光、热、氧、引发光敏剂、促氧剂等物质的光氧化和自氧化作用，导致高聚物的链被氧化断裂，相对分子质量下降并被微生物消化。国际市场上成熟的产品有美国Ampact Ⅱ加拿大St. Lawrance公司的Ewster母料。

10.4.3.2　光-生物双降解高分子

这是一类结合光和生物的降解作用，达到较完全降解目的的塑料，它兼具光、生物双重降解功能，是目前的开发热点之一。目前制备方法是采用在通用高分子材料（如PE）中同时添加光敏剂、自动氧化剂等和作为微生物培养基的生物降解助剂的添加型技术途径。光-生物降解高分子材料可分为淀粉型和非淀粉型两种，其中采用天然高分子淀粉作为生物降解助剂的技术目前较为普遍，如在LDPE膜中填充5%～12%的淀粉和0.1%～0.3%$FeSt_3$或0.05%～0.20%FeDBC/NiDBC光敏剂，在自然暴露条件下可控制LDPE膜的使用寿命，该膜在光敏剂作用下首先出现明显的光氧化降解，一段时间后，其表面出现裂纹，裸露出填充的淀粉细粒，才产生生物侵蚀，达到光-生物降解的复合效果。而采用LDPE、LLDPE、HDPE等作为基础原料，并添加含有光敏剂、光氧稳定剂等组成的光降解体系和含有N、P、K等多种化学物质作为生物降解体系的浓缩母料，形成了非淀粉型光和生物降解体系，挤出吹塑可制成可控降解地膜，经应用考核，该降解地膜不仅具备普通地膜的保温、保墒和力学性能，而且可控性好，诱导期稳定，在曝晒的条件下，当年可基本降解为粉末状，在无光照（如埋于土壤下）的条件下，也可促进生物繁殖生长。

10.4.4 可降解高分子材料的应用与发展前景

10.4.4.1 可降解高分子材料的应用

降解高分子主要被制成膜、纤维、片材或涂层，用在短期或一次性使用塑料制品（如包装袋、地膜、无纺布或医用制品）中。国外降解塑料主要用于包装材料，而国内除包装材料外农用地膜的需求也很大。就生物降解塑料而言，美国主要用于垃圾袋、购物袋、医药用材；西欧主要用于垃圾袋、购物袋；日本用于农膜、带、刮胡刀、高尔夫球。就光降解塑料而言，美国用于农膜、垃圾袋；以色列用于农膜、带；西欧用于垃圾袋、购物袋、农膜、包装材料；日本用于农膜、带、包覆肥料、购物袋。随着降解塑料的不断开发和对其重要性的不断认识，可降解材料在国内外很多领域都将得到应用。

目前，应用最广、发展最快、研究最热的当首推医用生物降解高分子材料。在医药领域，生物降解高分子材料的一项重要应用是作为药物控制释放的载体。用生物降解高分子作为载体的长效药物植入体内，在药物释放完之后不需要再经手术将其取出，这可以减少用药者的痛苦和麻烦。因此生物降解高分子是抗癌、青光眼、心脏病、高血压、止痛、避孕等长期服用药物的理想载体。目前作为药物载体被广泛研究的生物降解性高分子有聚乳酸、乳酸-己内酯共聚物、乙交酯-丙交酯共聚物和己内酯-聚醚共聚物等脂肪族聚酯类高分子，此外还有海藻酸盐、甲壳素、纤维素衍生物等天然高聚物。生物降解高分子在生物医用领域的另一重要应用是作为体内短期植入物，如用生物吸收的聚乳酸、胶朊制成的手术缝合线，可以免除手术后再拆线的痛苦和麻烦。用聚乳酸制成的骨钉、骨固定板，可以在骨折痊愈后不需再经手术取出，从而可大大减轻病人的痛苦，在一定程度上也可以缓和医院床位紧张的矛盾，对个人和社会都具有重要的意义。用生物降解高分子材料制成胃肠道吻合套，可以改革现行手术的缝合或铆合过程，从而防止现行手术中经常发生的出血、针孔泄漏、吻合口狭窄和粘连等手术问题，还可大大缩短手术时间。

生物降解高分子材料的第二大应用领域就是在农业方面。我国是农业大国，每年农用薄膜、地膜、农副产品保鲜膜、育秧钵及化肥包装袋等的用量很大。可生物降解高分子材料可在适当的条件下经有机降解过程成为混合肥料，或与有机废物混合堆积，其降解产物不但有利于植物生长，还可改良土壤环境。现在开发使用的可生物降解农用地膜可在田里自动降解，变成动物、植物可吸收的营养物质，这样不但减轻了环境的污染，还有益于植物的生长，达到循环利用的目的。除此之外，开发的主要产品还有育苗钵、肥料袋和堆肥袋等。

生物降解高分子材料在包装、餐饮业的市场空间也尤为广阔。据有关部门预测，在21世纪塑料包装高分子材料需求量将达到500万吨，按其中30%难以收集计算，则废物将达到150万吨。如果将这些不可降解塑料由可降解高分子材料代替，可为生物降解高分子材料在包装领域开辟很大的市场。另外，庞大的一次性餐饮具的市场需求也给生物降解高分子材料带来巨大的市场空间。

10.4.4.2 可降解高分子材料的发展前景

光降解高分子的使用在某种程度上可以消除或减少塑料尤其农膜的白色污染，但光降解高分子一旦受光照就立即发生光降解反应，光照不到高分子就不分解，在农田中保留会影响植物的发育和生长；其次，大量光降解添加剂是否影响土质和/或被农植物吸收，还有待于进一步考证。生物破坏性高分子主要是在通用高分子材料中添加淀粉或生物降解剂。这些材料在淀粉降解完后，会形成多孔性材料或碎片，这虽然大大增加高分子的表面积，使微生物侵蚀高分子的可能性大大增加，但散开的高分子往往不能完全被微生物所分解，全生物降解高分子材料将是发展的主方向。目前降解高分子材料的发展面临着如下问题。

① 价格高，较难推广应用。目前生物降解高分子材料的价格是通用高分子材料的2～15倍。此外，还存在降解高分子材料的降解性控制及特殊性能要求等问题。

② 降解材料与一般材料有区别，高温下加工不稳定，有水存在易水解，其加工性、降解性表征等方面需加强研究。

③ 降解产物及降解过程需澄清。

④ 降解材料的用后处理需要健全堆肥设施，以促进生物降解材料的发展。

⑤ 公共环保意识不够强，影响降解高分子的应用。

从长远发展看，随着人们环保意识的加强，降解高分子的生产使用将是必然的发展趋势。当前，光降解塑料技术相对较成熟；生物降解塑料则处在不断发展阶段，是开发的热点，技术含量高，应用前景好；而光-生物降解塑料具有光、生物双重降解功能，是国外降解塑料的发展方向，北美3种不同降解高分子材料的增长情况见表10.5，可见双降解材料的增长幅度是很大的。光-生物降解高分子材料因具有光、生物双降解功能，是目前降解高分子材料的重点研究内容，我国也应大力发展双降解材料，应在降解塑料的降解可控性、快速降解性和完全降解性等方面进行深入研究，并进一步提高产品性能，降低产品成本，拓宽应用领域，促进我国塑料产业的发展。

表10.5　北美3种不同降解高分子材料　　单位：千吨

年　份	生物降解	光降解	生物-光降解	其　他
1989	43	29	16	0
1994	73	61	47.5	11
2000	110	105	99	15

虽然降解高分子材料存在许多问题，但我们相信随着技术的进步、降解性能的不断提高和成本的降低、公众环保意识的增强，可降解高分子材料的应用必将越来越广泛。降解高分子的研究开发和应用，无论从环保角度还是从合成高分子的学术角度都有重要意义。降解塑料是塑料家族中带降解功能的一类新材料，它为人类展示了一个环境科学、化学、生物学等多学科交叉的全新科学领域。21世纪是经济、资源、能源、环保相互协调、经济持续发展的时代，随着科技的进步、人们环保意识的增强、降解技术的提高，我们相信，降解塑料必将拥有越来越广阔的应用前景。

10.5　长寿命高分子材料

为有效利用资源，防止高分子材料废物带来的白色和黑色污染，不仅不要降解高分子，反而要延长高分子材料制品的寿命，特别是对于用量大、影响深远的农用棚膜、建筑用上下水道、浴盆、水槽、污水处理管、涂料等均应考虑长寿命问题，以减少废物产生量。

10.5.1　建筑用高分子材料

世界建筑工业每年消耗的塑料约1000多万吨，占世界塑料总产量的1/4，在应用塑料中居首位。在建筑领域应用的塑料应具有质量轻、强度高、加工机械化程度高、安装简便、装饰性强、色彩美观等特点，同时还应有防水、防腐、耐磨、隔声、保温等性能，在一定程度上能够替代木材、金属、水泥、陶瓷、玻璃等传统建材。建筑塑料制品的生产和使用能耗远低于其他建筑材料，例如 PVC 的生产能耗仅为钢的 1/5、铝的 1/8，PVC 管材用于给水比钢管节能 62%～75%，用于排水比铸铁管节能 55%～68%，塑钢门窗可节约采暖和空调能耗 30%～50%。因此，建筑塑料的应用十分广泛。

建筑塑料品种繁多，约有 40 多个门类，300 多个品种。按建筑结构分类，可以分为结构建筑塑料、非结构建筑塑料和土建功能高分子材料等。

(1) 结构建筑塑料　结构建筑塑料主要指塑料构件、屋面材料、梁柱屋架、整体建筑单元、活动房屋等。

塑料构件，如塑料柱、屋架、活动房屋的支杠和折架等。近年来，用改性聚氯乙烯或增强塑料制成的柱和屋架，用于地下工程或化工防腐工程，收效显著，可在潮湿环境下使用，不霉不烂。

高分子防水片材具有耐高温、低温性能好，拉伸强度高，延伸率大，对环境变化或基层伸缩的适应性强，同时耐腐蚀、抗老化、使用寿命长、可冷施工、减少对环境的污染等特点，是仅次于沥青卷材的主体防水材料之一。生产的品种主要有聚氯乙烯、氯化聚乙烯、二元乙丙橡胶、橡塑共混和再生胶片材等类型。

(2) 非结构建筑塑料　非结构建筑塑料主要指地面材料、隔热保温材料、门窗及其异型材、线材、装饰装修材料、管道及其配件、卫生洁具、透光材料、合成木材、灯具及其他配套零部件等。

塑料装饰装修材料用于室内的主要有壁纸、壁布、挂毯、地毯、地板、装饰板、内墙涂料、装饰物、卫生洁具等，用于外墙和屋顶的主要有透明塑料板、增强塑料板、铝塑复合板等。

塑钢门窗以其优良的气密性、水密性、隔声性、保温性、耐老化性能、耐腐蚀性，受到市场的青睐，在各类建筑工程中普及使用 PVC 塑料窗。一般来讲，门窗面积约为建筑面积的 1/3 左右，故塑钢门窗在建筑之中拥有巨大的使用量。

塑料管材管件的种类较多，主要有聚氯乙烯、聚乙烯、聚丙烯、聚丁烯、氯化聚乙烯、ABS、铝塑复合、铜塑复合、钢塑复合以及热固性树脂管等，在建筑上主要用于给水（冷热水）、排水、雨水、燃气、地下暖气、电线等方面。塑料管道具有质轻、施工安装便捷、配管简易坚固、施工费用低、截切连接容易、耐腐蚀、不结垢、水流阻力小、卫生安全等特点。据专家预测，我国每年各种管道需求量为 50 亿米，在建筑工程中塑料管材管件的需求量十分庞大。

(3) 土建功能高分子材料　土建功能高分子材料包括：土工织物、超轻型填土材料、高分子化学灌浆材料、用于道路工程的功能高分子材料，保温材料和防水材料，高分子卷材产品，防水涂料、建筑密封材料。土建功能高分子材料主要应用于基础工程、主体工程、特种结构工程、配套装饰工程四个方面，在土建工程中主要起下述作用：使地基基础增加承载力，防治地下水渗透，保护土体和加强土体；改善建筑主体材料混凝土的使用性能，如改善其可操作性、稳定性、体积稳定性、耐久性或赋予某些特殊性能等；改善建筑物的使用功能，如保温、隔热、防水密封、吸声、采光、防火和防腐抗蚀以及美化环境等。

10.5.2 农用高分子材料

地膜、棚膜用于农业上，可改变农作物生长季节、生长期，提高农作物产量，满足人类不断增长的农副产品需求，在 20 世纪 60 年代被誉为是一个革命性的变革。据报道，我国在 1982～1991 年推广 $78.7\times10^5 hm^2$ 农膜，增产粮食 547 万吨，皮棉 65 万吨，花生 110 万吨，糖料 140 万吨，蔬菜 1060 万吨，净增产值 85 亿多元。然而，随着时间的推移，其对环境的污染也显现出来了，被称之为“白色污染”。由于这类薄膜主要以 PE 为主，埋在地下 200 年不会降解。而且，埋入地下的破碎农用薄膜会阻隔水分和养分的传递，影响农作物根系的发育和农作物生长，使农业减产。我国目前农用膜约 30 万吨，使用土地面积为 466 万公顷，平均每公顷土地残留地膜约 45kg，造成蔬菜产量下降 10%，小麦产量下降 $450kg/hm^2$。破残农膜的存在，还影响拖拉机的耕种效率，残膜的缠绕力可将犁铧打断、发动机烧坏。残膜还严重威胁动物的生命，据黑龙江省安达市统计，每年有上百头奶牛、耕牛因误食残膜致死。同时，深埋地下的废弃高分子材料会分解出 CO_2、H_2O、甲烷、硫酸盐、硝酸盐等，渗入水系会严重影响水质。废弃高分子材料中的稳定剂和着色剂也会溶出，引起二次污染，废弃高分子材料严重污染着江河湖海，毒害生物，对渔业生产也影响极坏。

棚膜和其他农膜可以长寿命化，厚度应予以规定，改变目前膜厚度过薄（0.003mm 或 0.004mm）的状况，使厚度大于 0.012mm，这样即便是降解膜，因使用后的碎片较大，便于回收。棚膜还应尽量多次使用，为此，要添加长寿命母料，延长棚膜寿命。例如，长寿命母料的配方为：低密度聚乙烯（LDPE）80 份、线性低密度聚乙烯（LLDPE）20 份、GW-540 光稳定剂 12 份、金红石型钛白粉 6 份、1010 主抗氧剂 4 份、DLTP 辅抗氧剂 8 份、聚乙烯蜡 2 份、白油 1 份。在 PE 膜中添加 2%～5%的长寿命母料为宜，在其他制品中也应添加一些抗老化助剂，以延长其使用寿命。

小结与展望

高分子材料的大量生产和使用带来了品种繁多、数量巨大的废物，大量高分子材料废物的长期积存对人类的生存环境造成危害。因而，对于当前和未来的高分子材料来讲，贯彻 3R 原则的生态设计显得尤为重要，即从经济活动的源头节约资源和减少污染，产品和包装以初始形式使用并能够反复使用，设计制品达到寿命期后的处理方式。采取这种设计方法，将实现高分子材料产业的零排放和高分子合成工业的绿色化，高分子材料才能够成为真正意义上的环境功能材料。

思　考　题

1. 塑料的回收，首先要严格按种类分选才能提高废塑料的回收质量，目前我国已在主要城市逐步推行垃圾分类收集。但是，在国内很少有人能够真正做到垃圾分类倾倒，导致垃圾分类回收困难。你认为，应当采取何种措施促进垃圾的分类回收？

2. 高分子材料废物的种类繁多，其中很大一部分不是由于达到了寿命期而被废弃，如电子类高分子材料和生活用高分子材料等。你认为，对于这类高分子材料来讲，生态设计的关键在于什么？

3. 降解材料有利于保护环境，但同时在一定程度上降低了使用性能和寿命，如何促进高分子材料的使用性能与环境功能之间的协调发展？

参 考 文 献

1 左铁镛，聂祚仁．环境材料基础．北京：科学出版社，2003

2 洪紫萍，王贵公．生态材料导论．北京：化学工业出版社，2001

3 王天民．生态环境材料．天津：天津大学出版社，2000

4 翁端．环境材料学．北京：清华大学出版社，2001

5 孙胜龙．环境材料．北京：化学工业出版社，2002

6 戈明亮．绿色高分子研究进展．合成材料老化与应用，2002，(4)：22～26

7 焦书科．废弃高分子材料的处理．合成橡胶工业，1996，19 (2)：67～69

8 许承威．高分子材料废物的处理技术．化工生产与技术，1996，(4)：21～23

9 陈庆华，钱庆荣，肖荔人．塑料产业与环境协调发展．国外塑料，2005，23 (11)：22～27

10 陈庆华，肖荔人，钱庆荣．高分子材料构件的生态设计及综合回收利用技术．橡塑技术与装备，2005，31 (1)：8～17

11 冷一欣，欧阳平凯，韶晖．环境友好型聚天冬高吸水性树脂的合成．精细与专用化学品，2005，13 (18)：15～17

12 Low K C，Wheeler A P，Koskan L P. Green chemistry app lied to corrosion and scale inhibitors. Adv Chem Ser，1996，248：99～111

13 Robert J Ross，Kim C Low，James E Shannon. Green chemistry applied to corrosion and scale inhibitors. Material Performance，1997，(4)：52～57

14 Koskan Larry P. Polyaspartic acid as a calcium sulfate and a barium sulfate inhibitor . US 5116513，1991

15 Kinnersley AlanM，Koskan Larry P. Method for more efficient uptake of plant growth nutrients. US 5593947，1997

16 Poonam A，DavidD. A comparative study of the degradation of different starhesusing hermal analysis. Talanta，1996，43：1527～1530

17 Bildads D，Prinos J ，Perrier C，et al. Thermoanalytical study of the effect of EAA and starch on the thermo-oxidative degradation of LDPE. Polymer Degradation and Stability，1977，57，313～324.

18 Otey，Felix H，Westhoff，et al. Biodegradable film compositions prepared from stach and copolymers of ethyiene and acrylic acid. US，1979

19 Suda kiatkam jornwong，sonsuk M，et al. Degradation of styrene-g-cassava starch filled poystyrene plastics. Polymer Degradation and Stability，1999，62：323～335.

20 Sharma N，Chang L P，Chu Y L，et al. A study on the efect of pro-oxidant on the thermo-oxidative degradation behavior of sago starch filled polyethylene. Polymer Degradation and Stability，2001，71：381～393

21 宋昭峥，赵密福. 可降解塑料生产技术. 精细石油化工进展，2005，6 (3)：13～20

22 潘传章. 高分子水溶性胶粉的研制及应用. 化工技术与开发，2002，31 (4)：43～44

23 Rader，Charles P. Plastics，rubber and paper recycling：a pragmatic approach. Washington：American Chemical Society，1995. 532

24 Johannes B. Recycling and recovery of plastics. Cincinnati：Hanser，1996. 893

25 John S. Polymer recycling：science，technology and application. New York：Wiley，1998. 591

26 黄发荣. 环境可降解塑料的研究开发. 材料导报，2000，14 (7)：40～44

27 张元琴，黄勇. 国内外降解塑料的研究进展. 化学世界，1999，(1)：3～8

28 应宗荣. 降解性高分子材料的研究开发进展. 现代塑料加工应用，2000，12 (1)：40～43

29 石雪萍，赵陆萍，叶朝阳. 淀粉类可降解塑料的现状与发展. 延安大学学报，2004，23 (4)：55～58

第 11 章　复合材料的生态环境化

随着对材料性能要求的日益提高，单质材料很难满足性能的综合要求和高指标要求，因而材料的复合化是材料发展的必然趋势之一。近年来，复合材料的发展迅速，已经成为与金属、陶瓷、高聚物等并列的重要材料。本章的主要内容包括复合材料的概念、分类、品种及其发展，复合材料对资源、能源和环境的贡献，复合材料对环境的影响及其与环境协调的措施，复合材料的生态设计、循环再生以及具有环境意识的复合材料等。

复合材料是一种先进材料，是利用材料的复合效应使其具有其组分材料所不具备的新的优异性能。人们认识到它的优点，大力研究和开发，使复合材料得以广泛应用。近 20 年来，复合材料突飞猛进，普遍应用于航空、民用、体育、军事、建筑等各个领域。在能源及原材料紧缺的今天，复合材料的高强、节材、节能性更使其独具优势，继续发展和推广复合材料的使用具有必然性。

11.1　复合材料及其分类和品种

11.1.1　复合材料的发展与特点

材料的复合化是材料发展的必然趋势之一。古代就出现了原始型的复合材料，如用草茎和泥土作建筑材料，砂石和水泥基体复合的混凝土也有很长历史。19 世纪末，复合材料开始进入工业化生产。20 世纪 60 年代，由于高技术的发展，对材料性能的要求日益提高，单质材料很难满足性能的综合要求和高指标要求。图 11.1 表示出复合材料与其他单质材料力学性能的比较。复合材料因具有可设计性的特点受到各发达国家的重视，因而发展很快，开

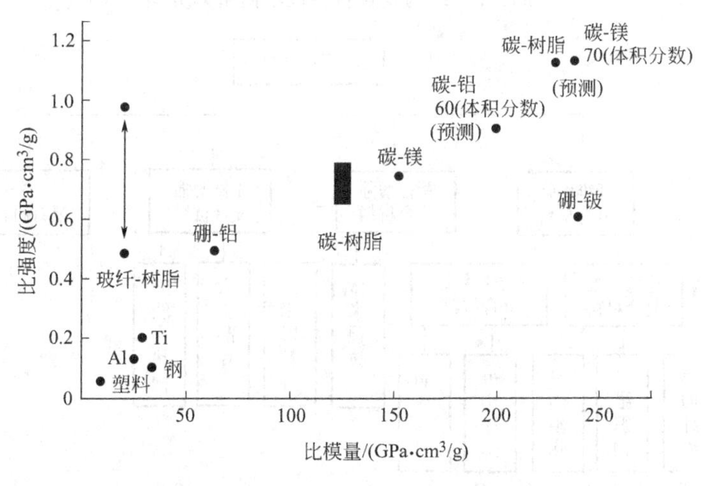

图 11.1　复合材料与其他材料的比强度与比模量的对比图

发出许多性能优良的先进复合材料，成为航空、航天工业的首要关键材料，各种基础性研究也得到发展，使复合材料与金属、陶瓷、高聚物等材料并列为重要材料。

11.1.2 复合材料的分类和品种

复合材料是由两种或两种以上异质、异形、异性的材料复合形成的新型材料，一般由基体组元与增强体或功能组元所组成。复合材料可经设计，即通过对原材料的选择、各组分分布设计和工艺条件的保证等，使原组分材料优势互补，因而呈现出色的综合性能。

复合材料按性能高低分为常用复合材料和先进复合材料。先进复合材料是以碳、芳纶、陶瓷等纤维和晶须等高性能增强体与耐高温的高聚物、金属、陶瓷和碳（石墨）等构成的复合材料。这类材料往往用于各种高技术领域中用量少而性能要求高的场合。

复合材料按用途可分为结构复合材料和功能复合材料。结构复合材料主要用作承力和次承力结构，要求它质量轻，强度和刚度高，且能耐受一定温度，在某种情况下还要求有膨胀系数小、绝热性能好或耐介质腐蚀等其他性能。结构复合材料基本上由增强体与基体组成。增强体承担结构使用中的各种荷载，基体则起到粘接增强体予以赋形并传递应力和增韧的作用。复合材料所用基体主要是有机聚合物，也有少量金属、陶瓷、水泥及碳（石墨）。结构复合材料通常按不同的基体来分类，如图 11.2 所示。在某些情况下也以增强体的形状来分类，这种分类适用于各种基体，如图 11.3 所示。

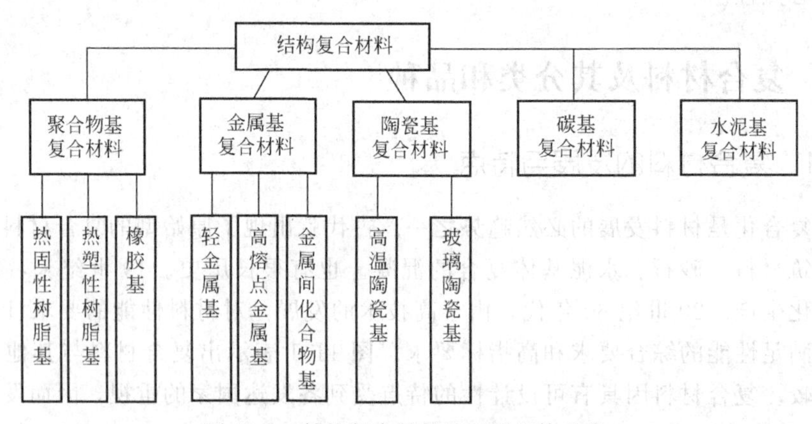

图 11.2 结构复合材料按不同基体分类

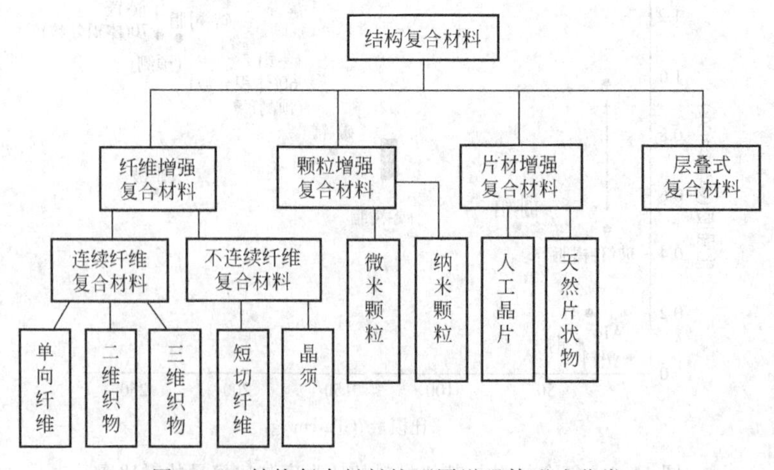

图 11.3 结构复合材料按不同增强体形式分类

11.2 复合材料与环境

面对十分严峻的生态环境，环境污染已经到了不可容忍的地步，资源和能源到21世纪中期将出现短缺和枯竭现象，复合材料对生态环境具有正效应还是负效应，需要做出基本的分析。复合材料因为可以实现一般单质难以达到的高“优值”条件，同时可以利用特有的非线性复合效应得到新的功能材料，所以复合材料在解决能源和资源危机方面能够做出贡献。但是，复合材料对环境也具有负效应，如难以回收，无疑是增加了环境负载。

11.2.1 复合材料对资源、能源和环境的贡献

11.2.1.1 解决资源短缺和能源危机

目前世界正面临着全球资源和能源危机。人类使用的能源大部分是不可再生的石油、天然气、煤和铀等，除煤以外的其他三种资源即将枯竭，陆地上用作原材料的矿藏中有相当部分正在陆续短缺。这意味着人类必须大力开发新能源，尽量节约能源和资源，并且寻找陆地上尚未充分利用的资源加以开发，更重要的是设法大量开采海洋资源甚至空间资源。

(1) 开发新能源方面　太阳能和风能是来源于自然界的清洁能源。目前太阳能的利用尚不理想，各国均在努力提高各种光电池的转换效率，其中包括采用功能复合材料的光电池；另外，光电池的框架采用复合材料制造是最理想的，因为它轻质高强，非常适合于大面积的光电池结构板框和支架。风力发电装置，包括叶片和支柱均用复合材料制造，特别是大型化的发展趋势更需要高性能结构复合材料。据报道，1996年全世界风能利用容量已达6000MW，美国居第一位。另外，潮汐发电装置也采用复合材料，因为它既能满足力学性能的要求又能耐海水腐蚀。

(2) 开发海洋和空间方面　海底蕴藏着相当丰厚的资源，且以不同的形式存在（如锰结核），但是勘探和开采海底资源需要用耐高压和耐海水腐蚀的深潜装置。复合材料具有轻质高强且耐各种介质腐蚀的特点，因此在开发海洋方面具有明显的优势。试验表明，用碳纤维增强树脂的深潜器已潜近1000m的深海；海上石油平台采用复合材料能够有效降低建造成本，而且大大节约钢铁平台所必需的油漆防护费用，在这方面会创造很大的产值和效益。对于开发宇宙空间方面，无疑需要采用复合材料作为主体材料来制造各式航天器和空间站。

(3) 在挖掘尚未利用资源方面　地球上的资源开采使用不平衡，某些资源短缺而另一些则没有充分利用。例如镁的储藏量颇为丰富，目前仅少量作为合金成分加入其他金属中（如铝合金），这是因为以镁为主的合金力学性能较差，但镁具有质量轻、阻尼性能好的特点，采用颗粒或晶须增强镁则可明显改善其力学性能，扩大其应用范围。此外，许多野生植物和麦秆中的纤维有一定强度，可以作为增强物增强水泥等基体，甚至一些无机矿物（高岭土、蒙脱土等）也可以作为增强体或填料使用。原则上，可以通过复合的途径把一些尚未利用或利用率不高的资源变成有用之材。

11.2.1.2 在治理环境方面的作用

(1) 降低污染方面　通过合理设计并采用整体、净形的成型方法，使用复合材料可以降低原材料的用量、节约加工能耗和降低废弃边角料，还可以延长工件和设施的使用寿命，起

到减少废物的效果。其次，很多治理污染的措施需要用到复合材料，例如治理汽车尾气的措施之一是采用天然气作为燃料，为此需要安全的高压气瓶与之配套使用，实践表明，以碳纤维/环氧复合材料经缠绕成型的气瓶是最佳选择，既轻又强，一旦发生车祸也不致爆炸而伤人。其他的如废水治理厂的容器、管道采用复合材料可避免腐蚀损坏等。

(2) 利用废物方面　复合材料的特点是能够发挥材料互补的优势。根据这个原则可以把许多废物如矿渣、木屑、废塑料、麦秆等复合成材，供某些低档要求使用。

(3) 开发自然降解复合材料利于环境保护　为防止使用后的遗弃物污染环境，采用可自然降解的材料制造日常消耗品是行之有效的方法，复合的形式对此类材料很有帮助。一些能够自然降解的材料，如淀粉、化学改性的淀粉，虽然可制成一定结构形状，但它们的使用性能（强度、耐湿性等）达不到要求，如果采用植物纤维等天然材料来增强，则可明显改善其性能。目前通过复合的方法设计制造了一批能够生物降解的材料，如透明农膜、一次性餐具等，可以设法再将其降解后变成肥料或直接作为饲料，而成为名副其实的绿色材料。

11.2.2　复合材料对环境的影响和当前存在的问题

11.2.2.1　对环境的影响

复合材料具有轻质高强、耐腐蚀、耐高温及可设计性等优异性能，因此使用复合材料可提高产品性能，延长使用寿命，节约原材料，这些都是有利的方面。但是另一方面，复合材料也会对环境产生如下一些不利的影响。

首先，发展最快、应用最广的聚合物基复合材料中绝大多数属易燃材料，而且燃烧时会释放出大量有毒气体，危及生命安全，污染空气。另外，聚合物基复合材料成型时，基体中的挥发分及溶剂会扩散到空气中，同样造成污染。

其次，由于要求复合材料具有强度，所以会选用高性能原材料如纤维增强，但纤维的制造工艺复杂，而且加工过程能耗高，同时伴有粉尘。

最后，也是最麻烦的问题，即复合材料使用后的废物处理问题。复合材料的废物的回收及处理与其他材料一样，有填埋、焚烧、再生三种方法。其中，填埋法处理废物占主导地位，但是从长远观点来看，用填埋法处理废物，在一定时间后可能加重环境的负担，因为很难确保废物填埋场能够经济地运行，另外填埋空间急剧减少，且大量材料如此废置有违充分利用资源的原则。对于聚合物基复合材料来说，焚烧可以回收部分能量，但焚烧时产生的大量粉尘及化学品会污染空气，而且对于金属基、无机物基复合材料等，焚烧法是不适用的。采用有效再生方法是处理废材料较好的方法。但是材料的再生同样受到很多因素的限制，例如，要考虑从收集、分类到成品的经济效益，考虑再生后产品的性能。从再生观点来看，复合材料本身就是由多种组分材料构成，属多相材料，又难以粉碎、磨细、熔融、降解，所以其再生成本高，而且要使再生品恢复原有性能十分困难，如果仅仅加工成填料，则经济附加值太低。所以有不少人认为对复合材料如不能很好地解决其废物处理的问题，将严重影响其发展前途。

利用各种废物，将其组合成复合材料，是节约环境资源的一种重要途径。更重要的是，从存在于大自然中天然复合材料的分析可以得到很多启示，天然复合材料是将材料的实用性与适应环境的要求有机结合起来的最佳方式。因此，发展复合材料，解决与环境的协调问题是当务之急。

11.2.2.2 当前存在的问题

以上环境对材料的要求可以用来审视复合材料。如果一味追求性能指标，则会忽略复合材料与环境协调的原则。因此带来不易回收和制造中污染环境的问题，并且由于多组分复合加大了分离回收的困难，容易产生复合材料不利于环境而属于不可持续发展的范围。

(1) 选择原材料方面的问题 在聚合物基复合材料中大量使用热固性树脂作为基体以保证其力学和耐温性能。这类树脂一经固化即成交联结构，无法塑性流动而不能进行二次加工成型。如酚醛树脂甚至不容易像其他热固性树脂那样可以燃烧来回收热量。其他如某些金属基复合材料在重熔再生或熔融回收过程中易发生两相界面反应或与周围介质起化学反应，形成大量废渣甚至完全丧失使用的价值，白白耗费了能源。

(2) 设计思想带来的问题 在复合的设计中往往考虑整体集成，以消除一些连接件、坚固件和配合件等，可以提高制作复杂制品的效率。这样虽然能节约能量消耗，对环境有利，但是集成会使拆卸困难，而且其中预埋了一些其他材料（如金属）的零件而难以分离。复合材料是以质轻、异性、异形材料组合而成的材料，设计时若缺乏重视环境的意识，未考虑如何有利于环境，必然会导致回收与再生困难。

11.2.3 复合材料与环境协调的措施

要求减少正在应用中的复合材料品种对环境的冲击，还要寻找和设计能够从根本上解决与环境相容问题的复合材料新品种。因此需要：

① 研究解决现有复合材料主要品种的回收与再生；

② 进一步提高复合材料节能效果；

③ 研究耐久、无害的复合材料；

④ 综合利用各种废弃物，通过复合构成可利用的材料；

⑤ 研究和开发新的绿色复合材料。

11.3 复合材料的生态设计

复合材料与其他材料相比较其生态环境性能较差，这是因为复合材料是由不同的基体材料和增强材料组成，使回收循环再生变得复杂，弥散增强型和粒子增强型均难以分离，纤维增强型追求结合强度更增加了分离回收难度。一般来说使其分解比制造的成本和使用阶段的能源成本还高。传统的复合材料设计，主要追求复合材料的力学性能和其他物理性能，而生态复合材料的环境协调性设计应偏重于其生态性能，目前提出的有研究、设计、LCA 分析、检测一体化方法。设计方向有优先考虑维修的方案，可回收复合材料的方案，例如，以可塑性塑料基体代替热固性塑料基体，因为热固性塑料是网状结构，不熔融不溶解，难以循环再生，而可塑性塑料耐老化性差，必须提高耐老化性能，并取代热固性塑料。复合材料结构可采用分解型结构，在界面上设置原子扩散层，温度升高就能软化脱开。

日本学者金原勳对复合材料提出生态设计概念，认为复合材料应当是有自修复性、自分解性、自组织化功能等的智慧型材料（smart material）或智能材料（intelligent material）。智慧型复合材料的一种设计方案是将传感器、调节器、信息处理器等功能材料埋入材料内，使之在外界的热、光、力、声、辐射、化学作用下由传感器送到信息处理器，再反馈给复合

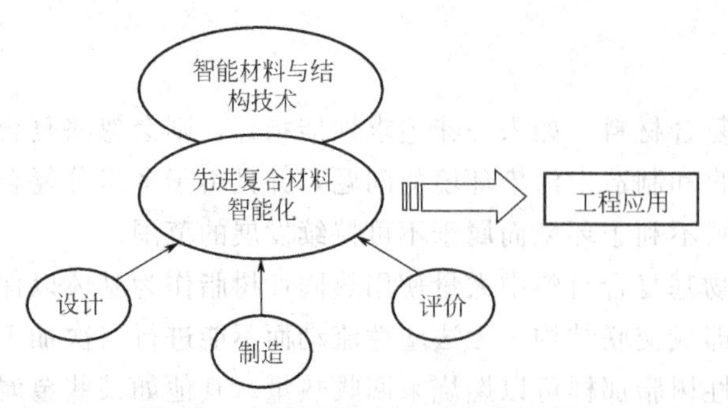

图 11.4　先进复合材料的智能化研究

材料内的执行材料使产生相应的行为。根据各领域的应用要求，智慧性能可分成 8 种形式：自律应答，形状可变结构，能动性地控制结构，寿命管理，损伤监测，自检、自修复，监测成型，智慧蒙皮。

在建筑领域有损伤监测，能源领域有能动性控制结构，在宇航、高速车辆、船舶等可以说全方位都适用。解决复合材料的生态性能寄希望于智慧化。这种材料设计将贯穿在材料、制造、检测等综合性系统技术中。

先进复合材料智能化研究（smart advanced composites investigation）是利用智能材料与结构技术对复合材料进行改进，其研究内容同智能材料与结构技术既有交叉又有区别，智能材料与结构技术是复合材料智能化的技术支撑，而复合材料智能化是智能材料与结构技术向工程应用发展的最佳途径之一，如图 11.4 所示。

复合材料的多功能化是设计的一个方向，传统上复合材料是以追求力学性能为主的设计，使不同材料的性能和功能可以并存，但到目前为止已利用的功能非常有限，必须认识到复合材料的多功能性还未得到充分利用。复合材料是可巧妙地组合，按人为使用目的制造出来的系统技术。不仅可以将不同的材料组合起来，在同一材料中也凝聚材料所具有的各种功能，包括可解体、可再组合、可自分解、可自修复等生态性能，例如，将热塑性减震板间弹簧插入复合材料可以抑制层间剥离。板间弹簧还可以作为解体加热器使用。

有机材料和无机材料复合的典型代表是玻璃纤维增强塑料（FRP），它作为轻质和强度兼备的材料有多种用途。然而，若使这种复合材料成为有利于地球环境的环境材料，必须做到容易再生循环才行。

11.4　复合材料的循环再生

11.4.1　复合材料的回收

最简单的回收方式是将聚合物基复合材料焚烧，以回收热能。这种方法虽然经济但物质损失太大，且能排出大量 CO_2 和其他有害气体污染环境，因此必须对回收对象权衡利弊。

11.4.1.1　热固性聚合物基复合材料的回收

目前热固性聚合物基复合材料的产量最大，其废品主要有三种来源：生产过程中的边角料，特别是尚未完全固化的预浸边角料；使用后的废物；不合规格的废品。回收方法有机械回收和化学回收。

(1) 机械回收　机械回收是先把待回收物粉碎成为 $100mm^2$ 左右的碎片（化学回收同样需要），然后用不同的机械设备制成粒料或粉末。这些粒料或粉末可作为复合材料的填料，达到回收的目的。回收的复合细粒密度比 $CaCO_3$ 填料小 30%左右，是取代填料的佳品。实验证明，回收粒子作为填料，在15%含量以下对复合材料性能影响不大。以SMC碎粒回填到SMC原材料中压制出的复合材料的力学性能见表11.1，由表中数据可知添加回收料后力学性能没有明显降低。

表11.1 在SMC原料中添加回收粒料后的力学性能

材　料	浸渍性能	密度/(g/cm^3)	抗弯强度/MPa	弯曲模量/GPa
未加回收填料	良好	1.80	187	1.02
加入5%回收填料	良好	1.77	182	1.03
加入10%回收填料	良好	1.74	184	1.00
加入15%回收填料	良好	1.72	181	0.98
加入20%回收填料	良好	1.69	170	0.88

(2) 化学回收　初步破碎的热固性聚合物基复合材料可以通过化学方法分解成为气态、液态和固态物质，分别进行回收。化学方法通常有热裂解法、反相气化法和催化解聚法等。

热裂解法可以得到低相对分子质量的烷烃、烯烃和CO、H_2 等气体以及类似原油的液体，固体残渣为破碎的纤维、填料和焦炭。裂解开始需要引入天然气或丙烷作为加热反应器的燃料，一旦有气体裂解产物即可切换，将产物改作燃料。据报道，这种工艺在经济上是可取的，其裂解的液态产物组分与石油相近但价格较便宜，可作为燃料油使用。固体残留物经过粉碎筛选作为填料使用，其成本并不比直接机械粉碎高，而且增强效果良好。图11.5为聚合物基复合材料的回收示意图。该流程既适用于热固性基体复合材料，也能用于热塑性基体复合材料。

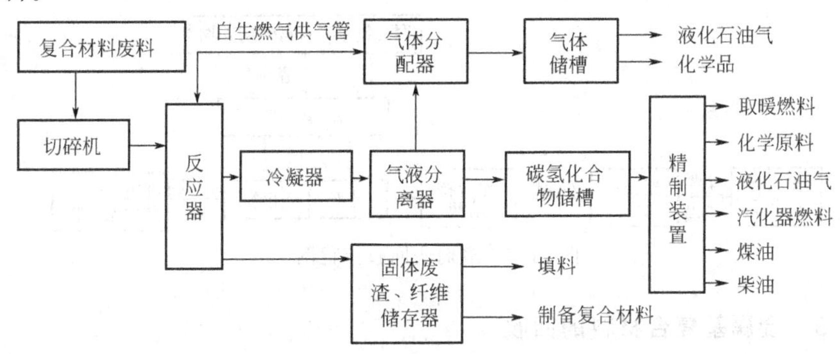

图11.5　聚合物基复合材料的回收装置及产物

反相氧化法也称气化法，是一种氧化分解的方法。在氧的作用下复合材料中的聚合物基体分解为低分子碳氢化合物和CO与H_2，使之与增强体分离。此法对碳纤维增强环氧体系最为有效，它除回收燃油和燃气外，还较好地回收了纤维。纤维的结构并未破坏，仅在表面上残留了10%的树脂，用来制造新的块状模塑料及增强水泥，均得到满意的效果。如果将复合材料碎片用水浸湿则有助于提高回收效率，因为水使氧气流的短路通道堵塞，提高氧化效率，同时水还有催化氧化的作用。图11.6为反相气化的回收装置，其中的氧气源亦可用空气代替，但反应温度应适当提高，时间也需延长。

催化解聚法是利用催化剂将聚合物解聚成气态或液态分子，从而易与增强体分离，得到的碳氢低分子则经过分离或精馏，成为各种化学原料或燃料。例如，碳纤维增强环氧复合材料碎片与解聚催化剂混合置入解聚反应室，在200℃下反应5min即可使环氧树脂变成黏稠状流体。用抽滤法与增强体分离，增强体可再使用。

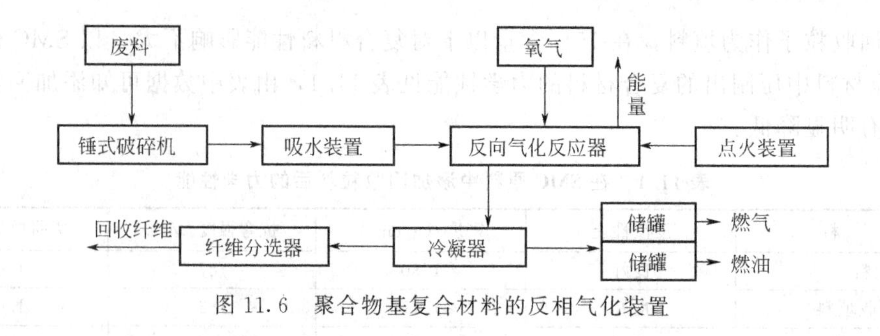

图 11.6　聚合物基复合材料的反相气化装置

11.4.1.2　热塑性聚合物基复合材料的回收

热塑性聚合物基复合材料除了热压再生处理外，也可以用上述热裂解法、反相气化法或催化解聚法来回收增强体、填料、化学品或燃料，但要权衡经济性和实际效果。热塑性聚合物基体能被溶剂溶解，因而可采用溶剂回收的方法。

溶剂法的流程如图 11.7 所示，这种方法可以比较完整地得到增强体和聚合物。例如，芳酰胺纤维增强乙烯-甲基丙烯酸共聚物在 120℃下溶于二甲苯和丁醇混合溶剂中，经过滤分离，又经清洗后得到增强体。增强体表面如果仍保留少量聚合物，则有利于再次复合时与基体的界面结合而提高性能，反之清洗过于干净则效果变差。滤液及清洗液合并后加入沉淀剂甲醇，使聚合物沉淀下来，经分离干燥后即得到聚合物粉体。由于经过溶解、沉淀等工序，聚合物结构与性能有一定变化，但仍可使用。这种方法均适用于其他热塑性聚合物基体的复合材料体系，但必须有适当的溶剂和沉淀剂，同时应综合考虑溶剂与沉淀剂的分离与回收。

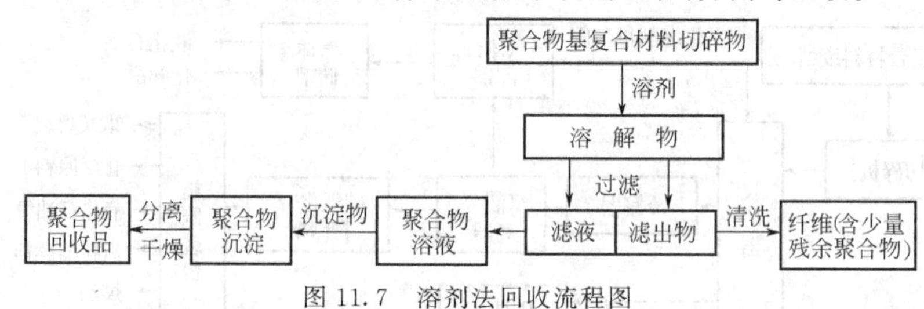

图 11.7　溶剂法回收流程图

11.4.1.3　金属基复合材料的回收

金属基复合材料的回收同其制备工艺、界面反应情况与结合效果以及增强体与基体间物理性质（如密度、熔点等）的差别密切相关。主要回收方法有熔融盐处理法、电磁分离法和化学溶解分离法等。

(1) 熔融盐处理法　金属基复合材料中的无机非金属增强体通过加熔融无机盐而形成渣，通过排渣可将熔融的金属分离回收。例如晶须（SiCw）增强 6061 铝合金复合材料，用 NaF、Li 和 KF 等无机盐均能使 SiCw 进入盐渣，其中以 NaF(10%) 的效果较好。熔盐处理法的流程见图 11.8。

(2) 电磁分离法　对处于熔融状态下复合材料基体施加一单方向的电磁场，因增强体和基体对磁场的作用极性不同，两者产生相对方向的运动，从而分离。一般增强体沉在底部，然后除去。

(3) 化学溶解法　将复合材料置入强酸或强碱中，金属基体溶解而与增强体分离，通过化学方法使金属盐从溶液中析出，过滤干燥后，或以化学原料形式回收，或者经还原而成金属。

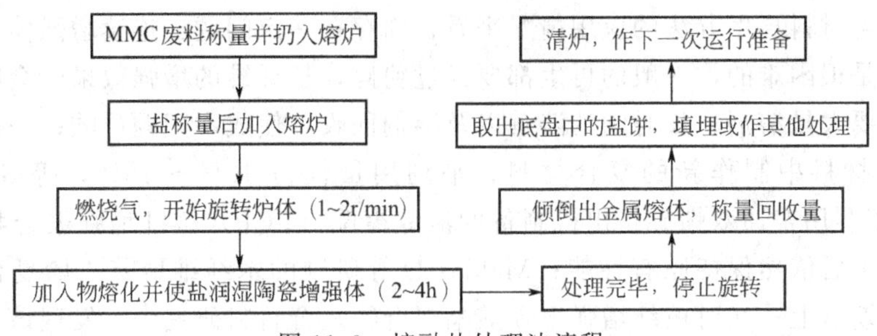

图 11.8　熔融盐处理法流程

以上方法各有利弊，对各种复合体系的作用也不同，应根据具体情况而定。然而电磁分离法从原理上看是较合理的，值得深入研究。

11.4.2　复合材料的再生

复合材料的生产是用差别很大的材料组合而成的，使用性能好，但是再生性比较差。对于不同种类的复合材料，其再生方法是不同的。

11.4.2.1　热塑性树脂基体复合材料的再生

相比较而言，热塑性树脂基体复合材料（TPMC）的再生性能优于热固性树脂基体复合材料（TSMC），因为 TPMC 的基体具有重熔加工性能。一般 TPMC 的再生方法有三种。

① 直接将回收的 TPMC 材料清洁造粒后重熔，若有必要则加入硅烷等偶联剂，然后注模或模压成型制成新的复合材料。这种方法称为熔融再生。

② 采用适当的溶剂使 TPMC 废料得以溶解，然后加入沉淀剂分离出聚合物和增强材料，过滤后就得到再生材料。这种方法称为溶解再生，已应用于汽车材料的再生。

③ 有人将热解法用于复合材料碎料及预浸料的再生，据称只需不多的热量及催化剂，即可将材料基体转化成低相对分子质量碳氢化合物并以气体形式逸出，纤维也得以回收。这种方法对于回收碳纤维等贵重纤维有良好的效果。

11.4.2.2　热固性树脂基体复合材料的再生

TSMC 的再生也可归纳如下。

① 化学降解。将材料水解、醇解或皂化，以回收有机原材料。

② 热解。直接与熔盐一起进行干馏，如有机聚酯经干馏热解可得油气。

③ 颗粒化。将 SMC 废料粉碎、细磨，作为填料或增强材料适当应用到复合材料制备中去，或用于铺路等其他用途。不同细度的颗粒用途也不同，如颗粒较大（>2.5cm）可用于制轻质水泥板、绝缘材料等；颗粒较小，则可用作填料、增强材料、聚合物混凝土等。

11.4.2.3　金属基复合材料的再生

金属基复合材料的再生，有两种基本类型，一是把回收的废料重新用于制作新的金属基复合材料；二是设法将组分材料加以分离。一般先把收集到的废料加以分类、清洗、粉碎，然后全部或部分地加入到熔炉中去。如果材料尚未被油、化学试剂等严重污染，则可重新熔融，然后用浇铸、锻压等方法成型；如果污染较严重，则需利用熔盐/气注射技术来分离增强基与金属基体。

由上述复合材料再生方法的应用情况来看，尚存在一定问题：连续增强体的复合材料要进行一级再生是很困难的，一般的再生都要经过粉碎，长纤维的增强效果就会明显下降；溶剂溶解法则需要大量溶剂、长时间的溶解以及溶剂回收，使成本问题严峻；一般材料粉碎细化后加入到原材料中制作新的复合材料，平均用量仅占10%～15%，等等。但Sasaki、Keita等报道了利用普通双螺旋挤出机制备的液晶聚酯（LCP）微纤增强聚合物基体复合材料，经十次再生后依然保持原有性能；Maldas D等研制的木纤维聚苯乙烯复合材料，可循环使用三个周期以上；在对玻纤增强聚碳酸酯聚合物复合材料研究中，发现该材料可成功再生，再生所得的复合材料性能略有降低。这些结果又提供了良好的例证，使复合材料的再生变得极为可能。

11.5 具有环境意识的复合材料

11.5.1 可降解复合材料

可降解复合材料的研究集中在聚合物基体复合材料，故复合材料降解性能的好坏主要取决于基体树脂的降解性能。可降解复合材料的主要应用领域是一般民用和医用，要求是在自然情况下靠光、氧、微生物降解或人体组织液降解。

除天然材料之外，人工可降解复合材料主要有以下三种。

(1) 降解材料改性共混复合材料　这类材料往往采用一种或多种可降解有机高分子材料如淀粉、聚乳酸、纤维素及其衍生物与降解性差的高分子材料共混，起到降解改性的作用，不同的共混程度、共混比例，可以获得不同降解能力的复合材料。例如，陈泽芳等研究了淀粉-聚乙烯膜通过加入各种光敏剂，可控制塑料的降解过程；Hernandez等研究了二醋酸纤维素（DAC）及聚丁二烯（PBD）共混复合材料，这里DAC是生物可降解改性材料，添加量仅需5%～15%，PBD是连续相材料，据报道，稍微改变用量的比例就会导致材料降解性能的很大变化。这类材料是利用材料可降解组分降解时，导致材料完整性受到破坏，形成碎片或产生自由基，引发材料降解反应，来达到材料降解的目的。

(2) 可降解聚合物作基体的复合材料　这类复合材料以可降解聚合物为基体，采用的增强材料有玻璃纤维、胶质微球等。这种复合材料往往应用于骨固定、骨移植、矫形术中，它的力学性能优于前一类可降解复合材料。Arvanitoyannis等制备了一种新型生物可降解复合材料，材料增强基是E-玻璃纤维，基体相是由脂肪酸、1,6-乙二胺及L-脯氨酸合成的共聚酰胺，该材料可用手糊成型；美国Wilfod Hall医学中心开发了一种颗粒增强复合材料作骨的临时替代品；Thomson，Robert等以乳酸-乙二醇酸共聚物（PLGA）为基体，胶质微球为增强材料制作了三维生物可降解泡沫骨再生基架材料。这一类复合材料的基体可降解性好，强度也高，但价格较高，仅适用于医学领域。

(3) 天然材料改性复合材料　天然材料的改性及利用近年来成为研究的热点，原因在于天然材料具备的自然相容性，以及这些天然材料的丰富资源，如纤维素、木质素、甲壳素。人们利用木质纤维素的多孔及亲水性，开发出改性木材复合材料，如聚亚乙基亚胺与木材的复合材料可吸附Hg^{2+}、Cu^{2+}、Cd^{2+}等重金属离子，还制备出了生物相容性羧甲基纤维素-甲壳糖复合材料。

11.5.2 废物复合材料

废物复合材料，是由环境工程与材料工程中的复合材料相交叉产生的一个边缘学科，是我国提出的一项新技术，它是根据尾矿渣、煤矸石、粉煤灰、废橡胶、废塑料和废金属等废物的不同资源特性，将多种废物以最佳比例配合成废物复合材料。

通过对不同废物间复合机理和复合工艺进行技术研究，开发废物聚合物基复合材料、硅酸盐基复合材料和金属基复合系列产品。根据多种复合材料的不同性能，可以制成代木、代钢、代塑、代瓷产品。优势表现为在成本较低的基础上，性能较差的几种固体废物复合后可扬长避短，互补加强，产品性能较优，这些优势使得废物复合材料制品的市场竞争力加强，不仅化弊为利，同时也节省了其他资源，最终可以有效地减少废物排放量，减轻地区的污染，防止二次污染的分散化，有明显的经济效益、环境效益和社会效益。

目前需要攻克的关键技术包括：废物复合堆砌、界面和复合理论；废物预处理技术；复合材料粒子弥散强化技术；冷、热状态下废物复合材料固化技术；废物复合材料成型技术。

(1) 聚合物基废物复合材料　聚合物基废物复合材料是将工业固体废物（如废砂、尾矿、炉渣、粉煤灰、玻璃纤维下脚料等），经过一定的粒度、粒形和表面活化处理后，作为增强材料；将废旧热塑性材料（如废农膜、食品袋、旧轮胎再生胶等）作为基体材料，加入适当添加剂，通过界面处理和复合工艺，形成以球-球、球-纤维堆砌体系为基础的复合材料。

(2) 硅酸盐基（陶瓷基）废物复合材料　硅酸盐基废物复合材料有几种类型。一类是利用废物材料中的活性 SiO_2、Al_2O_3，与添加剂中的 Ca^{2+} 水化结合，得到的溶胶物作为基体，把另一些粒状或纤维状废物包裹在其间，成为复合材料。或者是废物颗粒表面部分直接参与水化反应，水化产物联结成网状结构，形成强度更好的复合材料。另一类是几种固体废物混合物在高温下熔融烧结成陶瓷质玻璃体作为基体，而另一些未熔融的硬质废物作为增强材料。

(3) 金属基废物复合材料　金属基废物复合材料是以废金属为基体（回收易拉罐、牙膏皮、铝合金边角料等），以硬质废物作为增强材料（如碎玻璃、玻璃纤维下脚料），这种材料既有金属的韧性，又保留了硬质废物硬度高的优点。

目前固体废物资源化国家工程研究中心正致力于研发工作，并已获初步成果。如利用废农用薄膜与铸造废砂复合制成窨井盖以代替铸铁制品；利用废玻璃与废铝复合制成耐磨材料托辊等。

11.5.3 液晶聚合物复合材料

常规热塑性聚合物基复合材料循环再生是经过粉碎、熔融再成型，但玻璃纤维经过粉碎遭到破坏，再生复合材料机械强度下降。新型增强体采用液晶聚合物，经加热变成兼有固体和液体二者特性的液晶状态。例如，聚丙烯加入约 20%液晶聚酯混合，在双轴挤出机熔融挤出，聚丙烯中液晶聚合物经拉伸呈定向小纤维状，复合材料制品的回收、粉碎，液晶聚合物-纤维亦破坏，但熔融后液晶聚合物重新凝聚，再拉伸呈定向小纤维状，如此反复制品机械强度不会下降，如图 11.9 所示。

11.5.4 分子智能型复合材料

高分子复合材料柔软、质量小，而且结构层次丰富，便于分子设计。智能型材料具有测量材料自身应力变化的能力，或根据环境变化材料具有自我适应能力。高分子智能复合材料是避免材料破坏、延长使用寿命、降低环境负载、具有潜力的材料领域。例如，在复合材料

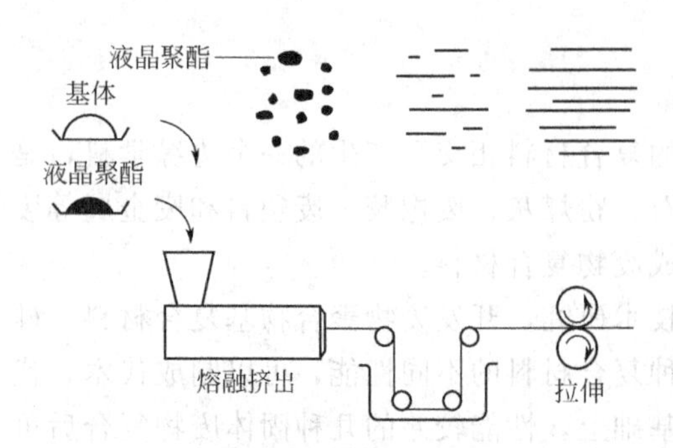

图 11.9 液晶聚酯-纤维复合材料的制造示意图

中嵌入光纤，当飞机机翼受到不同压力时，光传输就会有各种相应的变化，通过测量这种变化就可知道机翼承受的压力。当机翼受到的压力超过额定值时，光纤断裂，同时光传输也停止，从而发出事故警告信号。

在建筑领域，建筑梁安装高分子复合材料传感器，建筑梁一旦出现裂缝，感应器便向其他梁发出信号，以重新分配荷载，保证建筑结构的安全性和稳定性。

在船舶设计制造方面，随外界压力变化而改变自身弹性的智能复合材料已用于潜艇的设计中，这种潜艇即使在深海高压下仍然能够保持其刚性。

11.5.5 梯度功能材料

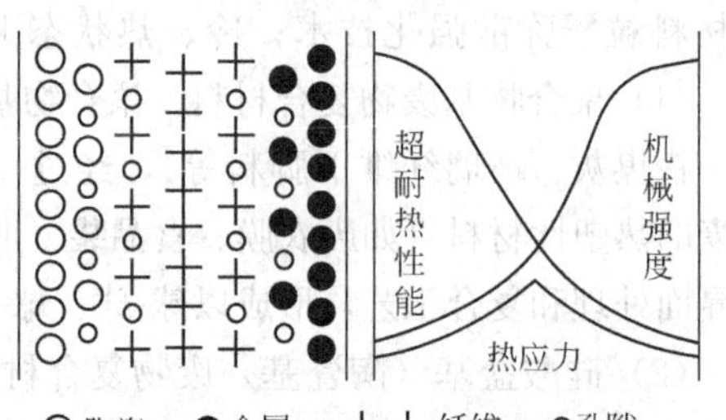

图 11.10 梯度功能材料的结构和特性

梯度功能材料（functionally gradient materials，FGM）就是近年来兴起的一种新型材料。所谓梯度功能材料，即在材料制备过程中，使组成、结构及孔隙率等要素在材料的某个方向上呈连续变化或阶梯变化，从而使材料的性质和功能也呈连续变化或阶梯变化的一种非均质复合材料。该类材料的特点是，材料组成或其他要素的连续变化使其组织结构也呈连续变化，材料内部无明显界面，如图 11.10 所示。在温差很大的条件下，接触数千度高温气体的一侧使用陶瓷，赋予耐热性；在受到冷却的一侧使用金属材料，赋予导热性和机械强度。在它们之间合成的材料的成分、组织和孔隙率有一最佳分布，能最有效地减小热应力。图 11.11 给出了均匀材料、界面复合材料及梯度功能材料的有关性能分布状态，从这三种材料的材料组成和特性可以看出，梯度功能材料具有明显的缓和热应力的功能。在普通复合材料中，金属和陶瓷之间存在明显界面，材料的性质在界面处发生突变，当温度发生变化时，界面两侧的金属和陶瓷的热膨胀系数不同，伸缩率不相等，从而在界面处产生热应力。而在梯度功能材料中，陶瓷与金属无明显界面，材料组分和性质呈光滑平稳变化，所以在温度变化时，材料的伸缩率不会发生突变，就不会产生特别大的热应力。

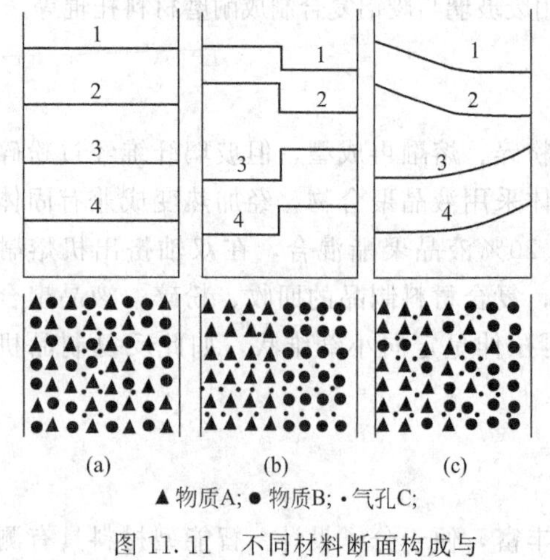

图 11.11 不同材料断面构成与内部特征变化示意图

1—孔径；2—弹性率；3—热传导率；4—热膨胀率

FGM 最初的目的是解决高性能航空航天飞行器对超高温材料的需求，目前 FGM 的应用不再局限于宇航工业，已扩大到核能源、电子、光学、化学、生物医学工程等领域。FGM 可以说是一种仿生材料，自然界中存在的许多材料具有梯度功能材料的特征，例如人骨、木材、竹子等，它们均具有在所处环境下可以长期使用的性能。而人工梯度功能材料不但使材料的使用寿命得到延长，而且在苛刻环境下有了材料选择的可能，例如，能源材料中核聚变发电，需要能够长期在高能中子、带电粒子、中性粒子及热冲击下不损坏的材料，过去很难找到能相适的材料（陶瓷）作为容器的内侧，用导热性好而且强度高的材料（金属）作为外侧，两层之间根据与中子发生核反应的截面积设置原子成分不同的多层陶瓷，金属-陶瓷的结合面连续变化，这种结构有助于减少界面热传导或热膨胀。

FGM 自 1987 年以来，由于其广阔的应用前景而引起人们的高度重视。美国、俄罗斯、德国等许多国家相继针对梯度功能材料开展了研究工作，日本更是将开发 FGM 视为十大尖端科学新的主要战役之一，并作了比较系统的研究工作。在中国，FGM 也受到普遍重视，被列入相应的开发计划。

虽然 FGM 自产生以来得到了飞速发展，制备技术也有了很大提高，但目前仍基本处于基础性研究阶段，尤其是国内具有针对性应用目标的研究还不多。梯度功能材料制备技术走向实用化还存在许多难题。制备和开发 FGM 是当今材料相关科学研究的重要组成部分，更是航空、航天、核工业和生物工程等部门的迫切需要。

小结与展望

复合材料是一种先进材料，复合效应使其具有其组分材料所不具备的新的优异性能，其高强、节材、节能的特性更使其独具优势，继续发展和推广复合材料具有必然性。在大力发展复合材料的今天，复合材料对环境具有负效应，同时复合材料在解决能源和资源方面具有贡献（正效应），如在开发新能源方面和治理环境方面，等等。所以，发展复合材料，解决与环境的协调问题是当务之急，其关键在于原材料选择惯性的解除和设计思想的转变，在解决这些问题后，使复合材料能够在应用中减少对环境的冲击，开发与环境相容的新品种。

思 考 题

1. 复合材料对环境的影响具有正效应，同时具有负效应，举例说明复合材料引起对环境的正、负效应。

2. 在环境治理方面，常常采用复合材料，举例说明污染治理中常用的复合材料有哪些？如何延长其使用寿命和降低其废弃后的污染？

参 考 文 献

1 吴人洁．复合材料．天津：天津大学出版社，2000
2 洪紫萍，王贵公．生态材料导论．北京：化学工业出版社，2001
3 左铁镛，聂祚仁．环境材料基础．北京：科学出版社，2003
4 赵斌元，胡克鳌，吴人洁．复合材料与环境的关系及具有环境意识的复合材料，材料导报，1997，11（5）：62～66
5 杜善义，张博明．先进复合材料智能化研究概述．航空制造技术，2002，（9）：17～20
6 崔辉，路学成，吴勇生．复合材料废物的资源化研究．再生资源研究，2004，（2）：31～36
7 李铖．生态环境材料研究现状及发展．玻璃纤维，2005，（5）：11～15
8 Henshaw J M. etc. Journal of Thermoplastic Composite Materials. 1994，7（1）：14
9 Anon（Ed.）. Automobile Life Cycle Tools and Recycling Technologies SAE Special Publications. 1993，

(966)：11
10 彭富昌，邹建新，叶蓬等. 废旧塑料的复合再生利用新进展. 中国资源综合利用，2005，(7)：11～14
11 王崇臣，王鹏. 聚乙烯铝塑复合包装材料的一种回收与利用技术. 北京建筑工程学院学报，2005，21 (4)：63～64
12 李铖. 生态复合材料研究进展及发展前景. 建筑发展导向，2005，(3)：70～73
13 李世涛，乔学亮，陈建国等. 纳米氧化镁及其复合材料的抗菌性能研究. 功能材料，2005，36 (11)：1651～1663
14 董晓马，张为公. 光纤智能复合材料的研究及其应用前景. 测控技术，2004，23 (10)：3～5
15 李庆平. 德国复合材料废物的回收与利用. 玻璃钢/复合材料，1999，(1)：48～50
16 彭富昌，邹建新，叶蓬，高仕忠. 废旧塑料的复合再生利用新进展. 中国资源综合利用，2005，(7)：11～14
17 李林楷. 热固性塑料的回收利用. 国外塑料，2004，22 (6)：69～72
18 付丽红，张铭让，齐永钦. 再生胶原纤维与植物纤维复合材料的发展前景. 中国皮革，2001，30 (7)：15～17
19 Markworth A J，Ramesh K S，Parks W P. Modelling studies applied to functionally graded materials. Journal of Mater Sci，1995，30 (2)：183～219
20 Obata Y，Noda N，Tsuji T. Steady thermal stresses in a hollow circular cylinder and hollow sphere of a functionally gradient material. Journal of Thermal Stresses，1994，17 (3)：471～480
21 Tanigawa Y，Akai T，Kawamura R，et al. Transient heat conduction and thermal stress problem of a non-homogeneous plate with temperature dependent material properties. Journal of Thermal Stress，1996，19：77～102
22 Gasik M M，Ueda S. Micromechanical modelling of functionally graded W2Cu materials for divertor plate components in a fusion reactor. Materials Science Forum，1999 (308)：603～607
23 Zhang Baosheng，Gasik M M. Stress evolution in graded materials during densification by sintering processes. Computational Materials Science，2002，25 (12)：264～271
24 Allred R E. Recycling process for scrap composites and prepress. SAMPE J，1996，32 (5)：46
25 Unser F J. Advance composites recycling. SAMPE J，1996，32 (5)：52
26 Kinstle J F，et al. Chemical intermediates from scrap polymers via hydrolysis. Polymer Preprints，1983，24 (2)：844
27 Poulakis J G，et al. Technique for coating aramid fibers by recycling of aramid-based thermoplastic composites. J Termoplast Com Mat，1995，8：410
28 Inone T，et al. Recovery of aluminum from aluminum matrix composites by molter salt process. Light Metats，1996 (3)：183
29 Vives C. Elaboration of metal matrix composites from thixotropic alloy slurries using a new magneto hydropdynamic caster. Metallurgical Transactions B，1993 (6)：493
30 Chu J，et al. Recyclability of continuous E-glass fiber reinforced polycarbonate composite. Polym Com，1996，17 (4)：523，556
31 王腾，晏雄. 智能复合材料的开发应用及进展. 纺织导报，2004，(4)：20～25
32 胡南，刘雪宁，杨治中. 聚合物压电智能材料研究新进展. 高分子通报，2004，(5)：75～82
33 官建国，马会茹，段华军. 用液晶高分子微纤自增强的原位复合材料. 复合材料学报，2002，19 (5)：7～13
34 王宏刚，简令奇，杨生荣. 液晶高分子及其原位复合材料研究进展. 高分子材料科学与工程，2003，19 (5)：10～18
35 张军，何嘉松. 含液晶聚合物的原位复合材料中界面相容性的改善策略. 高分子通报，2000，(12)：10～19
36 姜丽萍，王久芬. 液晶聚合物的研究进展. 华北工学院学报，2000，21 (4)：328～333

37 赵伟彪，龚家聪，陶正炎．梯度功能材料．功能材料，1993，24：11
38 阎加强，隋智通．功能梯度材料原理及其在固体氧化物燃烧电池中的应用设想．材料导报，1996，(6)：7
39 吴利英．梯度功能材料的发展和应用．航空制造技术，2003，(12)：57～61
40 张丽娟，饶秋华，贺跃辉等．梯度功能材料热应力的研究进展．粉末冶金材料科学与工程，2005，10(5)：257～263